旗袍文化与时尚设计

崔荣荣　王志成　著

科学出版社

北　京

内 容 简 介

作为民国时期兴起的女性服饰典范，旗袍不仅是中华传统服饰文化的瑰宝，更融合了民族性与时代感的时尚精髓。

本书立足设计学，结合社会学、历史学、传播学等多学科视角，系统梳理了旗袍的历史沿革、设计要素及其时尚价值，并探讨了现代旗袍如何在继承传统的基础上创新，解析旗袍文化与时尚设计的紧密联系。本书从形制结构、色彩搭配、装饰细节、面料质感到技艺技巧、审美哲学、造物思想、文化情感等多维度，深入剖析了旗袍这一时尚文化经典，强调定制设计在提升旗袍时尚与文化价值中的作用，并从品牌形象与文化传播的角度探索了旗袍在全球范围内的形象展示与文化影响力。

本书专为服饰文化研究者、设计师及对旗袍文化感兴趣的读者撰写。

图书在版编目（CIP）数据

旗袍文化与时尚设计 / 崔荣荣, 王志成著. -- 北京 : 科学出版社, 2024. 9. -- ISBN 978-7-03-079561-8

Ⅰ. TS941.717.8

中国国家版本馆 CIP 数据核字第 2024DY0853 号

责任编辑：杜长清　崔文燕　李秉乾 / 责任校对：何艳萍
责任印制：徐晓晨 / 封面设计：有道文化

科学出版社 出版
北京东黄城根北街 16 号
邮政编码：100717
http://www.sciencep.com
北京建宏印刷有限公司印刷
科学出版社发行　各地新华书店经销
*
2024 年 9 月第　一　版　开本：720 × 1000　1/16
2024 年 9 月第一次印刷　印张：21 3/4
字数：450 000
定价：298.00 元
（如有印装质量问题，我社负责调换）

国家社科基金后期资助项目
出版说明

后期资助项目是国家社科基金设立的一类重要项目，旨在鼓励广大社科研究者潜心治学，支持基础研究多出优秀成果。它是经过严格评审，从接近完成的科研成果中遴选立项的。为扩大后期资助项目的影响，更好地推动学术发展，促进成果转化，全国哲学社会科学工作办公室按照“统一设计、统一标识、统一版式、形成系列”的总体要求，组织出版国家社科基金后期资助项目成果。

全国哲学社会科学工作办公室

前　言

旗袍作为我国民国时期女装的代表性款式，引领了一个时代的审美风尚，为近现代国内外所广泛认可和接受。作为中国古代袍服的延展、清朝袍服的变相，旗袍经过设计改良成为民国女性通常服式，因其裁剪得宜，长短适度，简洁轻便，大方美观，一经发明便迅速俘获女性的芳心，经民国 30 余年发展变迁，已成为当代中国女性的中国风格代表性服饰之一，被誉为中国国粹。中华人民共和国成立以后，学界热衷于旗袍称谓、断代、演变、工艺、设计等专门研究，成果颇丰。然而旗袍作为衣装形式，是经过历史锤炼和时代选择的时尚符号，其极具文化的传承性、生命力的流行性和传播性才是其核心价值所在。

传统中国服饰的时尚导向往往是自上而下的，由统治阶层缔造和维护。至民国时期，传统与现代并行交错，时尚创造一反过往模式，颠覆为由社会大众及女性活跃者来引领、助推和制造。民国旗袍流行的细节、规律与意义建构建立在其历史性上，建立在它不间断地与大众对话产生的效果上。换言之，民国旗袍的成功是以其艺术性、渗透性和召唤性，在满足人本功能需求的同时传递审美理念、价值观念，从而打动消费者，完成从初步认可到狂热接纳的转变，并实现广泛普及，达到时尚流行和传播的目的，对现阶段华服创新及中华文化弘扬传播具有重要借鉴意义。

在新时代的社会背景和生活方式下，伴随文化复兴、国潮热等社会审美趋势，旗袍、马面裙等传统服饰越来越多地走进大众视野，特别是青年群体尤为热衷。但是，百年之前的服饰已然不能适应当下的生活方式与节奏。时尚设计介入旗袍的再改良和再设计，赋予其数智时代文化特质，是打造新时代旗袍新时尚文化的必经之路。基于此，笔者整理研习来自民间田野、中国丝绸档案馆、广州博物馆等数千件馆藏旗袍传世实物，对其中代表性旗袍的造型、装饰、材质、色彩、结构及裁剪工艺等进行考释和提炼，形成可供设计转化的优秀基因库。同时对传统旗袍中经典的设计艺术元素，如斜襟、衣摆开衩、立领、手工盘扣等，结合现代设计语汇开展变形、变式和创意延伸。在保持旗袍传统元素和韵味的基石上，融入现代时尚设计的思维和理念，以期形成符合当下大众审美、精神需求和使用习惯的时尚新旗袍。

需要说明的是，本书引用了大量民国时期的文献。对句读清晰、明确的文献，我们在引用时尽量保持了其原貌；而对原文未加标点或标点使用不规范的文献，在引用时则根据实际情况进行了适当的修改，以便读者能够更加顺畅地理解。对文献信息，我们尽可能依据原文献进行了规范呈现，但仍存在部分文献信息（如卷期号或出版社信息等）缺失的情况，敬请谅解。

目　　录

第一章　民国旗袍时尚背景与历史价值

本章首先回顾了旗袍的历史语境，结合实物、文献、图像相关史料，对民国时期传统旗袍产生之前的服饰“窄衣化”时尚、“文明新装”时尚开展研究，探讨旗袍产生的前世背景。其次，进行关于旗袍的创制解析，重点分析对比阐释旗袍在民国各时期在艺术设计层面的发展演变，总结提炼出旗袍在造型、结构、纹饰、面料、工艺及装饰等物质层面的形式语言，并以“复制”与“复原”为手段，对旗袍各艺术元素的代表性符号进行收集、比照、研究、分析，进而以绘制的方式对其进行直观展现，为后续开展旗袍时尚设计研究提供一手参考。最后，从理论视角阐释民国旗袍时尚文化的内涵与本质，研究各种社会文化思潮的交织和碰撞及其对我国女性时尚生活的影响，指出中国女装从传统到现代、从复古到创新的多元化风格形成的历史脉络，解读女性服饰风俗“除旧纳新”、服饰风格“中西混搭”等时尚文化的发展脉络；指出民国时期中国传统女装在多元思潮影响下，特别是在传统文化的回归与西风东渐的双重浸染下，塑造出被广泛认可的服饰审美风尚，具有鲜明的服饰文化的民族符号意义。

第一节　时尚坚守：服饰文脉风韵犹存

辛亥革命后中国进入民国时期，中国女性着装受社会主流——恢复华夏传统文化思想的影响，一定程度上也与当时爱国主义富民强国的政治主张相联系，从而使当时的服制改革上升为国家政治层面的行为，具有广泛的社会与民族意义。女性在服饰风格上也很大程度地保留着中华民族的传统文化，甚至在某些地区，女性的服饰形制并没有因为政治变革而发生改变。《莱阳县志》记载当时服饰：“男女常服与昔尚无大差异，惟袜多机织，鞋多无梁。”[①]

一、上衣下裳经典形制的延续

上衣下裳，即上身着衣、下身着裳（或裤），是中华最早的服饰基

---

① 转引自陈国庆. 胶东抗日根据地减租减息研究[M]. 合肥：合肥工业大学出版社，2013：111.

本形制与搭配。上衣下裳的形制与搭配最早出现于原始社会晚期，《世本》说：“伯余制衣裳，胡曹作衣，胡曹作冕，于则作扉履。”[①]近代上衣下裳常见的品类有袄、褂、衫、马面裙、百褶裙、凤尾裙、大裆裤、膝裤等。

1912 年颁布的民国时期服制条例《服制》中，规定女子礼服分上衣和下裳两件，上衣为一件女褂，“长与膝齐，袖与手脉齐，对襟”；下裳为裙式，褶裥马面裙，“前后中幅平，左右有裥，上缘两端用带”。[②]可见，当时女性服饰主流仍然沿用上衣下裳的传统搭配形式。同样，民国初期出版的《墨润堂改良本》画谱中的女性袄、袍、裙的结构图验证了当时女性服饰仍然是延续传统的形制与搭配形式。

关于民国时期女装延续传统旧制的记载屡见不鲜，频见于民间各地方志中。1941 年前后，山东潍坊“城市居民以长服为多数，乡镇村居民以短服为多数，妇女多服旧式衣裳，惟一般新式者穿长袍、长裙等，多系本地粗布”[③]。《磁县县志》记载：“昔时男女制衣多用粗布，靛染蓝色。女子皆穿短衣，一裤一衫，冬则袄外尚套一单褂。富者探亲戚时，下更加扎裙子。虽扎短衣，务求宽大肥裕……男女贫者，只著短衣，富者除短衣外，夏有大衫，冬又有大袍、马褂。昔亦全为蓝色，近则夏多白色，冬多青色。”[④]这些地方志从服装式样、搭配、面料、色彩等各方面阐释了当时女性服装的传统造型在民间仍为主流选择。

笔者征集[⑤]了来自民国时期全国各地域城乡的女性服饰及服饰品 600 多件。其中，上衣有袄 193 件、褂 29 件、衫 148 件、旗袍 97 件，下裳有马面裙 112 条、凤尾裙 25 条、作裙 27 条。袄、褂、衫等上衣均为展开平面造型，多为大襟右衽，基本形制与传统形式无异，各类裙装整体都呈现“围式”平面造型，展开为长方形或梯形，这些与中国传统服饰的平面造型理念是一脉相承的。图 1-1 是民国时期穿上衣下裳女性的传世照。诸多例证都说明传统女装形制是民国时期我国城乡女性的主要服饰形式。

---

① 转引自贺刚. 湘西史前遗存与中国古史传说[M]. 长沙：岳麓书社，2013：330.

② 服制（附图）[J]. 政府公报，1912（157）：4-9.

③ 戴鞍钢，黄苇主编. 中国地方志经济资料汇编[M]. 上海：汉语大词典出版社，1999：252.

④ 转引自丁世良，赵放主编. 中国地方志民俗资料汇编・华北卷[M]. 北京：书目文献出版社，1989：461.

⑤ 笔者征集清末以来传世实物 5000 余件，先后创建了江南大学民间服饰传习馆、浙江理工大学中华衣时尚艺术馆，并对这些传世实物进行保护、修复、展览、传播和研究。本书中未标明来源的实物图，均为笔者征集的传世实物。

图 1-1　民国时期穿上衣下裳的女性

图片来源：南京总统府藏

图 1-2 是一套民国时期的上衣下裳。上衣为淡湖水绿罗地女衫，衣长 94 厘米，通袖长 141 厘米，下摆宽 61 厘米，选用淡湖水绿罗地面料为表，衣料上有竹子暗纹。上衣样式为立领右衽斜襟，衣片固定用盘扣与纽扣结合装饰。在衣片领部、衣襟与下缘处用黑色装饰条装饰，内饰有波浪纹样，增加服装的层次感。衣袖长直平口，在袖端缝有绸缎质地袖片，类似现代袖套，可拆卸清洗更换。下装为百褶马面裙形制，裙长 104. 5 厘米，腰围 140 厘米，下摆围 172 厘米。质地为粉红暗花绸面料，有花卉暗纹，裙腰用白色棉布制之，取白头偕老之意。在裙面下摆与马面边缘嵌有花卉、淡紫色纹样与湖蓝色装饰条，丰富马面裙的层次感与立体感，绣工精细。马面部分绣有细腻的花鸟纹样，栩栩如生，活灵活现，可谓方寸之间得见民国时期女装纹饰之富丽堂皇，女工技艺之精妙绝伦。

“下裳”中的“裳”，有时也可换做裤。图 1-3 是一套民国时期的淡紫暗花绸衣裳，是长衫[①]套装，为上衣下裤的形制。上衣为一件淡紫暗花绸质地的长衫，衣长 142 厘米，通袖长 200 厘米，下摆宽 74 厘米，里料为蓝色内衬。采用圆领右衽斜襟样式，衣袖长直窄口，衣身两侧开衩，衣长

① 此处的长衫指衣长较长的女衫。

图 1-2 民国淡湖水绿罗地刺绣花鸟纹衣裳
图片来源：广州博物馆藏品

及踝，下摆呈圆弧形，自上而下共有四排兰花暗纹均匀排布，富有节奏。下装为一件同色系素绸长裤，裤长 108 厘米，腰围 128 厘米，直裆长 54 厘米，裤腰使用白色棉布制之。

民国初期我国各地女装延续旧制现象说明儒家“礼教”思想对传统服装文化的影响是深远和全面的，它造就了平面的审美形态，服饰风格追求线条婉约、柔和，崇尚舒适、自然、和谐之美，注重细节与装饰技艺的运用，重视内在感觉与统一的二维平面视觉协调。因此从形式上看，上衣下裳的延续与发展是对传统服饰文化的继承，诠释了民国时期女装含蓄、和谐的审美情趣。

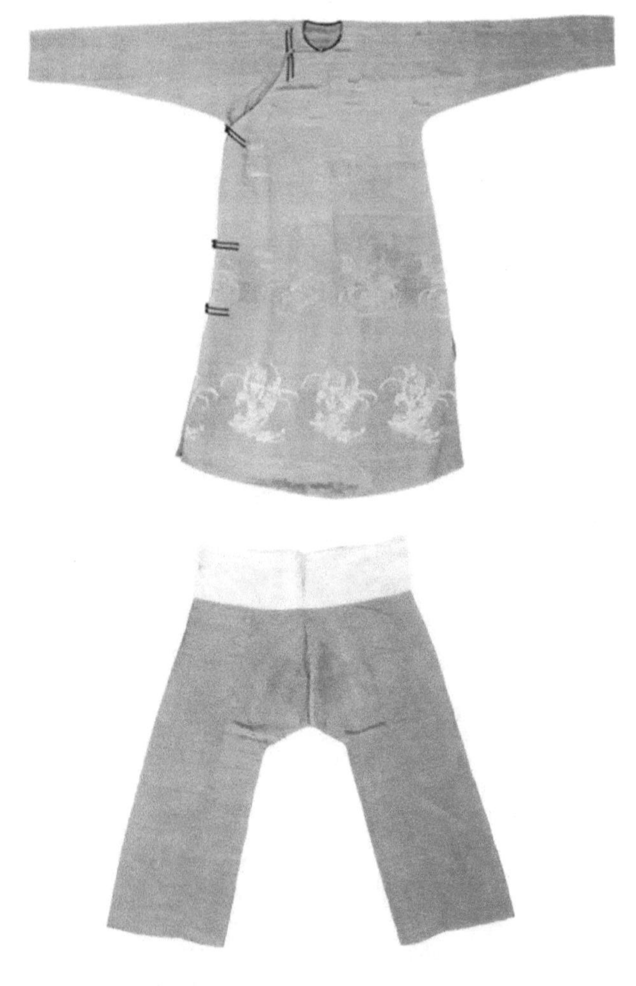

图 1-3 民国淡紫暗花绸上衣下裤
图片来源：广州博物馆藏品

二、传统服饰面料及工艺延续

（一）根深蒂固的丝绸文明：绫罗绸缎等织造基因

传统的丝织物是指以蚕丝为原材料的织物。资料证实，中国是世界上最早养蚕、缫丝、织绸的国家，在商代甲骨文中已有蚕、桑、丝、帛等文字记载，在之后相当长的时间内，中国拥有世界最先进的丝织物织造技术。丝织物的品种名目繁多，文献记载的丝织物名称就有千百种，常见的有绢、罗、缎、锦、绫、绮、纱、缟、绨、缣、绉、缦、素、丝绒等，统而美称“绫罗绸缎”。至民国时期，罗、缎、绒、纱、绮、绉、锦等丝绸均有大量遗存（图 1-4）。

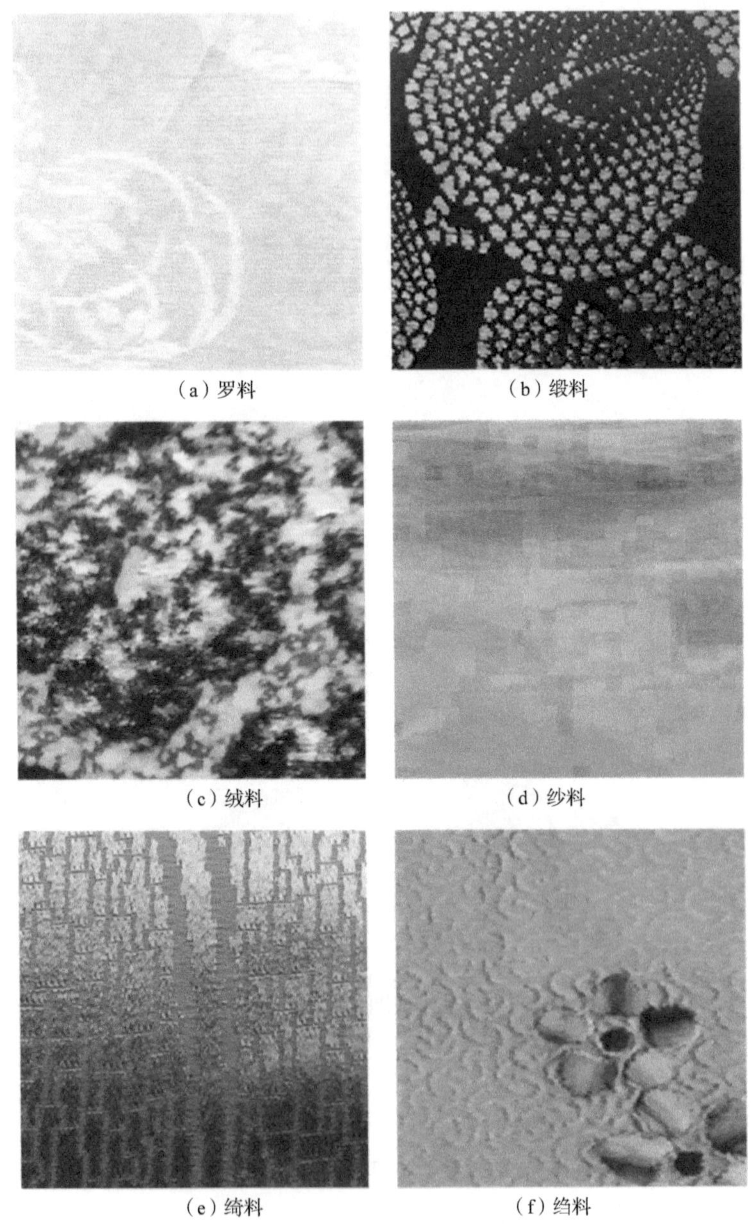

（a）罗料 （b）缎料 （c）绒料 （d）纱料 （e）绮料 （f）绉料

图 1-4 民国服饰上的丝绸面料品类

每一品类依据织造技艺及材料的不同又可细分。以缎为例，缎纹组织的出现始于唐代，是织造技术的一次创新。缎分为无花纹的“素缎”和有花纹的“花缎”。缎组织经丝或者纬丝显现于织物表面，织物表面光亮、平滑均匀，适合织造复杂颜色的纹样，织出的花纹具有较强的立体感。缎织物的质地紧密，常用作外衣、礼服的面料。其品种繁多，“据 1880 年的调查，苏州生产的缎织物有 40 种”[①]。地方上著名的缎织物有南京的元缎与宁缎、苏州的苏缎、杭州的杭缎、广东的广缎与粤缎。广缎是一种花缎，色彩富丽，以满地小碎花为主，这种花缎类似于锦，也称之为锦缎。杭缎也是一种花缎，组织精巧，质地轻薄，色彩华丽。宁缎比较朴实，厚重且耐用。图 1-5 为民国古香缎、织锦缎、漳缎三种缎料实物。

（a）古香缎

（b）织锦缎

（c）漳缎

图 1-5　民国缎料实物

（二）世代相传的女工文化：装饰技艺的手作传承

民间传统的纺、织、染、绣、缝等纺织类技艺的传承在相当长的时间里都是在家庭的组织结构中进行的。《汉书・地理志》载：“男子耕种禾稻，女子桑蚕织绩。”[②]这种男耕女织的社会分工使纺织成为古代妇女的生

① 周启澄，赵丰，包铭新主编. 中国纺织通史[M]. 上海：东华大学出版社，2017：618.

② 转引自王烨编著. 中国古代纺织与印染[M]. 北京：中国商业出版社，2015：14.

活方式。明董宪良《织布谣》载“朝拾园中花，暮作机上纱。妇织不停手，姑纺不停车”[1]，描述的就是家庭纺织生产的忙碌景象。《孔雀东南飞》中的刘兰芝“十三能织素，十四学裁衣”[2]，也是自幼在家里学得的本领。可见，家庭模式的技艺传承是传统纺织技艺的主要传承模式。这种模式一般又分为自给自足的家庭生产与作坊形式的家庭手工业生产。

从面料加工到服装制作完成的整个过程中，用来达到一定装饰效果的不同传统工艺手法，均属于服装传统装饰工艺的范畴。例如，织锦是将染好颜色的经纬线经过提花、织造等工艺的加工，形成带有图案的面料，因织造方法不同产生不同的装饰效果，最终目的是通过面料设计使其形成的图案对制成的服装具有装饰作用；刺绣是用针将丝线或其他纤维、纱线在织物上穿针引线构成色彩图案的手工艺术，因刺绣针法、材料等的不同产生不同的装饰效果，目的是对服装各部位结构进行图案化装饰；镶拼是将两块或两块以上的布片连缀成一片，主要是指不同颜色、质地或不同纹理的布片在衣身、衣缝沿边等处以块面状的形式拼接，目的是通过对服装结构分割线的设计，使其拼接的主料和镶料比例恰当，色调协调，给人丰富的视觉美感。

1. 传统刺绣装饰技艺

刺绣自产生到现在已有几千年，在这样悠长的历史长河里，上至宫廷，下至民间社会普通百姓，刺绣代代相传，经久不衰。刺绣作为过去民间劳动妇女的必备技能，更广泛地流行于民间，这种技能多通过口口相传、母教女习的方式传承。地方民间刺绣作为民间艺术，经常与民间生活、民俗民艺联结在一起，有着朴实深厚的原创风格与自然情怀，并随着代际传承和情感传递而世代流传。地方民间刺绣是民俗土壤里长出的清新绚丽的花朵，带着泥土的气息，因为民俗文化、地理环境的不同，散发着不同的芬芳。

中国刺绣工艺在清代达到了鼎盛状态，绣品无论在民间，还是在宫廷均得到广泛应用，民间先后出现了许多地方绣，著名的有苏绣、蜀绣、鲁绣、粤绣、湘绣、京绣、汴绣、瓯绣、杭绣、汉绣、闽绣等，各具地方特色。苏、蜀、粤、湘四种地方绣， 后又称为“四大名绣”，其中苏绣最负盛名。刺绣图案多为吉祥、长寿、喜庆之意，多以动物、植物为题材，深受人们喜爱。清末民初，西学东渐，刺绣也迎来了创新的热潮，出现了

---

① 转引自上海市地方志办公室编. 上海名镇志[M]. 上海：上海社会科学院出版社，2003：654.

② 马茂元，赵昌平选注. 唐诗三百首新编[M]. 北京：商务印书馆，2020：145.

“仿真绣”，针法多变，生动立体。

根据绣线的材料不同可分为用线刺绣和用特殊材料刺绣两类。用线刺绣指的是用彩色丝线在面料上进行刺绣形成图案。图 1-6 是用彩色丝线在丝绸面料上刺绣的菊花纹样。用特殊材料刺绣指的是用丝带、串珠、金银丝线、加捻粗棉线等特殊材料与彩色丝线结合在面料上进行刺绣形成图案。图 1-7 是用丝线将串珠和亮片组合成的花卉纹样装饰。

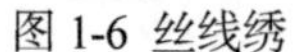

图 1-6 丝线绣

图 1-7　珠片绣

根据绣地的材料不同可分为密布上绣花和网布上绣花。密布指的是组织结构致密，相邻纱线之间紧密排列的织物，平纹、斜纹和缎纹类织物都属于密布。网布指的是具有网孔的织物，有机织网布和针织网布，其中机织网布一般有纱罗组织、假纱罗组织和有网孔的平纹组织三种。在机织网布上的刺绣有纳纱绣、戳纱绣等绣法。

2. 传统镶嵌装饰技艺

以镶作为中国服饰装饰元素由来已久，至清代已在服饰上较为常用，其技艺精湛程度达到了登峰造极的境地。服装制作工艺中的“镶拼”，其直接目的就是节俭和增加边缘牢度，因此它多分布在非主体和视觉中心上，有的跳跃活泼，有的端庄文雅（图 1-8）。

镶的工艺主要有单独镶边工艺，是指将一条不连续的布条、花边、绣片等单独缝在衣服边缘，形成条状的装饰。根据服装是否有里料，采用不同的缝制方法。在缝制有里料服装的镶边时，窄镶边的缝制方法与宽滚边类似。裁取镶饰布条，根据镶饰的部位或镶饰物的形状，将两侧缝份折向反面扣光、烫平；面料无缝份，其边缘紧贴镶边边缘，刮浆，与扣烫处的镶边条黏合、烫牢，用暗针将镶边内侧边缘与衣片缝合。宽镶边的缝制又与窄镶边稍有不同，主要在于面料位于镶边下方覆盖长度的区别。宽镶边

图 1-8 民国肚兜上的镶拼装饰技艺

在袄褂中的袖口、侧缝和底边中常见，用较宽的布在内或外贴边，装饰味道浓郁但也有实用功能[①]，起到一定的拼补作用，增加服装的长度。

嵌，指把条状装饰织物夹于两块面料之间的装饰工艺，即把滚条、花边等卡缝在两片布片之间，形成细条状的装饰。嵌这种工艺的装饰有单线嵌、双线嵌、夹线嵌等形式。单线嵌，指两块布片之间嵌一根嵌条，如图 1-9 所示，黑色镶边内侧嵌有一根白色嵌条，色彩对比强烈。双线嵌，指两块布片之间嵌两根嵌条。这两根嵌条有众多不同的嵌线方式，宽窄不同、内部是否夹线及颜色搭配等参数的变化，组合成的双线嵌会表现出不同的装饰艺术效果，如图 1-10 所示，灰色面料与镶边之间搭配了黑色和米色两根嵌条，凸显了本色本料镶边的立体感。夹线嵌，指在嵌条内夹有蜡线

图 1-9 单线嵌

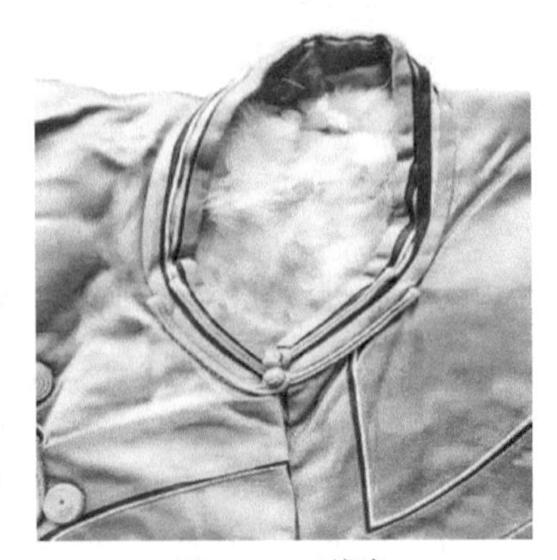

图 1-10 双线嵌

① 张静，张竞琼，梁惠娥. 闽南、江南民间服饰的装饰工艺研究[J]. 广西轻工业，2008（2）：73-74.

或粗棉线，以增加立体的装饰效果。女装中运用嵌没有镶那么频繁，嵌通常与镶、滚等装饰工艺并用，装饰于衣襟、下摆、两侧开衩等部位。

3. 传统滚边装饰技艺

滚边，古称“绲”，是一种用斜丝络的窄布条把衣服某些部位的边沿包光，并以此来增加衣服美观度的传统特色缝制工艺。除了可以使衣物边缘光洁、增加衣服牢固度外，利用不同颜色的布帛滚边还可以起到加强线的装饰作用。滚边可为中国传统女装增加独特的韵味。它的特点是衣服的正面和反面都可以看到滚条，衣服边缘光洁、牢固，适合一定流畅弧度的造型。

按宽度不同，滚边可分为细香滚、宽边滚、阔滚三种类型。细香滚是女装滚边中最狭窄的一种滚边，0.2 厘米左右，缝制好后滚边呈圆柱形，像一根细香。宽边滚的宽度为 0.5—1 厘米。阔滚的宽度在 1 厘米以上。图 1-11（a）中女袄大襟边缘的滚边即为细香滚，图 1-11（b）中女袄衣领部位为宽边滚，大襟、领圈和侧缝部位均为阔滚。

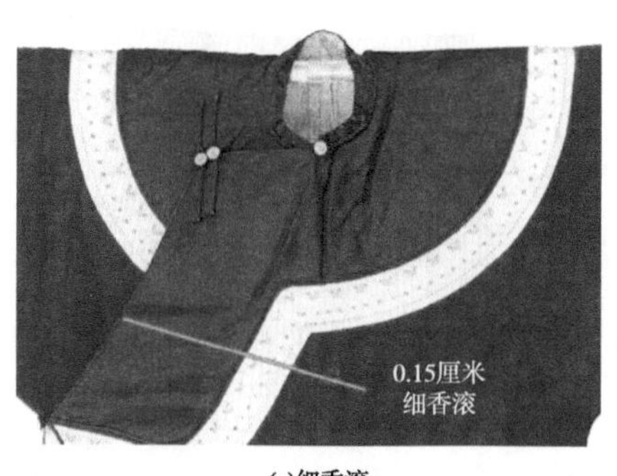

(a)细香滚

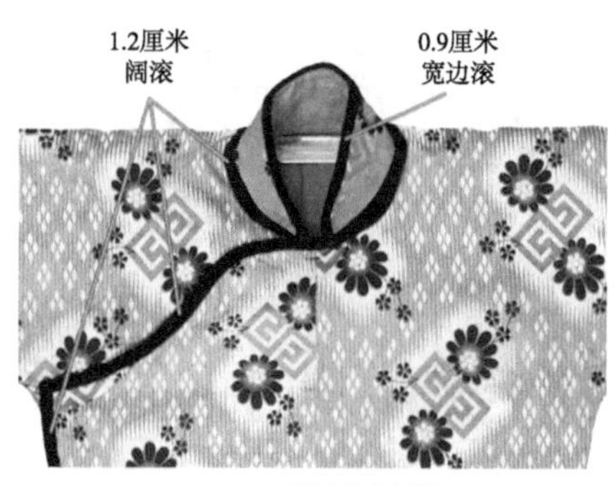

(b)宽边滚和阔滚

图 1-11　按滚边宽度分类

4. 传统褶裥装饰技艺

褶，即服装中的褶裥，古称“襞积”。褶裥应用于服装中，可形成半立体造型，使服装产生动感。经过历代裙装样式的传承和发展，很多褶裥并不是单独使用，基本都是组合之后表现一定的穿着效果。有些组合褶裥则被风格化、程式化固定运用到女裙中。所谓“风格化”，指其在主体熔铸、题材处理、造型构成及表现手法运用等方面趋归于历史上形成的相对稳定的艺术特色。“程式化”表现为样式相对固定及结构表达方式遵循某种稳定的模式。[①]传统裙装中的褶裥呈现较为固定的规律，褶有大小，有宽窄，风格雅致，结构稳定。

① 卞向阳. 中国近代纺织品纹样的演进[J]. 中国纺织大学学报，1997（6）：96-101.

下裳中的裙装是传统褶裥装饰工艺的主要载体，包含的褶裥形态丰富，造型多变。因打褶的位置及方向、褶量、形状及制作技法不同，褶裥造型也会呈现不同的效果。民国裙装中褶裥的造型主要有规律褶裥和自由规律褶裥两类，前者主要包括工字褶、顺风褶、鱼鳞褶、风箱褶、立体褶等，后者主要包括缩皱褶和波浪褶。

工字褶加顺风褶的组合形式是最常见的褶裥装饰造型。工字褶常用于马面裙和作裙的侧缝位置，目的是使顺风褶有个方向的转变，达到侧缝位置前后褶裥造型对称的效果。马面裙中的百褶裙、阑干裙、鱼鳞百褶裙等形制类别中均有工字褶加顺风褶的组合应用。图 1-12（a）中百褶裙的两侧各对称排列若干褶裥，这些褶裥少则数十条，多则上百条，两侧褶裥中间各有一个工字褶，褶裥较宽，褶距 1.5—2 厘米，围绕褶裥或下裙边饰有花边、绣花或黑色镶边，整体造型沉稳又富有动感。大量面料藏于褶裥之

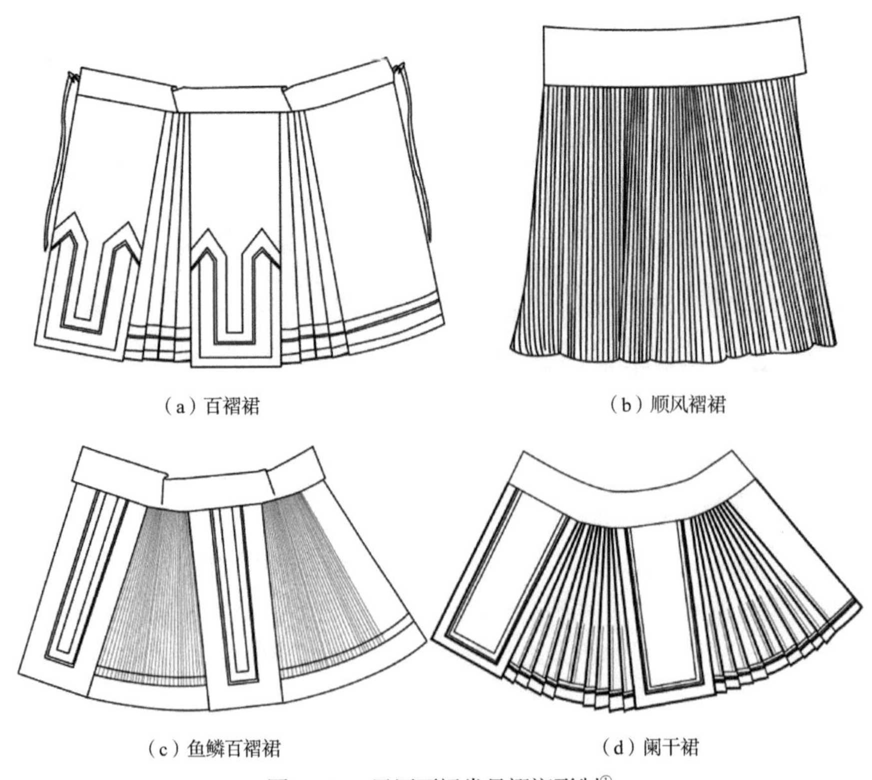

（a）百褶裙　（b）顺风褶裙

（c）鱼鳞百褶裙　（d）阑干裙

图 1-12　民国下裙常见褶裥形制[①]

间，静止时为正常 A 字裙形式，行走时如弹奏的风琴，收放自如，其形细

① 此类形式图、样式图，未标明来源的，均为笔者绘制。

长，密集而规律。顺风褶是马面裙与作裙最常用的形式，还有一片式顺风褶裙，如图 1-12（b）所示，通身均匀、细密的褶裥具有很强的流动感。鱼鳞百褶裙的两侧缀有细密而且整齐的顺风褶，两侧褶裥中间各有一个工字褶，且均呈对褶的形态分布，如图 1-12（c）所示。褶距 0.4—1 厘米，裙腰节达 14—20 厘米，保障了裙身褶裥造型结构的稳定性。褶裥的整体或部分以丝线交叉串联，由于丝线固定的区域不同，鱼鳞百褶裙又有多种不同的造型。如图 1-12（d）所示的阑干裙，在两侧打大褶，每褶裥边沿镶阑干。阑干裙的阑干具有明显的视觉分割效果，与褶裥搭配装饰衣裙，有些阑干裙的阑干中会隐含一定的褶裥量。[①]阑干裙裙身两侧的阑干为左右对称且规则的褶裥，褶距 0.5—1 厘米，给人端庄严谨的感觉。[②]

图 1-13 是民国时期一件典型的鱼鳞百褶马面裙，裙长 82.5 厘米，腰围 136.5 厘米，下摆围 169 厘米。该马面裙以大红色缎为面料，淡蓝色棉布为裙腰，用纽扣固定。裙身属侧裥式，两侧打细褶，此工艺符合清代马面裙褶裥细密、两侧对称、排列整齐有序的特点。裙门正中彩绣山茶花及连枝花卉纹，底部两角彩绣蝙蝠纹，两侧及底部镶金属线织边；裙门与下摆处都刺绣连枝花叶纹样，排列均衡且富有条理，裙幅下方缀有小圆环镜子，在增加情趣的同时可以起到稳固作用。此外，裙身有另一亮点，即裙幅打好褶裥后，在褶裥上刺绣与裙门相同的山茶花纹饰，这极其考验绣工对整体布局的把控。该裙颜色喜庆，山茶花艳而繁盛，彰显出中国女性端庄高雅的格调。

图 1-13　民国红缎地彩绣山茶花百褶马面裙

图片来源：广州博物馆藏品

---

① 王懿，张竞琼. 近代马面裙形制类型与演变的实例分析[J]. 纺织学报，2014，35（4）：110-115.

② 王艳香. 近代女装传统装饰工艺及复原研究[D]. 无锡：江南大学，2018.

第二节　时尚探索："文明新装"悄然登场

20 世纪 20 年代是中国服饰继承与创新的过渡阶段，服饰造型富有革新性，新旧的融合使该时期服饰呈现一番新风尚。民国初期混乱的社会环境，加之西方外来文化的影响，使得服饰在时代的潮流下逐步革新，也推动了女性服饰风格的转化。但在旗袍广泛流行之前，"文明新装"（倒大袖上衣及筒裙组成）是民国女性的流行着装，虽然流行的深度及广度赶不上后起的旗袍，但是在设计及时尚层面具有重要的革新价值。

一、"窄衣化"穿衣风尚

清末民初，传统服饰中的上衣下裳、长袍、长衫等样式仍是人们着装的主流选择。但此时的传统服饰已经不是旧时的样式，伴随社会的变革与生活的变迁，服饰结构、纹饰等设计细节已经发生了改良。改良的要点主要有四：尚武（或"可舞"）、简朴（经济、美观）、去阶级及提倡国货。[①]"博采西制，加以改良"[②]的"窄衣化"服饰、"文明新装"、旗袍、中山装等应运而生，各地甚至出现各种改良服装展览会[③]、研究合理服装的组织团体[④]及改良服饰的化装表演活动[⑤]等。不过，在传统文化的回归与西风东渐的双重浸染下，改良后的传统服饰始终占据着民国时尚的主导地位。[⑥]

上衣的窄化在清末便已开始，主要出现在光绪元年（1875 年）以后。《重辑张堰志》记载："衣服之制，历来宽长，雅尚质朴，即绅富亦鲜服绸缎。咸丰以来，渐起奢侈，制尚紧短。同治年，又尚宽长，马褂长至二尺五六寸，谓之'湖南褂'（时行营哨官、管带，皆宽袍长褂，多湘产，故云）。光绪年，又渐尚短衣窄袖。至季年，马褂不过尺四五寸，半臂不过尺二三寸，且仿洋装，制如其体。妇女亦短衣窄袖（先行长至二尺八九寸），胫衣口仅三寸许（先行大口，至尺二三寸），外不障群（裙），（女子十七八犹辫，而不梳髻，不缠足，遵天足会令也。）尤

① 懵. 言论：改良服装应行注意之要点[J]. 邮声，1928，2（6）：38-39.
② 颜浩. 民国元年：历史与文学中的日常生活[M]. 西安：陕西人民出版社，2012：221.
③ 慈幼漫谈：改良服装展览会开会讯[J]. 慈幼月刊，1931，2（4）：68.
④ 社言：服装改良[J]. 兴华，1931，28（37）：3-4.
⑤ 化装表演：十年前广东女子之服装：[彩照][J]. 东方杂志，1934，31（5）：1.
⑥ 崔荣荣，牛犁. 民国汉族女装的嬗变与社会变迁[J]. 学术交流，2015（12）：214-218.

近今风尚之变。”[1]这指出，光绪年间，女性着装受西风影响，形制逐渐变为“短衣窄袖”。步入 20 世纪，服装更是逐渐窄化，趋向合体。据《嘉定县续志》记载：“光绪初年讫（迄）三十年之间，邑人服装朴素，大率多用土布及绵绸、府绸，最讲究者亦以湖绉为止。式尚宽大，极少变化。厥后，渐趋窄小，衣领由低而高，质料日事奢侈，多以花缎为常服矣，唯乡间染此习者尚鲜。”[2]

常服是非礼仪场合之外所穿的日常便服，广泛应用于居家、生活、出行、工作、劳动、旅游等各式场合。封建社会中的妇女，不管是为女、为妻（为妇）或为母（为姑），皆依附于男性。她们“足不出户”的生活常态营造了“宽衣博袖”的服饰范式。民国以来，西风东渐下女性的教育、工作、社交等生活方式骤变。正如《玲珑》社评所指出的：“在昔妇运未发达时代，妇女皆深居闺阁之内，初无交际可言。及世界文明，女子解放，于是国中有识女子亦多有从事社会活动。”[3]此时的服饰“宽袍大袖、起居颇嫌不便，尤以旅行为最而工作之不适宜”[4]。生活方式的改变，社会活动空间的扩大，使越来越多女性调整自身装扮以融入新生活。传统的“宽衣博裳”严重影响了女性的便捷活动，使她们难以适应新的生活方式，加上包豪斯（形式服从功能）等现代主义艺术思潮传入，以及国外同期进行的服装改良运动（1929 年，伦敦男子从生理约束及科学设计的角度，提倡英国传统服饰的改良运动）[5]等，助推中国传统女性服饰设计的适用性需求发生转变，亟须改良，以求顺应时代。

改良后的女性常服，适体性得到了大幅度提高，衣长绝大多数缩短到了膝盖以上，部分甚至缩短到了腰节上下，以女青年和女学生为代表的穿着合体、风格素雅的新女性形象逐渐被构建。1933 年，江问渔在《民生》杂志第一卷上便称“现在平民主义大倡，阶级制度和思想，是绝对不容存在了”，并以人为本提出经济、卫生、朴实雅洁、简易轻便四个服饰改良的标准。[6]因此，观念上对普遍存在的“民”与“人”的平等关注，是当

---

① 转引自丁世良，赵放主编. 中国地方志民俗资料汇编·华东卷·上[M]. 北京：书目文献出版社，1995：43.

② 上海市地方志办公室，上海市嘉定区地方志办公室编. 上海府县旧志丛书·嘉定县卷·四[M]. 上海：上海古籍出版社，2012：2828.

③ 转引自牛犁，崔荣荣. 民国早期人物粉彩瓷上的女性服饰时尚[J]. 丝绸，2018，55（3）：85-90.

④ 改良服装之我见[J]. 民视日报七周年纪念汇刊，1928：52.

⑤ 伦敦男子改良服装运动[J]. 新光，1929（26）：27.

⑥ 江问渔. 改良服装的标准[J]. 民生，1933，1（13）：3-4.

时传统服饰改良设计的价值核心之所在。

形制前高后低的元宝领立领是民国早期领型的重要特色，也是对民国女性上衣进行断代的主要依据。图 1-14 中的青绿绸牡丹暗纹元宝领女衫是民国初期典型的上衣，形制为元宝形立领，右衽大襟，7 副盘扣，衣长至股下，袖长至手腕处稍长，衣摆渐宽，袖口渐窄，前后中破缝，左侧缝底摆处开衩较高，达 44.0 厘米，与右侧最低处盘扣处于同一水平线（图 1-15）。面料风格素雅，呈青绿色调，装饰同色系牡丹暗纹，采用单层面料裁制成衣，未加里料，故为夏季所着单衣。

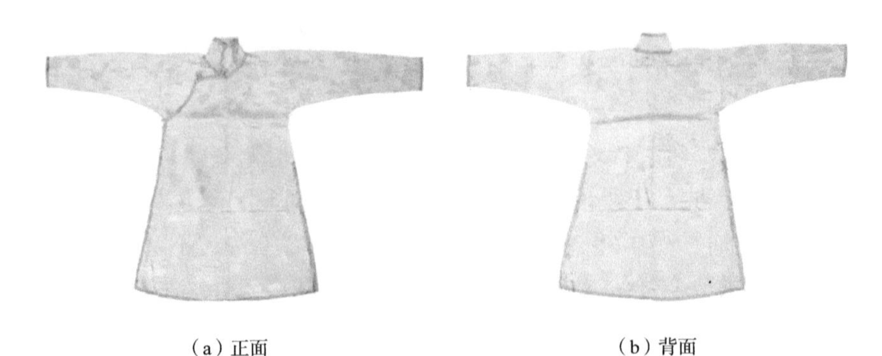

（a）正面　　（b）背面

图 1-14　民初青绿绸牡丹暗纹元宝领女衫实物

图片来源：广州博物馆藏品

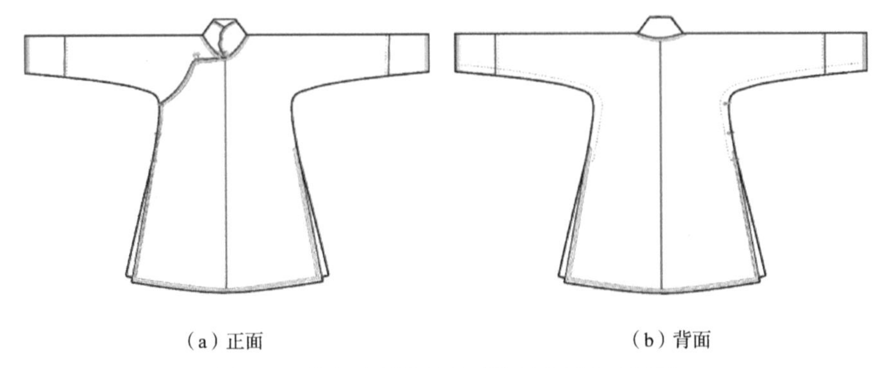

（a）正面　　（b）背面

图 1-15　民初青绿绸牡丹暗纹元宝领女衫形制

需要注意的是，民国时期除了传统改良服饰出现并成为主流外，还留存了部分清制的传统服饰，这些服饰的形制还是“宽衣博袖”的特征。通过对民初青绿绸牡丹暗纹元宝领女衫主结构的测绘与复原（图 1-16），发现虽然女衫的衣长较长，但该衫的肩部、胸部、臂部、手腕部非常适体，其中胸宽 49.0 厘米，袖口宽 13.0 厘米，挂肩长 25.5 厘米，属于典型的窄衣窄袖形制。

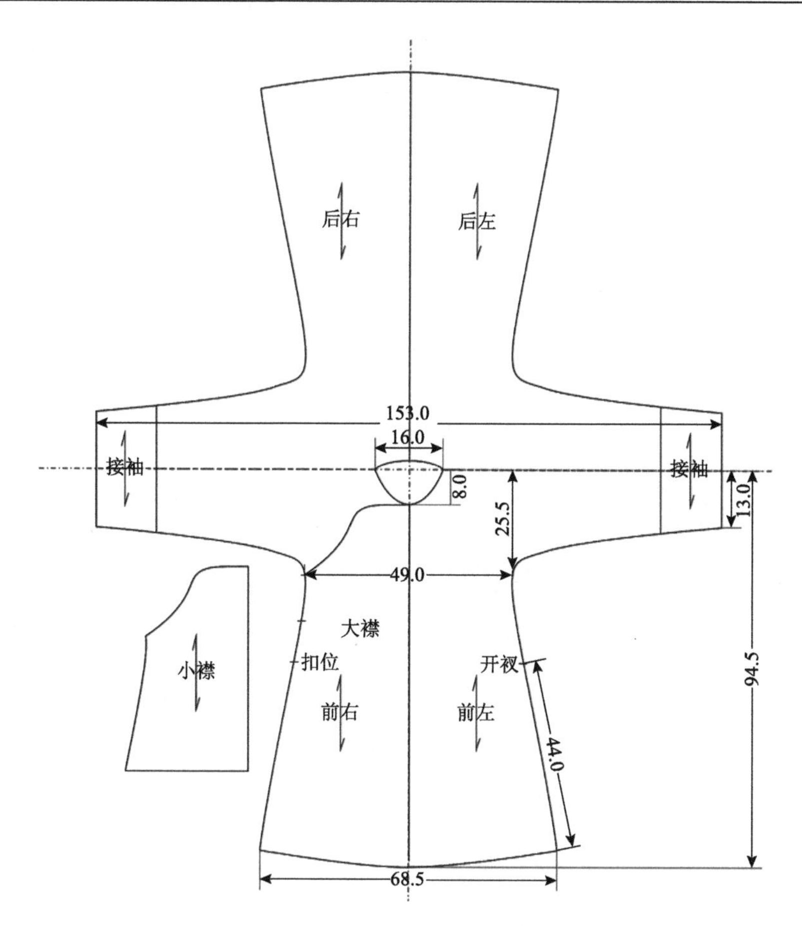

图 1-16　民初青绿绸牡丹暗纹元宝领女衫主结构测绘与复原（单位：厘米）

二、倒大袖上衣流行

如果说窄化是民国时期上衣结构演变的整体规律，量变的过程贯穿始终，那么“文明新装”则是其质变的成果。“文明新装”在品类上由倒大袖上衣和筒裙或裤构成，属于中华传统上衣下裳在民国延续、改良后的革新成果，是中国女性在 20 世纪 20 年代以后，特别是在旗袍广为流行之前最重要的服饰形制之一。

倒大袖上衣的形制特征是短衣而宽袖，并且袖长也稍短，不再长至手腕处，一般为五六分长。袖口渐宽，宽大于挂肩长的倒大袖与民初的窄袖形成了鲜明的对比。当时的女性新形象，身着倒大袖上衣，袖长至小臂，呈喇叭状，衣长至腰下，精短干练。穿着“文明新装”的女性手腕及小臂、脚踝及小腿基本暴露在外，相较 20 世纪初的窄袖口、窄裤脚，极大地解放了女性四肢，使女性能更加便捷和舒适地参与到各项工作中去。

（一）倒大袖上衣结构演变的总体规律

在对民国“文明新装”衣型即倒大袖上衣进行具体的案例考证之前，先对现有实物的总体形制特征进行归类和分析。表 1-1 选取了笔者征集的 17 件形制不同的民国倒大袖上衣代表性实物标本，基本按照倒大袖上衣创制的前后顺序排列，以期对整个民国时期倒大袖上衣结构的演变做一个简要梳理。

表 1-1 民国时期倒大袖上衣实物整理与结构特征分析

编号	实物	形制	地区	结构特征
SD-A031	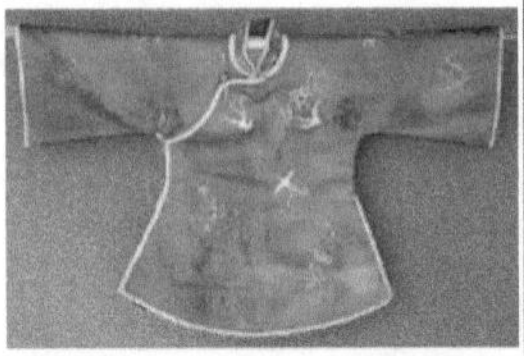	袄	山东	整体制式及装饰风格与民初窄衣化类似，但是衣摆，特别是袖口渐宽，初具倒大袖的特征
JN-A031		袄	江南	立领，右衽直偏襟，7 副盘扣，最低处盘扣距底摆较近；衣摆及袖口均渐宽，袖口较挂肩宽更明显
SX-A014	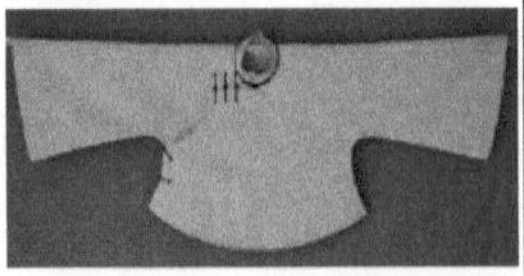	袄	山西	立领，右衽大襟，6 副盘扣，收腰，衣摆渐宽，袖口渐宽，程度较大；衣身长度明显缩短
JN-A023	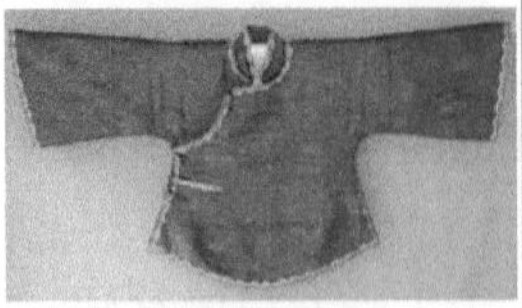	袄	江南	立领，右衽大襟，5 副盘扣，收腰，衣摆渐宽，袖口渐宽，衣摆弧度较大
JN-S020	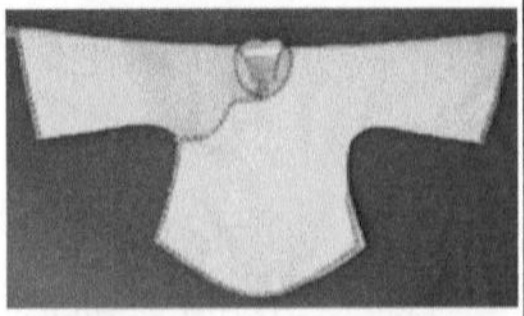	衫	江南	底摆弧度稍带棱角，区别于其他上衣的圆润轻缓；无接袖，前中破缝
JN-A025	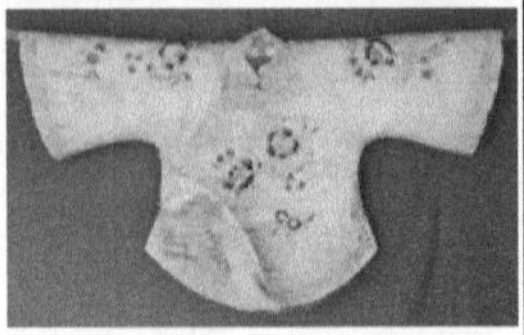	袄	江南	袖口及底摆渐宽程度更高，且弧度更大，更圆润；牡丹纹饰，刺绣精美；里料为裘毛，为冬季所穿着

续表

编号	实物	形制	地区	结构特征
JN-S013		衫	江南	下摆的衣角消失，底摆与侧缝廓型线开始融为一体
JN-S012	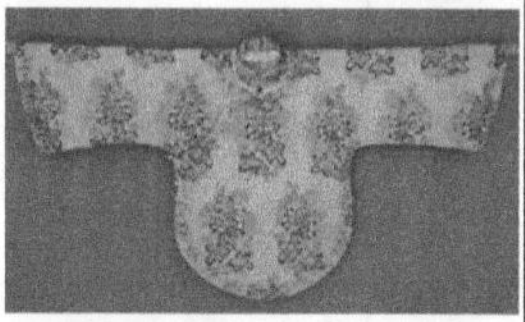	衫	江南	立领，右衽大襟，5副盘扣，袖口渐宽，弧度明显，衣摆呈半圆弧形；无接袖，前中破缝
SX-A028		袄	山西	衣摆为所谓“大圆角”“无衩没角”，由左侧开衩处至右侧盘扣皆为底摆弧形
MG-A014	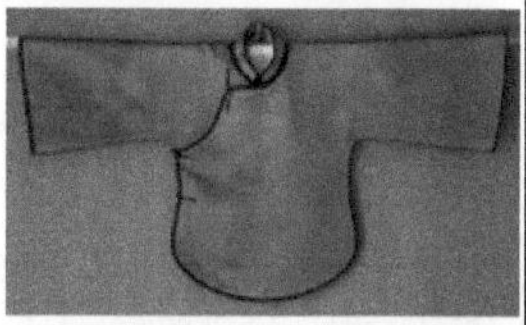	袄	江南	无底摆脚，衣身及底摆呈方圆之式，微具葫芦之形
JN-S011		衫	江南	方角立领，右衽大襟，5副盘扣；袖口渐宽，程度较大，弧度明显，衣摆微张，弧度成方圆形，颇为罕见；无接袖，但袖口下端有补角
JN-A024		袄	江南	立领，右衽大襟，6副盘扣，收腰，衣摆和袖子均渐宽，但程度均不大；里料为裘毛，为冬季所着
JN-A030	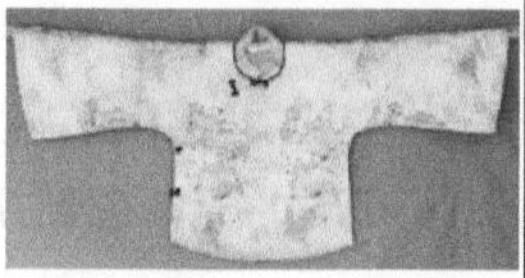	袄	江南	类似JN-A024，但是袖口渐宽及其弧度更明显，衣身基本平直；面料为手绘装饰，较罕见
JN-A008		袄	江南	立领，对襟，6粒纽扣，直身，衣摆渐窄，袖口渐宽，对应腰节两侧配置2个大口袋，对应左胸部位配置1个小口袋

续表

编号	实物	形制	地区	结构特征
JN-A009		袄	江南	类似 JN-A008，不同之处为：有夹棉，袖口渐宽程度较大，且胸部无小口袋，为秋冬所着
JN-A008		褂	江南	以花边代替立领，对襟，5 粒纽扣，后中不破缝，袖口渐宽，衣摆渐窄，对应腰节处设置 2 个口袋
JN-S001		衫	江南	立领，右衽大襟，暗扣闭合；衣摆与袖口渐窄，程度较小；领口、门襟、底摆、袖口均以花边设计

通过对表 1-1 中实物的整理与研究，可从袖型、摆型及材料方面得出以下三大规律。

第一，倒大袖上衣袖型的结构变化基本呈现由长至短、由窄渐宽再渐窄的规律（图 1-17）。1929 年，《翼城县志》记载："若女人之服，在清末年亦尚窄小，今则变为宽衣短袖、短裤宽腿矣。"[①]20 世纪 40 年代以后，呈喇叭状的倒大袖袖口又开始渐渐缩小，1941 年，据《吉安县志》记载："妇女在昔衣短而袖大，并加缘饰；今无缘饰，而袖亦渐小，更有效旗妇御长袍者。摩登女则衣颀长，而袖短至肩，裤短至腿。学校女生裙尚青而高系，下于膝者仅寸余，又非若旧妇女之裙垂抵舄，色红而丝绣烂缦（漫）矣。"[②]但是，倒大袖上衣袖型的演变部位主要集中在袖口上，袖窿即挂肩的尺寸基本稳定，加之袖长基本处于小臂附近，因此不管上衣袖型如何演变，其对女性肩臂部的适体贴合性始终未变。从这个角度来看，倒大袖袖型的演变并非像之前窄衣化服饰那样，主要受实用功能影响而进行结构演变，而是基于审美，从时尚流行的角度开展的设计创新实践。

① 转引自丁世良，赵放主编. 中国地方志民俗资料汇编・华北卷[M]. 北京：书目文献出版社，1989：659.

② 转引自丁世良，赵放主编. 中国地方志民俗资料汇编・华东卷・中[M]. 北京：书目文献出版社，1995：1147.

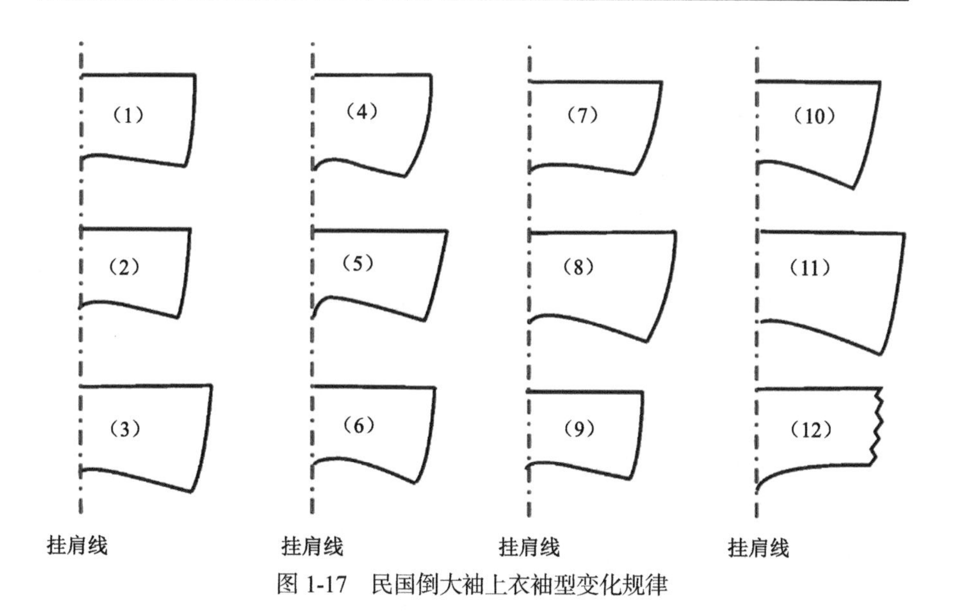

图 1-17　民国倒大袖上衣袖型变化规律

第二，倒大袖上衣底摆的变化相对袖型丰富（图 1-18），可细分为 4 点变化：其一，底摆长（即衣长）的变化总体呈由长渐短的规律，在民国中后期夏季里，一些倒大袖上衣的衣长甚至到女性腰节以上，露出两侧细腰；其二，底摆的宽度变化由宽至窄；其三，底摆的弧度变化整体呈由直渐圆再渐直的规律；其四，依附于底摆弧度变化，底摆的衣角变化整体呈由直渐圆再渐直的规律，有直角、不同程度的锐角及圆角。

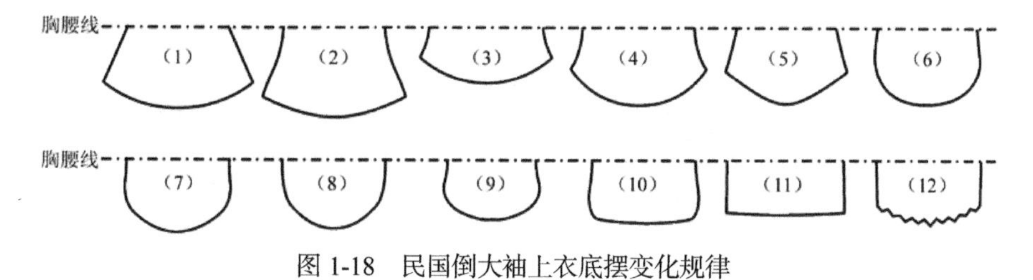

图 1-18　民国倒大袖上衣底摆变化规律

第三，倒大袖上衣在面料上形成了单、夹，薄、厚，四季皆宜的服用体系。除了春秋穿着一般夹袄之外，在寒冷的冬季，汉族女性在倒大袖女袄内增设裘毛（图 1-19）或絮棉，保暖性能极佳。在炎热的夏日，人们则选取清凉甚至薄透的面料制成倒大袖女衫，如图 1-20 的女衫不仅轻薄舒适，而且透气性极佳，应为当时追求时尚的摩登女性所着，在穿着时内搭合适的内衣即可。

图 1-19 民国倒大袖女袄夹毛设计

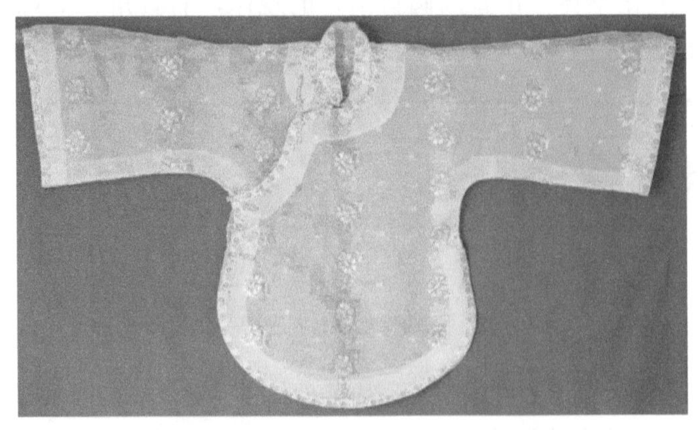

图 1-20 民国透明白薄纱机绣花卉倒大袖女衫

（二）倒大袖上衣的经典结构范式

所谓“范式”，即最常见、最具代表性者。倒大袖上衣的范式，无疑袖型首先需要满足标准的“倒大”之型，即时人称之“喇叭管袖子”；其次，衣长和衣摆也是处于“直摆直角”和“圆摆无角”之间的一般形制，

表 1-1 中编号为 JN-A023、JN-S020、JN-A025 的上衣便属于此列，可谓经典范式。

为了进一步解读倒大袖上衣结构范式的设计细节，选取民国淡黄绸牡丹刺绣倒大袖女衫为实物标本进行测绘和复原。如图 1-21 和图 1-22 所示，该衫形制为立领，右衽大襟，6 副盘扣，收腰，下摆渐宽，呈圆弧形，衣角为直角，衣袖渐宽，袖口宽于袖笼，袖长至小臂，衣长至腰下臀上；前后中破缝，左侧缝处有开衩，无接袖；领窝、门襟、底摆、开衩及袖口处镶同色系花边。面料在前胸、后背及左右肩上刺绣牡丹纹样，无里料设计。综合推测此倒大袖上衣属于 20 世纪 20 年代的经典范式。

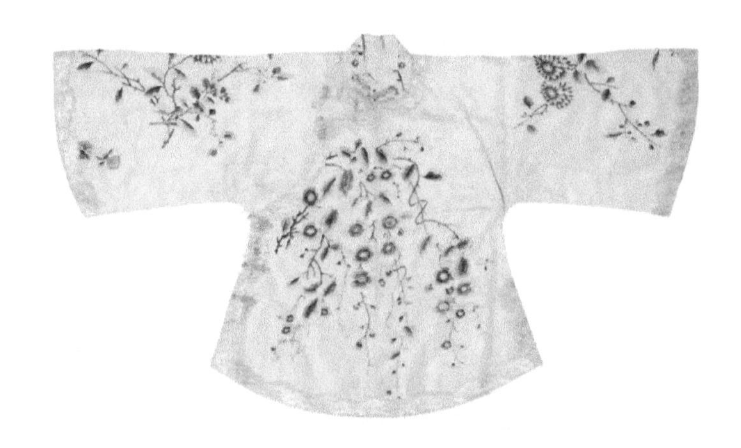

（a）正面

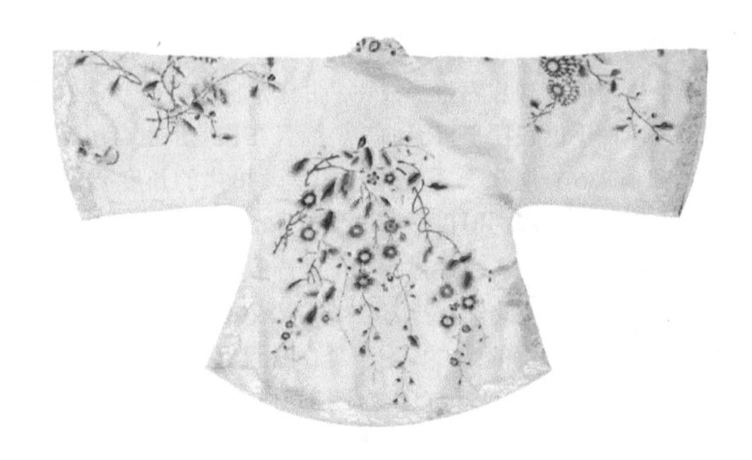

（b）背面

图 1-21 民国淡黄绸牡丹刺绣倒大袖女衫实物

图片来源：广州博物馆藏品

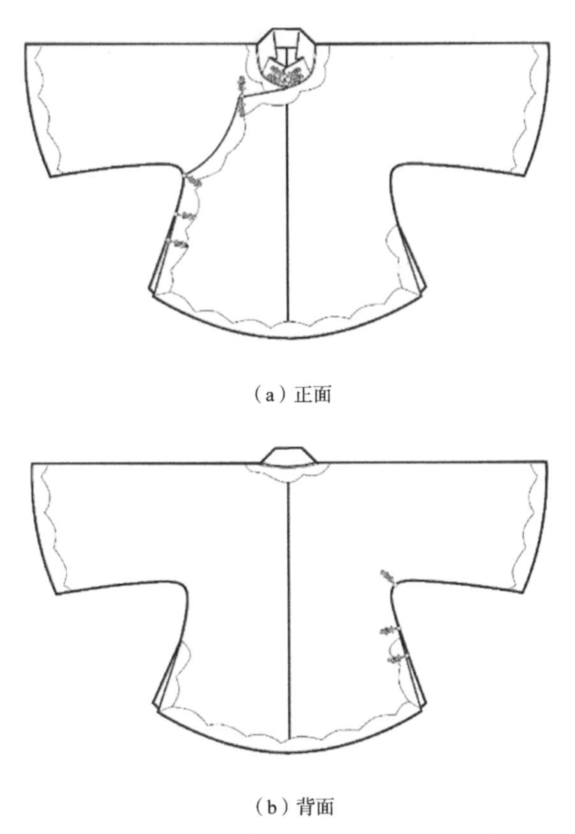

（a）正面

（b）背面

图 1-22 民国淡黄绸牡丹刺绣倒大袖女衫形制

为了进一步考证该女衫的结构细节，需要对其主结构裁片进行测绘和复原（图 1-23）。主结构（除衣领外）由 3 片裁片构成，即“三开裁”。前右里襟，即小襟与前右袖片为整幅裁片，并未从门襟处破开，但是里襟的结构区别于大襟，不仅底摆平直无曲势，而且在长度上也有所缩减，由前颈点至底摆只有 36.5 厘米。需要指出的是，里襟的长度要短于外面大襟，以免露出里襟不雅观，但也不能过于短小，自上而下一般需要超过右侧最低盘扣的扣位。因此，在小襟的右下处一般也是有开衩设计的，只是尺寸相较左侧要短一些，此件女衫的小襟开衩较大襟短 3.5 厘米。

此外，在该女衫小襟的中心偏左下处，还设置了一个长 13.0 厘米、宽 12.0 厘米的方形圆角口袋，以供女性装钱等储物之用。这种口袋的设计方法也是中国传统的特色之一，区别于现代服装一般将口袋缝缀于衣服面料表面，传统的内置设计不仅隐蔽性和储藏性更优，而且也最大限度地保留了服装外部结构的完整性，使服装的对外形象“完美无缺”。

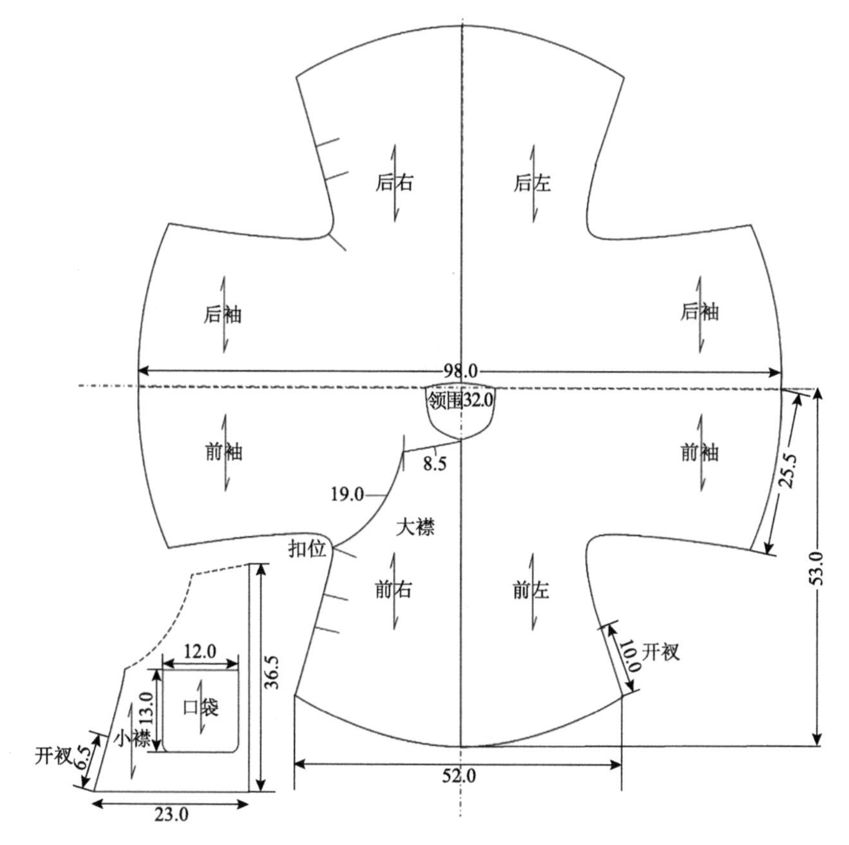

图 1-23　民国淡黄绸牡丹刺绣倒大袖女衫主结构测绘与复原（单位：厘米）

从图 1-23 中该女衫结构在二维平面下的廓型可以发现，其呈现以领窝为中心，以前后衣摆、左右袖摆为边缘的正圆之型，且此圆较民国初期“嘉禾”礼服的方圆之“圆”更加圆润和规整。这也是倒大袖上衣最大的结构特色和范式之一。不管倒大袖上衣是否前中破缝、是否存在接袖和衣摆拼角、是对襟、大襟还是偏襟等，在平面下的结构整体廓型均具备这种特征。笔者征集的一件民国时期倒大袖上衣的半成品（图 1-24），为研究当时倒大袖上衣在二维平面下的结构范式提供了重要的实证材料。不同于图 1-23 中女衫的三片式结构，图 1-24 中上衣裁片由一片面料裁成，即“一片式”结构，除了前中破开以供门襟（对襟）设计之外，后中、肩线皆不破开，且无任何接袖、拼角结构，最大限度地保证了面料的完整性。将朱红对襟倒大袖上衣裁片的前后底摆角与左右袖角连接起来，发现其基本构成了一个正圆，且圆心 O 点正好处于前后中心与肩线的交点上，因此线段 OA、OA′等长度相等，即此上衣的袖片尺寸与衣身尺寸基本一致，将传统服装制衣中的方圆法式样体现得更加彻底。

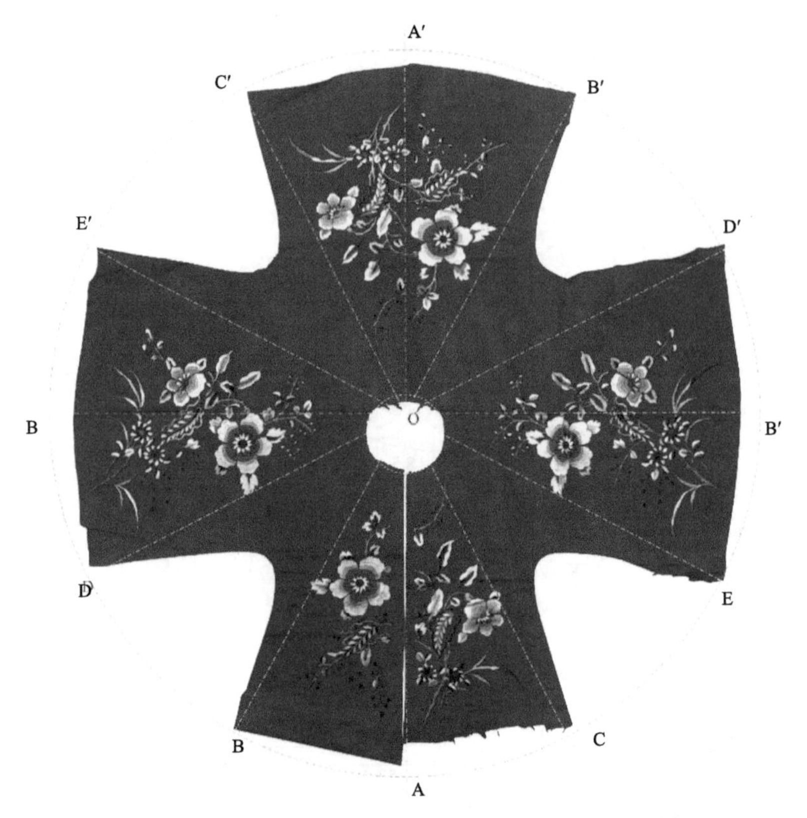

图 1-24 民国朱红对襟倒大袖上衣裁片实物及其形制分析

三、筒裙制式的出现

民国时期女性的生活方式及社会活动发生转变，职业女性及学生群体开始出现，对下裳中的裙装提出了新的设计需求。女性筒裙设计通过对结构样式、系结方式及褶裥效用的改良优化，满足了民国时期女性的生活需求，也成为现代女性裙装的雏形。

从马面裙到筒裙的演变并非一蹴而就。虽在样式结构上总体呈围式向筒式转变，但经实物及历史图像辨识，具体演变过程为“渐变”，即存在过渡样式。图 1-25（a）为传统马面裙样式，前后里外共计 4 个裙门，合拢时两两重合，裙侧面打裥，穿着时裙腰须缠绕女性腰部数圈，最后以系带固定，因此笔者称其为围式裙。至民初，原来 2 个裙腰合并成 1 个，款式由清初 2 片式合并成 1 片式。至 20 世纪 20 年代前后，马面裙直接简化成一种形式，即裙门结构已消失，改为拼缝的装饰线，且在“马面”及裙摆装饰皮草[图 1-25（b）]。20 世纪 20 年代以后，筒裙应运而生，其造型特点是裙身从腰开始自然垂落，呈筒状或管状［图 1-25（c）]。

（a）传统围式阑干马面裙样式（展开状）

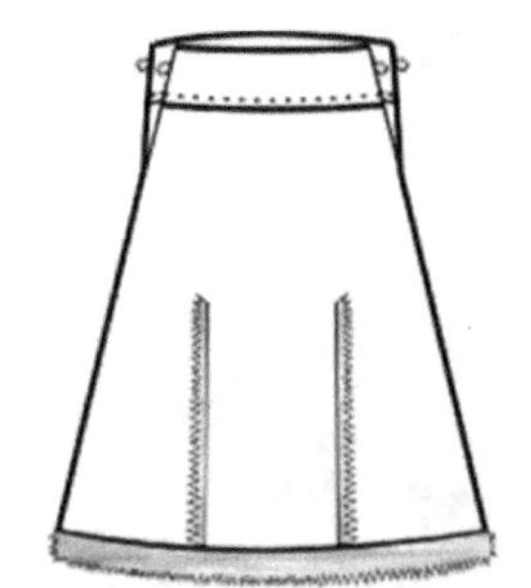

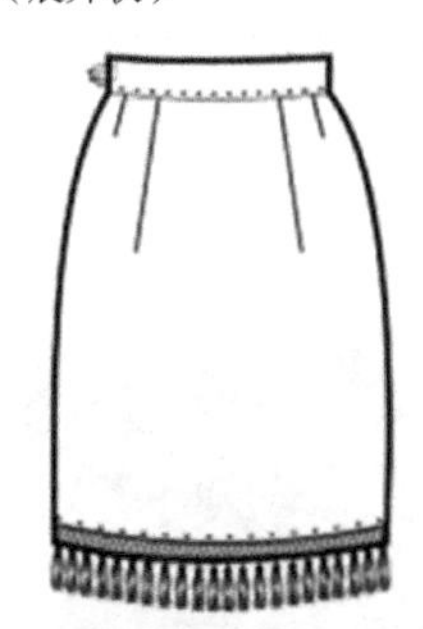

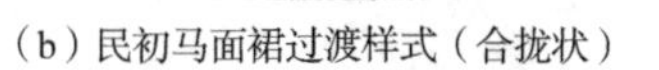

（b）民初马面裙过渡样式（合拢状）　　（c）筒裙定型样式（合拢状）

图 1-25　筒裙由传统围式向筒式演变过程中的三种形制

为了进一步解析上述三种裙式结构的样式差异，笔者选取征集的马面裙及筒裙代表样品各 10 件，测量其腰围、底摆围及裙长尺寸，发现：其一，总体上，腰围、底摆围呈缩减趋势，且幅度较大，裙长缩短；其二，一些筒裙腰围、底摆围较大，“独树一帜”，接近马面裙；其三，从腰围较窄马面裙得出，除上述过渡样式，马面裙自身在清末也向收腰演变，佐证上述“渐变”（表 1-2）。

表 1-2　清代马面裙与民国筒裙各地区样本测量数据统计分析　　单位：厘米

	项目	SX-Q3	SX-Q10	SD-Q43	SD-Q10	SD-Q9	ZY-Q17	ZY-Q25	ZY-Q8	JN-Q5	WN-Q2	平均值
马面裙	腰围	140.6	136	96	108	124	114	104	105	164	112	120.4
	底摆围	220	228	216	268	172	212	178	168	298	312	227.2
	裙长	97	89	99	92	97	95	90	92	102	85	93.8
筒裙	项目	JN-Q4	SX-Q4	SX-Q18	SX-Q29	SX-Q21	WN-Q6	SD-Q45	SD-Q19	ZY-Q24	JN-Q2	平均值
	腰围	86	79	93	126	85	85	86	112	74	68	89.4
	底摆围	140	158	200	140	162	138	136	132	190	240	163.6
	裙长	93	87	84	84	96	87	93	99	95	95	91.3

除了由马面裙改制而成的过渡性筒裙外，最终定型的筒裙裙身结构特点为从腰开始自然垂落，呈筒状或管状，故又称“统裙”“直裙”“直统裙”等。裙腰处一般设置腰省，也有直上直下、裙腰与裙摆同样宽度者，裙长一般介于膝盖与脚踝之间，底摆经常以流苏缀饰。筒裙的装饰，在色彩上以黑色和红色最盛，纹饰主要集中在裙身中下部。图 1-26 为民国黑绸牡丹刺绣筒裙，裙腰沿用了传统马面裙的结构，由浅蓝色棉布制成，尺寸较宽，但是裙身已变成直上直下的筒裙结构，底摆围度大幅度缩减。图 1-27 为民国红绸花卉刺绣流苏筒裙，裙身与图 1-26 中的筒裙一致，且纹章经营也为统一范式，但腰头变窄，且在裙摆增设了流苏结构，这也是当时女装筒裙的一大特色。

图 1-26 民国黑绸牡丹刺绣筒裙

图 1-27 民国红绸花卉刺绣流苏筒裙

下面以民国大红绸牡丹刺绣筒裙（图 1-28）为例进行具体考证。该筒裙在形制上，裙摆渐宽，裙腰宽与裙摆宽的差值相较图 1-26 中的筒裙更明显，且前后腰身处有多处打褶结构设计。面料以正红色真丝绸料为地，在裙身的正面、背面的中心，即对应人体裆部以下部位设置了一组以牡丹纹为题材的组合纹样，且前后对称，由此可见定型筒裙虽然在结构上有了质的变化，但仍然延续了传统正背面基本一致的设计范式。筒裙的腰头由粉白色格纹棉布制成，在前右侧中对应腰节处设置开衩，在腰头上设置了 2 副纽扣作为细节，且 2 副纽扣的扣子位置并不对齐，位于上面的扣子离中心线更近，离侧中线更远，这样可以使腰头闭合后更好地贴合于类似梯形的女性腰部，体现出当时服装设计对人体工程学的重视（图 1-29）。

（a）正面

（b）背面

图 1-28　民国大红绸牡丹刺绣筒裙

图片来源：广州博物馆藏品

（a）正面

（b）背面

图 1-29　民国大红绸牡丹刺绣筒裙形制

对民国大红绸牡丹刺绣筒裙的主结构进行测绘与复原（图 1-30），发现筒裙的腰围为 80.2 厘米，裙摆围 142.0 厘米，裙长（不含腰头）为 78.0 厘米，腰头宽 10.5 厘米，开口（不含腰头）长 18.0 厘米。此裙在前后腰身分别设置了 8 道和 7 道褶裥，形成了类似省道的适体效果。值得注意的是，虽然此裙在腰部采用了前后打褶的设计，但在原始结构上并未选用直上直下的矩形结构，而是在左右侧缝上增加了一定的弧度，达到基本的收省处理，以去除余量，使筒裙适合女性的腰臀及腿部的结构特征。

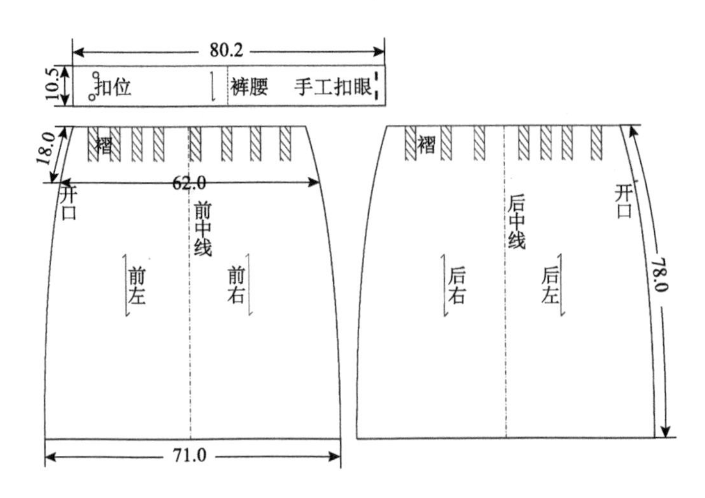

图 1-30 民国大红绸牡丹刺绣筒裙主结构测绘与复原（单位：厘米）

通过对大量传世实物及历史图像的视读和对比，得出此件民国大红绸牡丹刺绣筒裙的裙身结构是 20 世纪 20 年代以后定型筒裙的基本范式，即在类似梯形（也有直接采用矩形）的前后裙片结构上，通过对腰褶或腰省的增设，完成筒裙的结构设计，其变化主要体现在左右侧缝位置的细节设计上。在女裙结构设计及其裙内空间营造中，如果裙摆围与人体正常行走需要的尺度之间的关系设计不合理，会严重影响女裙的穿着舒适性。①定型筒裙的 H 形结构与传统马面裙的 A 形结构不同，底摆围度大幅缩减，裙内空间及余量急剧减少。据文献记载，“近今新式衣服，窄几缠身，长能覆足，袖仅容臂，形不掩臀，偶然一蹲，动至绽裂，或谓是慕西服而为此者”②。为解决此问题，定型筒裙通过对褶裥的创新利用，在保持筒裙基本廓型不变的前提下，极大地增加了裙摆的围度，不仅使裙身穿着后更富层次感，而且通过增加裙摆活动量实现了“裙内空间”③的创新营造。

与筒裙搭配的上衣以倒大袖上衣为主，鞋的搭配有绣花鞋、高跟鞋、皮鞋等不缠足的天足鞋类，以区别于传统马面裙、凤尾裙与缠足弓鞋的搭配。倒大袖上衣和筒裙组成的经典搭配，受到当时文明进步的女性喜爱，在校园乃至社会上广泛流行，参与五四运动的女性多数穿此套装，故也被称为“五四装”。④这种套装一改清末女装的繁复堆叠，裙身简洁利落，令

---

① 屈国靖，宋伟. 人体行走尺度对裙摆围度设计的影响及对策[J]. 服装学报，2017，2（2）：146-151.

② 杨米人著，路工选编. 清代北京竹枝词（十三种）[M]. 北京：北京出版社，2018：136.

③ 王雪筠. 裙空间的创造与设计[J]. 装饰，2015（9）：138-139.

④ 刘瑜. 民国“文明新装”及其与改良旗袍的流行更替研究[J]. 装饰，2020（1）：80-83.

图 1-31 民国时期户外着筒裙的两位女性
图片来源：1924 年《红玫瑰》第 1 卷第 8 期封面

人耳目一新。图 1-31 为 1924 年两位于户外着筒裙的民国女性，其筒裙长度高于脚踝，至小腿处，露出自然的天足，有利于女性参与各种社会活动，符合摆脱了数千年封建束缚的女性追求自由的时代要求。

图 1-32 为一套民国橙色织锦柿蒂纹“文明新装”，衣长 60 厘米，通袖长 123 厘米，下摆宽 55.5 厘米；裙长 99 厘米，腰围 81 厘米，下摆围 166 厘米。倒大袖上衣为圆领右衽斜襟样式，质地为橙色织锦面料，衣袖长直宽口，呈喇叭袖样式，衣身两侧开衩。衣身下摆加阔上翘呈椭圆状，在衣领、袖口、下摆处镶有装饰条。下装为一件橙色织锦质地筒裙，裙腰使用蓝色棉布制成，用纽扣系之，形似现代筒裙。前片装饰有四条装饰纹样，后片缀有两条装饰纹样，形制华丽精美，彰显女性审美情趣。柿蒂纹因其中一些花纹的形状像柿子分作四瓣的蒂而得名，亦称柿蒂形纹。柿蒂纹起源极早，我国古代的陶器、青铜器上已经可以见到，它兴起于春秋战国，流行于汉代，汉代以后变成服饰上的装饰，明代就把柿蒂纹装饰在华服上，成为美丽衣裳，直至现代还有很多华服爱好者推崇这种纹样。

图 1-32 民国橙色织锦柿蒂纹“文明新装”

图片来源：广州博物馆藏品

图 1-33 是一套民国大红缎彩绣花卉纹“文明新装”，衣长 59 厘米，通袖长 114 厘米，下摆宽 61 厘米；裙长 89 厘米，腰围 76 厘米，下摆围 157 厘米。倒大袖上衣为大红色缎面质地，里料为浅蓝色绸地，呈交领右衽斜襟样式，衣袖为长直宽口喇叭形，衣身两侧开衩，在衣领、衣襟、袖口处装饰蓝底绣花卉纹样。在衣袖中侧处绣有五种团花纹样，取其中吉祥寓意，并在靠近袖口的一段绣有蝴蝶花卉纹样，生动形象，栩栩如生。女袄视觉中心绣有花卉纹样，向四周延伸开来，并在左右各绣有小面积流线型团花纹样，内容丰富。下装为筒裙形制，质地与上衣一致，为大红色缎面质地，裙头为弹力松紧，有收腰处理，形制似现代女性筒裙，裙摆呈圆弧形，在下摆处绣有多种花卉纹样，寓意吉祥，表现出设计者不遗余力地使纹样成为寄托穿着者意念的媒介之一。

图 1-33　民国大红缎彩绣花卉纹“文明新装”
图片来源：广州博物馆藏品

第三节　时尚革新：改良旗袍应运而生

袍属衣裳连属之制，战国时衍生于深衣，并在后世数千年中主要为男性所服用，女性尤其是汉族女性几无着袍的风尚。直至民国，这种局面被打破，女性开始“效仿男性”着袍，谓之旗袍，并改良设计出卓尔多姿的多款经典样式，流行于雅俗之间、中西之域，成为民国女性最具代表性的服饰形制之一。

一、民国旗袍的时尚与接受美学

旗袍是民国女装的代表性款式，引领了一个时代的审美风尚，为近现代国内外所广泛认可和接受。研究以接受美学[①]为方法，引入“走向读者”“期待视界”“空白召唤”等学理，从大众审美的角度阐释民国旗袍在设计细节、流行规律及流行意义上是如何被接受和建构的，以期为新时代中华服饰文化承扬传播及华服创新设计提供借鉴思路。

（一）时尚细节：“走向读者”与旗袍设计之美

“走向读者”是接受美学的根本性转移，是方法论的最佳变革，将人类主体性的弘扬从少数作者转向广大读者。审美重点也因此转移到读者及其阅读活动上，考察读者参与作品意义的创造和实现。这是生动的人本主义美学，提出不管是文学书写还是艺术创作最终都无法脱离对人的解放的总体目标。民国旗袍之所以能够流行百年而不衰，与其走向读者、关注人本的设计细节密不可分。

“式、色、质”是旗袍细节设计三大要素。“式”即样式，传统女性服装保守拘谨、线条平直、宽衣博袖，鲜少顾及穿着合体性及舒适性。旗袍虽在流行初期也以腰身与肩阔、股围三处同宽的“直线型”为通常之式，但其穿后余量已大大减少。随后改良的“曲线型”更贴合于人体，使腰细股大，显现弯曲之势，首次将女性身体曲线美公布于众，俘获了民国女性芳心。因此旗袍式样演变是女性身体解放下的一次曲线革命。

“色”包含色彩与纹样，所谓“远看色彩近看纹”，旗袍视觉美性还体现在其“色”的去繁从简上。1928 年《国货评论刊》云，“人类学上之考察，吾人之衣裳进化，是由简单而繁复，由繁复而复于单纯。吾辈言美的进化，下等动物所被（披）之皮壳，多系呈复杂之色彩，而上等动物，则多为纯洁高雅之色……故中古之衣，如我国之衮裳，日本之狩服，皆作极复杂之花纹，而所绣之日月星辰，山龙华虫藻米风火宗彝黼黻之属，尤极支离……皆系动物崇拜之蛮性的遗留”，指出民国“妇女仅以植物图案为衣饰，色彩则鄙强烈而崇淡雅，反‘对比’而尚‘同种’”，纹样设计形式“取直线而带弯曲之圆味，化（花）边与图案皆取几何形体，作凤鸟图案而不取凤鸟之形，但取其内所含之优美曲线”。[②]旗袍纹样一改传统繁复的衣饰法则，崇尚简约的设计理念，设计有东方意味的几何类图形，逐渐成为主流。

---

① 接受美学或称接受理论，滥觞于 20 世纪 60 年代中期，由德国康士坦茨大学 H. R. 姚斯和 W. 伊泽尔等以现象学与阐释学为基础首倡，认为美学研究应关注读者对作品的接受及反应，强调读者的主观能动性，推崇把作品放置于“历史-社会”环境下去考察，使接受者参与作品意义的创造和实现。

② 衣之研究[J]. 国货评论刊，1928，2（1）：2.

“质”即材质，旗袍质料流行的设计细节集中体现在两方面。

第一是材料精减。以前女性一套衣裳（裤），一般需布一丈二尺，现一件旗袍只要八尺，且以前两件衣服的做工现也改为一件，这是经济上的优势。

第二是材料类型与风格多元。除传统手工丝、棉、麻，一度流行机织化纤及凸显身材的轻薄透亮面料，如蕾丝、玻璃等。蕾丝旗袍由蕾丝制成，内里为真丝，或不加内里；玻璃旗袍由玻璃原料造成，透明而薄，如蜻蜓的翼，将女性身体美及曼妙曲线表现得淋漓尽致。[①]

表 1-3 结合传世实物与历史图像资料，相互佐证，梳理出民国旗袍代表性设计细节。

表 1-3　笔者征集民国旗袍代表性设计细节梳理与图像考证

设计品类	流行细节	传世实物资料考证		历史图像文献考证	
		传世实物	细节窥探	图像视读	图像文献出处
造型设计	曲线型	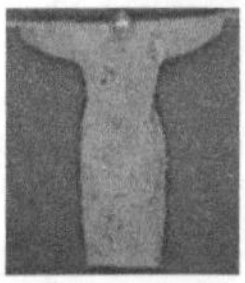			《图画晨报》1932 年第 24 期封面
	倒大袖型				《山西省立第一女师范参加秋季运动之篮球队全体队员》，《世界画报》1929 年第 168 期，第 3 页
	短袖型		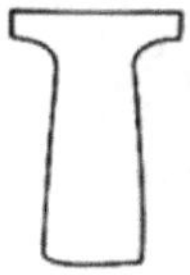		《文华》1934 年第 52 期封面
	无袖型	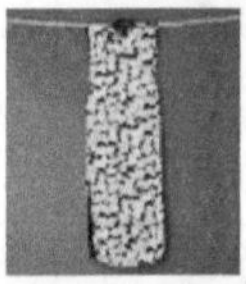			《永安月刊》1939 年第 2 期封面
	双襟型		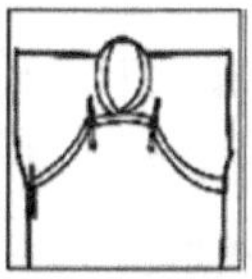		《永安月刊》1941 年第 73 期封面

① 瀛海珍闻：穷心穷务的生财大道：蛇业奇闻、摩登玻璃装、橡皮女人[J]. 康乐世界，1939，1（2）：36.

续表

设计品类	流行细节		传世实物资料考证		历史图像文献考证	
			传世实物	细节窥探	图像视读	图像文献出处
纹样设计	自然纹		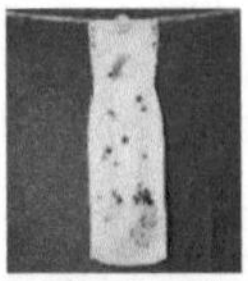			《美术生活》1936 年第 22 期封面
	几何纹	波点	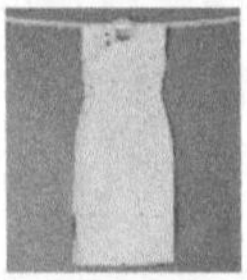	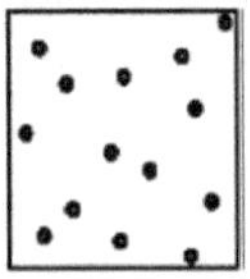		《小姐》1936 年第 1 期封面
		条纹				刘旭沧:《天然色摄影》,《万象》1934 年第 2 期，第 41 页
		格纹		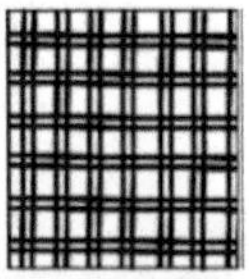		《明星》1936 年第 4 卷第 3 期封面
	印花工艺					《上海生活》1930 年第 7 期封面
材质设计	土布					陈天石:《丁照明女士、陈明坤女士游商民乐园之泮水》,《号外画报》1937 年第 988 期，第 2 页
	织锦			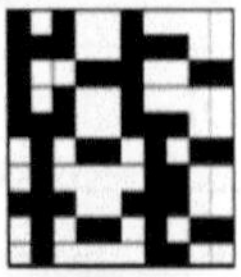		《永安月刊》1943 年第 51 期封面
	裘毛					《号外画报》1937 年第 927 期封面
	蕾丝					《永安月刊》1945 年第 72 期封面

续表

设计品类	流行细节	传世实物资料考证		历史图像文献考证	
		传世实物	细节窥探	图像视读	图像文献出处
材质设计	化纤				《上海生活》1930年第5期封面

接受美学中，接受体验是作品走向读者后第一实践。姚斯倡导走向读者的核心理念即强调读者主动性体验的重要性。封建社会依附男性的女性没有独立人格，其服饰鲜有能动性。旗袍经过“式、色、质”细节设计，给当时女性带来前所未有的审美体验。尽管有针砭旗袍的声音，女性也是断不接受的。1926年孙传芳曾禁止女子穿旗袍，认为旗袍是旗人服式，败伤风化，汉人不应取法，违者处罚[①]，这在当时激起女性的极大反对：其一，旗袍确系旗人服式，但男子所穿西装非但是西人服式，还是异国服式；其二，当时一般成年女子多不穿裙，与其不穿裙而穿短衣，还是穿旗袍较为得体。讽刺的是，时年6月孙传芳携夫人游玩西湖时，夫人竟身着旗袍。莫说国人，连其妻对禁令也是不接受的，这也是旗袍变迁史中仅有的一次官方质疑。旗袍成功的细节设计使其走向流行成为必然。1929年颁布的《服制条例》规定女子礼服有旗袍和上衣下裳两种，官方第一次描绘旗袍“齐领，前襟右掩，长至膝与踝之中点，与裤下端齐，袖长过肘，与手脉之中点，质用丝麻棉毛织品，色蓝，钮（纽）扣六”的细节，并指定旗袍为女公务员制服，“惟颜色不拘”。[②]1939年颁布的《修正服制条例草案》，在女子礼服、制服和常服中出现更多对旗袍细节的详细论述。[③]因此，虽然在旗袍流行伊始曾出现反对的声音，但这种声音是少数和暂时的，并未阻碍旗袍的推广和流行，从官方到民间，旗袍流行已蔚然成风，旗袍已然成为女性的标准制式服式。

姚斯曾提出：“文学史的重建要求排除历史客观主义的偏见，变以传统的创作与再现美学为基础为以接受和效果的美学为基础。文学的历史性并不取决于对既定‘文学事实’的组织整理，而是取决于由读者对文学作品的不断体验。”[④]旗袍作为立足传统的新式设计，民国女性对它的接受和

---

① 孙传芳禁止女子穿旗袍[J]. 良友，1926（2）：8.

② 中央法规：服制条例（附图）[J]. 福建省政府公报，1929（94）：24-28.

③ 张竞琼，刘梦醒. 修正服制条例草案的制定与比较研究[J]. 丝绸，2019，56（1）：94-102.

④ 转引自张廷琛编. 接受理论[M]. 成都：四川文艺出版社，1989：1.

审美体验才是其时代价值和意义的基础，而非“旗人袍服”的狭隘历史偏见。民国旗袍通过成功的细节设计建构了近代女性服饰文化及社会风尚。

（二）时尚规律：女性“期待视界”与旗袍日益革新

接受美学认为，穿着者对服饰理解和接受的过程即服饰实现意义和价值、发挥社会作用的过程。穿着者在接受一件服饰时，因个人欣赏经验的影响会对其产生一种期望模式，即“期待视界”。“期待视界”的产生受穿着者对服饰发展历史、当下服饰流行变化及社会环境、审美理想、品位爱好、个人素养等的综合影响。成功的创新作品只有满足甚至超越或否定人们熟悉的“期待视界”，才能引起审美差距，形成“视野变化”，并且一旦被人们理解和接受，便会成为新的风尚。而这种新建构的风尚随着时间的推移和人们的熟悉会愈发自然和普遍，成为熟悉的审美经验并进入未来的“期待视界”，作为新阶段“视野变化”的参考值。因此，服饰风尚是在人们不断发展和更新“期待视界”的过程中，通过人的行为活动实现实质性突破，从而推动服饰流行的历史进程。因此，民国旗袍广泛流行而不衰，就在于其日益革新的表象背后充分满足和超越了女性的“期待视界”。

旗袍在流行之初本是冬季才穿的御寒衣物（图 1-34），后来“这冬令的旗袍就应用到春令，更从春令到夏令，再从夏令到秋令，而还到冬令，遂为一年四季可以穿着的一件普通的女子衣服”①。民国旗袍在时令上从冬季扩展到一年四季，满足了女性对旗袍的不同时间的“期待视界”，产生“妇女无论老的少的幼的差不多十人中有七八人穿旗袍”②的流行景象。此外，“期待视界”还通过不断的艺术创作改变欣赏者的审美经验，使艺术作品“陌生化”。③旗袍流行的规律潜藏在极速推陈出新的艺术创作中。1928 年“旗袍盛行于春申江畔，还不过是三四年间的事，可是虽然只有这仅仅的这四年，而旗袍的变化百出，日新月异，也就足以令人闻而骸（骇）异了……她们极迅速地翻来覆去，只是在滚边、花边、宕条、珠边等上面用工夫，简直把人弄得眼花缭乱……不过这一种样子虽然正在流行，姐妹们做得起劲，穿得起劲，认为最时髦的当儿，而另外一种样子的旗袍，亦已经酝酿多日”④。1933 年，上海旗袍的流行更是“时时刻刻跑在时代前面的，进步的，有时连时代都赶不上她的。两截衣服被打倒了，

---

① 尢怀皋. 十五年来妇女旗袍的演变[J]. 家庭星期，1936，2（1）：7.

② 周瘦鹃. 旗袍特刊：妇女与装饰：我不反对旗袍（附图）[J]. 紫罗兰，1926，1（5）：2-3.

③ 程孟辉主编. 现代西方美学（下编）[M]. 北京：人民美术出版社，2000：1033.

④ 旗袍的美[J]. 国货评论刊，1928，2（1）：2-4.

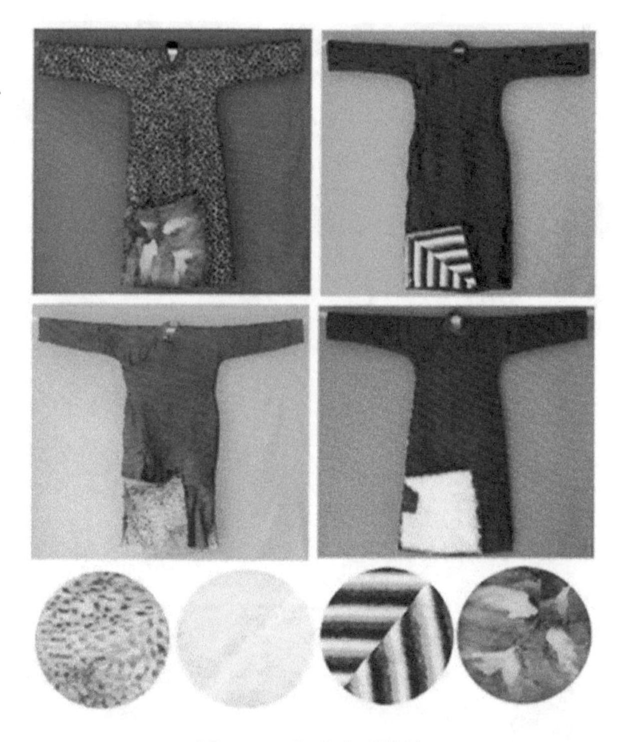

图 1-34 冬季夹毛旗袍

立刻来短旗袍，一下，短旗袍被打倒而变成长旗袍，镶边呀、花钮呀，正在够味的时代，又有人出来揭竿喊打倒了……上海女人的衣服一天天在越奇幻，越普遍，越疯狂”[①]。倒大袖旗袍（图 1-35）、一字襟旗袍（图 1-36）等娉娉婷婷、窈窕轻俏的各式旗袍接连创新，可见民国女性的革新和创作力度之大。

通过梳理传世实物不难发现，民国时期的旗袍廓型一直处于变化之中，即从宽衣直线向窄衣曲线演变（图 1-37）。此外，1937 年上海出版发行的以描绘女性生活风尚为主的《沙乐美》画刊刊载《旗袍的成功发展史》专页，详尽描述了 1930—1936 年旗袍随时代潮流更迭产生的造型演变，指出旗袍的流行与接受得益于其“质、色、式”的不断流动和变化，女性通过质料轻厚的判明、颜色花样的选择及式样做法的变化[②]，制作出各自喜欢的旗袍。因此设计细节的流动与演变，不仅是女性身体解放下的服饰革命，契合了女性的审美经验，更是民国旗袍广泛流行而不衰的重要规律。

---

① 凤兮. 竹头木屑：二、跑在时代前面的旗袍[J]. 女声（上海 1932），1933，1（22）：13.

② 龚建培.《上海漫画》中的旗袍与改良（1928—1930 年）[J]. 服装学报，2019，4（1）：66-72.

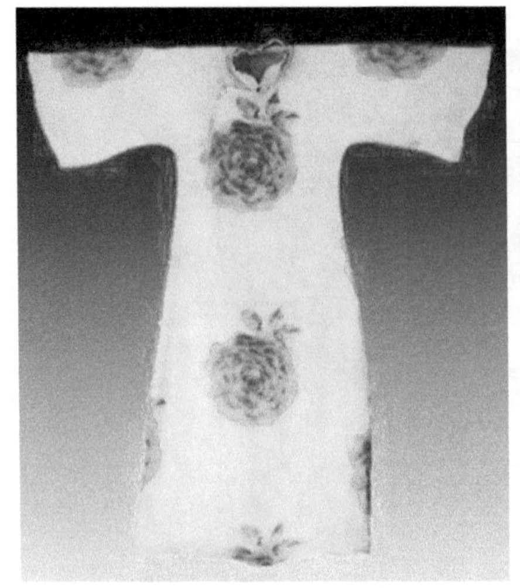

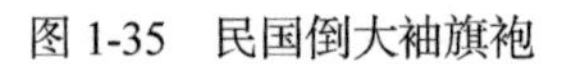

图 1-35　民国倒大袖旗袍

图 1-36　民国一字襟旗袍

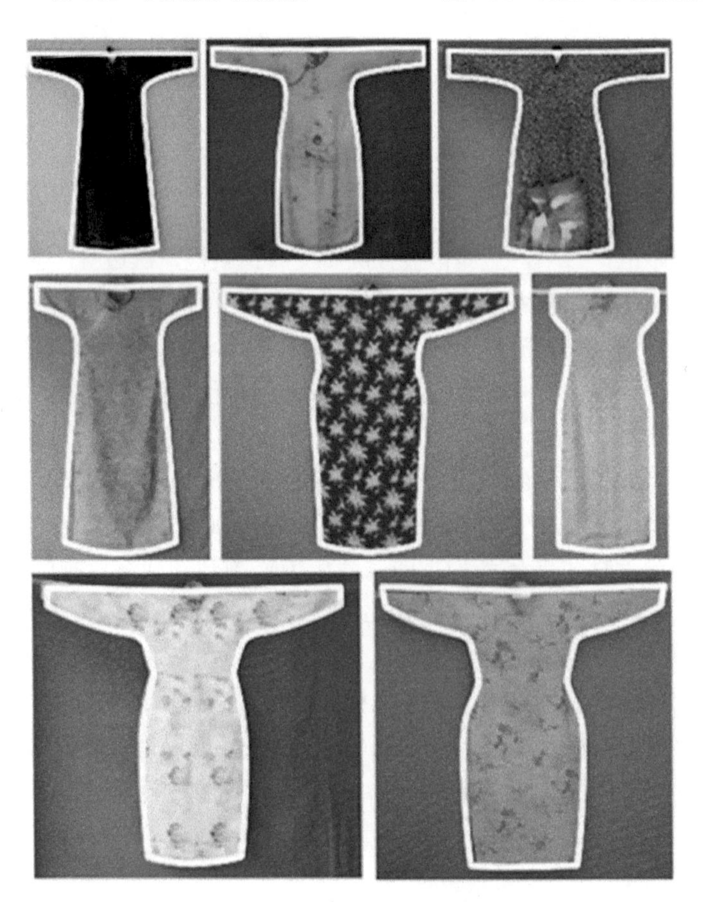

图 1-37　民国时期旗袍实物的曲线变化

（三）时尚意义："空白召唤"与旗袍流行普及

在接受美学中，成功的艺术作品要多留空白，构建开放结构。接受美学中的"空白"指文本中由读者想象填充的"未言部分"，或未定"空域"，不易察觉，隐藏在文本结构中。之于服饰，"空白"越多，包容性越大，这些"空白"会随着接受者赋予的意义而呈现不同的特点和审美趋向。同一件服饰也会因穿着者不同的性格、文化修养和外貌及搭配方式等表现出不同意义和效果。然中国服饰自黄帝、尧、舜垂衣裳而天下治伊始，被附加太多符号所指，如政治、等级、人伦、贫贱等，人们通过衣裳体现皇权、父权思想。封建社会中，服饰被视为治理国家、规训女性、营造秩序社会的重要工具，其设计没有任何空白和空缺，且界限分明，律法森严，十分警惕模糊性。传统服饰烦琐细节的堆砌淹没了女性的身体，忽视了服饰的功能。

旗袍的发明与流行，历史性地打破了这一服饰传统，突破了数千年来传统服饰的政治性附加，不仅在设计上对女性身体大松绑，实现设计自由，在美学上也通过不同穿着者对旗袍文化韵味的不同诠释及展示，腾出更多"空白"空间和结构。面对同一流行风尚，不同阶级及场景下的人可以有不同的解读，促使旗袍的流行凸显出模糊性的特征。这种模糊性使服饰风格在雅俗之间的界限不再泾渭分明。民国影星宣景琳女士曾说："最适于中国妇女的服装，还得算是旗袍，旗袍可以说是最普遍而绝无阶级的平等服装，即便是出席盛宴，也不会有人指责你不体面，在家里下灶烧饭，也没有人说你过于奢华。"[①]旗袍的"留白"和"模糊性"体现了其雅俗共融的流行特性，使其成为女性广为接受的服饰形制，也因此具有了"永存于时代的特性"，至今仍被人津津乐道。从民国遗留的摄影及画作中，随处可见女性着旗袍的身影，如《文华》1933 年刊出一组女性生活场景图，五位不同体态的女性穿着各式旗袍，或在壁炉旁读书，或在火炉旁工作（图 1-38）。

"空白召唤"下旗袍的流行在民国后期还突破了中和西的藩篱，建构出来的东方风韵逐渐被西方女性所接受和推崇，引起国外小姐太太们的极大兴趣。"尤其在美国，时髦小姐已有很多穿在身上，而世界电影之都的'好莱坞'，一般电影红明星，更不肯落于人后，竞相采用，而且别出心裁，式样各殊。"在法国，"中国小姐的旗袍，也很风行一时，长及足踝，

---

① 转引自陈听潮. 旗袍是妇女大众的服装（附照片）[J]. 社会晚报时装特刊，1911：20.

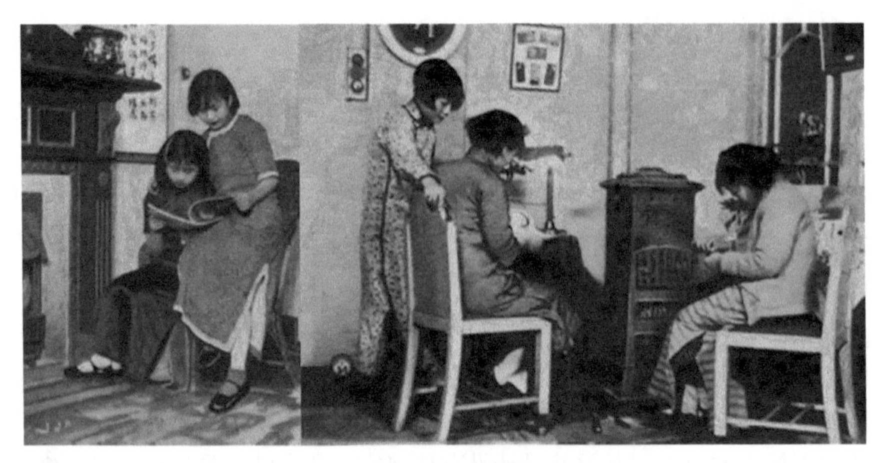

图 1-38 1933 年艺术摄影中的旗袍①
图中从左往右依次为方啸霞、方咏如、何喜孙、蔡爱玲、何定仪女士

领圈装置钮（纽）扣，而尤以中国‘第一夫人’宋美龄女士的衣着作为她们的蓝本，做成新装了。因为她们公认富具有东方的美，且非常简便朴素，美观和大方”。②此外，民国旗袍还盛行于英国、日本等国家。旗袍足够开放的结构，为女性带来了极大的改良空间，其极大的包容性跨越了文化和民族的差异，实现了旗袍本土文化及时尚流行的海外传播。

二、民国旗袍的历史与符号价值

民国是传统与开放、时尚与复古并存的历史时期。在当时不稳固的政治和社会背景下，外来文化对我国传统文化的冲击造就了逐渐开放、除旧布新的局面，中西方服饰文化经历了摩擦与冲突，有继承，有发展，有排斥，有融合，有保留，有创新，对旗袍文化与时尚艺术及审美观产生了不同程度的冲击，使当时民国时尚风格整体呈现“新旧并行、中西交融、多元发展”的历史特点。

（一）历史承扬的厚度：本位思想下民族特色符号

“民族之生存尚有赖于文化。”③晚清以来，在饱受帝国主义压迫的中国，以爱国精神为主流的民族主义成为中国文化的重要主题，民国以后更是以此为主旋律。④在全球化文化杂糅与激荡的时代背景下，社会精英及

① 朱顺麟. 炉子种种：五幅照片[J]. 文华，1993，（35）：2.
② 李美. 旗袍风行好莱坞（附照片）[J]. 周播，1946（3）：15.
③ 郑师渠，史革新. 近代中西文化论争的反思[M]. 北京：高等教育出版社，1991：328.
④ 黄兴涛主编. 中国文化通史·民国卷[M]. 北京：北京师范大学出版社，2009：41.

学者关于新旧文化及思想的争论层出不穷，尤以“本位”思想为重，诸如“世界本位”“中国本位”[①]“个人本位”“社会本位”[②]“阶级本位”[③]“权利本位”“义务本位”[④]“艺术本位”[⑤]“家庭本位”[⑥]“夫本位”“妻本位”“儿童本位”[⑦]等。时人以此为理论依据，对中西方交流中的艺术、文化等发展与创新问题展开研讨。与此同时，随着西方文化引入与传播的广泛和深入，人们越来越清醒地意识到保持和发展中国文化的民族特点、根据中国国情及民族习性来消化吸收西方文化的必要性和重要性。[⑧]因此以“民族化”和“中国化”为内核，期盼民族及文化复兴的“中国本位”思想被书为典型，成为指导和引领旗袍与民国时尚发展演变的核心价值。旗袍是国人在历史发展与社会实践中传承创新的产物，融合了民族信仰、民族自尊与心理依赖。费孝通曾指出：“（一个民族）总是要强调一些有别于其他民族的风俗习惯、生活方式上的特点，赋予强烈的感情，把它升化（华）为代表这民族的标志。”[⑨]旗袍便是服饰及生活民俗中的典型标志，其蕴含的物质和精神文脉体现了中华民族的共性情感。

虽然“中国本位”的对立面是“世界本位”，但这并不代表“中国本位”漠视对西方文化的吸纳与融合。何谓“中国本位”？樊仲云解释，“所谓中国本位者，一方面表示着中国国民意识的觉醒，而另一方面，则其义为中国的近代化，一切当取决于中国当前的需要”[⑩]。这也是本书讨论的基本前提，亦即决定了传统服饰及旗袍发生改良的可能性与现实性，甚至是必然性。易言之，正是西方文化的涌入，促使中国服饰（旗袍）或被动、或主动地开展设计改良。在中西服饰的“二元”分化中，人们不去直接选择“更先进”的西服，而是选择“不合时宜的”传统服饰对其进行“费心费力”的改良，这是由“中国本位”思想决定的。不难看出，对本民族传统文化保有强烈留念及充分自信的“中国本位”思想，是民国时期传统服饰能够不厌其烦地开展设计改良、旗袍能够创制和迅速流行的内在动力。

---

① 樊仲云. 中国本位与世界本位[J]. 新人周刊，1935，1（23）：5-6.

② 杨栋林. 个人本位与社会本位[J]. 国立北京大学社会科学季刊，1923，1（4）：653-670.

③ 中坚信箱：中运是民族本位的、不是阶级本位的[J]. 中坚，1947，3（2）：30.

④ 何景元. 从权利本位说到义务本位[J]. 社会半月刊（上海），1934，1（6）：29-34.

⑤ 昌公. 中国本位文化的艺术宣传[J]. 汗血周刊，1935，4（8）：116-117.

⑥ 张金鉴. 新时代与新政治[J]. 国风（重庆），1945（49）：2-7.

⑦ 安部矶雄. 儿童本位的家庭（一）[J]. 张静，译. 晨报副刊：家庭，1927（2099）：7.

⑧ 黄兴涛主编. 中国文化通史·民国卷[M]. 北京：北京师范大学出版社，2009：46.

⑨ 费孝通. 关于我国民族的识别问题[J]. 中国社会科学，1980（1）：147-162.

⑩ 樊仲云. 中国本位与世界本位[J]. 新人周刊，1935，1（23）：5-6.

1912 年，首部《服制》[①]规定：男性礼服乙种为传统褂、袍式[②]（窄衣化）；女性礼服统一采用传统上衣下裳。按规定，男性礼服“中、西”可二选一；女性唯中式一种，即改良后的“窄衣化”服饰。随后，在 1929 年中央法规公布的《服制条例》中，男性礼服为中山装[③]；女性礼服分甲、乙两种可选样式，其中甲种便为旗袍样式，并详细规定了旗袍的设计细节。在有关女性公务人员的服装规定中，声明除非各公职部门有特别规定外，一律穿着旗袍这一种样式，且旗袍除色彩外，其他细节同礼服一致。[④]此外，在学生服装中，旗袍同样是女生的首选。旗袍能够在一个时间段内成为不同群体、不同职务、不同年龄女性在不同场合下的集体选择，并且受官方认可及推广，实属罕见。这也反映了传统服饰设计改良的接受度及影响力。

需要强调的是，“中国本位”思想也不是对传统文化的全盘继承与复刻。1935 年，王新命等十位教授发表《中国本位的文化建设宣言》，提出“此时此地的需要，就是中国本位的需求”，应该“不守旧，不盲从，根据中国本位采取批评的态度，应用科学方法，来检讨过去，把握现在，创造未来”，对传统文化“存其所当存，去其所当去”，提醒同行及世人要客观地、历史地、唯物地看待问题。[⑤]如前所述，晚清等传统服饰已经无法适应民国的新生活，对其改良或直接舍弃是时代的必然选择。因此，笔者以为民国时期的“中国本位”思想，实际上就是一种改良思想。

在历史的演进中，旗袍尽管擅于改良，甚至在细节上瞬息万变，但始终保留了作为中华民族文化传统的符号标识，如立领、盘口、平面裁剪、连袖、镶滚装饰等。因此，民国旗袍在当时的国际语境中，不是简单的“拿来”，也不是粗略的排斥，而是立足民族传统的时代革新，是根植“中国本位”思想的深刻思考，最终形塑了传统服饰设计改良的内在动力。时人通过对旗袍的集体选择与改良创新，在西风东渐的时代洪流下最大限度地延续了传统、创造了特色，并使其成为新的时尚，继续服用于人。

---

① 《服制》中规定男女服饰款式等细节略，详见服制（附图）[J]. 政府公报，1912（157）：4-9.

② 至民国中后期，长袍、长衫、马褂等传统男装经典仍是大中城市男子主要服饰，以及一般城镇乡村男子最普遍的服饰。其中马褂于 20 世纪 40 年代后流行式微，长袍、长衫则一直流行至中华人民共和国成立。参见丁锡强编著. 中华男装[M]. 上海：学林出版社，2008：238，247.

③ 同样作为中西融合的典型——中山装创制后，长袍马褂流行度减弱，但影响力仍不容小觑。

④ 服制条例（附图）[J]. 交通公报，1929（33）：34-40.

⑤ 王新命，等. 中国本位的文化建设宣言[J]. 东方杂志，1935，32（4）：81-83.

（二）平等自由的深度：关注女性主体的性别符号

在封建社会中，服饰的时尚导向是由上而下的，由统治阶层缔造和维护。至民国时期，时尚创造一反过往模式，颠覆为由社会大众及女性活跃者引领、助推和制造。[①]之所以发生这种转变，就是因为由“物”及“人”的服饰设计思想发生了变革。新文化运动的开展，“民主”与“科学”[②]的理念推进了国人思想的解放，服饰设计中以人为本的现代性被逐渐构建，即展现民主风尚与科学主义的服饰设计文化。[③]民国时期，社会风气开化，提倡平等，女子禁止缠足，开始上学堂，走上工作岗位，她们从幽闭的秀房中“跳”出来演电影、作手艺、做买卖、当教员，乃至做官吏、当舞女。这些人有着完全不同的眼界和审美。同样，随着生活方式的改变，女性对服装的要求也与以前不同，对女性新的评价标准不只是其女工的好坏，对女子外貌的审美回归到健康的层面，所以女子对自己外形的装饰也更加注重表现身体的美感。[④]一些有社会地位、有学识、有新思想的女性成为时尚的带头人。

中国妇女服饰在辛亥革命后大多仍保持上衣下裙形制，可能由于当时反清情绪和社会变革，旗袍穿着相对较少。五四运动后，妇女解放风潮兴起，女性接受教育程度与之前相比大幅提高，从家庭走向学校或社会岗位。女装开始发生变革，向男性服饰靠拢，穿着与男性袍服类似的长袍遮盖住女性特征，外轮廓线与男子极似，呈 A 形。当时有人评论走在大街上的人皆是清一色长袍，从服饰上难以区分性别。此时旗袍造型正处于从传统走向变革的萌芽期，以传统的平面、直身形式为主，只在袖肥和缘饰上向简约过渡。平胸、低腰、低胯的旗袍毫无修饰身材的作用。由此可推断出，初期的旗袍是简约偏中性风为主的设计风格。

旗袍自 20 世纪 20 年代始被局部创新，采用传统归拔及收腰等手法使整体造型趋向适合人体曲线造型，后也采用西式省道的裁剪工艺，使人体曲线更加明显，在领、袖上采用荷叶领、西式翻领、下摆褶皱等西式服装

① 王志成，崔荣荣，梁惠娥. 接受美学视角下民国旗袍流行的细节、规律及意义[J]. 武汉纺织大学学报，2020，33（6）：54-59.

② 中国人对“民主”与“科学”的追求并不始于民国时期，但以此为核心作为现代性追求并深植于文化价值观念，发生在民国时期。参见黄兴涛主编. 中国文化通史・民国卷[M]. 北京：北京师范大学出版社，2009：35.

③ 杨青泉编著. 中国设计文化百年史[M]. 南京：南京师范大学出版社，2018：33.

④ 卢杰，崔荣荣. 民国时期女装中的简约思潮及原因解析[J]. 武汉纺织大学学报，2015，28（4）：22-24.

常用的细节造型元素。平面裁剪的一片式旗袍，线条流畅优美，节省人工和衣料，人人都可以做得起、穿得起。旗袍能够迎合高矮胖瘦各种身材，适用于多种场合。不论是日常服装，还是舞衣、制服，旗袍都极具适配性。因此，旗袍很快席卷整个社会，从学生至女工、从平民至上流名媛都开始穿着旗袍。“服分等级，饰别尊卑”的封建理念不复存在，旗袍成为民意所向。

旗袍之所以“经典”，是因为它在展示女性曼妙“美”的同时，又恰到好处地遮掩了其中过分的“性”感。它可以反映一个人最自然的状态、动态的美、静态的美。这种美并非由紧紧的衣身束缚出来的，而是由内而外散发的一种典雅高贵。衣服是人的第二层皮肤，旗袍就像是一种女性的修行，它是东方文化在服饰上的杰作，是含蓄的民族性格的生动体现。

旗袍满足了民国女性对着装自主性和自由度的选择要求，在旗袍盛行的时候，许多女性会为自己量身定做心仪的旗袍。对旗袍爱到极致的文学才女张爱玲，不仅喜欢购买成品旗袍，更喜欢亲自绘制旗袍设计图交给上海的知名裁缝张兆春进行定制。随着时代的深刻觉醒，女性更清醒地意识到自身所向往的未来，不是以女人的身份或资格去行动和主宰一切事物，而是追求人类本性的自然绽放，以理智为盾进行思想辩护，让灵魂自由翱翔，无拘无束地展现其智慧、能力和美丽。可以说，旗袍的出现和盛行正是呼应了那个时代的女性需求。张爱玲曾说：“对于不会说话的人，衣服是一种语言，随身带着的是袖珍戏剧。”[①]旗袍在她的小说中也是出现频率最高的道具。至今为止，旗袍依旧被视作具有深厚东方传统的经典服式，散发着独立自主又别具中华民族文化魅力的韵味。

（三）创新设计的力度：移风易俗的时代创新符号

民国时期，整个社会思潮呈现纳新、求变、革旧谋发展的开放动向。在华传教士充当了海派时尚文化的传播者，感染并改变着国人的穿衣习惯与日常风俗。新颖独特的西方服饰及风俗习惯与民国延续的旧衣冠旧风俗形成鲜明对比，国民试图改变旧式的服饰面貌而崇尚代表着现代、简约、适体的西洋服饰观念。随着社会的进步，海外留学知识分子作为民国的新派人物和西风东渐的传播者，他们习得新鲜的思想与海派知识，促成民国社会与文化的转型。他们从自身剪辫易服、着西装，表达了毅然革旧俗、立新装的政治立场，将西方以人为本的着衣理念与风俗习惯同时引入中

---

① 文君. 张爱玲传[M]. 北京：中国长安出版社，2011：218.

国，成为国民竞相效仿的着衣典范。当时服饰现象呈现“西风（俗）东渐”和“改革易俗”的状况，“西装东装，汉装满装，应有尽有，交杂至不可言状”[①]。“趋新求变”的风气逐渐主导了社会风尚，也加速了废弃传统服饰遗留陋俗的进程。在《清稗类钞》中也记述了西风东进的趋势，“围裙，腰肢紧束，飘然曳地，长身玉立者，行动袅娜，颇类西女”[②]，这些都表现了服饰开化先进的审美趋向。

民国时期的女装变革正是建立在打破内部旧有陋习基础之上的，有识之士自清末以来一直推动摒弃束缚女性健康的缠足和束胸，倾力改革这些陈旧的服饰风俗。1912 年 3 月，政府以法令形式发出禁缠足的文告。[③]此后又在 1916 年与 1928 年分别颁布了《内务部通咨各省劝禁妇女缠足文》与《禁止妇女缠足条例》，将摒弃陋俗事象上升为国家意志，通过法律的方式极力反对裹足，强制制止摧残妇女的裹脚鞋、弓鞋，积极倡导放足以解放女性身体。经过政府法令的强制执行与民间开明社团的引导，除偏远山区外，城镇妇女皆天足或放足，千百年来套在女性身上的枷锁终于被打破。随之兴起对天足及人体自然形态美的追求，西式塑胸内衣逐渐在城市推广，新的服饰文明风尚逐渐在城市妇女中流行。

在诸多外来文明与时尚风俗的思想观念影响下，旗袍呈现史无前例的创新力度。20 世纪 20 年代初，旗袍开始普及。这一时期的妇女上衣腰身都比较窄小，领高较低，衣服下摆制成弧形。在领、袖、襟、摆等部位缘饰以不同的花边。袖口逐渐缩小，滚边不似之前宽阔。从线性艺术的角度来看，装饰线条有着由厚重沉闷转为灵动简约的美感变化。至 20 世纪 20 年代末，旗袍向西式曲线风格过渡，出现较为明显的造型改变，变成一种具有独特风格的妇女服装样式：部分衣长缩短，衣身开始贴身适体，身侧腰、臀处开始出现曲线轮廓，臀部凸出，下摆向内收量，原本外开的 A 字廓型演变为直线形的 H 廓型。

20 世纪 30 年代是旗袍最为兴盛的时期，也是公认的旗袍款式最为经典的时期。大襟右衽，盘扣结系，高领短袖，下摆长及足背，两侧开衩，领子、门襟、袖口、下摆、开衩等多有或繁或简的滚镶装饰，也成为之后旗袍转型变化且开始流行的依据。当时的样式变化主要集中在领、袖及长

---

① 大公报·闲谈[N]. 1912-09-08.

② 徐珂编撰. 清稗类钞[M]. 北京：中华书局，2003：6202.

③ 中国社会科学院近代史研究所中华民国史研究室，中山大学历史系孙中山研究室，广东省社会科学院历史研究室合编. 孙中山全集·第二卷：1912[M]. 北京：中华书局，1982：232.

度等方面。[1]曹聚仁曾在《上海春秋》中写道："一部旗袍史，离不开长了短，短了长，长了又短，这张伸缩表也和交易所的统计图相去不远。怎样才算时髦呢？连美术家也要搔首问天，不知所答的。"[2]可见当时的设计创新甚至都赶不上时尚需求了。

20 世纪 40 年代，旗袍逐渐取消袖子，出现了无袖旗袍，更为开放和暴露。整体衣长缩短长度并降低领高，呈现质朴的装饰，露出修长白皙的手臂和脖颈，旗袍更加轻便适体，体现女性三围曲线变化。旗袍运用了西方剪裁，出现了"省"，这种"改良"是将旧有的结构加以改变，采用了腰省，打破了旗袍无省的局面，但是收省旗袍的设计在当时还是很少有的，并非主流。曲线轮廓与胸部省道很好地塑造了旗袍的立体三维造型，成为民国时期最为典型的视觉元素。中华人民共和国成立后，廓型与省道的利用使旗袍全身立体造型明显，完全展现出身体的自然曲线，衬托、修饰出女性的纤细腰部和丰满挺翘的胸臀部位。

（四）时尚流行的广度：健康美学下的时尚性符号

封建社会中，重男轻女传统观念影响下的女性一直被视为男性世界的附庸，她们没有独立的人格，更没有独立的女性意识，因此也就谈不上女性的独立审美意识。原先以平面包覆人体、遮蔽身材为主要结构特征的裁剪方式，是体现传统女性柔、弱、细、小等审美情趣的重要形式。在承上启下、承先启后的民国这一特殊历史时期，女性从旧社会男权主导下的审美观念中跳脱出来，出现消除性别化且简约无装饰的审美倾向，以及展现身体资本的独立的审美观念。女性的审美观念和思想可谓产生了翻天覆地的变化。旗袍显露出的设计理念与女性的身体审美观念可谓密不可分。

民国时期我国沿海城市最先接受西方工业文明之风，西方文艺理论、自由主义影响城市人们的日常穿着，新的人生价值观应运而生，各种彰显个性、时髦的装扮占据主导地位，万千新奇的海派舶来品促成城市消费主义的兴盛。中国时尚的现代性与女性主体性开始建立共生关系，打破原来"存天理、灭人欲"的礼教思想，女性身体开始解放，女性意识逐渐增强。旗袍能够代替传统衣裙，还恰如其分地显现出女性的曲线美，同时又是西方文化与我国传统文化"互融共生"在服饰上的集中反映，恰好迎合了一批追求时尚和崇尚西式文化女性的审美需求。时人指出："身上旗袍

---

① 吴欣，赵波. 臻美袍服[M]. 北京：中国纺织出版社，2020.

② 曹聚仁. 上海春秋[M]. 北京：生活·读书·新知三联书店，2016：248.

绫罗做，最最要紧配称身。玉臂呈露够眼热，肥臀摇摆足消魂。赤足算是时新样，足踏皮鞋要高跟。”①

随着女性的社会地位逐渐被认可，旗袍的变化展露出当时社会背景下日益扩大的女性权利。她们对旧有身体审美观念产生了质疑和思考，不再按旧社会男性的喜好进行裹脚、束胸等对身体束缚和改造。同时女性不再盲目地以男性来衡量自身价值，开始接受和领悟人体“曲线美”的观念，对自身原有的性征曲线产生新的审美观念，旗袍也迎来发展的繁盛阶段。旗袍之前相对宽松的轮廓被收窄，衣领缩短，袍身长度缩短，展露出自然的手臂和双脚，不再将其视作性别禁忌。高领窄袖、收腰开衩的海派旗袍，尽显女性优美，释放内心情感，引领时尚潮流。旗袍的流行尽显女性的风情万种与明朗自信。在健康美理念下，搭配旗袍穿着的女式内衣等成为时尚流行，也推动了女性身体审美的观念革新。当时丰满突起的胸部、挺翘的臀部和纤细的腰部形成的自然 S 形人体曲线美逐渐成为旗袍时尚的标准。清新自然、时尚性感、灵动简约、健康活泼、大方美观或清丽骨感等观念成了人们审视评论女性的新标准。民国“校园皇后”陆小曼、“才貌兼备”林徽因、“金嗓子”周璇和“电影皇后”阮玲玉等，纷纷选择旗袍作为日常和礼仪着装，选用各式面料、款式、纹饰，通过剪裁制作与搭配，展现曼妙的身姿。

（五）文明互鉴的高度：中西混搭的风格交融符号

混搭来自原本对立的多种元素的共存与多种风格的兼容。在民国时期的服饰搭配中，普遍存在“中西方元素与风格的混搭”形式，婚礼服饰表现得尤为明显。邓子琴在《中国风俗史》中阐释了民国时期婚俗的变革：“民国初年，婚礼非全为文明形式，亦有仍依旧式者，可谓新旧并用。”②婚礼服饰的混搭形式首先以中式服饰为主，搭配西式元素。较为常见的搭配形式为男西式、女中式，这种形式民国刊物记载较多，女中式服有华丽的凤冠霞帔、上袄下裙、旗袍。③方志中也有记载，如四川的武阳镇“行结婚仪式时，新郎穿西服，新娘身穿旗袍，披白纱，双方胸前佩戴红花，行鞠躬礼”④。

---

① 蔡筱春，唐筱云. 弹词开篇：现代的女子[J]. 咪咪集，1935，1（10）：26-27.

② 邓子琴. 中国风俗史[M]. 成都：巴蜀书社，1988：343.

③ 李洪坤，崔荣荣，姜飘飘. 近代社会转型时期汉族民间女装的渐变与突变[J]. 服饰导刊，2014，3（2）：47-52.

④ 丁世良，赵放主编. 中国地方志民俗资料汇编・西南卷（上卷）[M]. 北京：书目文献出版社，1991：77.

旗袍的造型艺术离不开搭配的衣帽鞋饰。20 世纪 20 年代中后期，高跟鞋、西式长袜开始流行，旧社会裙身里鼓鼓囊囊的棉裤换成了薄如蝉翼的丝袜。旗袍与西式高跟鞋的搭配，证明当时女子不再流行缠足，开始理性地对待自己的身体。高衩旗袍的出现使只穿丝袜变得不够雅观，衬裙也成为旗袍内搭必备。当时稍讲究一些的女性，身着旗袍时一般内搭丝质的西式衬裙或衬裤，一是避免走光，二是防止旗袍随着身体扭动而产生过多的褶皱。衬裤或衬裙下缘装饰着各式花边，将旁人的视线吸引到女子自然健康的足踝上，是在摩登与含蓄间寻求平衡的时尚缩影。到了 20 世纪 40 年代，伴随着旗袍穿着的范围更加广泛，旗袍的搭配方式也变得多样化，旗袍外加裘皮大衣、西装外套、针织毛衣、披肩等的比比皆是，以适应四季更迭。

综上所述，旗袍与民国时尚的最大价值是在西风东渐下服饰西化中最大限度地延续了部分传统，这就是精髓，为当今文化复兴提供了借鉴。民国旗袍变迁的主动吸纳使整体时尚语境发生了本质变化，紧扣交叉发展过程中留存的文脉，形成了民国时尚鲜明的特色，为我国当下打造民族特色服饰提供了创新思路与源泉。

第二章　传统旗袍结构规制与装饰艺术

第一章从历史演进、社会变迁及时尚变革的维度回顾了旗袍与民国时尚文化的承袭关系，指出其时代性和必然性。本章聚焦作为物质文化本体的旗袍，从传统文化与民族艺术的视角对旗袍的形制、结构、工艺、材料、纹饰等要素进行整理和考析，重点考察尚未或较少被关注的设计细节。例如，除旗袍结构史演变外，重点对创制伊始的旗袍及其衍生倒大袖及收省等旗袍的结构进行整理与研究；除传统经典纹饰外，重点对当时创新的、少见的纹饰进行梳理与分析；除成人旗袍外，对女童旗袍进行考析与研究；除丝绸等梭织旗袍外，对针织、蕾丝面料制成的旗袍进行复原与阐释等，以期构建全面、特色的旗袍文化与设计艺术体系。

第一节　传统旗袍的形制及结构设计

目前对民国女袍即旗袍的结构整理与研究，是学界民国服饰结构研究中最多和最具体的。本章尽可能规避已有研究成果，重点基于尚未整理的具有代表性和特色化的实物史料，集中探讨目前尚未开展及尚未深入研究的方面。

一、民初袍型创制及结构特征

不管是取法于满族男袍还是满族女袍，汉族妇女着袍取法于满族似乎已成定论。虽然汉族女袍具体创制的时间难以考证，但是可以基本确定为20世纪10—20年代初。从文献史料看，1925年似乎是个分水岭，之后的旗袍流行颇具势不可挡的气势。汉族女袍的创制，对比数千年来的上衣下裳着装系统，首先在结构上具有重大的革命性意义；其次，在学界热衷对民国中后期改良旗袍的结构进行案例分析与演变研究时，对创制伊始的女袍的结构进行研究能厘清改良之前女袍结构的基本特征。

（一）不论性别的“长衣”

从现有大量传世实物中不难发现，女袍创制伊始的结构与男袍无异，均为大襟、长衣、长袖，且廓型、袖型、领型及门襟、底摆的结构设计均无男女之别。当时有人称女袍、旗袍为“长衣”。1925 年，赵稼生在《妇女杂志（上海）》中称：“大襟长衣就是现在通行的男衣，大襟短衣就是现在通行的女衣；不过近来已有许多妇女穿大襟长衣（有人叫做‘旗袍’，因为满族妇女向来就作兴穿长袍）——尤其是在冬天，以前同现在乡间的男子，常常作短的大襟当衬衣，所以我只照长短分类，不用男女的字样来区别。”①这里至少表露出两点信息：其一，1925 年左右女子着长袍，尤其是冬季着袍开始流行；其二，此时的女袍与男袍在结构上区别不大，均为大襟“长衣”。

（二）大襟长衣的结构特征

民国初期，作为女袍创制出现，即旗袍的早期形象的大襟长衣，在形制和结构上难以辨认男女属性，而且在色彩和面料上同样没有鲜明的男女差异。笔者对所征集的民国初期身居江南、皖南、山西、中原、山东、陕北等地的汉族人所着大襟长衣进行代表性实物标本的整理和对比（表 2-1），从宏观层面汇总当时大襟长衣的形制和结构设计特征，以期还原民国初期的着袍风尚。

表 2-1　民国汉族大襟长衣代表性实物标本汇总

编号	实物标本	地域	结构特征
JN-P001	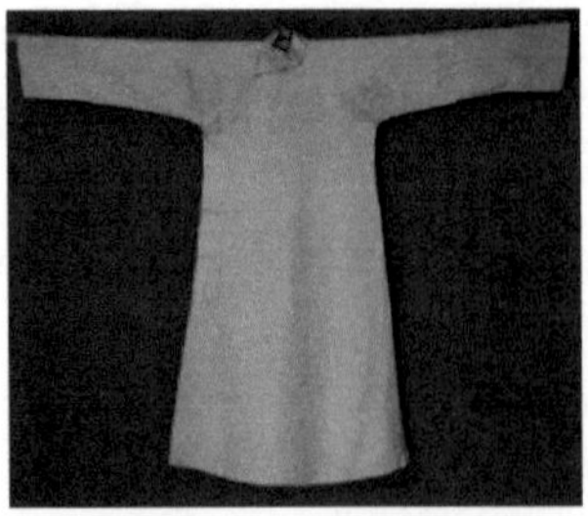	江南	立领，右衽大襟，6 副盘扣，前后中破缝，存在接袖，衣摆渐宽，且胸围较大，衣长至脚踝上，袖口渐窄，但程度不大，袖长至手腕处；左右侧缝平直，无收腰设计
JN-P005		江南	立领，右衽大襟，9 副盘扣，前中未破缝，存在接袖，衣摆渐宽，且胸围较大，宽于 JN-P001，衣长至脚踝上，袖口渐窄，但程度不大，袖长至手腕处；左右侧缝平直，无收腰设计

① 赵稼生. 衣服裁法及材料计算法（附图）[J]. 妇女杂志（上海），1925，11（9）：1450-1465.

续表

编号	实物标本	地域	结构特征
SX-P002		山西	立领，右衽大襟，9副盘扣，前后中破缝，衣摆渐宽，且胸围较窄，窄于JN-P001，衣长至脚踝上，袖口渐窄，袖型较JN-P001、JN-P005稍窄，袖长至手腕处；左右侧缝平直，无收腰设计
JN-P004J		江南	立领，右衽大襟，6副盘扣，前后中破缝，衣摆渐宽，且胸围较窄，窄于SX-P002，衣长至脚踝上，袖口渐窄，袖长至手腕处，袍型是民国初期较为罕见的修身者
JN-P006	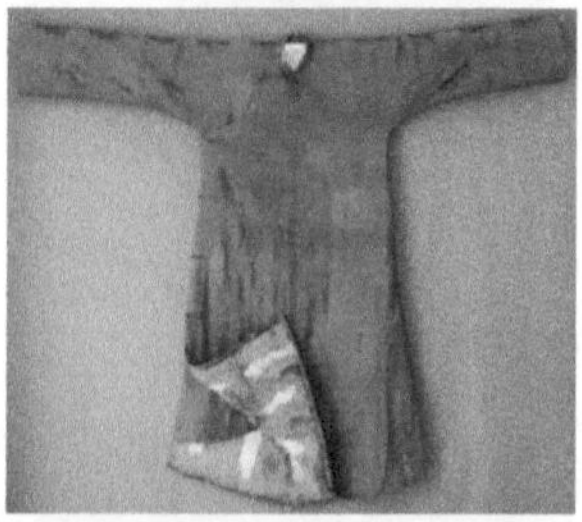	江南	立领，右衽大襟，6副盘扣，前后中破缝，无接袖设计，衣摆渐宽，且胸围较大，衣长至脚踝上，袖口渐窄，但程度不大，袖长至手腕处；左右侧缝平直，无收腰设计；袍里增加裘毛里料，为冬季所着
JN-P003J	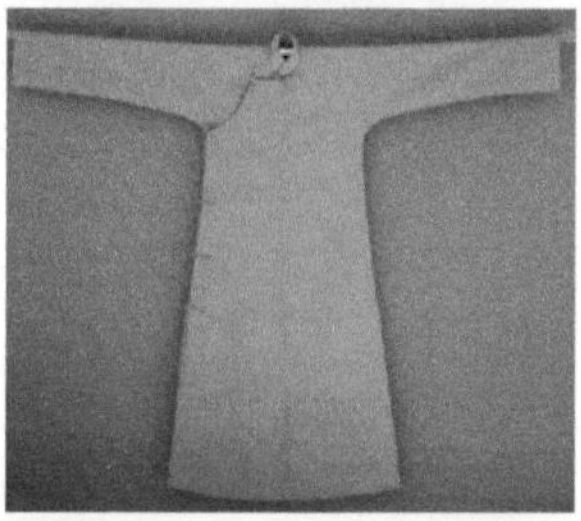	江南	立领，右衽大襟，6副盘扣，衣摆渐宽，长至脚踝上，袖口渐窄，长至手腕处，前后中破缝，存在接袖；左右侧缝平直，无收腰设计
JN-P001	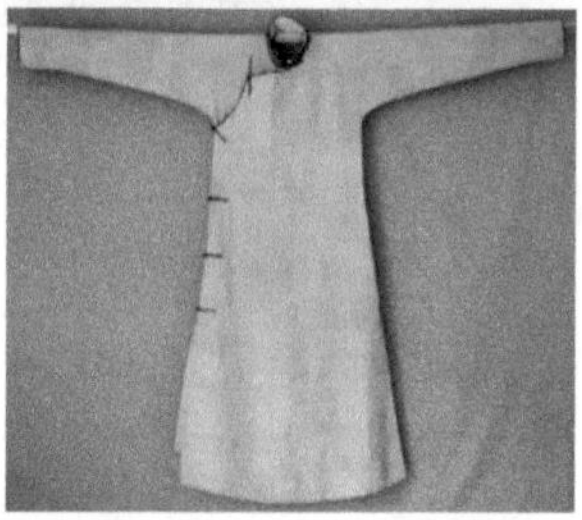	江南	立领，右衽大襟，6副盘扣，衣摆渐宽，长至脚踝上，袖口渐窄，长至手腕处，前后中破缝，存在接袖，左右各接2次，在前左袖的接袖上还存在拼接；左右侧缝平直，无收腰设计

续表

编号	实物标本	地域	结构特征
WN-P003	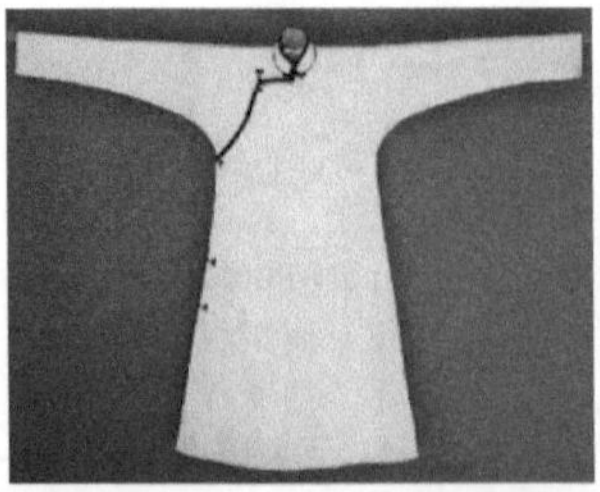	皖南	立领，右衽大襟，5 副盘扣，衣摆渐宽，长至脚踝上，袖口渐窄，长至手腕处，前后中破缝，存在接袖；左右侧缝平直，无收腰设计，但是腰身及袖型已适体很多
WN-P001	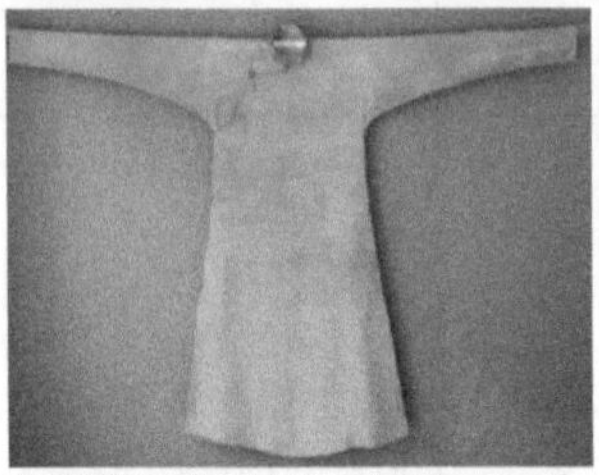	皖南	立领，右衽大襟，6 副盘扣，衣摆渐宽，长至脚踝上，袖口渐窄，长至手腕处，前后中破缝，存在接袖；左右侧缝平直，无收腰设计，但是腰身及袖型已适体很多
SD-P002	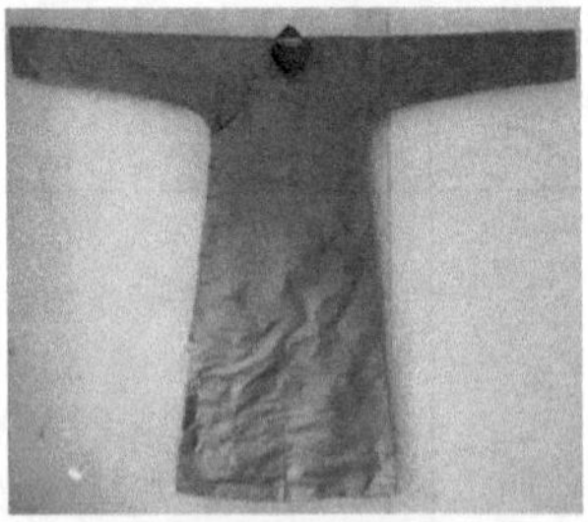	山东	立领，右衽大襟，10 副盘扣，衣摆渐宽，程度不大，底摆较窄，衣长至脚踝上，袖口渐窄，长至手腕处，前后中破缝，存在接袖；左右侧缝平直，无收腰设计，但是腰身及袖型已适体很多
JN-P004	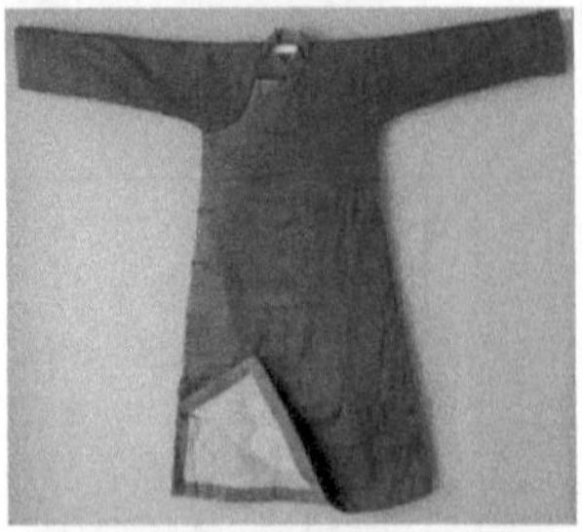	江南	立领，右衽大襟，7 副盘扣，衣摆渐宽，衣长至脚踝上，袖口渐窄，但程度不大，长至手腕处，前后中破缝，存在接袖；左右侧缝平直，无收腰设计，但是腰身及袖型已适体很多；面里料均为棉质，且絮棉设计，为冬季所着
SX-P003		山西	立领，右衽大襟，9 副盘扣，衣摆渐宽，衣长至脚踝上，袖口渐窄，但程度不大，长至手腕处，前中不破缝；左右侧缝平直，出现轻微的收腰设计，左侧缝处开衩较低

续表

编号	实物标本	地域	结构特征
SB-P002		陕北	立领，右衽大襟，7 副盘扣，衣摆渐宽，衣长至小腿处，袖口渐窄，程度较大，长至小臂，前后中破缝，没有接袖结构；左右侧缝基本平直，有轻微收腰设计，稍逊于 SX-P003
WN-P009	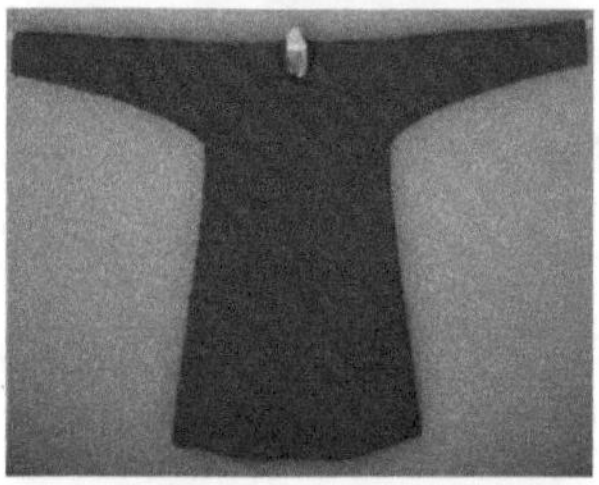	皖南	立领，右衽大襟，6 副盘扣，衣摆渐宽，衣长至小腿处，袖口渐窄，程度较大，长至手腕处，前后中破缝，没有接袖结构；左右侧缝平直，无收腰设计；内衬夹棉，为秋冬所着
ZY-P006	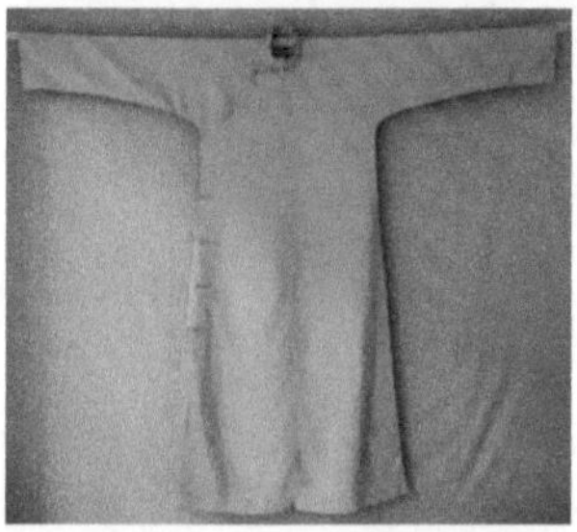	中原	立领，右衽大襟，7 副盘扣，衣摆渐宽，衣长至脚踝上，袖口渐窄，长至小臂，前后中破缝，存在接袖结构；左右侧缝平直，无收腰设计
ZY-P009	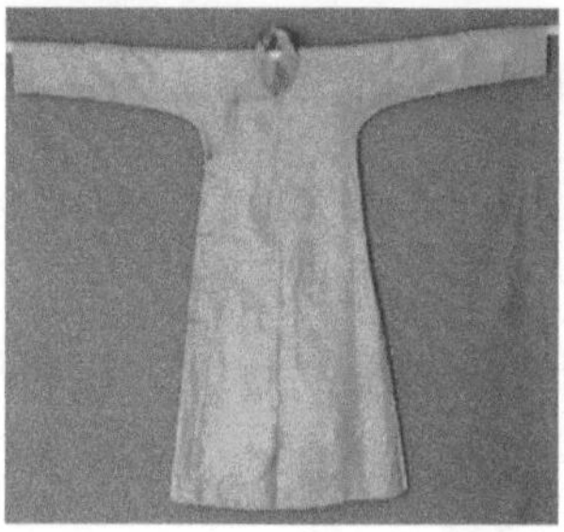	中原	立领，且领高较高，右衽大襟，6 副盘扣，衣摆渐宽，衣长至脚踝上，袖口渐窄，程度不大，长至手腕处，前后中破缝，存在接袖结构；左右侧缝平直，无收腰设计，但胸围相对较窄

为了进一步研究大襟长衣的结构细节，选取民国蓝绸窄袖宽身大襟长衣（图 2-1、图 2-2）进行分析。此长衣的形制为立领，右衽大襟，9 副盘扣，其中用于立领闭合便有 3 副，衣摆渐宽，长至小腿下处，袖摆渐窄，长至手腕处。此长衣的衣身整体较宽，衣袖较窄，呈现“窄袖宽身”的结构总特征。此长衣前后中破缝，无接袖结构。

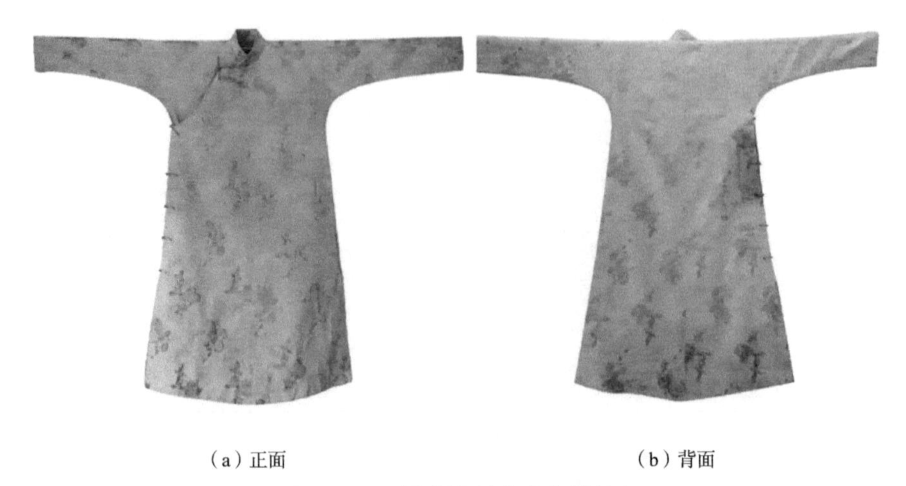

（a）正面　　（b）背面

图 2-1　民国蓝绸窄袖宽身大襟长衣

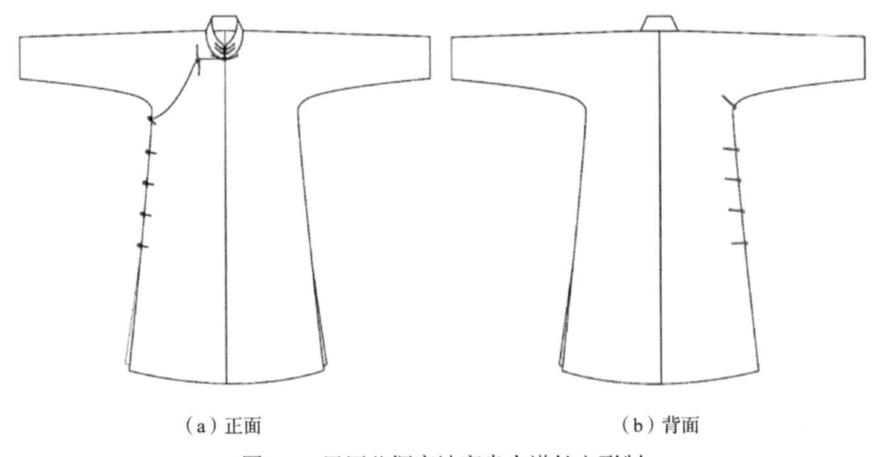

（a）正面　　（b）背面

图 2-2　民国蓝绸窄袖宽身大襟长衣形制

民国蓝绸窄袖宽身大襟长衣主结构测绘与复原如图 2-3 所示，袖型十分窄小，挂肩长仅 26.5 厘米，袖口宽仅 13.0 厘米，相较之下，原本 50.0 厘米的胸宽和 69.0 厘米的底摆宽在外观上显得“更宽”。虽然此长衣仍然不能确定一定为女装，但是从其异常窄的袖型设计上推断，女性穿着的可能性更大。

对民国蓝绸窄袖宽身大襟长衣进行虚拟建模，经过结构的导入（除了上述主结构外，补充立领、镶滚等辅料结构），并通过虚拟缝合等系列操作之后，完成长衣由平面向立体的结构转换（图 2-4），缝合之后穿在女模身上（图 2-5），袖长至手腕，衣长至膝下。在双臂平举、双臂侧抬和双臂垂落三种状态下，“长衣”的颈部、肩部、手腕及胸部、腰部等部位宽松适体，较少出现面料的余量堆积。

在虚拟试衣过程中，测试民国蓝绸窄袖宽身大襟长衣对虚拟人体的压力，虚拟模特背面、肩点（两侧）、手臂侧面、胸围线点（正面）、腰围线（两侧）等关键部位的压力与应力值如表 2-2 所示。从虚拟试衣中显示的压力点（图 2-6）和应力点（图 2-7）可以看出，女褂的压力主要集中在肩部和胸周，其他部位压力较小，可见女褂穿着效果较为宽松舒适。

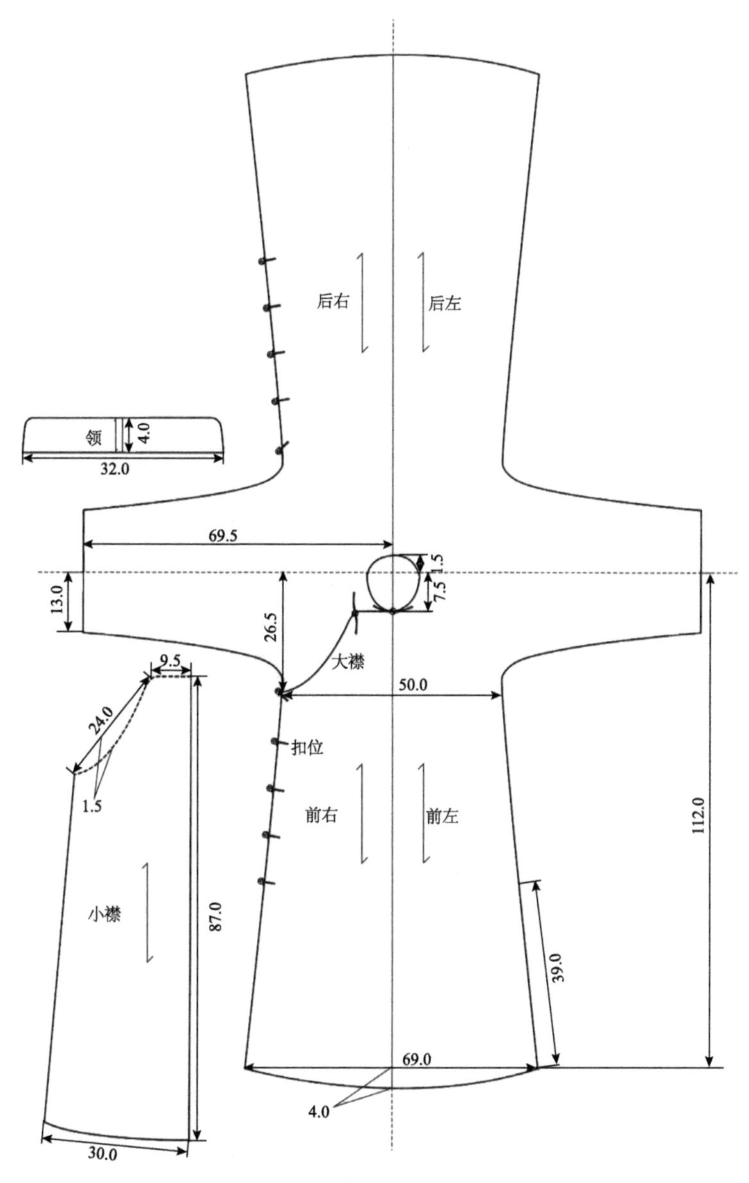

图 2-3　民国蓝绸窄袖宽身大襟长衣主结构测绘与复原（单位：厘米）

（a） 正面　　（b） 侧面　　（c） 背面

图 2-4　民国蓝绸窄袖宽身大襟长衣的三维空间营造

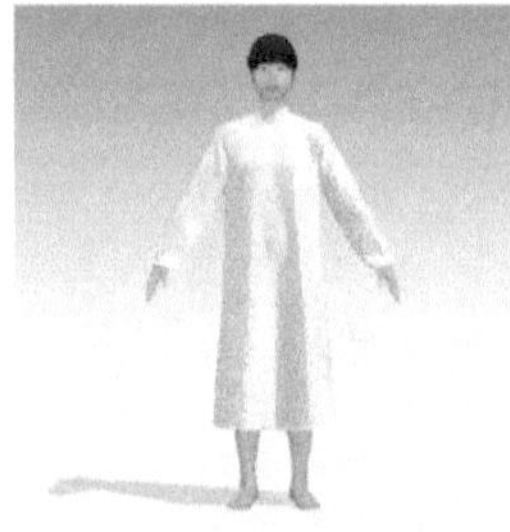

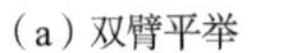

（a）双臂平举　　（b）双臂侧抬　　（c）双臂垂落

图 2-5　民国蓝绸窄袖宽身大襟长衣的虚拟试穿实验分析

表 2-2　民国蓝绸窄袖宽身大襟长衣穿后女体关键部位的压力与应力

部位	背面	肩点（两侧）		手臂侧面		胸围线点（正面）		腰围线（两侧）	
	中	左	右	左	右	左	右	左	右
压力/千帕	5.7	20.5	21.0	4.0	3.8	5.3	6.2	1.1	0.9
应力/%	105	122	121	104	104	107	107	103	103

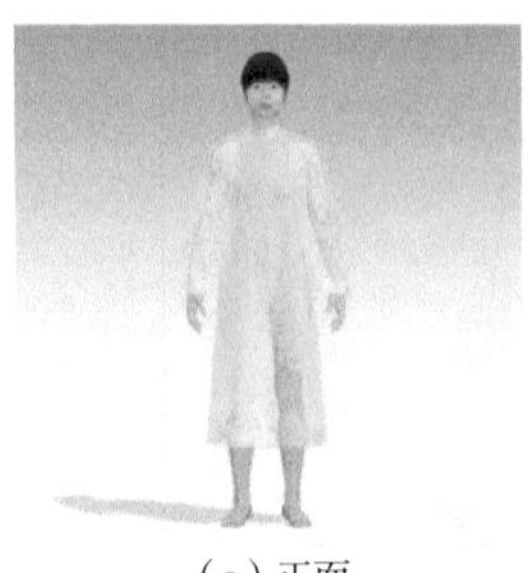

（a）正面　　（b）侧面　　（c）背面

图 2-6　民国蓝绸窄袖宽身大襟长衣的压力分析

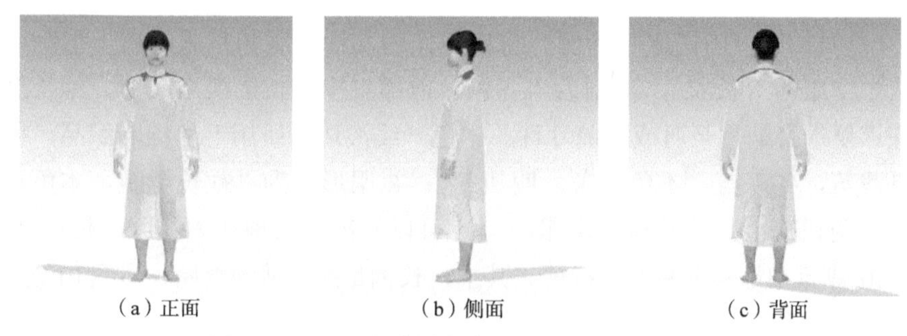

（a）正面　（b）侧面　（c）背面

图 2-7　民国蓝绸窄袖宽身大襟长衣的应力分析

二、民国改良旗袍的结构演变及诸式创制

忽略历史时间的发展与演变，重点对整个民国时期旗袍在结构改良设计上的细节与规律进行考释，凸显旗袍结构改良的特色与价值。

（一）礼服旗袍结构及纹章规制

在民国时期先后三次颁布的服制条例中，后两次对旗袍细节作出详尽描述（图 2-8）。

1929 年《服制条例》规定女子礼服有旗袍和上衣下裳两种，其中旗袍“齐领，前襟右掩，长至膝与踝之中点，与裤下端齐，袖长过肘，与手脉之中点，质用丝麻棉毛织品，色蓝，钮（纽）扣六”，并指定旗袍为女公务员制服，“惟颜色不拘”。[①]

1939 年《修正服制条例草案》，在关于女子礼服、制服的规定中出现更多对旗袍细节的详细论述。[②]

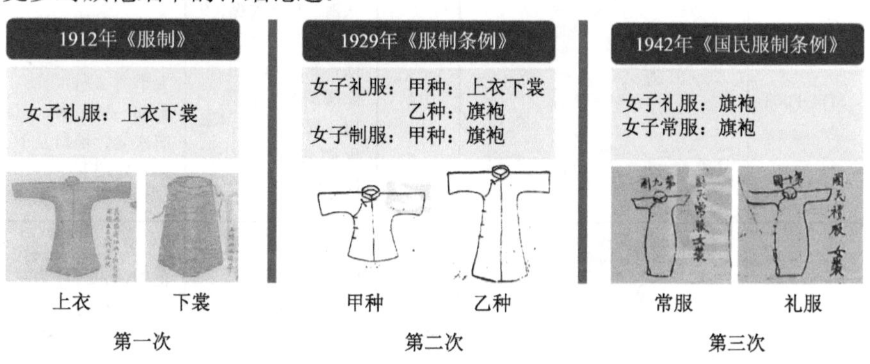

图 2-8　民国时期三次服制条例中对旗袍的规定

① 中央法规：服制条例（附图）[J]. 福建省政府公报，1929（94）：24-28.

② 张竞琼，刘梦醒. 修正服制条例草案的制定与比较研究[J]. 丝绸，2019，56（1）：94-102. 该文认为 1939 年《修正服制条例草案》为第三次基础法令，本书认为其只是草案，1942 年《国民服制条例》才是第三次正式颁布的服制条例。

1942 年《国民服制条例》将旗袍作为女性礼服和常服的统一形制，其中常服即“长衣”，形制为“齐领，前襟右掩，长至踝上二寸，袖长至腕。夏季得缩短至肘或腋前寸许。本色一线滚边，质用毛丝棉麻织品，色夏浅蓝，冬深蓝。本色直条，明钮三”；礼服形制为“袖长至腕，本色直条，明钮八至十。其他与常服同”。①可以看出，旗袍作为礼服，长袖、6—10 副盘扣是其主要形制特征。其中，长袖是为了遮蔽臂膀，多盘扣是为了有效闭合长宽门襟，使女性着装更加得体。

1. 1929 年《服制条例》规定礼服旗袍结构

民国服制对礼服旗袍的规定中，虽然没有“周身得加绣饰”的明确标注，但是从大量传世实物来看，同上衣作为礼服一样，旗袍作为礼服的主要标识之一仍然表现在纹饰上，且装饰技艺主要为刺绣。笔者对所征集的民国时期礼服旗袍代表性实物标本进行整理研究，标本来自山东、中原、山西、陕西等地（表 2-3）。需要指出的是，表 2-1 中的大襟长衣难以辨别性别属性，表 2-3 中的标本已完全可以确定为女性所着。

表 2-3 中的礼服旗袍在结构上满足了 1929 年《服制条例》的规定，衣摆渐宽，基本无收腰设计，盘扣为 7—12 副，且均为长衣长袖的特征。在纹样的布局上，存在一定的章法，与民国初期的上衣礼服形成呼应，即选取多种花卉图案分布在前胸后背及左右双肩，以领窝为中心相互对称。

表 2-3　民国礼服旗袍实物标本简况汇总

编号	实物标本	地域	结构特征	纹章规制
SD-QP003		山东	立领，右衽大襟，9 副盘扣；衣摆渐宽，长至脚踝上，袖摆渐窄，长至手腕，腰身平直；无收腰设计，左开衩；存在接袖	色浅粉，褪色较严重；纹样为花卉，大小约 3 种尺寸，胸前一枝最大，双肩次之，袖口及下摆等处较小
SD-QP005		山东	立领，右衽大襟，9 副盘扣；衣摆渐宽，长至脚踝上，袖摆渐窄，长至手腕，腰身平直；无收腰设计，做开衩，尺寸较 SD-QP003 短	色墨绿；纹样为花卉，大小约 3 种尺寸，胸前一枝最大，双肩次之，袖口及下摆等处较小

① 法规：国民服制条例（三十一年九月十七日公布）（附图）[J]. 国民政府公报，1942（387）：4-6.

续表

编号	实物标本	地域	结构特征	纹章规制
SD-QP007		山东	立领，右衽大襟，7副盘扣；衣摆渐宽，长至脚踝上，袖摆渐窄，长至手腕，腰身平直，无收腰设计；左开衩，尺寸较大；存在接袖	色浅红，较鲜艳；纹样为花卉，大小约3种尺寸，胸前一枝最大，双肩次之，且位置靠后，袖口及下摆等处较小
SD-QP006		山东	立领，右衽大襟，10副盘扣；衣摆渐宽，长至脚踝上，袖摆渐窄，长至手腕，腰身微显，左开衩；内部夹棉，为冬季所着；存在接袖	面料色枣红，里料色朱红；纹样为花卉，为同种尺寸的连续构图
SX-QP004		山西	立领，右衽大襟，11副盘扣；衣摆渐宽，长至脚踝上，袖摆渐窄，长至手腕，腰身渐显，比SD-QP006更明显，左开衩；存在接袖	色浅粉，存在轻微褪色；纹样为牡丹花卉，多种尺寸，胸前一枝最大，双肩次之，且位置靠后，袖口及下摆等处较小
SD-QP002		山东	立领，右衽大襟，11副盘扣；衣摆渐宽，长至脚踝上，袖摆渐窄，长至手腕，腰身渐显，比SX-QP004更明显，左开衩；存在接袖	色深棕；纹样为花卉、蝴蝶、蜻蜓，大小约2种尺寸，胸前一枝最大，其他部位较小
ZY-QP003		中原	立领，右衽大襟，7副盘扣；衣摆渐宽，长至脚踝上，袖摆渐窄，长至手腕，腰身渐显，底摆较平直	面料色紫红，里料色草绿；纹样为牡丹花卉，大小约2种尺寸，胸前、左右双肩及对应股下处最大，其他部位较小

续表

编号	实物标本	地域	结构特征	纹章规制
SX-QP001		山西	立领，右衽大襟，10副盘扣；腰身明显，甚于 ZY-QP003，底摆弧度明显；前左侧缝对应腰节处设置暗插袋；夹棉设计	面料深褐色，丝绸质地；纹样为牡丹花卉、蝴蝶，大小约 2 种尺寸，胸前及对应股下处最大，其他部位较小
SX-QP001		陕西	立领，右衽大襟，12副盘扣；衣摆渐宽，长至脚踝上，袖摆渐窄，长至手腕，腰身明显，底摆弧度次于 SX-QP001；有接袖结构	色浅红；纹样为牡丹花卉、金鱼，大小约 3 种尺寸，对应腰腹部最大，胸前及双肩次之，其他部位较小

2. 1942 年《国民服制条例》规定礼服旗袍结构

对比 1929 年《服制条例》和 1942 年《国民服制条例》对礼服旗袍的手绘稿件可以发现，其对旗袍的规定主要区别在旗袍的腰身及衣摆上。《服制条例》规定的礼服旗袍衣摆渐宽，衣身呈 A 字形；《国民服制条例》规定的礼服旗袍衣摆则先渐宽后渐窄，衣身呈 O 字形，并且出现了较明显的收腰结构。广州博物馆珍藏一件罕见的民国晚期结构明显改良过的浅黄绸鹿纹刺绣礼服旗袍（图 2-9），形制为立领，右衽大襟，13 副盘扣；衣长较长，穿着时长及小腿，通袖长较长，穿着时袖子长及手腕，袖口宽度窄于袖窿宽度，款式较为合体，身侧腰臀处有曲线轮廓，腰部内凹，臀部突出，臀以下基本垂直，下摆稍有弧度，衣摆较表 2-3 中的礼服旗袍缩短很多；前后中破缝，下摆开衩。

对民国浅黄绸鹿纹刺绣改良礼服旗袍进行主结构测绘与复原（图 2-10），从挂肩长 21.0 厘米、袖口宽 13.5 厘米可以证实旗袍袖子的合体性，从胸宽 40.5 厘米、腰宽 36.0 厘米可以证实腰身的适体性，且其底摆也只有 50.0 厘米，与民国初期女袍创制之初的旗袍底摆形成鲜明的对比。开衩 26.0 厘米，不算太高，使该件旗袍在结构上呈现长而不散、正式规范的效果。

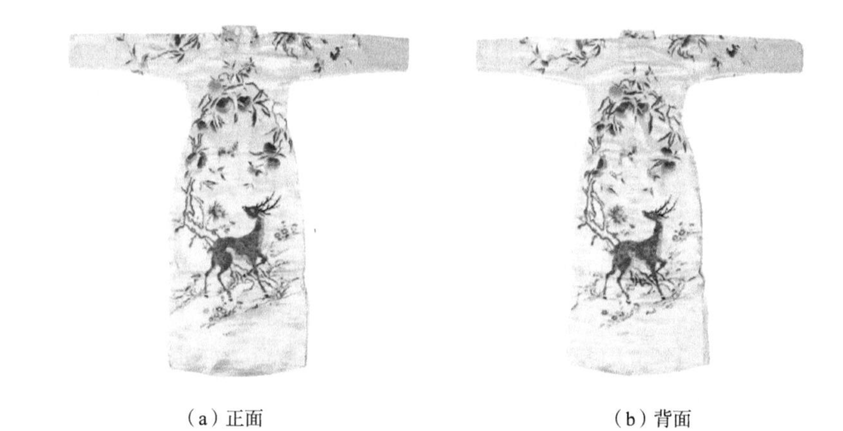

（a）正面　　（b）背面

图 2-9　民国浅黄绸鹿纹刺绣改良礼服旗袍实物

图片来源：广州博物馆藏品

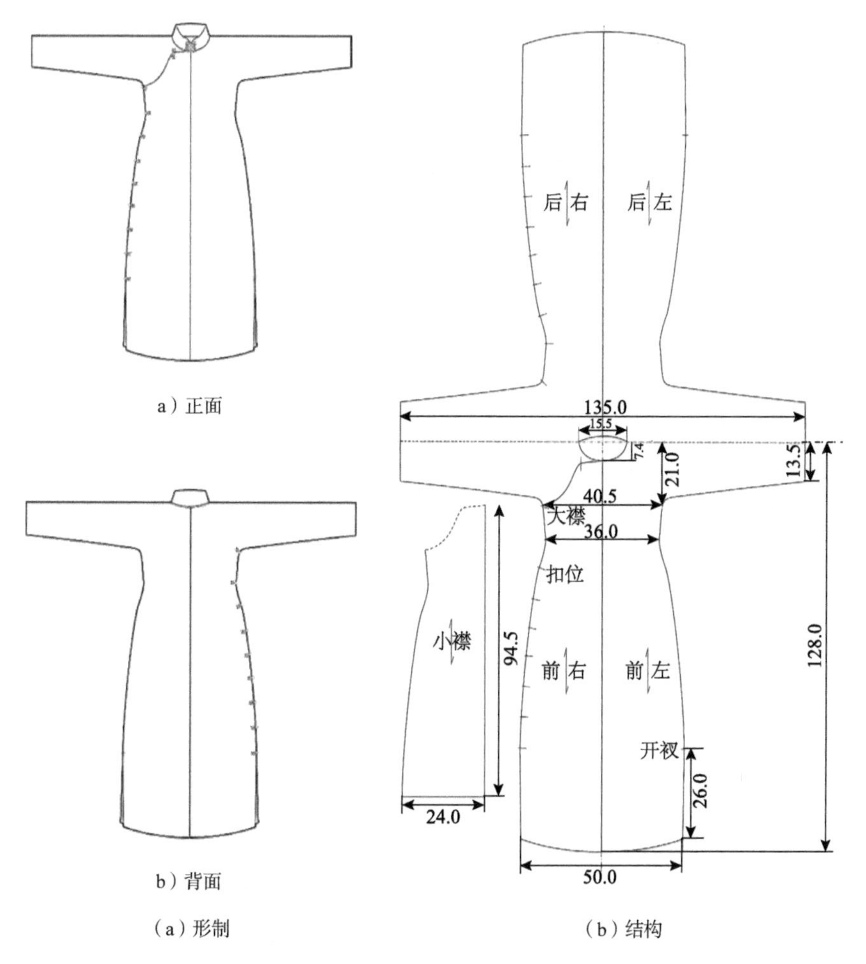

（a）形制　　（b）结构

图 2-10　民国浅黄绸鹿纹刺绣改良礼服旗袍形制及主结构测绘与复原（单位：厘米）

此袍刺绣纹样的构图方式自成一派，明显区别于《服制条例》规定礼服旗袍中的常见刺绣纹饰范式。整体构图为蝠鹿仙鹤围绕桃树散布，桃树枝条缠绕在衣身前后两侧，两袖皆有桃枝缠绕。衣身整体为浅黄地真丝缎，前片有蝠鹿鹤桃花卉刺绣，整体配色以浅粉色、暗绿色、咖啡色为主。桃与桃树整体采用渐变绣法，桃子运用橙色、红色、紫色三种颜色进行渐变，桃子与叶子相互遮挡交缠形成层叠的空间关系。蝠鹿鹤桃纹样为中国传统吉祥纹样之一。蝙蝠谐音“福”。鹿在古代被视为祥瑞之兽，其谐音为“禄”，且与“路”同音，也有一帆风顺之意。鹤寓意吉祥、长寿和幸福。桃与桃树象征长寿。蝠鹿鹤桃寓意为福禄寿全，是典型的祝贺性题材。从做工上看，此件礼服旗袍当属精工之作，全手工缝制与大面积、高水平的手工刺绣，彰显出极高的装饰价值，因此定为当时富贵人家的代表作品。

（二）日常旗袍常见结构的创制

日常旗袍是女性在日常生活中常穿的旗袍样式，形制和装饰不似礼服旗袍那么具有制式，相对多变和灵活。张玉秀在《国服制作》第一册中梳理了旗袍的演变[①]。笔者结合对传世实物的整理，汇总成表 2-4。

表 2-4 民国日常旗袍形制结构的演变

编号	技术（文献）史料			实物史料	
	断代/年	形制	结构特征	案例	来源
1	1926		马甲与短袄合并，改成旗袍，结构相对宽松，余量较大		广州博物馆
2	1927		伴随政治改革（南京国民政府成立）发生变化，在袖口、裙摆缀有蝴蝶褶（荷叶边）		广州博物馆
3	1928		国民革命成功，旗袍进入新阶段，袖口宽大，衣长适中，活动方便		笔者征集

① 张玉秀. 国服制作（第一册）[M]. 台北：文庆出版社股份有限公司，（时间不详）：5-8.

续表

编号	技术（文献）史料			实物史料	
	断代/年	形制	结构特征	案例	来源
4	1929—1932	—	1929 年伴随西洋短裙盛行，旗袍长度缩短至膝盖；1932 年，因花边流行，衣长加长		中国丝绸档案馆
5	1935		衣长到了极点，窄腰身，高开衩，俗称“扫地旗袍”		中国丝绸档案馆
6	1938—1939		流行无袖，形制类似马甲，漏臂，受年轻女性欢迎		中国丝绸档案馆
7	1945		袖长、衣长的长度均适中		笔者征集
8	1946		流行当时洋化的方肩，接袖（装袖），衣长缩短，胸省出现		广州博物馆

民国时期日常旗袍的面料经历了由传统手工织造向机织的转变（图 2-11）。除了经典的丝绸外，也出现了大量的土布、机织提花面料、机织印花面料等新的旗袍面料。装饰图案也突破了传统以写实为主的装饰规律，受国际盛行的新艺术运动和装饰艺术运动的先后影响，出现了由自然花卉物象变形而成的新式图案和直接由点、线、面等几何元素构成的抽象图案，极大地丰富了民国服饰中的图案（图 2-12）。并且，这些新式的图案设计与面料织造技艺的变革是紧密联系的，因为这些图案往往以四方连续、二方连续进行构图，适合机器的批量化生产。

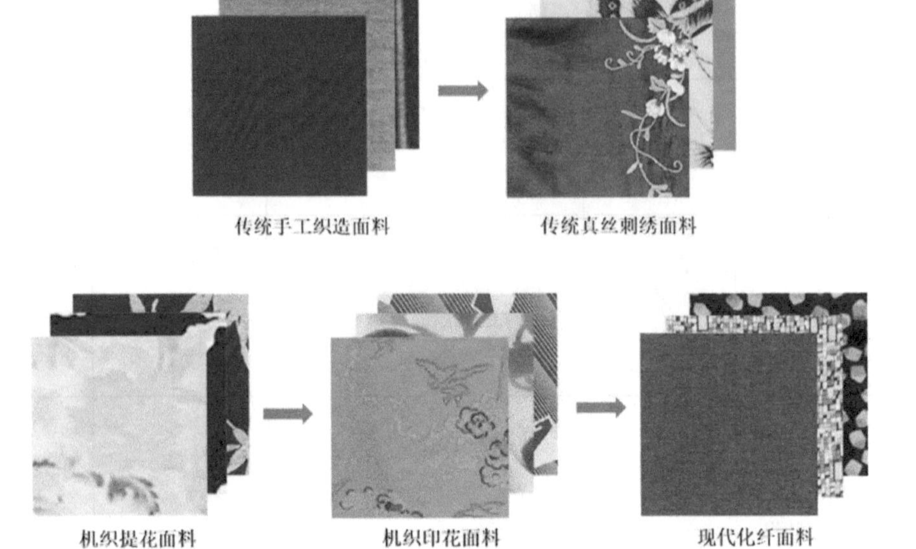

图 2-11　民国日常旗袍面料的演变

图 2-12　民国日常旗袍中常用的代表性图案样本

1. 倒大袖旗袍结构

倒大袖旗袍是 20 世纪 20 年代中后期与 30 年代初期女性日常服装的重要形制之一。

下面对民国浅蓝凤戏牡丹团纹刺绣倒大袖旗袍（图 2-13）进行分析。其形制为立领，右衽大襟，7 副盘扣，衣摆渐宽，长至脚踝上，直身，无收腰设计；袖口渐宽，与倒大袖上衣袖型一致，且弧度明显；前后中破缝，在袖口处存在接袖；整体面料为浅蓝色暗花竹叶地罗，衣身刺绣“凤戏牡丹”组合团纹，共计 28 团（算大部分显现者，前后底摆处微显不算在内），且以前后中线为中心线左右完全对称。刺绣配色有浅粉色、浅蓝色、浅紫色、绿色与米黄色，寿字纹与凤凰花卉轮廓均有描边，团纹边缘处使用寿字纹与花卉缠枝构成，整体刺绣团纹采用中式传统构图。

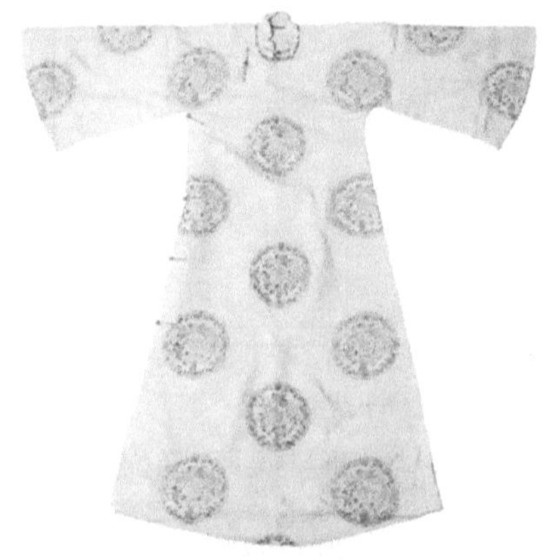

（a）正面　　（b）背面

图 2-13　民国浅蓝凤戏牡丹团纹刺绣倒大袖旗袍实物

图片来源：广州博物馆藏品

对民国浅蓝凤戏牡丹团纹刺绣倒大袖旗袍进行主结构测绘与复原（图 2-14），发现胸宽仅 42.0 厘米，且挂肩长 22.0 厘米，可见该旗袍在女性穿后的胸部、肩部是非常合体的。与此形成对比的是，袖口宽 32.2 厘米，底摆宽 71.0 厘米，使旗袍在纵向和横向上皆形成“倒大”的造型特征，极具特色。因此，此件倒大袖旗袍是最具代表性的标本之一，将此种旗袍的“修身”与“宽体”表现得淋漓尽致。

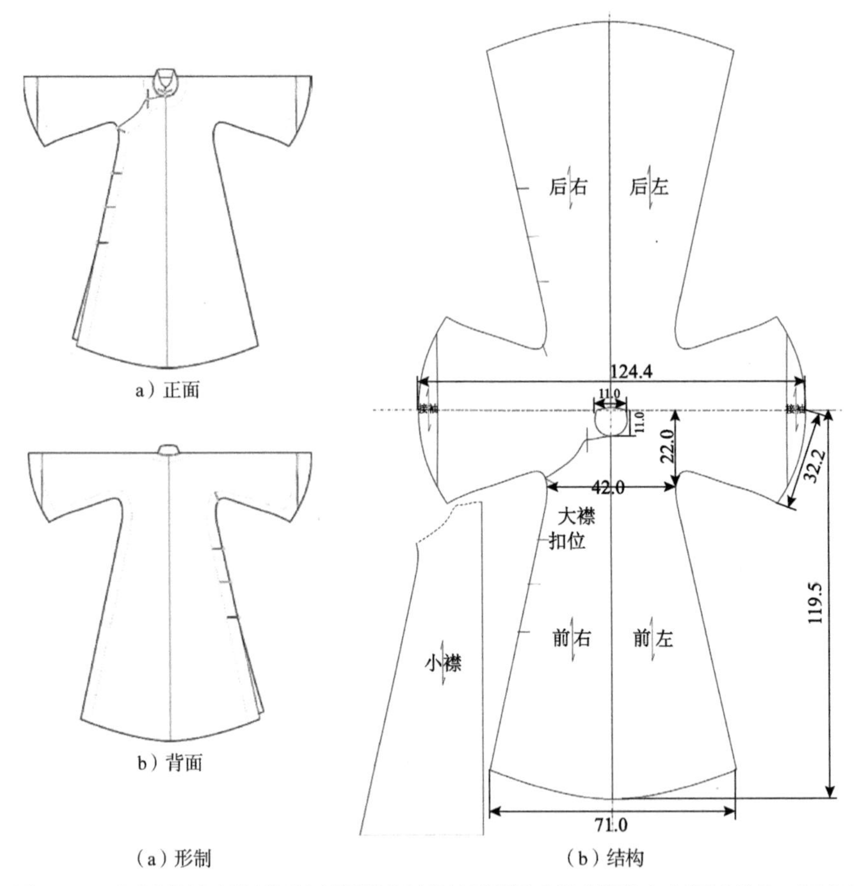

（a）形制　　（b）结构

图 2-14　民国浅蓝凤戏牡丹团纹刺绣倒大袖旗袍形制及主结构测绘与复原（单位：厘米）

对民国浅蓝凤戏牡丹团纹刺绣倒大袖旗袍进行虚拟建模，经过结构的导入（除了上述主结构外，补充立领、镶滚等辅料结构），并通过虚拟缝合等系列操作之后，完成旗袍由平面向立体的结构转换（图 2-15），缝合之后穿在女模身上（图 2-16），袖长至手腕，衣长至膝下。在双臂平举、双臂侧抬和双臂垂落三种状态下，旗袍的颈部、肩部、手腕、胸部、腰部等部位宽松适体，较少出现面料余量堆积。

对图 2-1 中民国蓝绸窄袖宽身大襟长衣与图 2-13 中民国浅蓝凤戏牡丹团纹刺绣倒大袖旗袍的试衣结果进行对比分析，发现二者的衣型基本一致，只是袖型的结构存在差异。图 2-13 中的旗袍的袖型长度稍短，且袖口宽博，因此对小臂的压力也更小（图 2-17）。

在虚拟试衣过程中，测试民国浅蓝凤戏牡丹团纹刺绣倒大袖旗袍对虚拟人体的服装压力，虚拟模特背面、肩点（两侧）、手臂侧面、胸围线点

（正面）、腰围线（两侧）等关键部位的压力与应力值如表 2-5 所示。从虚拟试衣中显示的压力点（图 2-18）和应力点（图 2-19）可以看出，旗袍的压力主要集中在肩部和胸周，其他部位压力较小，可见旗袍穿着效果较为宽松舒适。

（a）正面　　（b）侧面　　（c）背面

图 2-15　民国浅蓝凤戏牡丹团纹刺绣倒大袖旗袍的三维空间营造

（a）双臂平举　　（b）双臂侧抬　　（c）双臂垂落

图 2-16　民国浅蓝凤戏牡丹团纹刺绣倒大袖旗袍的虚拟试穿实验分析

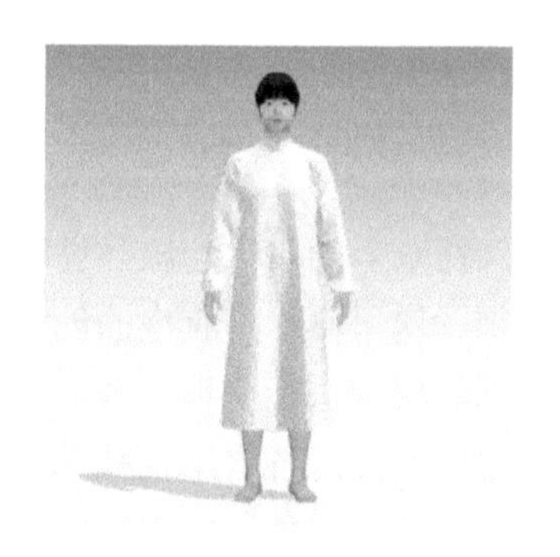

（a）民国蓝绸窄袖宽身大襟长衣　　（b）民国浅蓝凤戏牡丹团纹刺绣倒大袖旗袍

图 2-17　民国大襟长衣与倒大袖旗袍的试衣对比分析

表 2-5 民国浅蓝凤戏牡丹团纹刺绣倒大袖旗袍穿后女体关键部位的压力与应力

部位	背面	肩点（两侧）		手臂侧面		胸围线点（正面）		腰围线（两侧）	
	中	左	右	左	右	左	右	左	右
压力/千帕	2.5	28.2	27.8	0.7	0.6	5.5	6.4	1.5	1.7
应力/%	103	121	122	102	101	109	113	104	105

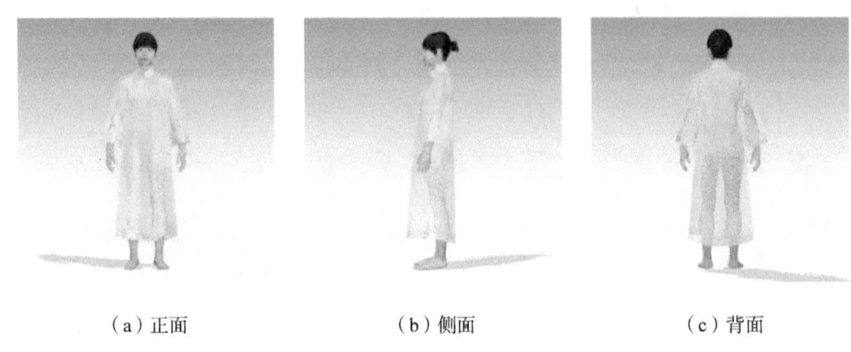

（a）正面　（b）侧面　（c）背面

图 2-18 民国浅蓝凤戏牡丹团纹刺绣倒大袖旗袍的压力分析

（a）正面　（b）侧面　（c）背面

图 2-19 民国浅蓝凤戏牡丹团纹刺绣倒大袖旗袍的应力分析

2. 旗袍中马甲结构及西式元素

马甲与旗袍之间的联系千丝万缕。例如，在众多的旗袍起源学说中，便有一派认为马甲旗袍是旗袍最初的创制形制。这里不探讨旗袍的创制问题，而是对目前实证研究较少的具有马甲形制的旗袍进行整理和考证。马甲与旗袍的结构关系有两种：其一，搭配关系，实际上各自结构独立；其二，由搭配改为拼接关系，二者结构实现共生，并为一体。马甲与旗袍的搭配较为常见。民国杂志《时事新报》的“新妆图说”版面专门介绍当季女性流行服饰，1933 年频频出现关于马甲及旗袍的相关介绍（图 2-20）。从盛夏到严冬，马甲旗袍在女性生活中无处不在，且在结构上极具变化。

（a） （b） （c） （d） （e）

图 2-20 民国时期马甲旗袍形制示意

图片来源：1933 年《时事新报》“新妆图说”版面

马甲与旗袍结构的共生相对罕见，特别是传世实物难以寻觅。笔者在广州博物馆调研时偶然发现一件民国橘红缎倒大袖马甲旗袍（图 2-21）。其形制为立领，且为筒领式样；右衽肩襟，领口、袖窿、袖口、马甲下摆处皆有黑色滚边装饰，领口处有两粒黑色滚边浅黄色花扣；下摆渐宽，呈筒形，袖口渐宽，属于倒大袖形制，领部内侧缝有商标“香港永安公司制造”；袍身为橘红真丝暗花缎面料，暗花为抽象羽毛造型，整体羽毛卷曲并相互遮挡形成层叠空间关系，底纹为羽毛造型的镂空轮廓图案，整体图案造型呈现 S 形，在当时是典型的新艺术运动风格。

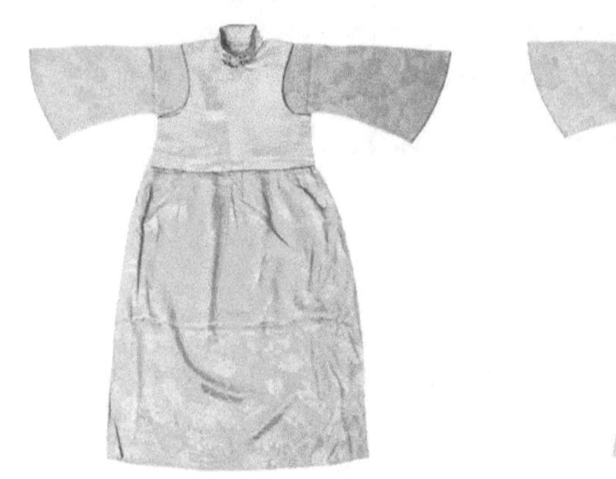

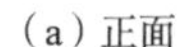

（a）正面

（b）背面

图 2-21 民国橘红缎倒大袖马甲旗袍实物

图片来源：广州博物馆藏品

在结构上，该马甲旗袍由马甲和旗袍部件拼接而成，马甲作为背心包裹于胸部，下摆长至腰部；下摆拼接筒裙，形成连衣裙的样式，在筒裙与马甲的拼接处及对应腰部形成了倒褶；在左右两袖拼接倒大袖，形成一款倒大袖马甲旗袍；前后中不破缝，且无接袖结构（图 2-22）。

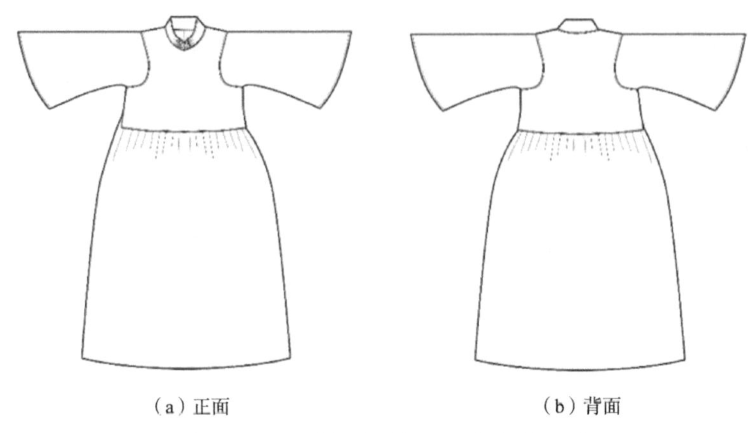

（a）正面　　（b）背面

图 2-22　民国橘红缎倒大袖马甲旗袍形制

在笔者征集的实物中有一件清末民初江南地区的马甲男袍（图 2-23），与图 2-21 中的马甲旗袍属同种结构，也存在马甲结构的拼接。该男袍整体上继承了清代男袍的结构特征，形制为无领（圆领），右衽大襟，5 副鎏金铜扣盘扣，下摆渐宽，长至小腿，袖口渐宽，长至手腕，且袖口为马蹄袖结构。需要注意的是，此件男袍上的马甲不同于单件马甲的结构，在肩部无肩斜设计，应该是为了使马甲的肩线与袍的肩线更好地进行过渡。

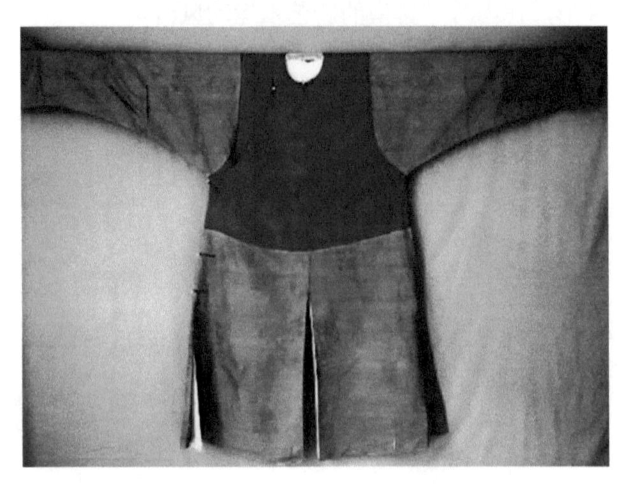

图 2-23　清末民初深棕马甲男袍

对民国橘红缎倒大袖马甲旗袍主结构进行测绘与复原（图 2-24），发现该马甲旗袍为 7 片式结构，分别由前后马甲衣片、前后裙片、左右袖片及小襟裁片构成。除了小襟作为里料外，其余 6 片面料主结构仍然遵循着中

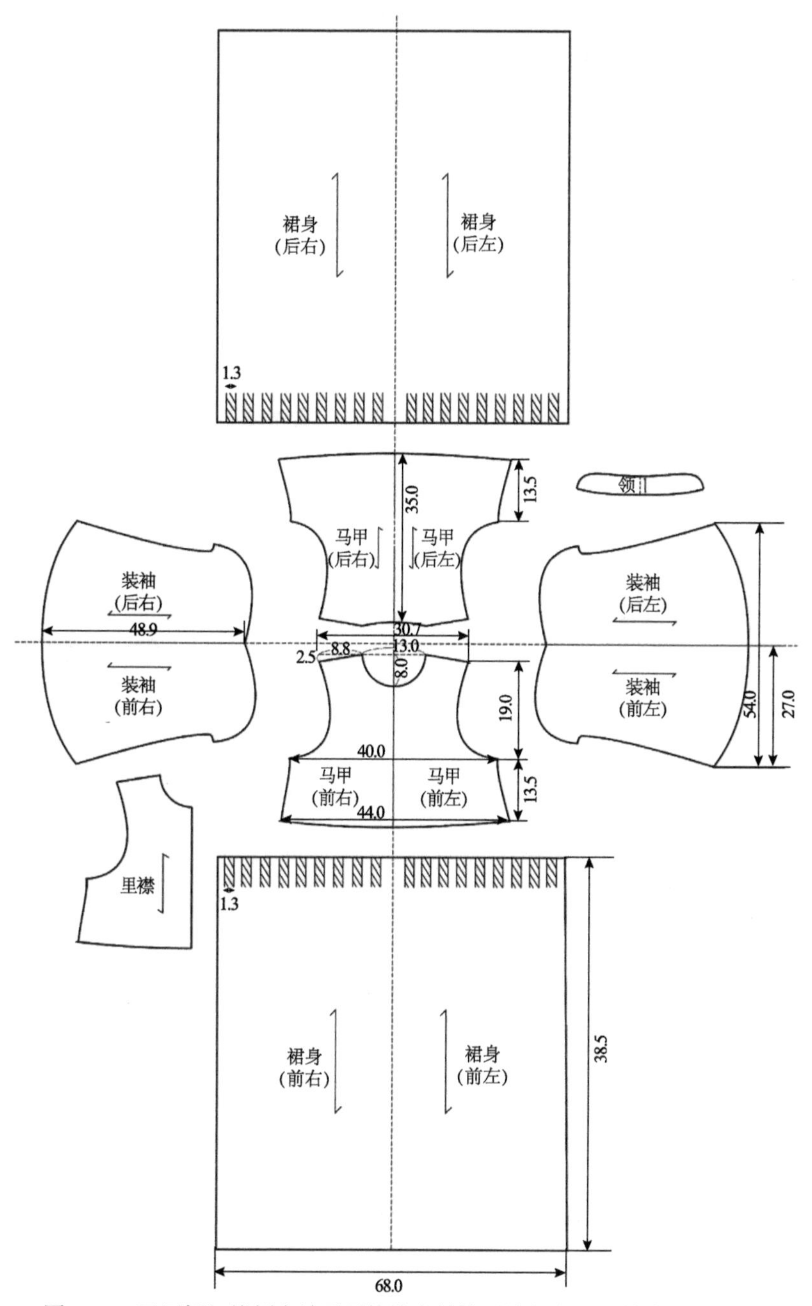

图 2-24　民国橘红缎倒大袖马甲旗袍主结构测绘与复原（单位：厘米）

华传统服装结构的平面十字形体系。在马甲结构部分存在肩斜设计，这与清末民初深棕马甲男袍的结构明显不同，因此该马甲旗袍的肩部更加适体。在腰部拼接筒裙处分别于前后裙身设置了 18 个宽约 1.3 厘米的倒褶，且均以前后中线为中心线左右对称。该马甲旗袍虽然还存在类似西式服装结构中的弧形袖窿，但是在拼接的倒大袖结构上却并未设置肩斜，因此本质上还是一种基于中式裁剪理念的拼接手法。

对民国橘红缎倒大袖马甲旗袍进行虚拟建模，经过结构的导入（除了上述主结构外，补充立领、镶滚等辅料结构），并通过虚拟缝合等系列操作之后，完成旗袍由平面向立体的结构转换（图 2-25），缝合之后穿在女模身上（图 2-26），袖长至前臂，衣长至膝下。在双臂侧抬和双臂垂落等状态下，旗袍的颈部、肩部、手腕及胸部、腰部等部位宽松适体，较少出现面料的余量堆积。

将民国橘红缎倒大袖马甲旗袍与民国浅蓝凤戏牡丹团纹刺绣倒大袖旗袍结构进行对比，发现马甲旗袍的袍长和袖长变短，马甲旗袍有微弱的收腰设计，女性化特征更加明显（图 2-27）。

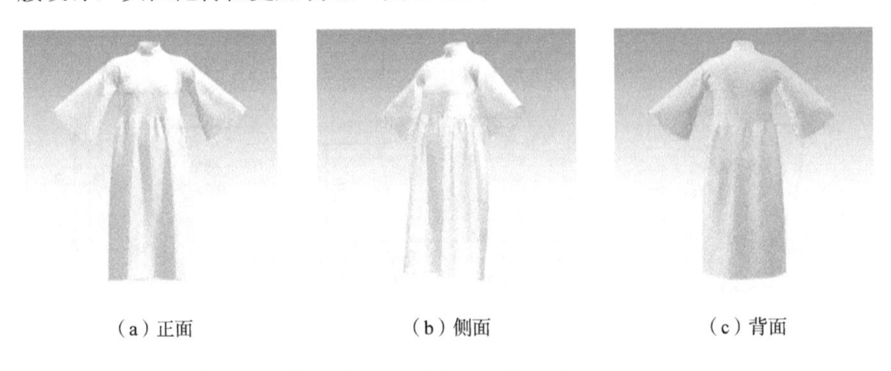

（a）正面　（b）侧面　（c）背面

图 2-25　民国橘红缎倒大袖马甲旗袍的三维空间营造

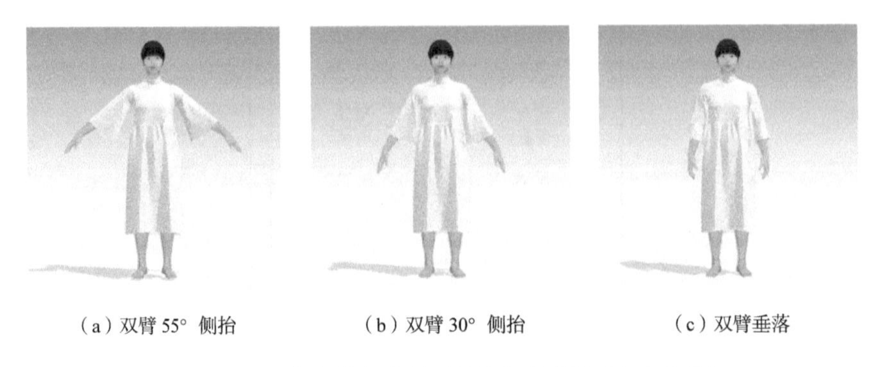

（a）双臂 55° 侧抬　（b）双臂 30° 侧抬　（c）双臂垂落

图 2-26　民国橘红缎倒大袖马甲旗袍的虚拟试穿实验分析

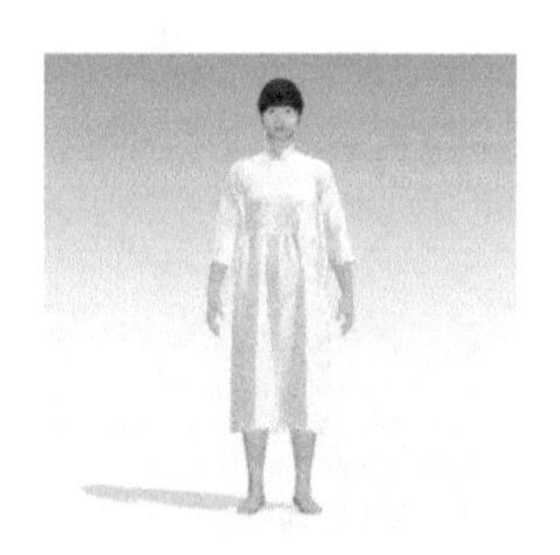

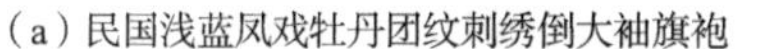

（a）民国浅蓝凤戏牡丹团纹刺绣倒大袖旗袍　　（b）民国橘红缎倒大袖马甲旗袍

图 2-27　民国倒大袖旗袍与倒大袖马甲旗袍的试衣对比分析

在虚拟试衣过程中，测试民国橘红缎倒大袖马甲旗袍对虚拟人体的压力，虚拟模特背面、肩点（两侧）、手臂侧面、胸围线点（正面）、腰围线（两侧）等关键部位的压力与应力值如表 2-6 所示。从虚拟试衣中显示的压力点（图 2-28）和应力点（图 2-29）可以看出，旗袍的压力主要集中在肩部和胸周，其他部位压力较小，可见旗袍穿着效果较为宽松舒适。与民国浅蓝凤戏牡丹团纹刺绣倒大袖旗袍对比发现，民国橘红缎倒大袖马甲旗袍的背面压力增加，差值为 1.0 千帕；肩点压力降低，程度约一半；手臂压力降低，程度一半有余；胸围线点压力增加，程度不足一半；腰围线处的压力也是增加了一半有余。

表 2-6　民国橘红缎倒大袖马甲旗袍穿后女体关键部位的压力与应力

部位	背面	肩点（两侧）		手臂侧面		胸围线点（正面）		腰围线（两侧）	
	中	左	右	左	右	左	右	左	右
压力/千帕	3.5	15.1	15.2	0.3	0.2	9.5	9.4	4.6	4.7
应力/%	103	120	121	108	108	110	109	103	104

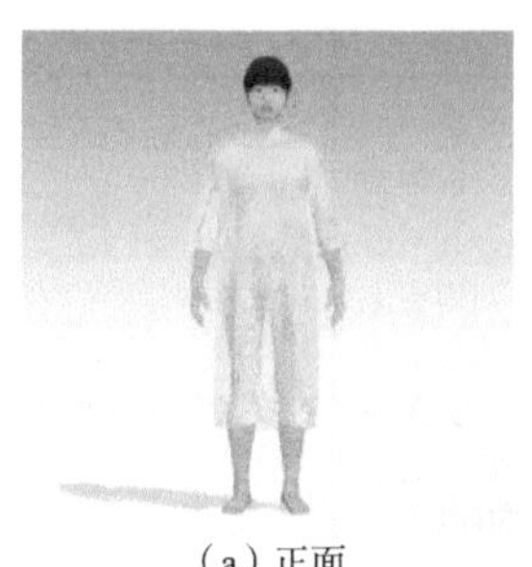

（a）正面

（b）侧面

（c）背面

图 2-28　民国橘红缎倒大袖马甲旗袍的压力分析

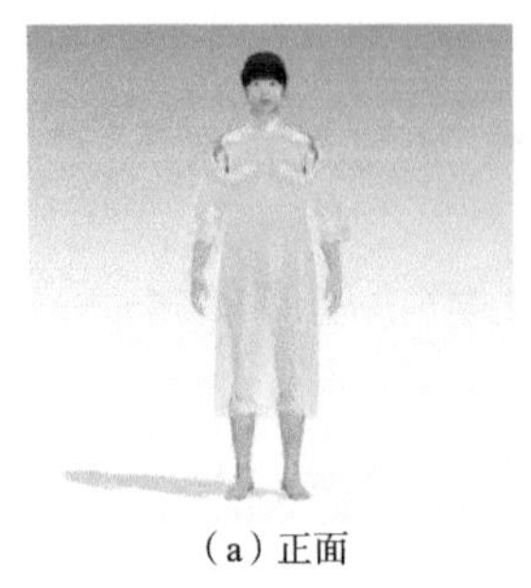
（a）正面

（b）侧面

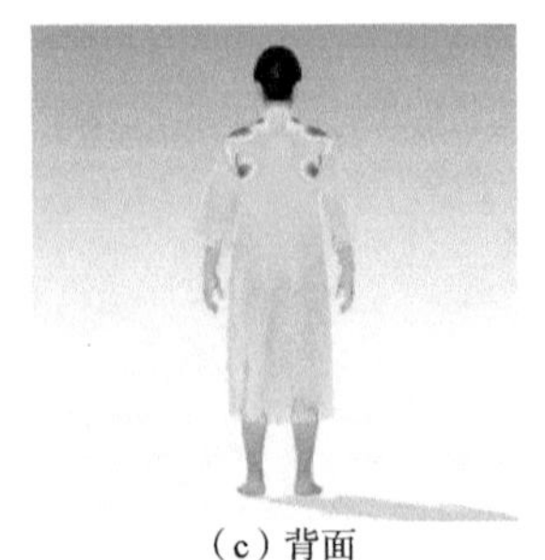
（c）背面

图 2-29 民国橘红缎倒大袖马甲旗袍的应力分析

除了具有马甲结构的旗袍，还有具有旗袍结构的马甲。旗袍将两袖去掉，并将袖笼结构改成马甲袖笼形制，也是民国时期汉族女性日常旗袍的重要形制之一。从改良和创新的角度来看，民国橘红缎倒大袖马甲旗袍对西式结构的采用相对明显，特别是马甲与筒裙的拼接，实属罕见。除此之外，当时还有很多添加了更多西式元素的新式旗袍，笔者称其为仿西式的“时装旗袍”。笔者整理了 1933 年《时事新报》“新妆图说”中涉及日常旗袍西式元素的报道（表 2-7）。

表 2-7 民国日常旗袍中对西式元素的采纳

编号	图像	创新要点	文献记载结构特征	时间
1		衣摆不开衩	下摆不开衩，采用西式做法，显出自然宽大的折纹，且便于举步，行动时即能增加腰部的美感；质料色彩，用黑色软缎，镶以银线，再配上花扣，素雅大方	1933 年 4 月 27 日
2		门襟创新的短旗袍	长短以过膝三寸为合度，系用国货粉绿色的薄哔叽制成，并不需配合任何颜色的镶滚；而肩头上之两旁及开衩的上端，均钉上银白色圆形的铜扣，开衩仅在一面，左右不论，但略偏正面而不过侧，衣袖和脚下，都开圆形，是一件极新颖且适于日常穿用的短袍服装	1933 年 5 月 9 日

续表

编号	图像	创新要点	文献记载结构特征	时间
3		半西式化的短袍	全身用白绸与白底蓝格条子接合而成。衣外加上短披肩一围，后面用铜扣子扣起，在傍晚时御之，颇为别致。如将该披肩脱下，则为一件旗袍，可称为一式二用之新颖装束	1933 年 5 月 12 日
4	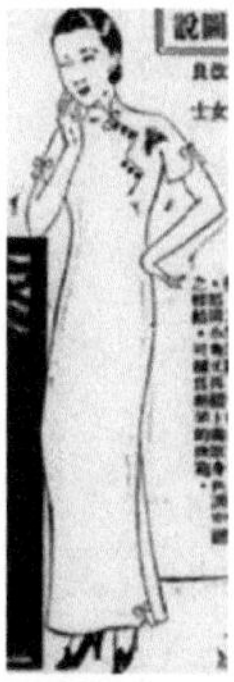	门襟方位及造型	针对衣襟“仍脱不下老格套”问题进行改良：剪裁简单，衣襟开成图案的双三角形，配上贝壳的骨扣，尤为别致。领的侧面和袖口脚下，都开小角衩，再缀上与原身色调和谐之蝶结	1933 年 5 月 16 日
5		袖型及袍脚	衣袖最流行，袍脚的分段滚法，尤为新颖。全身及领，用黑色印度绸，衣襟一面假做，而开三角形，再加上红色骨钮，在开衩之上端亦然，但衣袖及脚下三道大小不等之横条，则用白底红黑二色之方格绸接起，在夏令旗袍中新颖别致	1933 年 5 月 27 日
6		拼接	衣裙式长袍，用有横条之薄绸做上身及衣脚之一段，余用素色（注意：此完全系接连的做法，并不是另加短衣于上）。襟在正中开，两面挖小洞，再做丝带系起如交叉形，在腰之下两旁亦然，袖分三层的荷叶边	1933 年 6 月 11 日

续表

编号	图像	创新要点	文献记载结构特征	时间
7	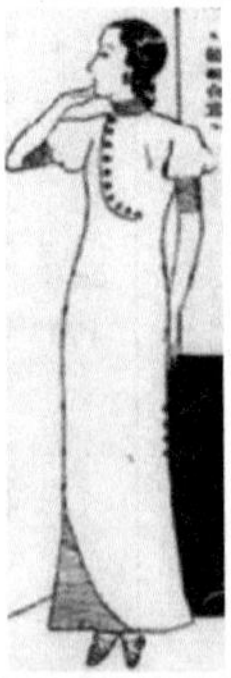	门襟与袖摆、底摆	这件旗袍是西式的衣袖，蓬而束小襟是开至半腰而成方圆形，用骨扣扣起，领袖之下及袋脚之一端做轧痕的横条，质料为燕黄色及素身质地	1933 年 6 月 14 日
8	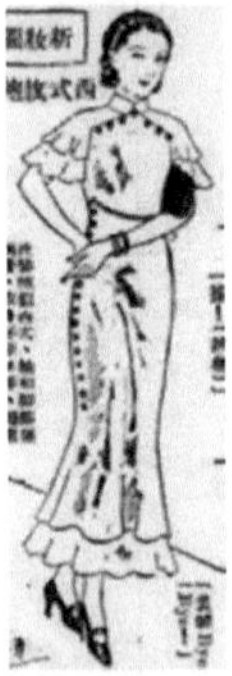	袖口、底摆及门襟	袖和脚都系两层，衣身不过长，不开衩，襟开尖形，在腰间轧痕两条，用粉绿色的绸，上缀以深绿色或浅褐色的骨扣，鞋的颜色可以纽扣的色素为标准	1933 年 6 月 21 日
9	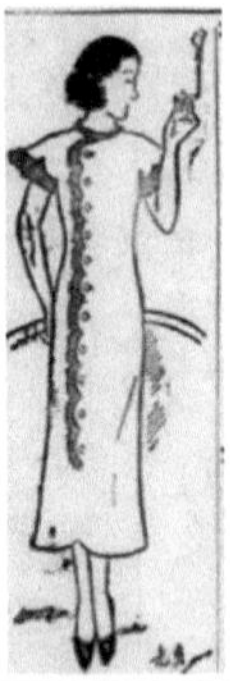	直襟	这是一件夏日适体而新颖的旗袍，长以过膝四寸为度，两旁不需开衩，但前后做成小圆角式，全身裁制以粉蓝色纱质，但滚边的细折则配以白色开襟于右侧，沿口系剪成月牙样，在每变处钉上扣子，袖短而宽大，十分凉爽，且便穿着，可谓绝美	1933 年 7 月 4 日
10		方领荷叶边	此装领口方形，以白束纱折滚边，袖亦用同样质料，身上是红黑小圈相间的绸，两肩及开衩上端缀以小纱结，在午茶时或郊外游玩时御之，极为称合	1933 年 7 月 12 日

续表

编号	图像	创新要点	文献记载结构特征	时间
11		方领	用米黄色绸做旗袍，加上反领，同时袖和脚边都沿上阔滚白边，再缀上一对黄色骨纽，既雅淡又别致，而且轻快适体，是夏季新装之别出心裁者	1933年7月31日
12		披肩领	用白底红黑相间横线的料子，领口半圆，而披肩式之衣袖则连接于领处，用白色，袍脚亦然，但与寻常者略异，即宽散而不开衩，滚五分阔的红边，简易新颖	1933年10月17日
13	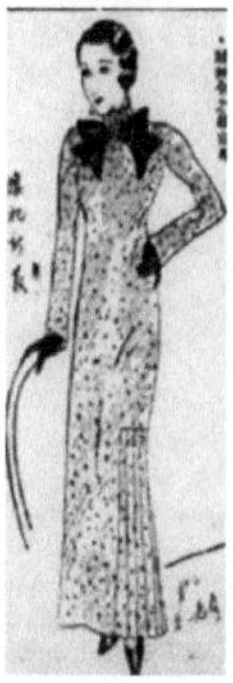	仿西式	这件长袖旗袍是仿西式，用黑白色花绒做成，衣脚之一边束密裥，另一边不需开衩，殊为新颖，领横开直透至肩上，以便穿着，在前胸处挖空二缝，穿上大的黑结，配上黑色手套，诚秋令之最宜者	1933年11月13日

3. 旗袍曲势出现与省道结构实证

旗袍的曲势主要指旗袍在左右侧缝处对女性腰身的贴合程度。旗袍在流行数年、步入20世纪30年代以后，已经开始走向适体化，在左右侧缝处逐渐开始出现腰身的曲势变化。20世纪30年代末，旗袍中的曲势表现更加明显，时人基本能够做到“袍随人形”，即依据女性的身体特征进行结构的设计。1937年，严祖忻和宣元锦在介绍旗袍结构时指出，“除了少数的老年及乡村妇女，还穿着短衣裙子外，城市里的妇女，差不多都穿旗袍了……可是裁剪起来，是极不容易，因为女子是有曲线美的，所以一定要顺着她的曲势裁，穿起来才有样”[①]。对此种旗袍的结构研究已较多，笔者不做具体实证。

20 世纪 40 年代，特别是 40 年代中后期，对旗袍曲势的表现进入了新的阶段，即逐渐开始设置省道。鉴于当下对民国时期收省旗袍实物考证较少，笔者选取两件代表性实物标本进行案例研究。

1）民国浅青缎暗纹镶边收省短袖旗袍

该旗袍形制为立领，右衽大襟，无盘扣设计，采用暗扣及拉链闭合立领及门襟；存在明显收腰设计，衣摆由对应臀部向下渐窄，长至小腿下处；短袖形制，且为装袖结构设计；左右开衩，衩头装饰如意云头；衣身前后中不破缝，且无任何拼接现象；立领、门襟、袖口、底摆及开衩均为黑色绸料镶宽边设计。此外，该旗袍还存在明显的肩斜，整体上西式结构元素非常明显（图 2-30）。在镶边上刺绣仙鹤、梅花等吉祥纹样，仙鹤与梅花整体色调采用蓝色渐变刺绣，梅花以散点构图分布在仙鹤四周。衣身面料为真丝织锦提花，暗纹提花为抽象花卉造型，呈现平铺的四方连续图案。整体面料颜色与刺绣带相匹配，色彩搭配淡雅大方。仙鹤与梅花在中

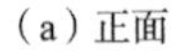

（a）正面

（b）背面

图 2-30 民国浅青缎暗纹镶边收省短袖旗袍实物

图片来源：广州博物馆藏品

① 严祖忻，宣元锦. 家庭问题：衣的制法（五）：旗袍（附图）[J]. 机联会刊，1937（166）：19-21.

国传统纹样中代表万寿无疆、品行清高之意。仙鹤为中国传统吉祥纹样之一，具有延年益寿之意。梅作为“岁寒三友”之一，因其能严冬含苞而被认为有“凌寒独自开”的高尚品质，且梅开五瓣有“福、禄、寿、喜、财”五福寓意。对民国浅青缎暗纹镶边收省短袖旗袍主结构进行测绘与复原（图 2-31）发现，旗袍衣长为 118.0 厘米，属于较短旗袍。在闭合方式上采用了半开襟结构下的拉链设置，系合处为 8 粒揿扣，侧襟处为拉链，是 20 世纪 40 年代中后期的典型制式。

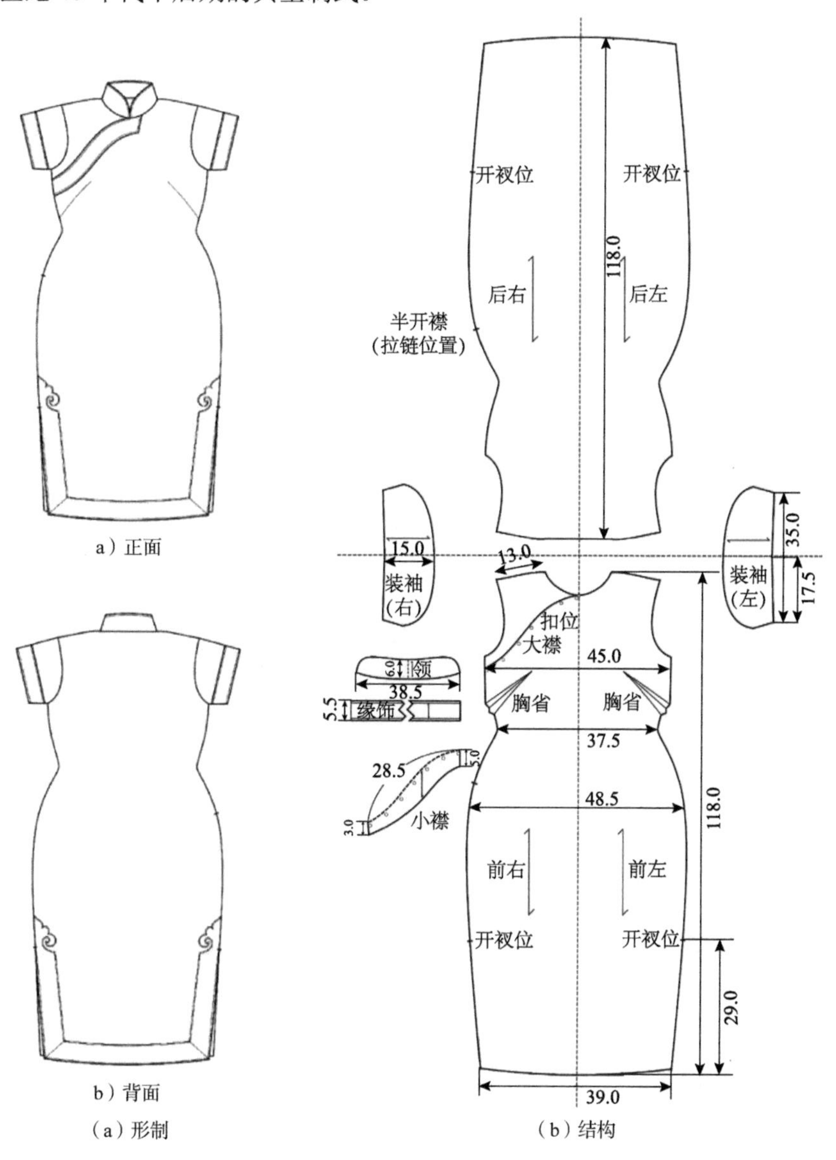

a）正面

b）背面

（a）形制　　（b）结构

图 2-31　民国浅青缎暗纹镶边收省短袖旗袍形制及主结构测绘与复原（单位：厘米）

对民国浅青缎暗纹镶边收省短袖旗袍进行虚拟建模，经过结构的导入（除了上述主结构外，补充立领、镶滚等辅料结构），并通过虚拟缝合等系列操作之后，完成旗袍由平面向立体的结构转换（图 2-32），缝合之后穿在女模身上（图 2-33），袖长至上臂，衣长至膝下。在双臂侧抬和双臂垂落等状态下，旗袍的颈部、肩部、手腕及胸部、腰部等部位宽松适体，较少出现面料的余量堆积。

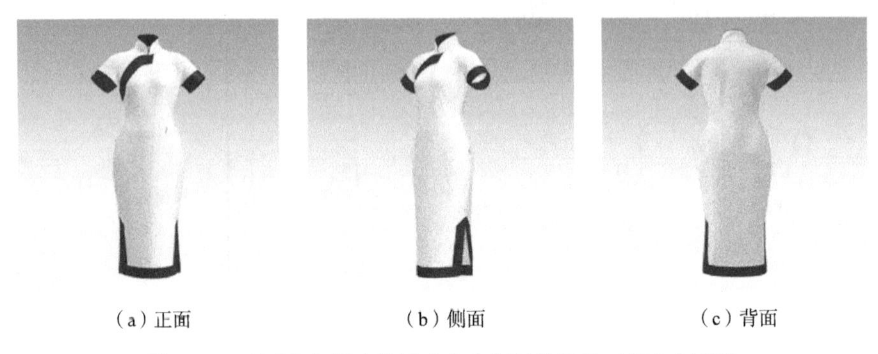

（a）正面　（b）侧面　（c）背面

图 2-32　民国浅青缎暗纹镶边收省短袖旗袍的三维空间营造

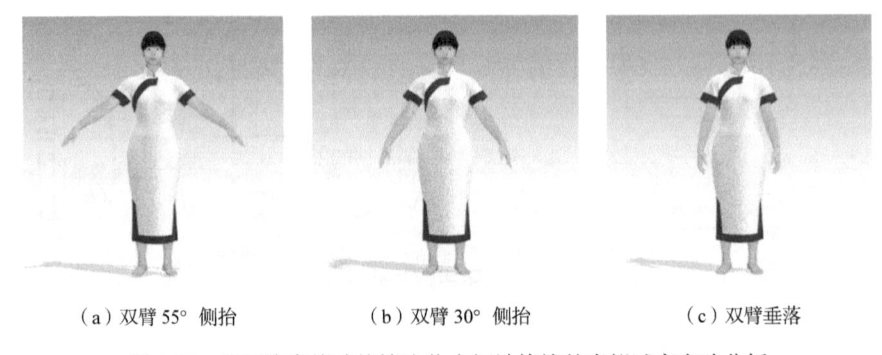

（a）双臂 55° 侧抬　（b）双臂 30° 侧抬　（c）双臂垂落

图 2-33　民国浅青缎暗纹镶边收省短袖旗袍的虚拟试穿实验分析

将民国浅青缎暗纹镶边收省短袖旗袍与民国蓝绸窄袖宽身大襟长衣进行对比，可以更加直接地看出二者之间的共性与差异。相比之下，民国浅青缎暗纹镶边收省短袖旗袍的结构变化主要有：袖长变短，由起初的长至手腕变为长至臂根下处对应腋窝处；袍长基本未变，仍然处于小腿与脚踝之间；最大的变化是由于胸省增设形成的收腰结构设计，促成旗袍廓型由 A 形向 X 形演变（图 2-34）。

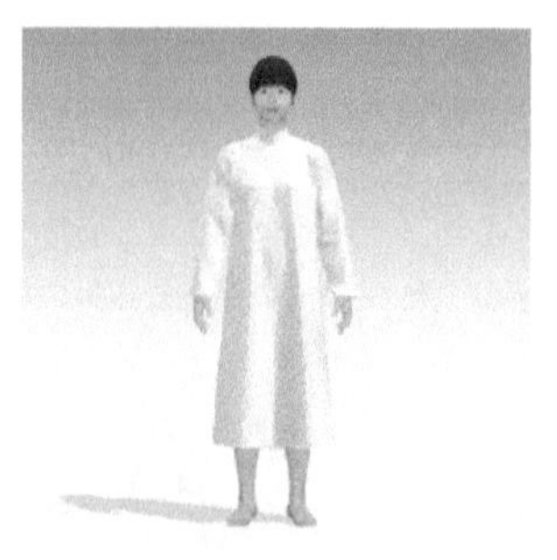

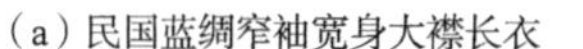

（a）民国蓝绸窄袖宽身大襟长衣

（b）民国浅青缎暗纹镶边收省短袖旗袍

图 2-34　民国收省旗袍与大襟长衣的试衣对比分析

在虚拟试衣过程中，测试民国浅青缎暗纹镶边收省短袖旗袍对虚拟人体的压力，虚拟模特背面、肩点（两侧）、手臂侧面、胸围线点（正面）、腰围线（两侧）等关键部位的压力与应力值如表 2-8 所示。从虚拟试衣中显示的压力点（图 2-35）和应力点（图 2-36）可以看出，收省旗袍的压力主要集中在肩部和腰围，其他部位压力较小，可见收省旗袍尽管修身很多，但是穿着仍然较为宽松舒适。

表 2-8　民国浅青缎暗纹镶边收省短袖旗袍穿后女体关键部位的压力与应力

部位	背面	肩点（两侧）		手臂侧面		胸围线点（正面）		腰围线（两侧）	
	中	左	右	左	右	左	右	左	右
压力/千帕	1.2	8.1	9.0	0.9	0.9	5.1	5.2	7.0	7.3
应力/%	103	113	115	101	101	108	109	105	104

（a）正面

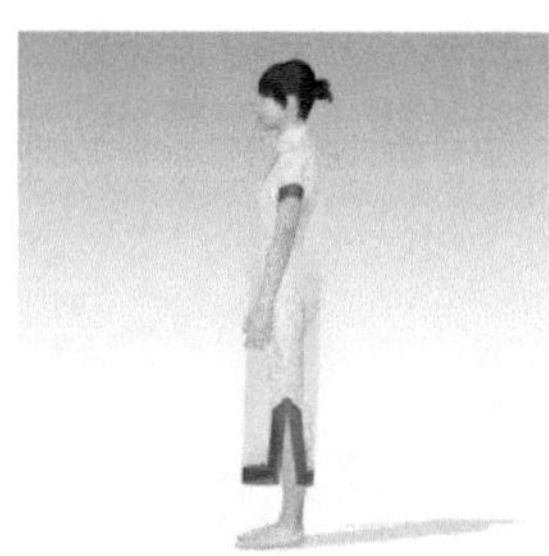

（b）侧面

（c）背面

图 2-35　民国浅青缎暗纹镶边收省短袖旗袍的压力分析

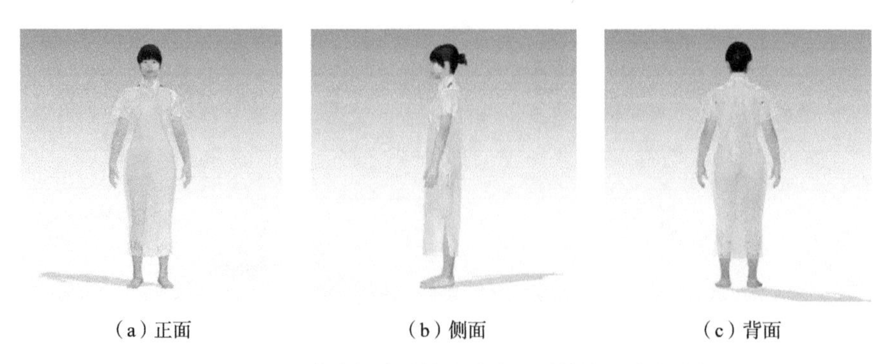

（a）正面 （b）侧面 （c）背面

图 2-36 民国浅青缎暗纹镶边收省短袖旗袍的应力分析

2）民国浅蓝素面收省中长袖旗袍

该旗袍形制为立领，右衽大襟，1 副花盘扣作为装饰用，其余立领及门襟的闭合以暗扣和拉链取代；具有明显收腰结构，存在胸省和腰省设计；底摆由臀部向下渐窄，长至小腿下，袖口渐窄，在袖口处设置了开衩，方便穿脱和手腕活动，袖长至前臂，属于中长袖结构。旗袍前后中不破缝，但存在接袖结构，且肩斜结构明显（图 2-37、图 2-38）。领围下侧有浅蓝色黑色双色寿字花卉造型花扣，从左往右依次为菊花、寿字纹、蝴蝶。花扣工艺为嵌丝硬花扣，是以布条盘绕、打结而成。布条通常以 45°斜裁，保证其延展性与贴合性，常使用上浆、嵌棉线和嵌铜丝等工艺固定其特殊造型与纹样。花扣造型通常根据面料或整体服饰题材做出特殊造型形成嵌丝硬花扣，使其立体感突出。嵌丝硬花扣常做轴对称造型或中心对称造型，该旗袍的嵌丝硬花扣则为特殊不对称设计，突出了祝寿题材。

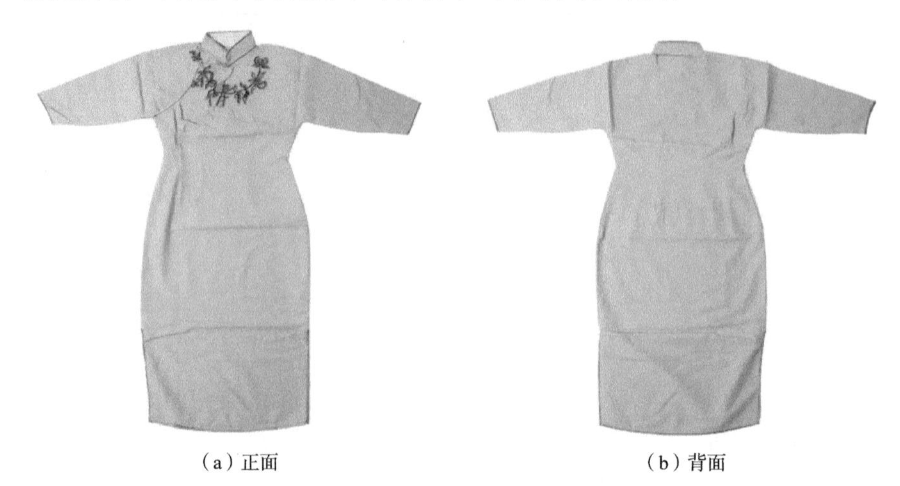

（a）正面 （b）背面

图 2-37 民国浅蓝素面收省中长袖旗袍实物

图片来源：广州博物馆藏品

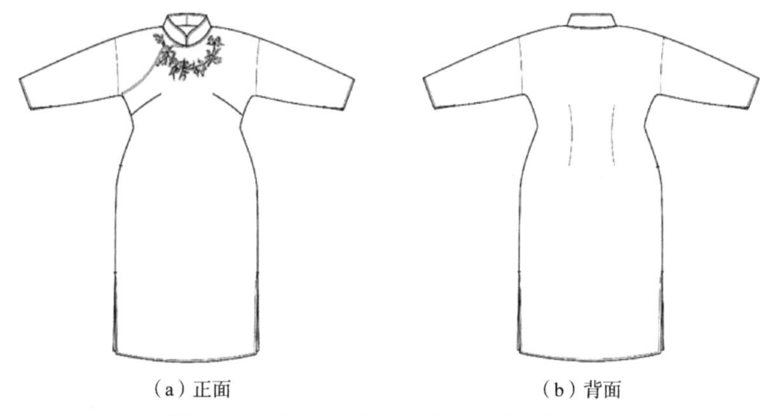

图 2-38　民国浅蓝素面收省中长袖旗袍形制

对民国浅蓝素面收省中长袖旗袍的主结构进行测绘与复原（图 2-39），袍长为 103.0 厘米，比民国浅青缎暗纹镶边收省短袖旗袍短 15.0 厘米，形制更短。旗袍的腰宽仅 35.3 厘米，臀宽 45.5 厘米，下摆宽 41.3 厘米，挂肩长也只有 19.0 厘米，加上宽仅 10.0 厘米的袖口，可以得出此件旗袍在结构上非常修身，属于量体裁衣的典范之作。为了提高旗袍的穿着舒适性，除了下摆开衩 23.0 厘米，还增设了 4.0 厘米的袖口开衩，基本满足了修身旗袍的活动量。

对民国浅蓝素面收省中长袖旗袍进行虚拟建模，经过结构的导入（除了上述主结构外，补充立领、镶滚等辅料结构），并通过虚拟缝合等系列操作之后，完成旗袍由平面向立体的结构转换（图 2-40），缝合之后穿在女模身上（图 2-41），袖长至前臂，衣长至膝下。在双臂侧抬和双臂垂落等状态下，旗袍的颈部、肩部、手腕及胸部、腰部等部位宽松适体，较少出现面料的余量堆积。

将前述两款代表性的收省旗袍放在一起对比结构，可以更加直接地看出二者之间的共性与差异。相比之下，民国浅蓝素面收省中长袖旗袍的结构变化主要有：立领变窄；衣长变短，由小腿处上升至膝下；袖长变长，由上臂延伸至前臂下处。但两款旗袍整体的宽松程度相差不大（图 2-42）。

在虚拟试衣过程中，测试民国浅蓝素面收省中长袖旗袍对虚拟人体的压力，虚拟模特背面、肩点（两侧）、手臂侧面、胸围线点（正面）、腰围线（两侧）等关键部位的压力与应力值如表 2-9 所示。从虚拟试衣中显示的压力点（图 2-43）和应力点（图 2-44）可以看出，旗袍的压力主要集中在肩部、胸周和腰围，其他部位压力较小，可见旗袍穿着较为宽松舒适。

但是，与民国浅青缎暗纹镶边收省短袖旗袍相较，民国浅蓝素面收省中长袖旗袍穿后女体关键部位的压力与应力整体上有所增加，虽然增加的幅度并不大，但足以证实民国浅蓝素面收省中长袖旗袍的适体性更优于民国浅青缎暗纹镶边收省短袖旗袍。两件旗袍的各项尺寸差异并不大，因此笔者认为形成此种压力变化的原因主要是长袖结构的设计。

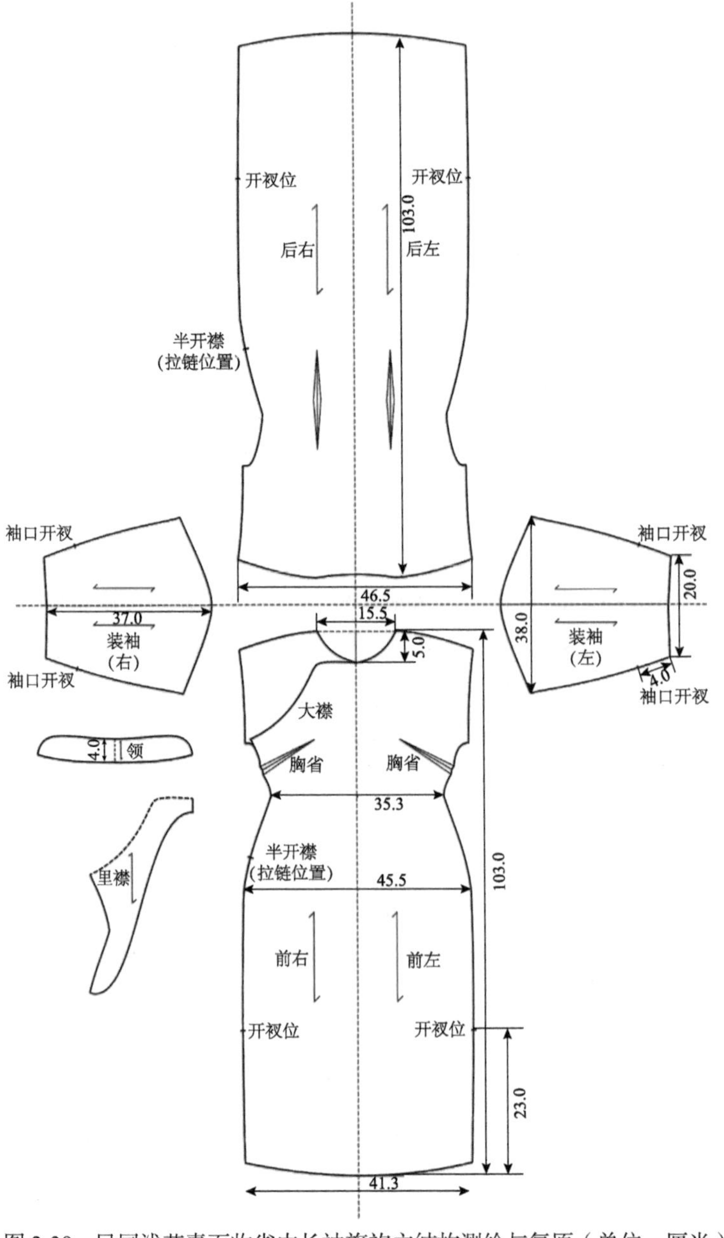

图 2-39 民国浅蓝素面收省中长袖旗袍主结构测绘与复原（单位：厘米）

（a）正面

（b）侧面

（c）背面

图 2-40 民国浅蓝素面收省中长袖旗袍的三维空间营造

（a）双臂 55° 侧抬

（b）双臂 30° 侧抬

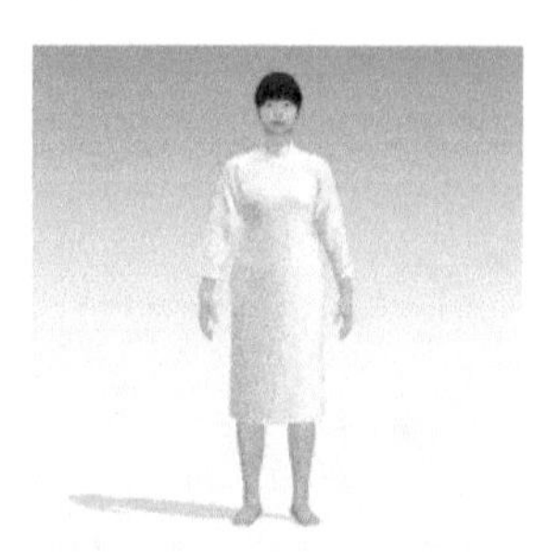
（c）双臂垂落

图 2-41 民国浅蓝素面收省中长袖旗袍的虚拟试穿实验分析

（a）民国浅青缎暗纹镶边收省短袖旗袍

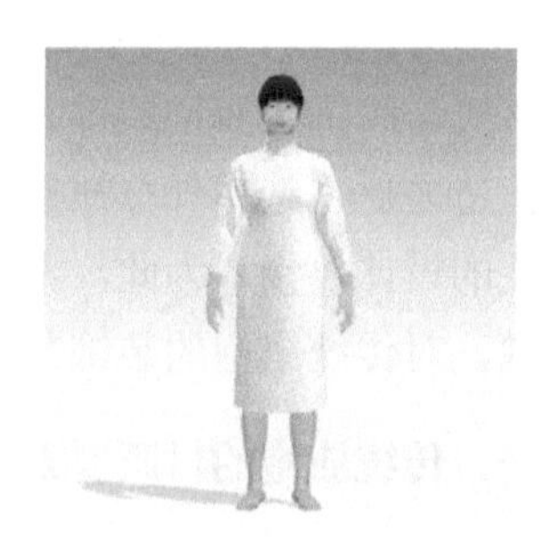
（b）民国浅蓝素面收省中长袖旗袍

图 2-42 民国收省旗袍的试衣对比分析

表 2-9 民国浅蓝素面收省中长袖旗袍穿后女体关键部位的压力与应力

部位	背面	肩点（两侧）		手臂侧面		胸围线点（正面）		腰围线（两侧）	
	中	左	右	左	右	左	右	左	右
压力/千帕	3.5	13.0	13.1	1.4	1.5	6.4	6.5	7.2	7.5
应力/%	103	115	116	103	104	110	111	104	105

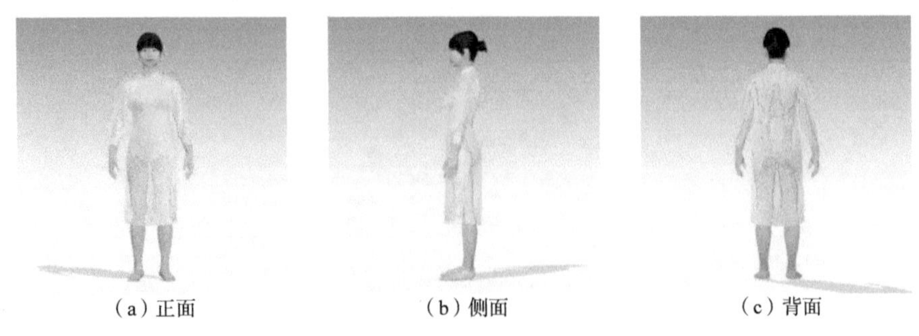
（a）正面　（b）侧面　（c）背面

图 2-43　民国浅蓝素面收省中长袖旗袍的压力分析

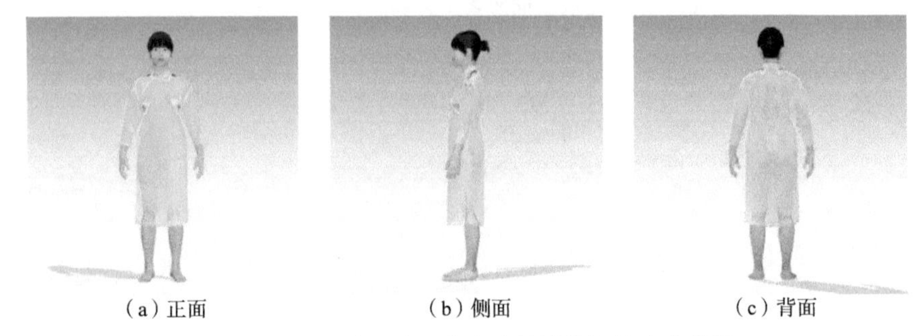
（a）正面　（b）侧面　（c）背面

图 2-44　民国浅蓝素面收省中长袖旗袍的应力分析

第二节　传统旗袍的材质及纹饰设计

材质与纹饰是旗袍装饰艺术的两大阵地，当一件旗袍完成了形制与结构的营造之后，选用什么质感的面料与什么内容的纹饰是穿着者与设计师最关注的设计要素。为此，本节重点依据中国丝绸档案馆珍藏的 106 件丝织旗袍，对传统旗袍的装饰艺术进行定量分析。

一、传统旗袍的材质要素及艺术特色

在对中国丝绸档案馆珍藏的 107 件旗袍进行整理的过程中，笔者发现共有 106 件是丝织品[①]。丝绸作为一种珍贵的面料，在服装制作行业广受欢迎。中国古典诗词中早已寄予丝绸制品美好的寓意。民国时期是我国丝织物品种大发展、大变化的时期，丝绸业盛衰起伏，手工丝、人造丝、厂丝等交相更替。也可以说，民国时期是中国丝绸品种和艺术设计集大成的成熟时期，为现代丝绸技术的发展奠定了良好的基础。[②]

① 本节的分析即针对中国丝绸档案馆所珍藏的这 106 件丝织旗袍而展开。本节所有图与表的资料来源均为中国丝绸档案馆，为简便起见，正文不再一一标注，谨表谢意。

② 赵丰主编. 中国丝绸通史[M]. 苏州：苏州大学出版社，2005：583.

我国对织物种类的划分向来都有所讲究，其主要分类依据有组织、加工工艺、质地外观、产地和用途等。从经纬线交错的关系中可以得出织物大类，再根据表层基础组织结合外观造型，就可以判定织物的具体品种。《唐六典·织染署》载，“凡织纴之作有十（一曰布，二曰绢，三曰絁，四曰纱，五曰绫，六曰罗，七曰锦，八曰绮，九曰繝，十曰褐）”[①]。可见，古人对织物的称谓有不少讲究。到了明清时期，丝织物品种不断增加，与现代丝织物十四大类的类别已十分接近，分别被称作纱、罗、绫、绢、纺、绡、绉、锦、缎、绨、葛、呢、绒、绸。每一种类的面料都具有它们自己的特色，并且在面料结构的基础上都能够加上不同的纹样装饰手法。

根据织物所采用的主体组织结构及外观特征，可将中国丝绸档案馆藏的 106 件丝织旗袍的面料分为罗、绢、绸、锦、缎、绉、针织物、其他提花织物 8 类（表 2-10）。其中“其他提花织物”是指不能准确判定的提花织物。锦类织物（例见图 2-45）的数量远远多于其他种类。早在上千年前我国的手工艺人就已经掌握了制锦的工艺手法，在丝绸之路的贸易往来中锦也是重要的商品品类之一。

表 2-10　旗袍面料的大类名及数量分布

大类名	罗	绢	绸	锦	缎	绉	针织物	其他提花织物
数量/件	4	13	16	36	12	9	2	14
占比/%	3.77	12.26	15.09	33.96	11.32	8.49	1.89	13.21

注：表中数据均为四舍五入，因此加和可能不等于 100%。全书余同

图 2-45　黑地织锦彩色提花旗袍局部

① 转引自李怡. 唐代文官服饰文化研究[M]. 北京：知识产权出版社，2008：156.

106 件丝织旗袍藏品涉及面料的结构特性可大体分为单一结构织物、提花织物、针织物三大类（表 2-11）。其中提花织物色彩丰富、纹样多变、风格迥异，极易彰显面料的珍贵性，广受当时的消费者喜爱，数量也最多。单一结构织物的织造方式较为简单，产量较大，风格较为素雅，但是与刺绣、绘画等手工艺技术相结合，汇聚了匠人精神，也成为藏品中的佼佼者。

表 2-11　旗袍面料的主要结构的特征及数量分布

名称	示例图片	主要特征	数量/件	占比/%
单一结构织物	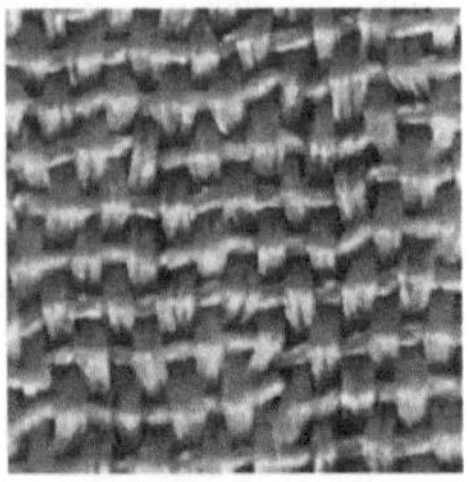	面料质地轻薄，易褶皱，色彩简洁，常见装饰方式为印花或刺绣，其余部分皆无复杂结构变化	29	27.36
提花织物（附加纬线提花）		各面料厚度不一，提花部分选用不同色彩丝线制造，色彩丰富，工艺与结构都较为复杂	75	70.75
针织物（蕾丝）		面料质地柔软，多孔隙，结构复杂	2	1.89

（一）单一结构织物面料分析

单一结构织物主要是指旗袍整体面料结构完全统一，均为平纹、缎纹、斜纹或是罗组织，无其他结构性的装饰。106 件丝织旗袍藏品中涉及这类面料的简况如表 2-12 所示。

表 2-12 旗袍中单一结构织物的基本特征及数量分布

组织类型	基础组织名称	基本特征	数量/件	占比/%
平行类织物	平纹（含变化平纹）组织	由两根经纱和两根纬纱组成的一个组织循环，正反面无明显差别，且在基本组织中使用范围最广	21	72.41
	斜纹组织	需要至少由三根经纱和三根纬纱组成的组织循环，织物表面有明显的斜向凸起纹路	5	17.24
	缎纹组织	织物表面有较长浮点的纱线，正反面有明显的区别，正面整体富有光泽，手感柔软平滑，反面与正面相比光泽感差且较为粗糙，强度较低	1	3.45
绞经类织物	罗组织	属于绞经类织物，纱线有明显的扭绞状态。面料紧密结实，身骨平挺爽滑，结构稳定耐磨	2	6.90

整理发现，平纹组织的使用量最大（图 2-46），约占单一结构织物藏品总量的 72.41%。原因是平纹组织的结构最为简单，也是服饰品类中使用最为广泛的一种织物组织。该种织物的交织点众多，有较好的耐磨性，且手感相对硬挺，适合刺绣、印染等装饰技艺的附加和纹饰表现。

斜纹织物数量占单一结构织物藏品总量的 17.24%。斜纹组织经纬纱交织的次数比平纹组织少，可以增加单位长度织物中可排列的纱线根数。因此，在其他条件相同的情况下，斜纹一般比平纹更加紧密厚实，并且具有较好的光泽度（图 2-47）。肉眼可观察到其统一方向的线条纹路，其结构本身就具有一定的装饰效果，相较复杂的提花织物，斜纹织物对美的表现更加低调内敛。

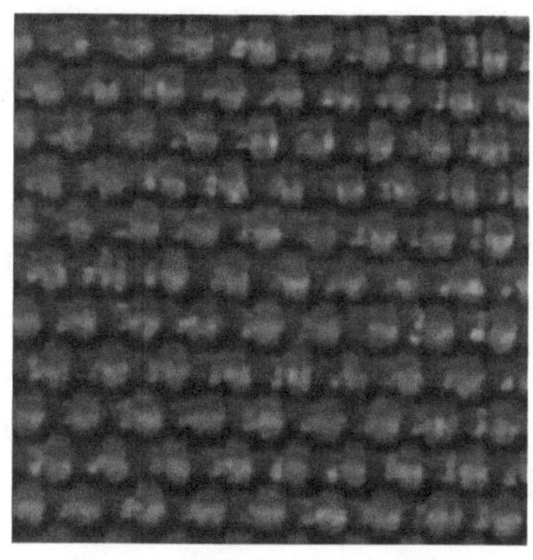

图 2-46 旗袍平纹组织面料样本

图 2-47 旗袍斜纹组织面料样本

缎纹组织面料（图 2-48）相比于其他组织的织物，浮出的纱线较长，光泽度更高也更加柔软，但织物强度因此略受影响。与其他类型的单一结构织物相比，缎纹组织织物虽然具有一定的光泽感，但其结构强度较低，又不具备提花织物的纹样，故在单一结构织物藏品总量中占比最小，仅为 3.45%。

与前述平行类织物组织不同，罗组织属于绞经类织物（图 2-49）。全部或部分使用罗组织的面料都被称为罗组织面料，这类面料紧密结实，透气性好，可以通过扭绞的方式制作出各式各样的绞花图案，其变化形式种类较多，对纹样的表现手法也相对内敛。

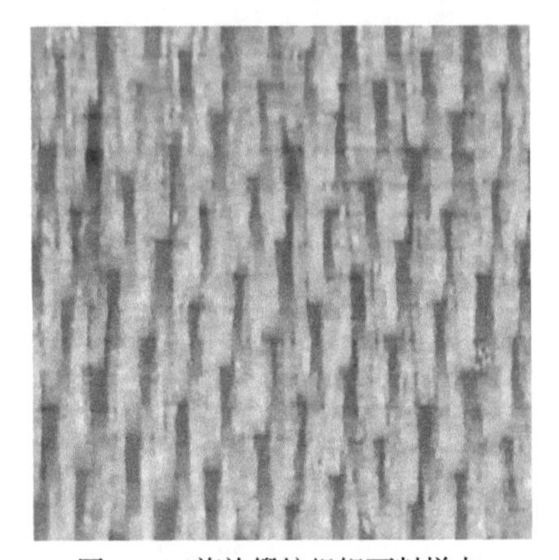

图 2-48　旗袍缎纹组织面料样本

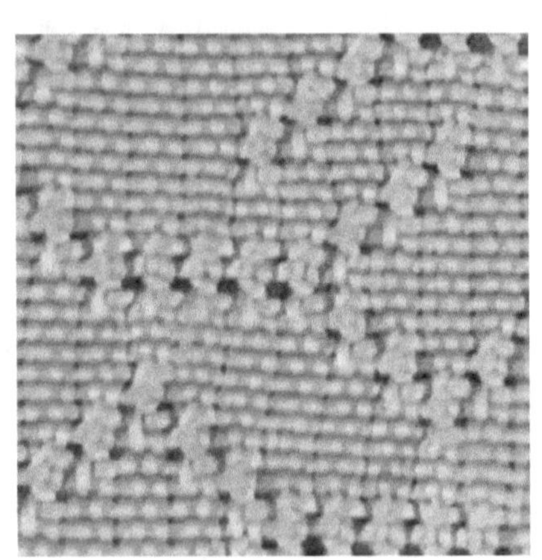

图 2-49　旗袍罗组织面料样本

（二）提花织物面料的组织结构分析

提花织物面料在馆藏样品中占比最大，主要原因有两点：一是提花织物的经纬纱线按照一定的规律在织物表面交织沉浮，错落有致，形成完整、规律的纹样造型，其色彩丰富，图案大方规整，故在丝织类面料中脱颖而出。二是从辛亥革命到抗日战争爆发期间，人们对面料美观度的要求较高[①]，且为了彰显丝绸面料的珍贵性，精美的提花织物往往更受欢迎，具有珍藏价值，从而保留至今。

在提花织物的地组织结构中（表 2-13），平纹与平纹变化组织一共占比 61.33%，平纹与其他组织结构的结合也占据了总样品量的 6.66%，总体达到 67.99%。对提花织物来说，提花部分种类繁多，结构复杂，此时地组织本身的结构并不突出，甚至需要用其朴实的特性来衬托提花部分的精美，因此结构最为简单的平纹组织就成为最佳选择。

① 徐铮. 民国时期（1912—1949）机器丝织品种和图案研究[D]. 上海：东华大学，2014.

表 2-13 旗袍中提花织物的地组织结构及数量分布

地组织结构		数量/件	占比/%
平纹	平纹组织	42	56.00
	平纹变化组织	4	5.33
斜纹	经斜纹组织	1	1.33
	平纹+斜纹（变化）组织	4	5.33
缎纹	缎纹组织	22	29.33
	平纹+缎纹组织	1	1.33
罗		1	1.33

在藏品中，仅有 1 件旗袍的地组织结构为纯经斜纹组织，斜纹组织、斜纹变化组织与平纹的结合织物共有 4 件。在提花的装饰方面，有 3 件藏品为纯色缎纹提花，通过暗纹中缎组织的光泽质感展现出面料的纹样，避免了地组织与提花主次颠倒；另一件以斜纹为地组织的旗袍则选用了较细的经线，利用斜纹较好地展示出整体横向条纹的纹样。可见，在样品中以斜纹为地组织的织物数量并不多，且运用提花的部分大多为简洁大方的同色缎纹结构，或是利用结构特性展现面料特定纹样。

缎纹在提花织物地组织结构中的应用也较多，仅次于平纹。其原因在于缎纹组织富有光泽，手感柔软平滑，与提花结合后的面料较为厚实，有质感，且将其作为地组织能够提升旗袍整体的光泽度，再搭配色彩艳丽的花卉图案或时尚的几何图案，在当时的女性消费者眼中便是名贵与潮流的象征（例见图 2-50）。

图 2-50 黑地织锦提花彩色花卉冬旗袍

藏品中唯一一件浅绿色真丝罗牡丹花卉旗袍较为特殊，该面料共有两层，第一层为白色罗组织织锦，下面一层则是黄绿色平纹变化组织织物。此处罗组织仅用作双层面料中的上层的装饰，上层面料扭绞的镂空处能隐约露出下层的色彩，使该件旗袍乍一看为白色，但细看却能发现从罗织物中透出的黄绿色底料，这一小小的设计点与现代时尚潮流中的镂空元素有异曲同工之妙（图 2-51）。

图 2-51 浅绿色真丝罗牡丹花卉旗袍面料细节

（三）针织物组织结构分析

常见针织工艺主要分为手工针织（即编织）和机器针织两种，技艺精湛，花样造型也较为丰富。由于针织物的美观性，民国旗袍中针织类面料也较为流行。丝织类面料的镂空范围较大，丝线纤细且稀疏，在穿着或保存过程中有勾丝损坏的可能性，因此能够被完整保留下来的旗袍数量并不多。馆藏的这两件针织类旗袍相对保存完好，花卉纹样精美细腻，结构较为复杂，极其珍贵（图 2-52、图 2-53）。

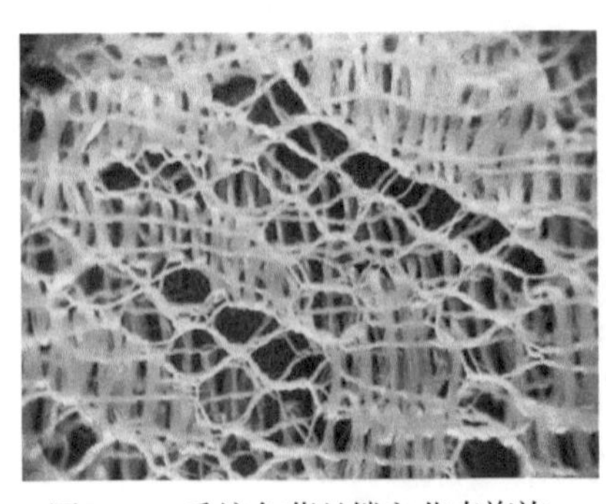

图 2-52 香槟色蕾丝镂空花卉旗袍

图 2-53 玫红色蕾丝镂空花卉纹网纱旗袍

（四）里料的材质与组织结构

在 106 件丝织旗袍藏品中，有 87 件旗袍含有里料（82.08%）。有无里料的原因有二：一是针对该旗袍所着的季节而定，温度高则旗袍面料较轻薄，不适宜搭配厚重的里料；反之，温度低，里料则会根据所需选取纯棉或者毛皮材质。二是旗袍里料的损坏或是其他原因，里料被人为拆除。87 件旗袍里料的材质主要有棉织物、毛及毛织物、丝织物三大类（表 2-14）。丝织类旗袍价值较高，其里料也颇为讲究，常常会选择亲肤感较好的丝织物为里料。可见人们对旗袍材质的重视程度不仅停留在表面，同样看重辅料。棉织物作为最为常见且性价比较高的材料，对手头并不宽裕的人来说是合适的选择。毛及毛织物的选择则是由于外界气温的影响。

表 2-14 旗袍里料原料的种类、主要特征及数量分布

种类	主要特征	数量/件	占比/%
棉织物	手感较为柔软，质地轻薄，但无光泽感，易有折痕，且织物表面略微有“起球”情况	8	9.20
毛及毛织物	（裘皮类）柔软厚实，具有光泽，保暖性强； （毛毡类）手感厚实，结构蓬松，有一定弹性	13	14.94
丝织物	手感细腻，质地轻盈，富有光泽，有较强的悬垂性	66	75.86

里料作为服装辅料中的一种，隐藏于服装反面，在穿着时并不能显露出来，由此可猜想在物资并不充裕的年代，服装的里料会相对从简，但笔者在对馆藏的 87 件含里料的旗袍进行分析后，仍发现有许多旗袍里料十分精致，有 3 件甚至选择了提花织物。如表 2-15 所示，旗袍里料中平纹织物数量最多，占总旗袍里料的 71.26%，斜纹占比为 8.05%，而缎纹仅占 2.30%。用料的差异应与当时面料的产量及价格有关，平纹用的最多，因为其价格相对低一些，对辅料是个不错的选择。

表 2-15 旗袍里料的组织结构及数量分布

里料的组织结构	数量/件	占比/%
平纹（平纹变化组织）	62	71.26
斜纹	7	8.05
缎纹	2	2.30
提花	3	3.45
裘皮	5	5.75
毛毡	8	9.19

裘皮（图 2-54）和毛毡（图 2-55）通常作为冬季保暖的里料所使用，当然根据经济条件的差异，富裕人家和平民百姓在这方面的选择又有很大的差异。毛毡除了具备保暖的功效外，还有吸收湿气、隔绝水分的作用，在一定程度上对人的健康有益。并且因为其经过毡化处理，增强了服装的挺括性，减轻了因面料厚重而造成的臃肿感。

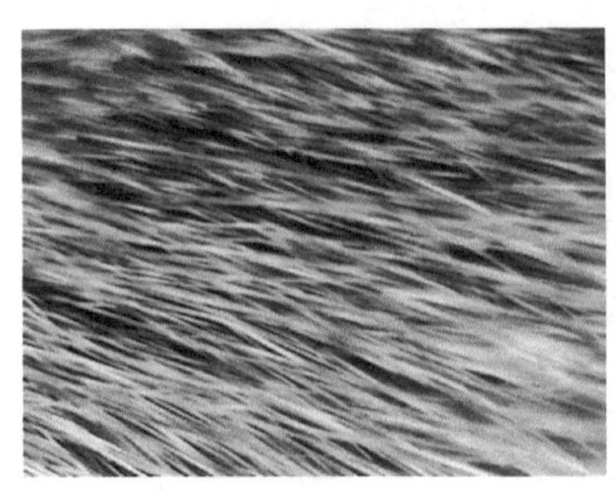
图 2-54 旗袍裘皮里料样本

图 2-55 旗袍毛毡里料样本

（五）面料的色彩艺术

由于年代较久远，106 件丝织旗袍藏品可能存在褪色或氧化变色等问题，因此在做旗袍色彩分类时，以现在肉眼观察的色彩呈现情况进行分类。其中，对有花色的提花面料选用其地组织色彩的色调作为主色调，而对色彩分配相对均匀的印花面料，因无法明确其色调故单独作为一个模块进行分类。

如表 2-16 所示，以黑色为主色调的旗袍占比最大，为 18.87%，其原因在于黑色沉稳，且众多彩色提花织物常搭配黑地，以凸显提花部分的明亮色彩。其次紫色色调旗袍占比较大，其中以黛紫色、紫红色、淡紫色为主。红色是中国的吉祥色彩，红色色调旗袍占总比例的 15.09%，以粉红色、桃红色、深红色、暗红色为主，其中大红色色调的旗袍共有 4 件，且提花纹样丰富，寓意吉祥，可能于节庆或婚嫁时穿着，因其特殊珍贵性，得以保存至今。蓝色、绿色色调服装数量及比例相当，其中分别以宝蓝色、深蓝色、淡蓝色、墨蓝色及黄绿色、湖绿色、墨绿色为主。黄色、橙色、褐色、灰色、白色色调的旗袍也有出现。藏品中灰色色调旗袍最少，其原因有二：一是在众多色彩中，灰色的色相指向相对模糊，无法明确表现出穿着者的性格与喜好，因此在对衣物进行收藏时，易被忽视；二是灰色作为低调内敛的色彩，常用作民众日常穿着的服饰色彩，正因如此，该类旗袍破损磨坏程度较高，鲜少出现在文博收藏行列。

表 2-16　旗袍面料色调汇总

面料色调	红色	橙色	黄色	绿色	蓝色	紫色	黑色	白色	褐色	灰色	其他
数量/件	16	3	6	12	12	19	20	5	8	2	3
占比/%	15.09	2.83	5.66	11.32	11.32	17.92	18.87	4.72	7.55	1.89	2.83

此外，旗袍的色彩与之对应的穿着季节也有一定的联系，如春夏季的服饰常用纯色面料，其原因在于纯色面料多为单一组织结构面料，质地轻薄，透气性佳，适合较高温的春夏季节穿着，且色彩也偏向浅色系，从视觉上给予人凉爽感。

在中国古代，身份和地位决定了一个人能够穿着什么颜色的服装，这种规定严格而细致。《诗经·小雅·斯干》中记载“朱芾斯皇，室家君王”，描述了天子使用的是选用熟制的兽皮所做的红色芾（蔽膝），象征着尊贵与权威；诸侯在服饰颜色上要与皇帝有所区分，他们往往采用朱黄色或赤色，以示其地位仅次于天子。民国时期，由于封建制度的瓦解，人们在服饰色彩的选择上变得更加自由，黄色已经在民间流行，而黑色、绿色、紫色、褐色、黄色也成为当时的流行色调。

进入民国时期，旗袍面料颜色逐渐繁多，色彩的选择更加个性化和多元化。结合其他资料文献中对旗袍面料色彩的记载，可以发现，虽然民国时期的旗袍颜色丰富，但当时蓝色的使用尤为广泛。不论男女老少，高低贵贱，人们对蓝色都情有独钟。就算化学染料面世，人们也钟爱于调配出各式各样的蓝。

二、传统旗袍的纹样要素及艺术特色

旗袍作为近代中国女性独具代表性的服装，见证了社会的变迁和人们审美的变化，旗袍上纹样的变化更是与时代的变化息息相关，这些纹样是当时人们生活方式、审美及情怀上的表达。近代以来，随着西风东渐的愈演愈烈，旗袍等服饰装饰纹样及工艺也发生了重要变革，极大地丰富了传统的经典样式。

（一）旗袍面料纹样的装饰手法

在 106 件丝织旗袍藏品中，共有 98 件带有纹样，其纹样的表现形式丰富多彩，有提花、印花、手工刺绣、手绘四大类。此外，罗、针织类的面料因为结构的特殊性自带纹样，因此也另作一类。旗袍面料纹样的数量分布如表 2-17 所示。

表 2-17　旗袍纹样的表现手法的特征及数量分布

表现手法种类	特征	数量/件	占比/%
提花	具有一定规律性的立体循环纹样	74	75.51
印花	纹样种类丰富，可变性强，但仅限于平面纹样	11	11.23
手工刺绣	纹样题材丰富，肌理感强，色彩及材质多样	7	7.14
手绘	纹样风格种类及色彩不限	1	1.02
其他	罗、针织类结构纹样	5	5.10

1. 提花类纹样

提花为最主要的纹样表现手法，数量多达 74 件。传统的提花类织物较其他简单结构织物质地较厚，纹路清晰，且通过其他色彩的经纬纱线交织穿插，组成色彩绚丽、层次丰富的纹样（图 2-56）。在 74 件提花类纹样旗袍中，有 3 件为附加纬线提花织物（图 2-57）。顾名思义，附加纬线是在提花部分的纹样中相对分散的小面积彩色图案，通过这样的工艺处理手段，可避免浪费丝线，还可增加面料的厚重感。

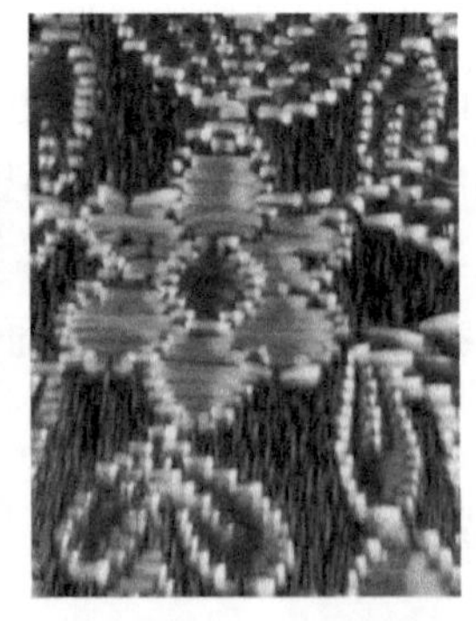

图 2-56　黑地织锦提花团花夹旗袍（局部）

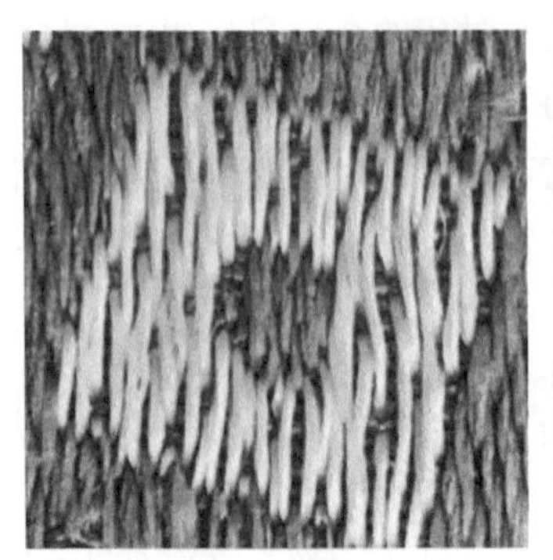
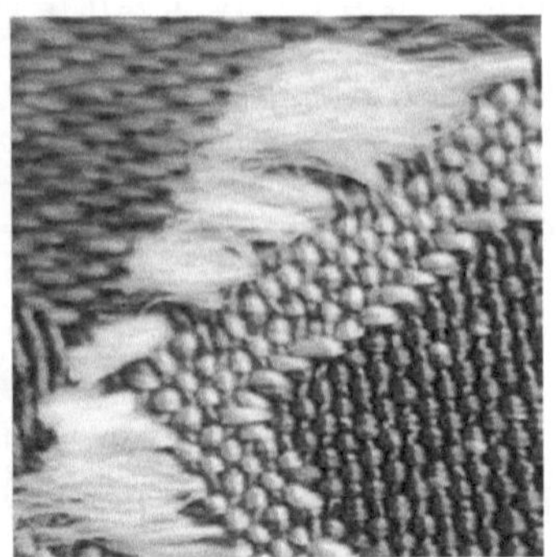

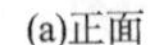
(a)正面　　(b)反面

图 2-57　棕色地几何方块纹（附加纬线）小提花正反面

2. 印花类纹样

印花类纹样的占比仅次于提花类纹样，占总纹样样品量的 11.23%。中国是最早发明织物染色和印花技术的国家之一。民国时期是中国近代丝绸印花的发端时期，也是其走向商业化、大众化、国际化的繁荣时代。①印花类纹样常出现在单色织物上，通过印花的图案造型及鲜艳色彩丰富服装的完整性和美观度。在 11 件印花类纹样的旗袍中，共有 10 件为普通染料印花，而有 1 件较为特殊，为漆印（图 2-58）。较其他手法染色的部分来说，漆印的图案更为鲜艳，且经过多年保存仍能保持原有色彩。此外，在提花类纹样藏品中，如图 2-59 的黑地织银提花卉夹棉旗袍的提花部分经过了印花工艺的二次加工，可以在缎纹提花处看见同一根纱线的颜色渐变。

图 2-58　米白色真丝印花夹旗袍（漆印）

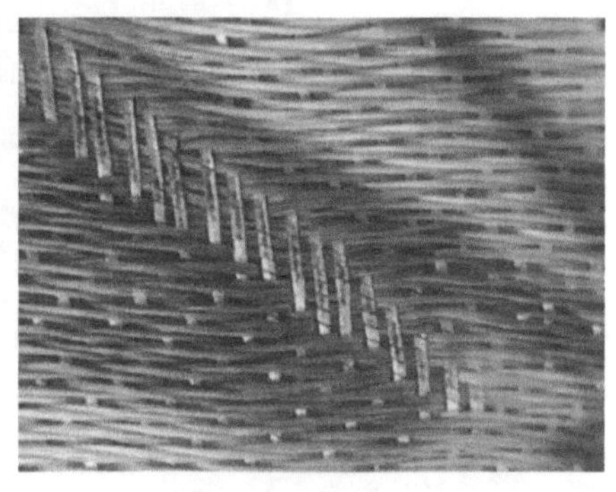

图 2-59　黑地织银提花卉夹棉旗袍（印花）

3. 手工刺绣类纹样

刺绣是我国传统的手工技艺。机械化生产普及之后，手工刺绣类服装的比重也逐渐减少，106 件旗袍中仅有 7 件采用手工刺绣类纹样装饰（图 2-60 至图 2-62）。手工刺绣作品需要耗费较长时间和较多人力，但绣品精致，有肌理感，具有独一无二的特性，因此刺绣类旗袍常被珍藏。

4. 手绘类纹样

手绘类纹样与印花类纹样形式极其相似，却又与手工刺绣类纹样一样具有不可复制性。手绘类纹样绘制于浅色面料上，受绘图步骤与方式的影响，会保留一些绘图痕迹，并且在上色部分有较强的浸染印迹。受绘画材料限制，该类服装并不适用于日常穿着，无法进行常规清洗，因此数量较少且不易保存，所以在藏品中仅有 1 件为手绘类纹样（图 2-63）。

① 龚建培. 民国丝绸印花品种及工艺技术发展概述——以传世旗袍织物为中心的研究[J]. 丝绸，2020，57（3）：62-70.

图 2-60 红色刺绣白团花卉夹旗袍（局部）

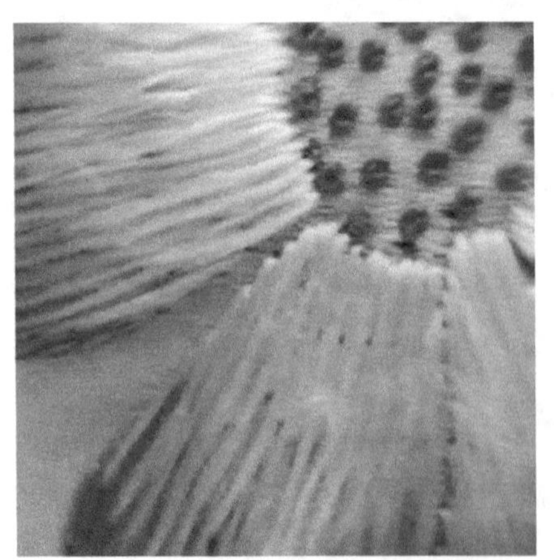

图 2-61 粉色真丝缎刺绣夹旗袍（局部）

图 2-62 粉色真丝刺绣大女童旗袍（局部）

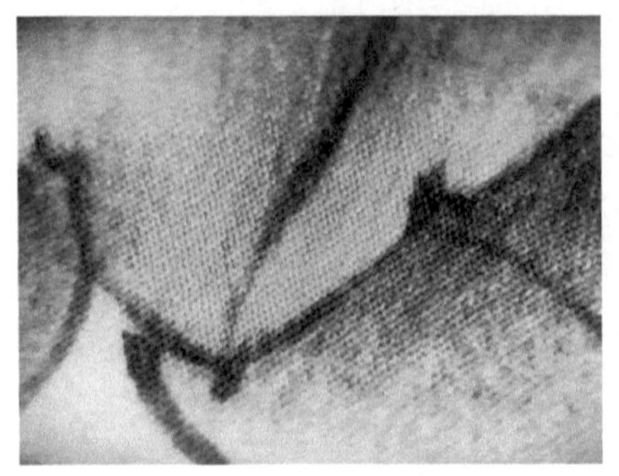

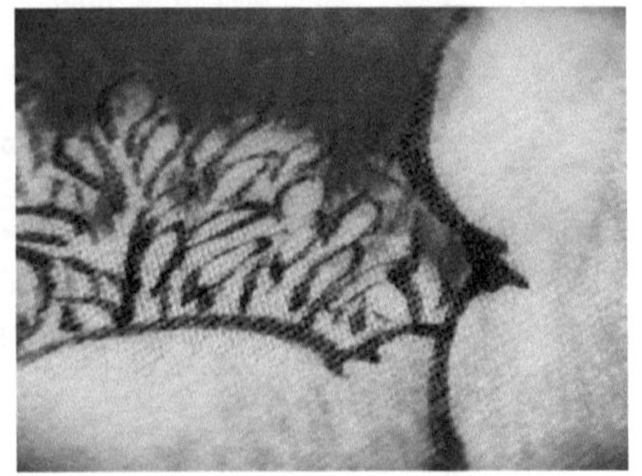

图 2-63 白地缎面手绘富贵牡丹夏旗袍面料纹样（局部）

5. 罗、针织类结构纹样

罗与针织类纹样结构复杂，可变性强，较其他组织织物具有明显的纹理性，在与其他结构手法结合后可产生美观的图案，如具有一定提花工艺的罗类织物也被称作花罗。特别是那些融入了提花工艺的罗类织物，更是被赋予了“花罗”的美名，这种结合不仅色彩统一，而且层次丰富，展现出独特的艺术魅力。罗类织物在镂空处经过精细工艺处理也能形成完整、有规律的纹样花型（图 2-64）。针织类面料是用机织的形式，采用同色丝线（图 2-65）或异色丝线（图 2-66）对蕾丝部分进行装饰，以达到美观的作用，同时也可提高针织类面料的牢固度。

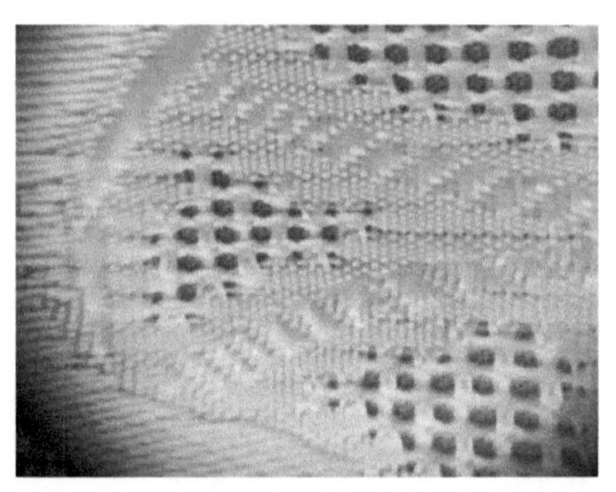

图 2-64　罗类织物纹样的细节

图 2-65　同色丝线针织类织物纹样

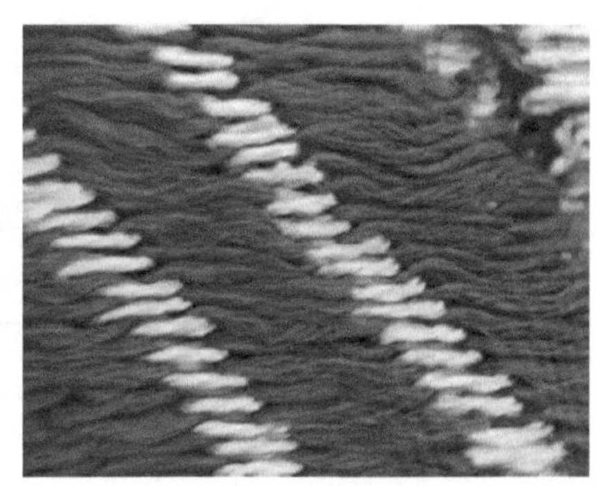

图 2-66　异色丝线针织类织物纹样

总的来说，由于社会的发展进步及西方服饰文化影响，旗袍面料向着简洁、时尚、多元化方向发展，逐渐显示出兼容并蓄、贯通中西的特点。[①]

（二）旗袍纹样的装饰主题

随着社会的进步、时代的变迁，人们的着装从古至今在不停地变化，

---

① 周炳振. 二十世纪三、四十年代旗袍面料实物研究[D]. 上海：东华大学，2008.

风俗、文化、思想等都是影响服饰纹样的重要因素。从古至今，服装纹样不管是从工艺的表现上还是纹样的分布特征上都各有不同。①

106 件丝织旗袍藏品的面料按纹样主题可分为花卉主题、抽象几何主题、动植物主题、特殊（复合）主题，其中花卉主题纹样最多（占比63%）。本小节结合这 106 件丝织旗袍藏品的纹样主题，并根据其所属年代、工艺表现形式和分布特征，来探究旗袍纹样的特征及象征意义。

1. 花卉主题纹样

花卉一直是传统造物设计中最常使用的主题纹样之一。对 106 件丝织旗袍藏品上的花卉主题纹样进行整理与分析，简况见表 2-18。

表 2-18 花卉主题纹样年代及数量分布

纹样类别	纹样名称	旗袍所属年代	数量/件
可知品种花卉	牡丹纹	20 世纪 10、30、40 年代	10
	百合纹	20 世纪 50 年代	1
	菊花纹	20 世纪 40、50 年代	5
	四君子（梅兰竹菊）纹	20 世纪 20 年代、20 年代末 30 年代初	2
	玫瑰纹	20 世纪 30 年代中晚期	3
	蒲公英纹	20 世纪 30 年代	1
	大丽花纹	20 世纪 50 年代	1
	菠萝花纹	20 世纪 20 年代	1
组合不知名品种花卉	团花纹	20 世纪 30、40 年代	5
	碎花纹	20 世纪 30、40 年代	9
	几何花卉纹	20 世纪 30、50 年代	3
	自由花卉纹	20 世纪 10、30、40、50 年代	21
叶草花卉	四叶草花卉纹	20 世纪 40 年代末 50 年代初	2
	三叶草纹	20 世纪 30 年代	2
	枫叶纹	20 世纪 40 年代	2
	叶子花卉纹	20 世纪 20、30、40 年代	8

① 王玉洁，刘文. 民国旗袍印花图案变化研究[J]. 纺织报告，2018（6）：57-58，60.

1）牡丹纹

牡丹纹自唐代以来就是人们最喜爱的花卉元素之一，其花朵形状饱满，给人端庄华贵之感。人们常常借牡丹来形容女子的容貌，唐代的李白用“云想衣裳花想容，春风拂槛露华浓”来形容贵妃之美貌。画家周昉的《簪花仕女图》描绘了身穿牡丹纹饰服装的女子在春夏之际赏花游园。在近现代服装中，牡丹元素也常以各种形式出现。106 件丝织旗袍藏品中装饰牡丹纹的有 10 件之多，并且分布在多个年代。可见，从古至今的人们都喜爱牡丹纹样。

牡丹品种繁多，在装饰设计中牡丹纹外观造型多姿多彩，常见的有荷花型、菊花型、蔷薇型、托桂型、金环型等，显现出不同形态及大小的花瓣、花蕊及其层次。大多数牡丹纹饰造型受唐代审美影响，多为层层叠叠的圆形，造型丰满，色彩艳丽；魏晋南北朝时期出现了缠枝牡丹纹和折枝牡丹纹。旗袍藏品上的牡丹纹样从传统“蝶恋花”“蝶报富贵”等写实纹样，到 20 世纪头 10 年的缠枝牡丹纹（图 2-67），再到 30—40 年代的改良版牡丹纹样，有着很大的变化，花朵图案逐渐变得简约和抽象，装饰手法也从传统的刺绣向后来的织锦提花和印花（图 2-68）转变。

图 2-69 示出旗袍藏品上另外两则牡丹纹饰，分别采用织锦提花与丝绒绣技艺。图 2-69（a）中的织锦提花牡丹纹由三朵盛开的牡丹形成一簇，且方向、大小、明暗富于变化，层次明显，搭配黑色底料及花卉暗纹，沉稳典雅之风格更加明显。图 2-69（b）中的牡丹纹采用丝绒绣结合拼布绣的技艺，花形轮廓处采用包针把丝绒和底布拼在一起，配色相对靓丽，并以单独纹样的形式分散布局于旗袍前后。

图 2-67　缠枝牡丹纹

图 2-68 牡丹印花纹旗袍局部

（a）织锦提花牡丹

（b）丝绒绣牡丹

图 2-69 牡丹纹旗袍局部

2）百合纹

在传统文化的深厚语境中，百合纹蕴含着百年好合、家庭美满的吉祥祝福。在 106 件丝织旗袍藏品中，有 1 件为百合纹饰，其面料为黑地紫色百合纹提花缎，百合纹呈折枝半开花束状（图 2-70），其花束的轮廓与阴影巧妙地与底色融为一体，提花因反光而具有光泽效果，使整件旗袍显出别样的雅致。

相较于牡丹、菊花等更为张扬、装饰效果强烈的传统纹样，百合纹的造型显得相对内敛和含蓄。它不以华丽繁复取胜，而是采取一种温婉低调的姿态。因此，尽管百合纹蕴含着丰富的文化内涵和吉祥寓意，但在旗袍这一传统服饰上的应用却相对较为冷门。

图 2-70　百合纹旗袍局部

3）菊花纹

菊花纹有着高雅纯洁、正直不屈的美好寓意，同时象征着长寿安康。从古至今，众多文人墨客赞赏菊之品格，前有陶渊明“采菊东篱下，悠然见南山”的悠然之意，后有白居易“耐寒唯有东篱菊，金粟初开晓更清”的品行高洁。

在 106 件丝织旗袍藏品中，有 5 件装饰有菊花纹，纹样以折枝菊花为主，惯用刺绣、织锦提花、印花的方式展现。造型上，既有写实的菊花纹（图 2-71），也有受新艺术运动影响的改良菊花纹（图 2-72）；在构图上，既有单一元素出现，也有与其他纹饰组合呈现，但多以四方连续型布局为主（图 2-73）。

图 2-71　写实菊花纹旗袍局部

图 2-72 改良菊花纹旗袍局部

（a）四方连续型彩色印花菊花纹

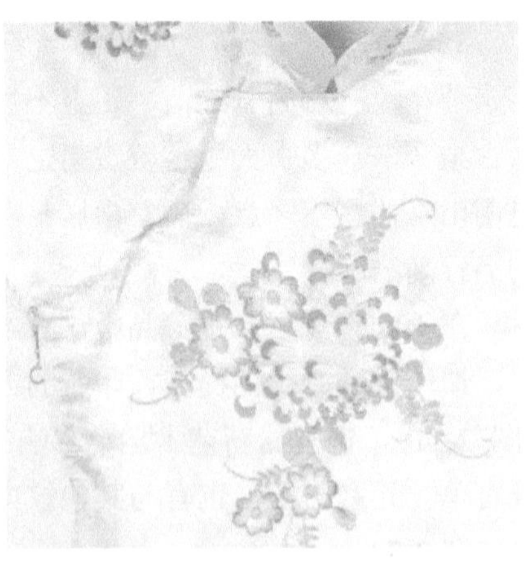

（b）独立型粉红色刺绣菊花纹

（c）四方连续型提花菊花暗纹

图 2-73 菊花纹旗袍局部（三则）

4）四君子纹

梅、兰、竹、菊被称为花中四君子，四种纹饰常常以组合的形式出现，被人们雅称四君子纹。梅花之傲、兰花之幽、竹韵之坚、菊花之淡，象征着君子所兼具的四种品格。传统旗袍中出现四君子纹样的装饰并不多见，在 106 件丝织旗袍藏品中有 2 件，各花卉元素造型大小有别、错落有致、疏密变换、杂而不乱，所用面料为提花绸缎（图 2-74）。

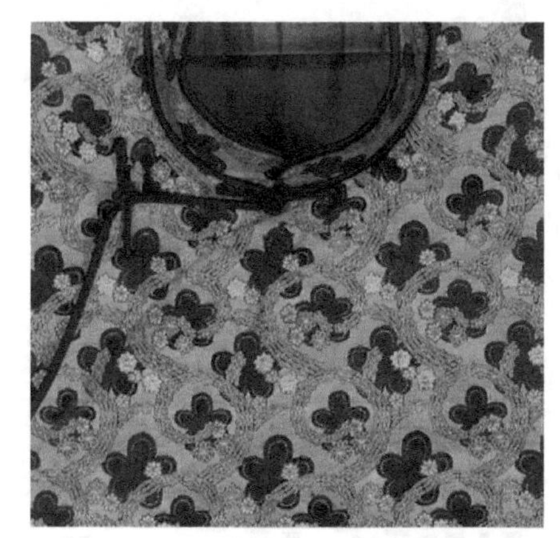

图 2-74 四君子纹旗袍局部

5）玫瑰纹

玫瑰原产于中国，后通过丝绸之路传入西方，在西方迅速受到了广泛的欢迎和喜爱，被视为爱情的经典象征。玫瑰纹在古代工艺美术及服饰装饰中应用较少，但在民国时期的旗袍装饰上却相对较多，究其原因是新艺术运动影响下服饰纹样的选材和装饰变得更加国际化，因而具有广泛国际认知度的玫瑰纹样被引入旗袍的装饰中。

在 106 件丝织旗袍藏品中，有 3 件装饰有玫瑰纹，纹饰风格为典型的新艺术运动风或装饰艺术运动风。其中，第一件为暗红底色，造型圆润的玫瑰花花瓣有金色描边，描边处由细到粗再到细，花蕊处为典型放射状几何形态，每朵花瓣内部填充有深红色平行排线，叶片圆润，另一花瓣卷曲的玫瑰花则外部花瓣描边呈现波浪形描边，花蕊内部线条互相穿插，枝条纤细（图 2-75）。第二件为豆绿底色，面料采用提花技艺，花瓣多层重叠，外有一圈花叶，周围空隙有圆点装饰（图 2-76）。第三件为装饰运动风格，玫瑰花采用几何折线装饰，边缘处均为黄色折线描边，花朵内部填充浅紫色，花芯处为圆形与短直线组成的浅黄色花蕊，玫瑰花呈现不规则散落状态，大小方向不一（图 2-77）。

图 2-75　暗红色地新艺术运动风玫瑰花纹旗袍局部

图 2-76　豆绿色地新艺术运动风玫瑰花纹旗袍局部

图 2-77　装饰运动风玫瑰纹旗袍局部

6）碎花及团花纹

在近代的西方花卉纹样设计中，折枝花常常被巧妙地组合成束花形态，展现出一种自然而生动的美感。特别是 20 世纪 30 年代初，浪漫主义花卉纹样风靡一时，这种纹样就是在束花的基础上，再巧妙地添加一些小碎花，使得整体设计更加繁复细腻，充满了浪漫与梦幻的气息。

在 106 件丝织旗袍藏品中，有 9 件为碎花（图 2-78）、5 件为团花（图 2-79），均为四方连续型或散点式布局，使得旗袍的整体图案既统一又富有变化，展现出独特的韵律和动感。在团花造型设计中，最多可见 12 种不同的团花花型；在图案装饰手法及配色中，存在大量类似篆刻中阳刻、阴刻的手法，使碎花或团花在通身满地装饰时留有空隙和“留白”，既避免了图案的过于拥挤，也使得旗袍的整体视觉效果更加清新脱俗，充满了艺术的美感。

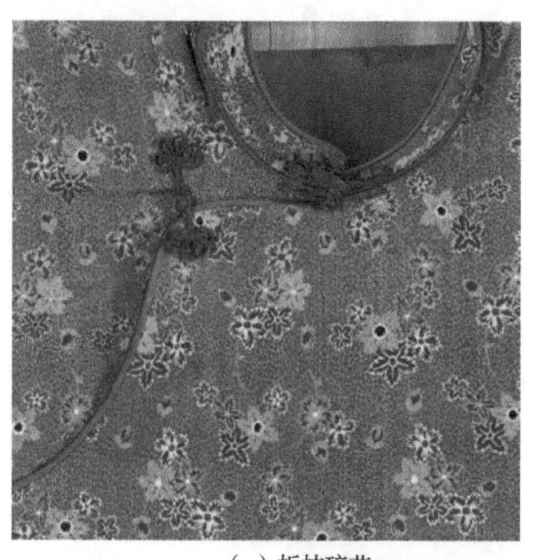

（a）折枝碎花

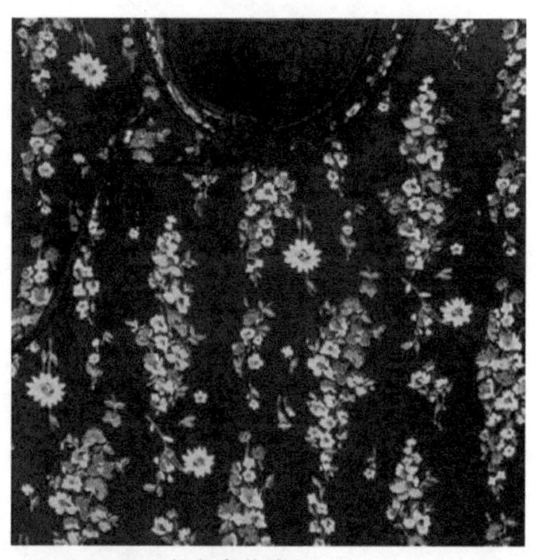

（b）条状碎花

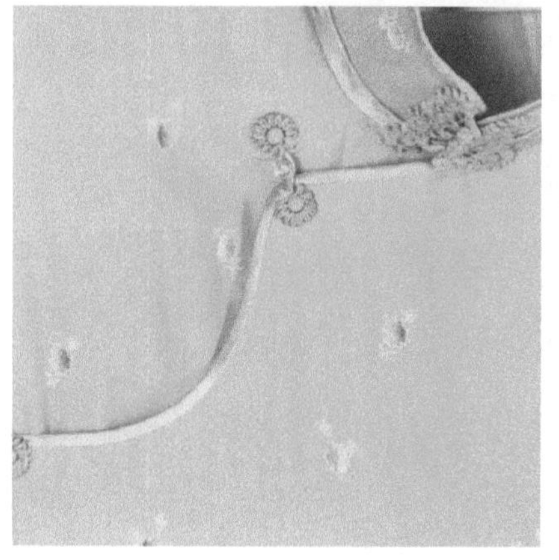

（c）松散布局碎花

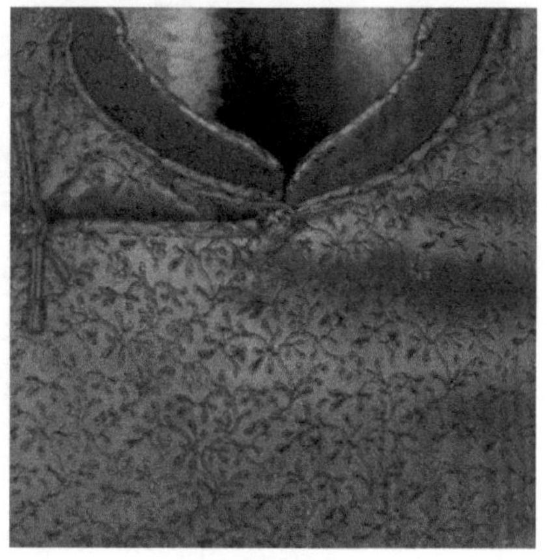

（d）缠枝碎花

（e）花瓣碎花

（f）放射状碎花

（g）简形碎花

（h）“留白”式碎花

（i）碎花组合式团花

图 2-78 碎花纹旗袍局部（九则）

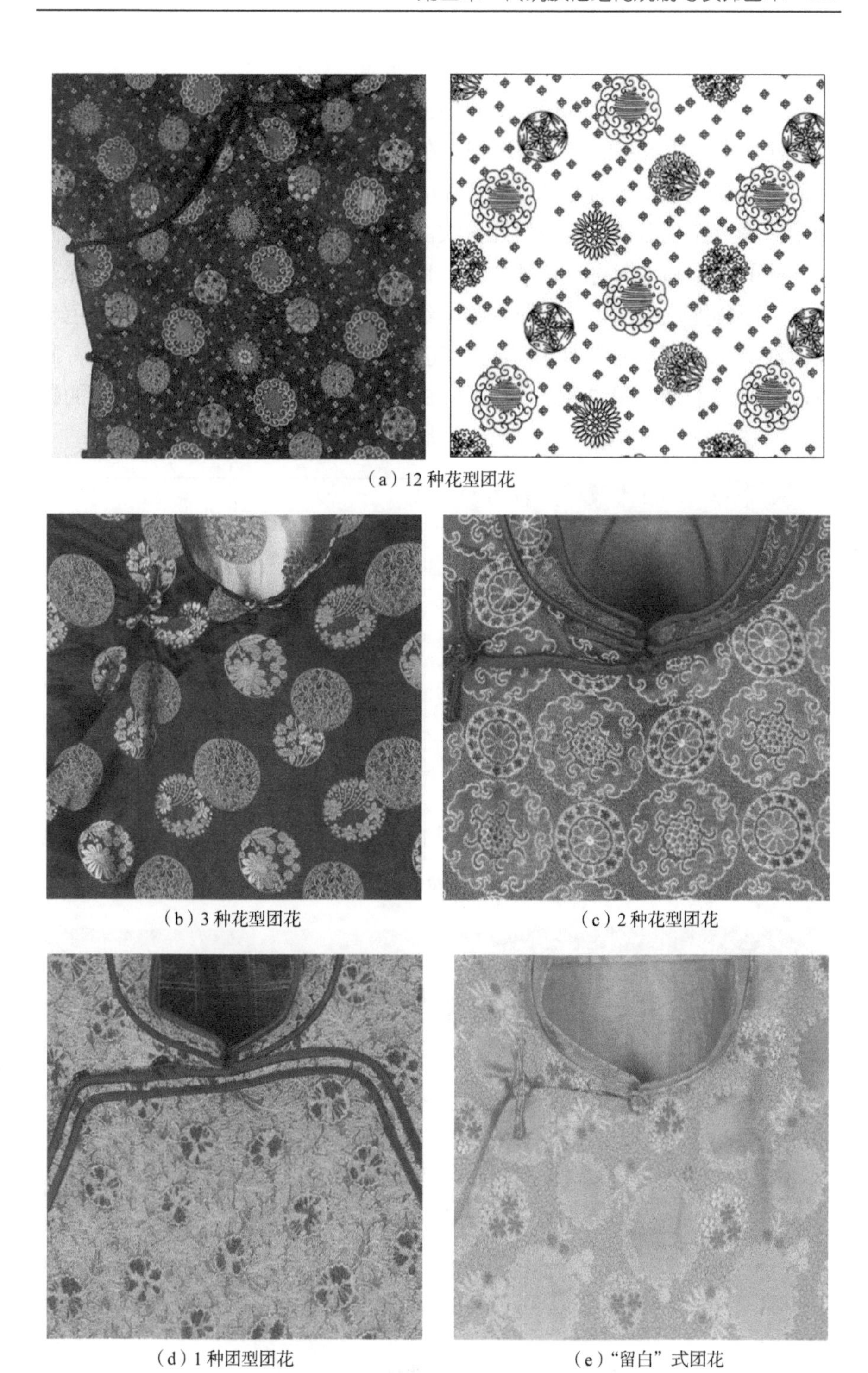

（a）12种花型团花

（b）3种花型团花

（c）2种花型团花

（d）1种团型团花

（e）“留白”式团花

图2-79 团花纹旗袍局部（五则）

7）几何花卉纹

几何花卉纹是新艺术运动及装饰艺术运动的特色产物，以点、线、面等几何元素构成花卉的廓型和造型。在 106 件丝织旗袍藏品中，有 3 件为几何花卉纹，年代分别为 20 世纪 30、50 年代。其中，30 年代的旗袍为咖啡色底，提花面料，装饰的几何纹由平行四边形、弧线和椭圆组成，并以不同的大小和方向进行连续排布（图 2-80）。另外两件中，一件为深蓝色底，面料提花纹样为几何花卉纹，红蓝两色枝叶竖向排列，上有红色半圆波纹装饰；另一件将花和茎进行简化处理，并以月白纯色搭配淡青底色，时尚感十足（图 2-81）。分析可知，此类花卉纹样与以上所提到的碎花、团花等纹样的构成形式和配色等都深受当时人们的喜爱。

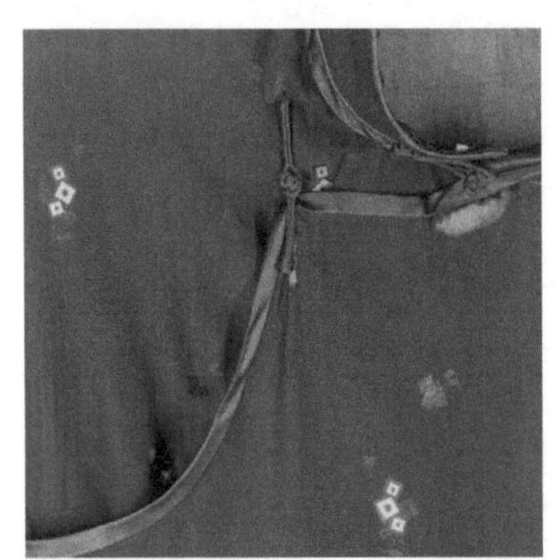

图 2-80 几何花卉纹旗袍局部

（a）几何处理菊花

（b）三瓣花几何花卉

图 2-81 几何花卉纹旗袍局部（两则）

8）叶子花卉纹

叶子作为装饰纹样，在欧洲拥有悠久的历史，其尤为广泛地应用于建筑领域，被视为生命力的象征，寓意着生机勃勃与永恒的希望。这一装饰元素在清末时期传入中国，并逐渐受到国内民众的喜爱与推崇。

在 106 件丝织旗袍藏品中，有 8 件饰有叶子花卉纹，其中以叶片与花瓣组合的构图为主（图 2-82）。此类纹饰展现出明显的新艺术运动风格，花型中花卉的叶片被刻意放大，造型夸张而富有张力，形成“喧宾夺主”之势，成为纹饰的主元素，而花卉则成为散落其中的点缀之笔。此外有的花型仅为单独的叶子元素（图 2-83），简洁而不失雅致。叶子花卉纹的构图基本以四方连续型和散点式为主，装饰技艺主要为织锦、织锦提花和蕾丝镂空等。

（a）印花四片叶与三朵四瓣花组合纹

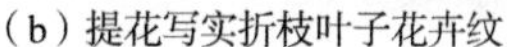

（b）提花写实折枝叶子花卉纹　　（c）提花新艺术风叶子花卉纹

图 2-82　叶子花卉纹旗袍局部（三则）

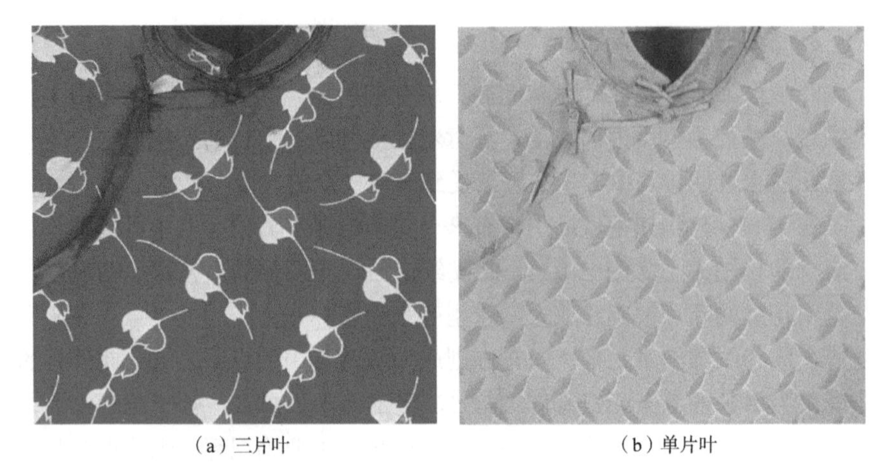

（a）三片叶　　　　（b）单片叶

图 2-83 叶子纹旗袍局部（两则）

9）蒲公英纹

在 106 件丝织旗袍藏品中，有 1 件装饰有蒲公英纹，面料呈咖啡色底，该纹饰也呈现典型的新艺术风格。主体元素为抽象几何化处理的蒲公英，并通过不规则的弧线与咖啡色色块、线条对蒲公英进行装饰，背景为不规则散点与镂空爱心组成的底纹（图 2-84），装饰性较强。但是蒲公英纹比其他花卉纹样应用数量少，也是比较冷门的主题类别。

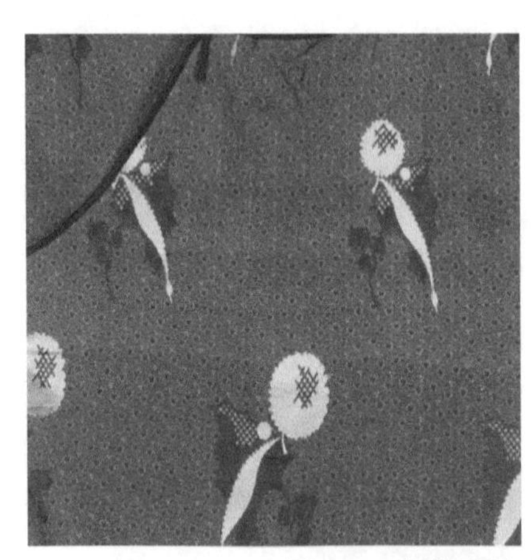

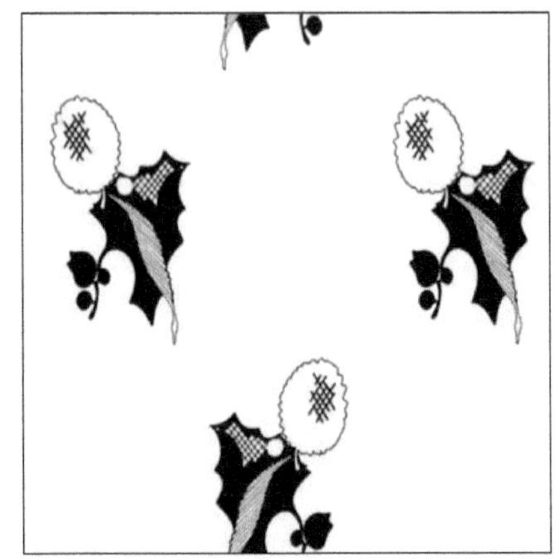

图 2-84 新艺术运动风蒲公英纹旗袍局部

10）大丽花纹

大丽花别名大理花，原产于墨西哥，花型阔达，多层次、呈羽毛状，被视为富贵、华丽的象征，引申为对爱情的歌颂。

在 106 件丝织旗袍藏品中，有 1 件装饰有大丽花纹，面料为土黄色提花织锦，里料为同色丝绸。该纹饰花朵为橘黄色，层次丰富，光影效果的立体感强，花后搭配一大两小羽毛，棕色边缘向白色中间过渡，空隙处以褐色花朵填补，近观可见白色花枝纹肌理，是一组不可多得的组合纹饰（图 2-85）。

图 2-85　大丽花纹旗袍局部

11）菠萝花纹

在 106 件丝织旗袍藏品中，有 1 件装饰菠萝花纹，面料为肉粉色菠萝纹提花织锦，里料为浅紫色暗纹提花真丝。面料提花而成的菠萝纹为典型的新艺术运动风格，菠萝花在上、叶在下，花型采用波浪边缘椭圆形，叶片呈长曲羽毛状，菠萝的形态若隐若现，极具设计感与装饰感。如图 2-86 所示，该纹样装饰的旗袍为儿童所着，菠萝花纹花型巨大，以四方连续型构图悬垂装饰于旗袍通身，增添了童装的童趣和活泼感。

图 2-86　新艺术运动风菠萝花纹旗袍局部

2. 抽象几何主题纹样

虽然抽象几何类纹饰在中华传统造物设计已然有之，如著名的冰裂纹等，至民国时期，由于国际上装饰艺术运动的出现和影响，旗袍等服饰器具上以点、线、面构成的几何抽象类纹饰变得更加丰富和多彩，同时也成为当时旗袍纹饰的一种时尚和流行。表 2-19 为 106 件丝织旗袍藏品中几何条纹主题纹样出现的简况。

表 2-19 抽象几何主题纹样年代及数量分布

纹样类别	纹样名称	旗袍所属年代	数量/件
抽象几何纹样	条格纹	20 世纪 20—50 年代	7
	龟背纹	民国时期	1
	几何纹	清末民初，20 世纪 20—50 年代	11
	碎点纹	20 世纪 30 年代	4

1）条格纹

在民国服饰特别是旗袍中，条格纹是几何类纹样中被运用得最广泛的类别之一，且雅俗共赏，各年龄层的女性均选用条格纹面料来制作旗袍。特别是在 20 世纪 30 年代，装饰艺术运动盛行下的条格纹更是颇受女性欢迎。在 106 件丝织旗袍藏品中，有 7 件装饰条格纹样，造型及配色简洁典雅（图 2-87 至图 2-89）。

常见的条格纹既有竖直也有横向造型，既有通身装饰也有局部点缀，既有实线构成又有虚线演绎。设计师在条格这种简单的线性语言下创造出丰富多彩的表现形式。

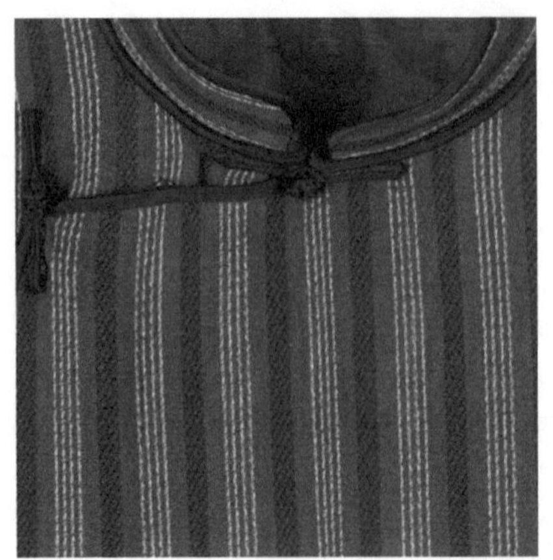
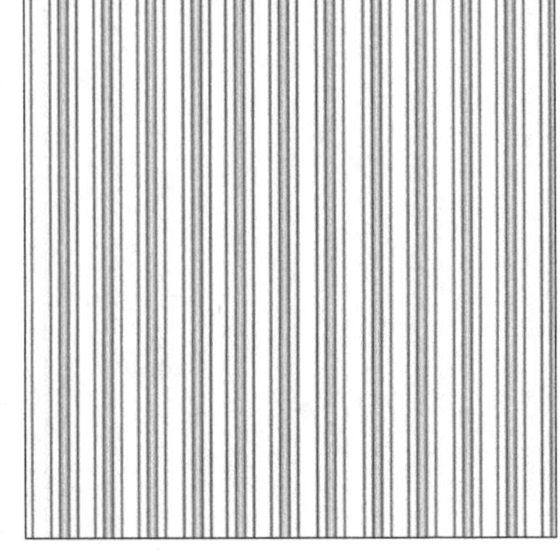

图 2-87 多粗细竖条纹旗袍局部

图 2-88　斜向编结状条格纹旗袍局部

（a）通身横条纹

（b）领襟等镶边处装饰条格纹

（c）通身竖条纹，局部穿插横条纹

（d）虚线形成竖条纹

图 2-89　条格纹旗袍局部（四则）

2）龟背纹

龟背纹，顾名思义为取型于乌龟背壳的一种几何纹饰，是中华传统装饰纹样的代表类型。其造型一般呈六角形状，并向四方连续延伸，又称“灵锁纹”或“锁纹”。在106件丝织旗袍藏品中，有1件为龟背纹，花型为龟背纹四方连续型布局，三组或四组连续出现，四周有线条连接互相连接，近观面料花型有细微暗纹（图2-90）。

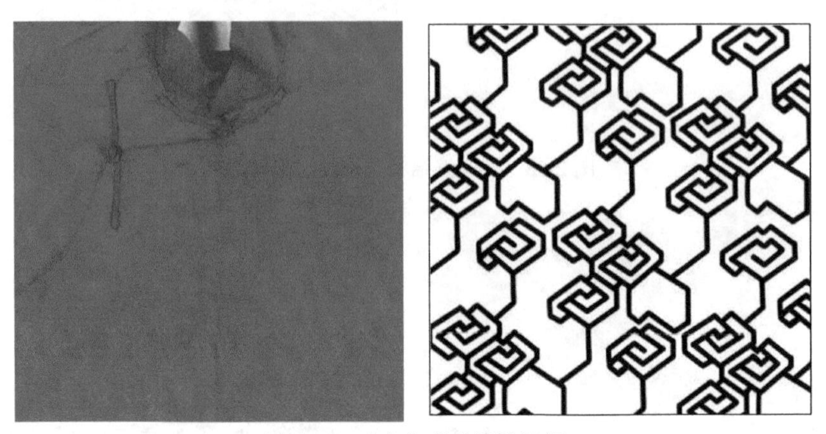

图2-90　改良龟背纹旗袍局部

3）几何纹

在106件丝织旗袍藏品中，有11件为几何纹。中国丝绸档案馆馆藏男袍和女袄上也频见此类纹饰，可见当时其非常流行。纹样常采用几何团花、圆形、三角形、长方形、S形等元素组合（图2-91、图2-92），以不同方向进行四方连续型构图。搭配面料颜色多为深色，技艺以真丝提花、真丝印花、织锦及织锦提花为主。

图2-91　三角形、长方形组合纹样旗袍局部

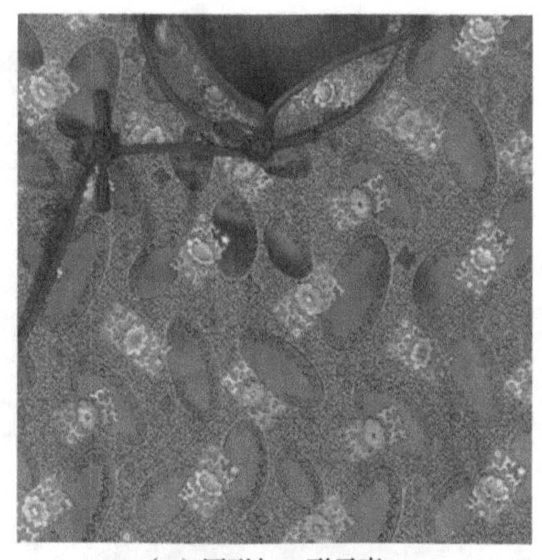
（a）圆形与S形元素

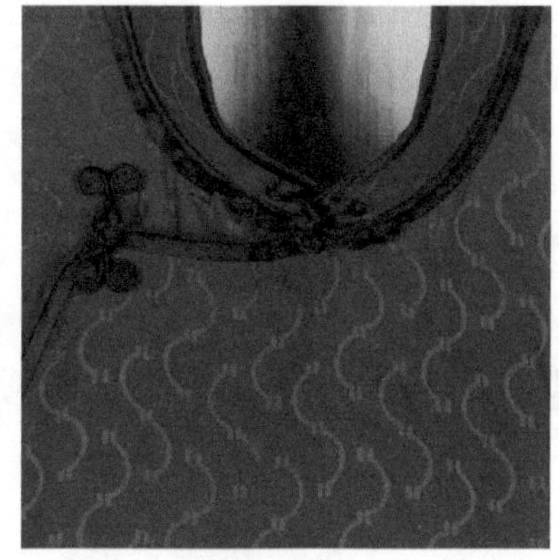
（b）S形曲线

图 2-92　几何纹旗袍局部（两则）

4）碎点纹

碎点纹属于波点纹的一种，常由小型的实心点状形式构成。在 106 件丝织旗袍藏品中，有 4 件为典型的碎点纹样（图 2-93）。旗袍面料均采用深色系，碎点以暗纹为主，也有亮色碎点。碎点在造型上一般分为单点和双点两种，均为四方连续型通身布局，视觉形象既规则又灵动。

3. 动植物主题纹样

动植物纹样是传统纹饰中的一大类别，但在传统旗袍的纹样主题中却不是主流，由表 2-20 可见一斑。

表 2-20　动植物主题纹样年代及数量分布

纹样类别	纹样名称	旗袍所属年代	数量/件
动植物纹样	蝴蝶纹	20 世纪 50 年代	1
	芦苇纹	20 世纪 40 年代	1
	枝叶圆果实纹	20 世纪 30 年代	1

1）蝴蝶纹

蝴蝶纹一直是中华传统造物设计中最经典的纹饰主题，在各时代、各民族中广泛传习。在 106 件丝织旗袍藏品中，有 1 件来自 20 世纪 50 年代的蝴蝶纹饰旗袍，面料为亮紫色地蝴蝶暗纹提花缎，里料搭配咖啡色丝绸。面料提花而成的蝴蝶纹饰不仅大小各异，而且时舒时展，卓尔多姿，颇为生动（图 2-94）。蝴蝶纹比较经典，较难改良。从实物样本来看，传统旗袍上的蝴蝶纹样形态及配色仍以延续传统为主，较少出现造型变化较大的情况，但蝴蝶纹样的选材频率相较传统已经大幅度降低。

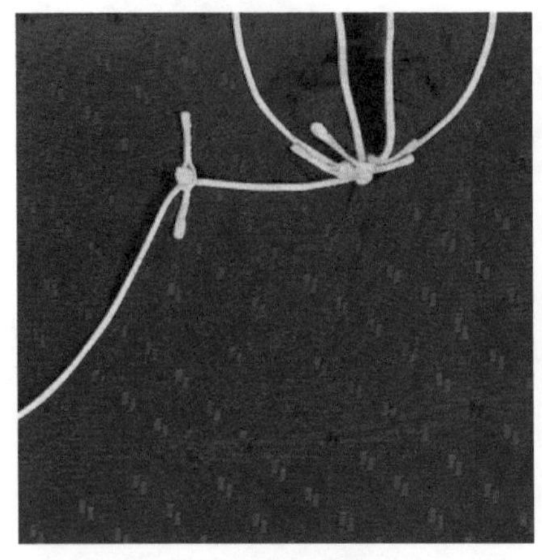

（a）矩形双点

（b）彩色圆形波点

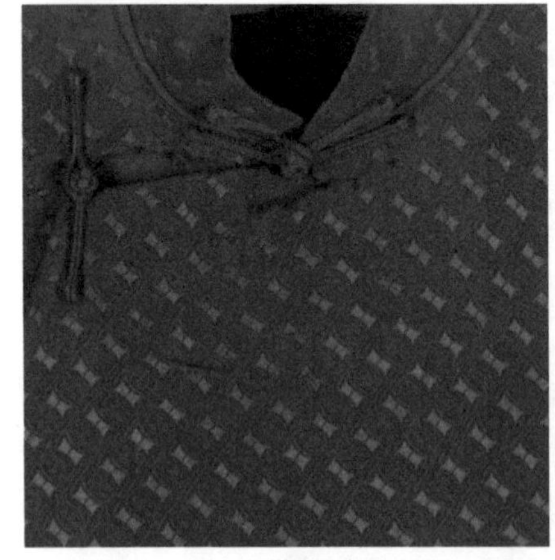

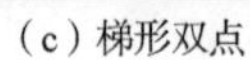

（c）梯形双点

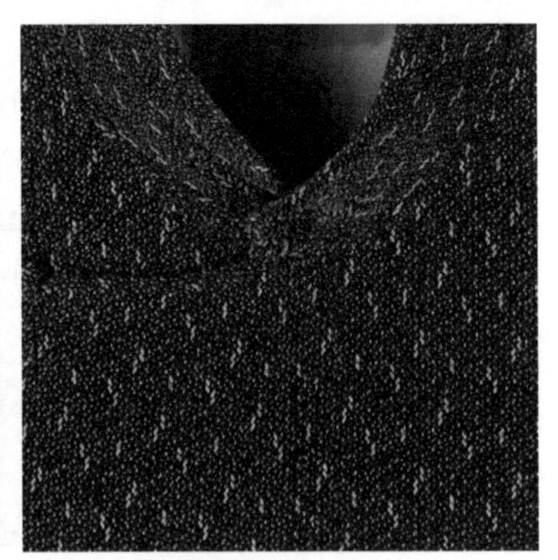

（d）四大点无数小点

图 2-93　碎点纹旗袍局部（四则）

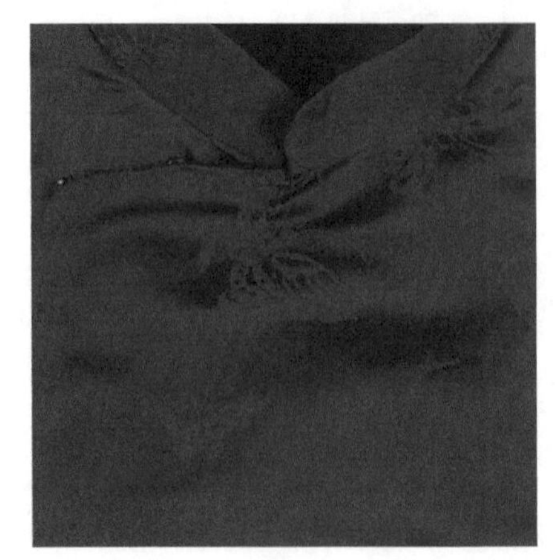

图 2-94　蝴蝶纹旗袍局部

2）芦苇纹

在 106 件丝织旗袍藏品中，有 1 件旗袍采用了芦苇纹，所属年代为 20 世纪 40 年代，面料为紫色地暗纹提花绸，里料选用咖啡色真丝。面料提花的芦苇纹三两分为一组，通过质地和配色散发出丝线的光泽，以不同的大小和方向进行排列布局，非常灵动（图 2-95）。芦苇纹也是比较小众的。

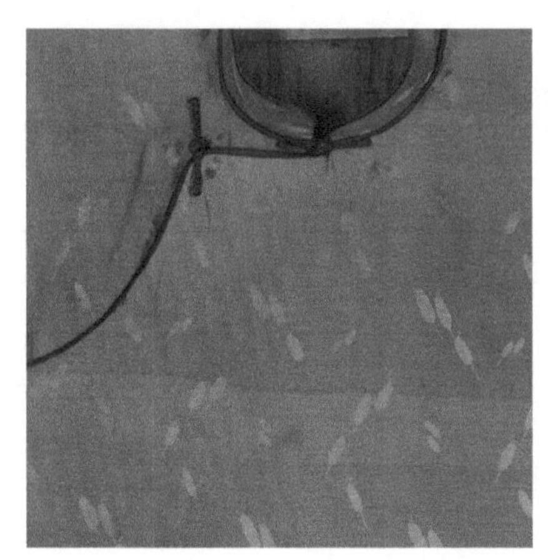

图 2-95　芦苇纹旗袍局部

3）枝叶圆果实纹

在 106 件丝织旗袍藏品中，有 1 件为枝叶圆果实纹，所属年代为 20 世纪 30 年代，面料为真丝提花，里料为灰粉色真丝。灰色底布上饰红色细线条纹，圆形果实与枝干提花为紫色，果实底部或顶部有不规则镂空，露出灰色底布（图 2-96）。

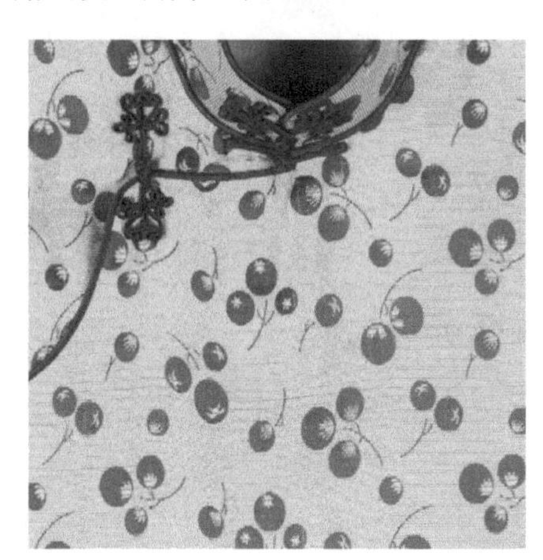

图 2-96　枝叶圆果实纹旗袍局部

4. 特殊（复合）主题纹样

此类纹饰为器物、文字等主题纹饰组成的复合型纹饰，是民国时期旗袍面料由传统手工织造向机器批量生产转变过程中的重要纹饰类型之一。该种纹饰不仅视觉装饰元素层次丰富，而且均为四方连续型布局，满足了工业化生产的需求。表 2-21 示出在 106 件丝织旗袍藏品中特殊（复合）主题纹样的分布情况。

表 2-21 特殊（复合）主题纹样年代及数量分布

纹样类别	纹样名称	旗袍所属年代	数量/件
特殊（复合）纹样	米字纹	20 世纪 50 年代	1
	佩兹利纹	20 世纪 40 年代末 50 年代初	1
	如意云纹	20 世纪 30 年代	1
	杂宝纹	20 世纪 50 年代	1
	团寿纹	20 世纪初期	1
	五福捧寿纹	20 世纪 50 年代	1

1）米字纹

米字纹是对类五角星纹饰的统称。如图 2-97 所示为米字提花纹样，所属年代为 20 世纪 50 年代，面料选用深蓝色提花织锦，里料搭配深紫色丝绸。该米字纹采纳了花卉的元素，花朵呈放射针状，有粗针和细针两种，配色有米白色、灰色与深蓝色，深浅疏密，错落有致。

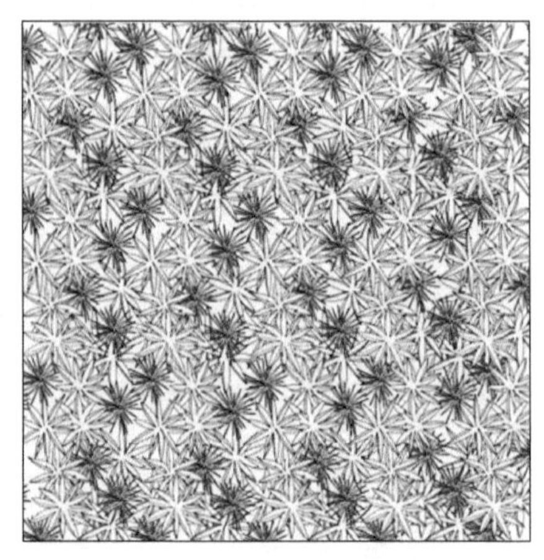

图 2-97 米字纹旗袍局部

2）佩兹利纹

佩兹利纹发祥于克什米尔地区，源于对印度生命之树的信仰，在我国俗称“火腿纹”，日本称“勾玉纹”或“曲玉纹”，非洲称“芒果纹”或“腰果纹”。[①]在 106 件丝织旗袍藏品中，有 1 件旗袍为佩兹利纹，来自 20 世纪 40 年代末 50 年代初，面料为织锦提花，花纹外圈为蓝色填充，外部有金色勾线，内部由金色卷纹填充，外部描边处有蓝色花卉排列，花纹末端有金色花卉做装饰。近观面料花型背景有网格状金色线条肌理，四周散落小型花卉，花朵均为蓝色，边缘处有金额描边（图 2-98）。由此可以看出，当时的旗袍纹样受西方文化的影响更深，并且在工艺表现形式方面也受到了一定的影响。

图 2-98　佩兹利纹旗袍局部

3）如意云纹

如意云纹是传统纹饰的经典之一，寓意吉祥如意，万事顺遂，但在旗袍上应用并不多。在 106 件丝织旗袍藏品中，有 1 件简形的如意云纹旗袍，所属年代为 20 世纪 30 年代中期。其纹饰以白色线条相互连接形成如意云纹，以四方连续型布局构成面料底纹（图 2-99）。

4）杂宝纹

杂宝纹是明清时期服饰上最常见的器物纹饰之一，但极少以四方连续型布局出现。图 2-100 是一件罕见的装饰杂宝纹的传统旗袍，来自 20 世纪 50 年代，以四方连续型布局。其面料为酒红色提花织锦缎，里料为同色丝绸。面料提花纹样为杂宝花卉，包括如意、宝瓶、方胜、毛笔等器物。由杂宝纹和之前提到的蝴蝶纹可以看出，当时的人们选用旗袍纹饰虽然有所变化，但一些经典的传统纹饰元素还会偶尔出现，说明当时人们的审美也是多元、古今相互融合的。

① 龚建培. 近代江浙沪旗袍织物设计研究（1912—1937）[D]. 武汉：武汉理工大学，2018.

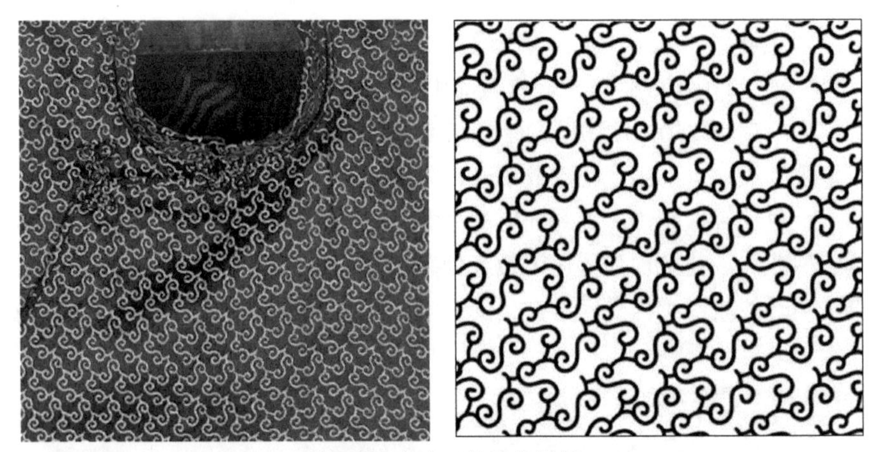

图 2-99 如意云纹旗袍局部

图 2-100 杂宝纹旗袍局部

5）团寿纹

图 2-101 所示的旗袍面料为真丝提花，花型为抽象的团寿纹，所属年代为 20 世纪初期。纹样以三组或两组团纹组合、重叠出现，并呈三角形构图。团纹中的“寿”字，明显区别于传统形态，进行了较大变形处理，使“寿”字更加抽象和简约，更具装饰感和时尚度。这也侧面印证了传统旗袍对传统纹饰进行演绎时，会尽可能地进行改良和创新，而不是简单地“拿来”。由此可见，旗袍上的纹饰成为探寻社会潮流变迁的关键视觉元素，展现了人们的审美观念逐步超越了传统的纹饰设计理念，从传统经典向新艺术风格演变与革新。传统旗袍的纹样以多元、简约、装饰、重复为特点，塑造了一系列民族特色与时代气息并存的经典范例。这些范例不仅为现代旗袍的时尚设计提供了丰富的素材，更在思维理念层面赋予了重要的启示意义。

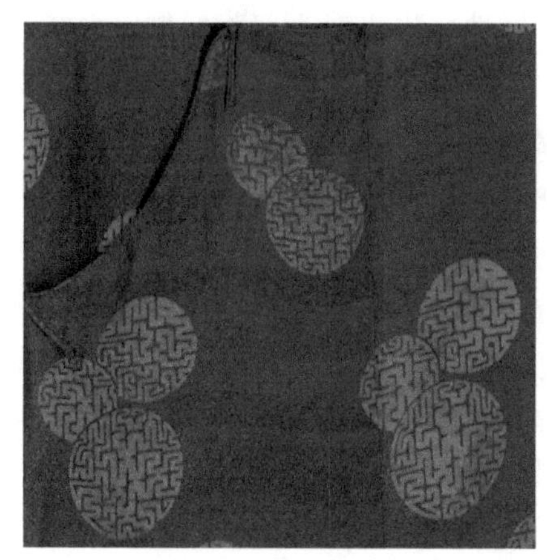

图 2-101　团寿纹旗袍局部

第三节　传统旗袍的特色及个性设计

综合前述材质（面料、辅料）、纹样等设计要素，民国时期的旗袍在改良实践与设计创新中出现了诸多极具特色的时尚单品，这些特色旗袍虽然在使用层面并不十分广泛，但具有重要的技术、艺术和文化价值。这对当下全面传承与创新中国旗袍文化符号、打造中国特色旗袍具有不可或缺的案例价值。

一、传统女童袍型的结构创制及艺术设计

新中国成立以来，学界在传统服饰文化史研究中聚焦儿童服饰研究相对较少，主要有：其一，针对传统儿童服饰造型、工艺及装饰细节的专题研究，且以期刊论文为主[①]；其二，系统梳理并论述古代儿童服饰发展演变的综合研究[②]；其三，有关传统儿童服饰民俗文化及传世实物的解读与阐释[③]。

上述研究基本勾勒出了中国传统儿童着装的基本样态及艺术特色，然而针对民国初年即封建帝制瓦解之初及之后数年的儿童着装研究，研究

---

① 李荣，张竞琼. 近代民间童袄褂的领襟形制及其系结方式[J]. 纺织学报，2018，39（8）：110-116；罗蓉. 近代江南地区童装面料纹样研究：基于传统中式童装[D]. 杭州：浙江理工大学，2014.

② 李雁. 中国古代儿童服饰研究[D]. 苏州：苏州大学，2015.

③ 钟漫天. 传统童装的形制及其民俗事象[J]. 艺术设计研究，2011（2）：41-45；钟漫天，等. 中国童装文化[M]. 北京：国际文化出版公司，2019.

者鲜少提及传统童装不合时宜的落后属性，也未对为何落后作出系统解读。换言之，民国时期在“古”与“今”、“中”与“外”、“封建”与“文明”等错综交织的时代背景下，社会激烈变迁，服饰亦处于激烈的变革更替中，社会对文明的实践表现在女装中为“文明新装”及旗袍等的创新，表现在男装中为中山装及西服等的发明，表现在童装中则为何？除了直接引进西式童装外，针对我国传统童装样式是直接舍弃还是有所改进？

因此，本小节以民国童装为研究对象，通过梳理挖掘当时社会精英及社会舆论关于儿童成长、教育及服饰问题的诸多讨论，结合代表性传世实物开展分析，以期还原民国儿童着装中存在的主要问题和解决方法，为今后中国童装的改革与发展提供参考。

（一）儿童着装的“成人化”现象及其批判

1. 存续千年的儿童着装“成人化”问题

在中国古代，儿童服装从形制到装饰基本取法于成人服饰，除一些专门为儿童设计的服饰如围涎、襁褓等，其他服饰基本为成人服饰的缩小版。宋史专家傅伯星曾在《大宋衣冠：图说宋人服饰》中直言中国“古代没有‘童装’一说，儿童衣服即成人衣服的缩小版，唯色彩更鲜亮而已”[①]。民国初期，儿童着装受社会主流恢复华夏传统思想的积极提倡与推动，一定程度上也与当时爱国主义的政治主张相联系，在服饰风格上很大程度保留了民族传统样式，甚至在某些地区的服饰形制并未因为政治变革而发生改变。据《莱阳县志》记载，当时服饰“男女常服与昔尚无大差异，惟袜多机织，鞋多无梁”[②]。因此，沿袭传统童装风尚的民初童装仍然是成人服饰的缩小版。

从现有实物及图像、文献记载来看，清末民初儿童的着装确实与成人无异，鲜少考虑儿童处于特殊年龄阶段，对服饰实用功能及穿着心理情感的特殊诉求。时刊《现代父母》指出，一般母亲最喜欢把她们的孩子，不是装束成瓜皮帽、小马褂、长袍、扎裤腿、小马靴，就是把他们给扮成虎头帽、对襟袄、开裆裤、猪鞋等样式。只要是成人的兴之所至，儿童是不准参加意见或是反抗的。[③]图 2-102 是笔者 2019 年在美国见到的一组邮票上的清末民初中国儿童着装情形，以为图像佐证。商焕庭亦称：“我们的儿童自呱呱坠地时，便紧紧扎在襁褓里，及长大一点，穿上一套笨重的衣服，养成了一副呆钝的神气，所谓‘轻裘缓带，按步而行’一种文质彬

① 傅伯星. 大宋衣冠：图说宋人服饰[M]. 上海：上海古籍出版社，2016：16.

② 转引自陈国庆. 胶东抗日根据地减租减息研究[M]. 合肥：合肥工业大学出版社，2013：111.

③ 云光. 儿童服装论（附图）[J]. 现代父母，1935，3（10）：17-21.

图 2-102　清末民初穿传统衣裳的中国儿童形象

图片来源：美国邮票，笔者 2019 年摄

彬的气派，继算达到了一般家长的希望，将儿童活泼的个性营造衰老的形态，养成弱种的国民。”可见，传统文化背景下，儿童着装追求的是一种成人化的形态与风格。

民国期刊《长寿》针对民国儿童服装的样式也曾有一段详细的论述：“婴儿刚出母胎，母亲就用‘腊蠋（蜡烛）包’将他包裹起来。无论手呀脚呀，一股脑儿捆在里面，好像一根棒儿似的。长些了，体面的父母就给他装成和爸爸妈妈一模一样，长袍儿、短褂子、瓜皮小帽儿，活像缩小的小老人。长旗袍，或短袄玄裙子，活像缩小的小妇人。”①值得注意的是，当时儿童服饰除尺寸外，品类、形制、装饰等皆与成人无异。如此成人化服饰装扮下的儿童显得朝气不足，缺乏童趣与儿童本应有的灵动。

这种以存续传统为目的的儿童着装成人化现象在民国时期很普遍。1935 年，金文观在家乡研究乡村问题时，发现家乡小儿童在万历年节时所穿的新衣与戏曲小生的穿戴竟然颇为相似：头戴挑角帽，高跷弯角，挂一对金黄色吊穗，粉面缎料刺绣许多花朵，前缀八尊银质镀金的八仙过海神像，后面还挂着一双小铃。虽然华美富丽，但对新剃了头的儿童，着实冤屈。穿着长袍马褂的儿童，俨然一副“小大人”模样。②由此可见，民国儿童着装的成人化现象作为一种存续传统的行为，在接受先进文明及社会思潮信息落后的内陆及乡村地区更为普遍，至 1935 年仍屡见不鲜。

① 王志成，崔荣荣，梁惠娥.从“家长本位”到“儿童本位”：论民国儿童着装的成人化现象及设计介入[J]. 丝绸，2020，57（12）：114-119.

② 金文观. 乡村问题研究：乡村儿童的服装问题（附图）[J]. 锄声，1935，1（9-10）：19-21.

2. 民国社会精英对儿童服饰落后的揭露

日本学者安部矶雄在研究家庭构成时发现，家庭组织分为“夫本位”“妻本位”“儿童本位”三类。他指出，中国是大家庭制度最盛行的国家，数千年相传的系统只有以男子、家长为中心，认为以子女为本位是可耻的。[①]服装的功用原在蔽体，随着文明的发展延伸出礼仪、羞耻、审美等观念。服装的价值对儿童来说也不例外，因此儿童着装是以成人为出发的，在本质上是父母观念在儿童身体上的一种映射，而这种映射至民国时期，在当时追求民主与自由的思潮中显得十分落伍。易言之，清末民初，在儿童尚未成为完整意义的“人”前，当时的中国人鲜少思考儿童的生活应该为何，但西方儿童研究的成果日趋成熟，科学、现代的儿童用品也刺激着当时的中国社会精英正视本国的儿童问题。[②]

1）基于生理发育的身体健康论

成人的服装一般起着御寒、遮阳、美观的作用，而儿童除此之外还有发育、轻便等需求，所以儿童的服装与其身体健康有着极大的关系。新生儿常用的蜡烛包便会抑制其活动，阻碍婴孩的发育，而且很易把新生儿柔弱的骨骼压迫成畸形。1935 年，云光在《儿童服装论》中指出：“我们中国人对于儿童的服装，非常的不讲究，不是臃肿不堪，便是紧狭难着。前者不但不美观，而且最易引起长风感冒等疾患，或是阻碍儿童自身的活动。后者呢？除了使儿童的血脉不得畅行外，还会使儿童身体的各部分，作畸形的发展。譬如说，孩子的帽子紧而小，则头部不见其增长，孩子的鞋子着得紧，则足指不是压扁便是屈折，孩子的腰带束得紧，腰部则不易敞开。诸如此类，儿童的身体实受害非（匪）浅。”[③]他认为对儿童裤带的过紧、鞋子的不合脚形（不分左右脚）都有改良的必要。

2）基于活动作业的实用功能论

民国许多社会精英开始意识到，传统儿童的着装大多是父母的情感投射与物质附加，并非儿童的本体需求。1938 年，雷阿梅的一篇文章在研讨童装功能性问题时，提出了精辟的问题：“小孩的衣服究竟是为了使人看着欢喜呢？还是为了小孩子本身的好处呢？自然以后者为对。因为一个小孩如果戴着美丽的帽子，帽边上缝着亮晶晶的穗子，在孩子眼前摇摇摆摆，这不过是为满足母亲的虚荣心，对于孩子舒适问题，却一点也没有

---

① 安部矶雄. 儿童本位的家庭（一）[J]. 张静，译. 晨报副刊：家庭，1927（2099）：7.

② 熊嫕. 民国“幼者本位”观念影响下的儿童生活设计考察：以玩具设计为中心[J]. 新美术，2017，38（4）：44-54.

③ 云光. 儿童服装论（附图）[J]. 现代父母，1935，3（10）：17-21.

顾到。”[①]从“家长本位”视角出发的儿童服装设计，社会及父母核心考量的是家长的需求，即审美及文化需求，忽视了儿童自身穿着服饰、以活动作为基本取向的实用功能需求。因此，这是父母对儿童服饰的过度追求装饰化、符号化，而忽视其实用功能的价值误判。

3）基于朝气成长的童趣激活论

1937 年，《妇女新生活月刊》刊登的一篇文章提及儿童服装制作的条件，该文提出“朝气论”及“去老人化”的论断。[②]商焕庭认为：“西洋儿童自小便穿那种轻便合于卫生的衣服，所以天真活泼，令人可爱，他们的个性便很容易趋向于进化，因此在衣服上求改良，确是值得注意的一件事。”[③]人们敏锐地发现儿童服饰对儿童性情培养及浸润的重要作用。长袍马褂的束裹使儿童不便运动，无怪乎要模仿大人们坐在那里，斗麻雀、玩扑克，做一些所谓斯文的动作作为娱乐。因此，中国儿童因繁复的服饰包裹易失却朝气与童真。葛石熊甚至称：“老绅士式的服装，虽颇能发挥斯文的精神，然而无形中就剥削了儿童活泼的天性。一声‘少年老成’的美名不知戕贱了多少可爱儿童的生命。”[④]

（二）女童旗袍及连体服的创制与流行

儿童衣着的目的本与成人无异，然因年龄、体格、天性、教育等关系，儿童着装又不能雷同于成人，儿童着装之所以成为问题便在这。[⑤]儿童生活合理化包含两方面：一是身体的合理化。儿童体态呈窄肩凸腹、四肢短胖的特点，为掩饰体型弱点，童装设计在结构上需要确保穿脱的方便性及一定的固定度，兼顾适体性、连贯性、稳定性及活动域，关注人体因子，追求儿童与服装关系的合理化。二是性情的合理化。儿童服装制作在样式上需要“有朝气，勿装成老人的样子”[⑥]。因此，身体与性情的合理化共同构成了儿童生活的合理化，如此指导下的儿童服饰要从质料性能考量、样式结构设计优化、尿布改良及搭配等方面完成自身的设计改良，

① 雷阿梅. 父母教育：第三章：幼童的服装问题[J]. 家庭（上海 1937），1938，3（1）：28-30.

② 儿童服装问题（一）[J]. 妇女新生活月刊，1937（5）：38.

③ 商焕庭. 缝纫栏：儿童服装[J]. 方舟，1935（18）：59-60.

④ 葛石熊. 育儿常识：上篇：卫生问题：儿童服装问题[J]. 长寿（上海 1932），1935，4（25-28）：23-27.

⑤ 葛石熊. 育儿常识：上篇：卫生问题：儿童服装问题[J]. 长寿（上海 1932），1935，4（25-28）：23-27.

⑥ 儿童服装问题（一）[J]. 妇女新生活月刊，1937（5）：38.

“家长本位”衍生出的成人化现象才能得以消弭。[①]

“儿童本位”是提倡以儿童为中心，其他人或事物必须服务于儿童利益的观念，是民国社会精英在关注儿童发育发展中十分强调的一种思潮。依据民国著名教育家朱经农的思想，“儿童本位”理念下的童装应以促进儿童生长为目的，以儿童为主体去实施，贴近儿童的生活需求，从儿童的兴趣和能力出发，符合儿童身心发展的自然个性，呈现“生长性、自主性、自然性、生活性、兴趣性”鲜明特征。[②]民国革命家、教育家俞子夷结合着装改革谈及“儿童本位”时指出，“小孩子的衣，尺寸总是合他身体的长短大小做的。要是硬叫小孩子穿父母的衣服，不将被人当做疯子！新法更主张孩子衣服的式样要和成人不同，孩子正在生长旺盛时期，衣服宜宽大，连带子也不宜系得紧，这等‘儿童本位’的穿衣谁也不加反对”[③]。

女童着旗袍的起源尚未定论，但基本可以确定其与成年女性着旗袍的时代不差上下，20 世纪 20 年代中后期成年女性着旗袍基本普及后，女童旗袍也频频出现。1930 年，《中国大观图画年鉴》记载“旗袍之流行”时提及，“旗袍为满清朝服式之变相。现经相当之改良，已为目下我国妇女通常之服式，若剪裁得宜，长短适度，则简洁轻便，大方美观”，并配图长旗袍小马甲、旗袍长马甲、夏日之长旗袍、冬日之夹袍及大衣种种，其中特别刊出一则“小孩子着小旗袍”（图 2-103），画面中女童手持一把遮阳伞，身穿倒大袖形制的长旗袍。[④]据钟漫天等考证：“20 世纪 30 年代旗袍流行开来，儿童旗袍成为当时女孩子必备的节日礼服，‘至少有一件旗袍’是这些个女孩子的追求。”[⑤]钟漫天等的说法在民国一档生活记录中得到了映证：1936 年，一位家境贫寒的女童与 3 岁的妹妹，为了给染病的母亲请医生治病，拿出了家中仅有的妹妹的人造丝小旗袍，抵押给隔壁的黄大妈，换取了六元半钱。[⑥]藏于箱中的小旗袍无疑是女童极为珍贵的物件之一。

有趣的是，与成人旗袍流行伊始遭受质疑相同，女童着旗袍也曾遭受质疑。1936 年《漫画界》在“爱弥儿的教育”主题板块中提及，有位母亲对其女儿说道：“宝宝！那件国货小旗袍真难看，妈妈与你买了这件

① 王志成，崔荣荣，梁惠娥. 从“家长本位”到“儿童本位”：论民国儿童着装的成人化现象及设计介入[J]. 丝绸，2020，57（12）：114-119.

② 张传燧，李卯. 朱经农儿童本位课程思想及其价值[J]. 学前教育研究，2013（9）：47-52.

③ 俞子夷. “儿童本位”浅释[J]. 教师之友（上海），1935，1（12）：1787-1789.

④ 旗袍之流行：小孩子着小旗袍：[照片][J]. 中国大观图画年鉴，1930：229.

⑤ 钟漫天等，中国童装文化[M]. 北京：国际文化出版公司，2019：35.

⑥ 艾菲. 生活纪录：小妹妹的旗袍[J]. 腾冲旅省学会会刊，1936（1）：78-79.

英国来的小西装，穿起来，像一个小外国人，你喜欢吗？”孩子回答道：“嘻嘻！妈妈真好！” 这里对女童旗袍的质疑主要从审美的角度开展，认为女童着传统旗袍是一种落伍的做法，不够时尚。但是旗袍结构极简，是最省料的服装形制之一，因此在民国那种经济落后、物资匮乏的年代中，每逢春节等佳节时儿童都有添置新衣的习俗，旗袍自然成为女童新衣的首选。图 2-104 为笔者征集的一件民国女童旗袍，衣身印有“虎镇五毒”民俗纹样。纹样的构图区别于传统饱和式构图，以打散后重组的方式布满衣身，但从题材上看仍可看出这是一件端午佳节服用的儿童旗袍，寓意驱逐瘟疫，祈求安康。除了佳节常备，在女童的日常生活里新兴的旗袍也是常服形制。

图 2-103　民国女童着旗袍[①]

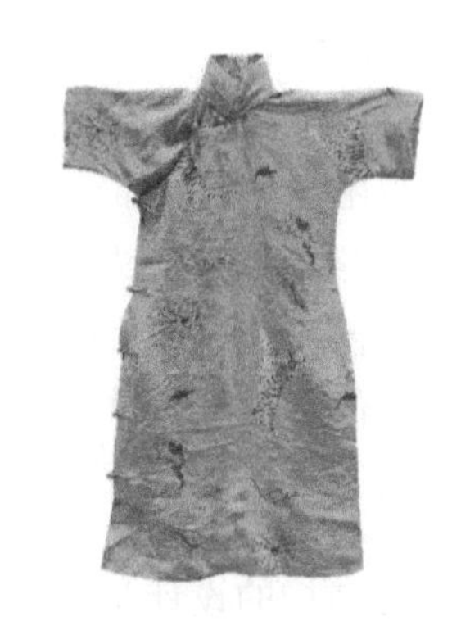

图 2-104　民国女童旗袍实物

此外，在“儿童本位”思潮影响下，大众开始本着适合卫生、经济简便、艺术时尚等原则开展儿童服装的设计改良与创新。社会上开始出现上下连属的儿童连体服，将上衣与下裳采用一体裁剪组合在一起，最典型的是将儿童原本内搭的短衫与短裤联结构成连体衫裤，并外穿于身，且在下体处设计开裆。此外还有将裤与袜联结的连脚裤、西式舶来的连衣裙等。儿童穿着连裆连体裤[②]及真丝连衣裙等，活动便利，轻松自在。

（三）女童旗袍及连体服的结构设计特色

1. 质料性能考量下的儿童服装面料优化

材料是服饰设计的核心要素，尤其针对童装，材料适合与否直接决

① 旗袍之流行：小孩子着小旗袍：[照片][J]. 中国大观图画年鉴，1930：229.

② 徐进之摄. 小朋友：（右）亲爱：[照片][J]. 中华（上海），1931（5）：35.

定了成品的实用与否。1938 年，有外国人称中国“从前的婴儿服装，似乎都不太合乎健康条件，‘束带’是恼人的锁链，改善的方法，现在已经普遍化了，婴儿的尿布，如何建立婴儿有纪律的习惯，针制的绒垫，小衬衣”[①]。针对传统面料粗硬的小衬衣，他向公众介绍一款由一种法兰绒（Brocure Shaker Flannel）制成衬衣的方法：“只要一码宽大的方块，把一隅裁掉，剪成一个十八寸长的三角形斜边。而对着裁掉一角的斜边，用一寸半宽的斜块，两端合拢在右面，剩下的角隅也缠绕在右面，可用线横着缝缀起来，保持十分整洁，于是一件小外衣制成了。”[②]这种外衣的面料半毛半棉，可以很好地规避缩水的毛病。最后，他认为在数量上，小衫与围巾每种要预备三件，小的缝制外衣要预备半打，小块尿布要预备一打。小孩离床的时候要用一两块绒布包着，可以当孩子的衣裳用，这样婴儿的服装就算够用了。同时，童帽的设计宜用轻软的料子，质料须能通空气，制作过程少用糨糊、衬布等，且造型与制作注意不能太紧。当时已有线绒出售，且价格低廉，时人开始用其编织帽子，温暖透气且柔软，较为卫生，十分适合儿童佩戴。此外，童裤、童围涎、童鞋等儿童常用服饰品设计均纷纷效仿，采用不磨皮肤的柔软亲肤质料。

2. 人体工程主导下对传统童装样式结构的优化

样式与结构的设计是选好材料后童装设计面对的重要问题，也是传统儿童服饰落伍与先进与否最为明显的物质表征。宽衣博袖等古典服饰造型已然无法满足儿童生长生活的现实需求。因此，人们受儿童人体工程的指导，开展了大量的设计优化实践。笔者结合文献记载及对大量实物标本的测绘等，列举三例经典案例并进行总结。如表 2-22 所示，自上而下第一件是儿童连裆裤的优化设计，将上下衣裳连属设计之后，在下裆处设置了可灵活开合的揿扣，以方便儿童排便及穿脱；领口处也设计开衩并用纽扣联结，可根据婴儿颈、头围灵活开合。第二件为女童长衫改良，主要将袖口、腰身从传统追求博大的造型上向瘦、窄处理，从而增强衣服的合体性和便捷性，方便儿童活动。第三件为夏季肚兜的优化设计，将儿童夏令时节常常外穿的肚兜，通过与下裤的连属设计，改造出一款连体服饰，以最简化的结构设计满足儿童的需求。

---

① Drake E F A. 保育婴儿最合理的服装用具（未完）[J]. 建平，译. 健康生活，1938，14（4）：112-113.

② Drake E F A. 保育婴儿最合理的服装用具（续上期）[J]. 建平，译. 健康生活，1938，14（5）：154-157.

由此可见，这三例民国童装的优化设计案例，基于儿童人体工程开展对传统服饰的改良与简化，去繁复、去装饰，在样式上尚“简”求“窄”，表现在腰身由直线向曲线转变、袖口由宽博向窄小转变，但在整体构上仍延续了中国传统平面十字结构与 T 字造型，延续了经典的一片式裁剪法则。一言以蔽之，民国童装设计介入的价值，是在改良童装样式结构以契合“儿童本位”思潮及儿童人体工程功效的同时，最大限度地保留了传统。不同于清末以来诸多文明的被动接受模式，这是一项洋为中用的主动吸纳与改良创新的积极实践。

表 2-22　民国童装的优化设计案例①

改良品类	样式图考	结构图考	优化要素	相关实物展示
儿童连裆裤	 用扣 撳扣	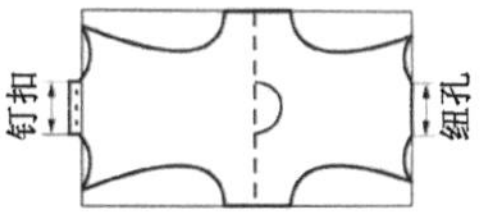 钉扣 纽孔	上下形制连属，下裆开裆处理，且以撳扣闭合，使开闭灵活	
女童长衫	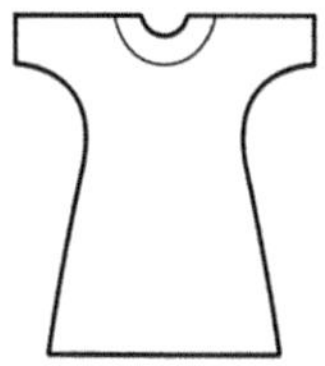	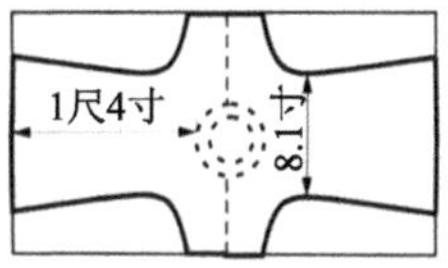 1尺4寸 8.1寸	上下形制连属，腰身、袖口窄化处理，使衣服更合身	
夏季肚兜		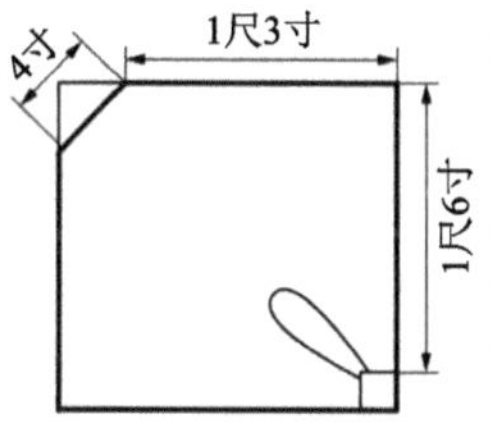 4寸 1尺3寸 1尺6寸	将肚兜与下裤连属，解构、简化结构，形成特色连体服	

① 表中服装样式及结构图参考金文观的设计手稿（金文观. 乡村问题研究：乡村儿童的服装问题（附图）[J]. 锄声，1935，1（9-10）：19-21）。实物儿童连裆裤、女童长衫采自笔者征集的传世实物，夏季肚兜采自钟漫天藏品。

1936 年，雪清介绍“儿童服装之裁制法”时提到，“特选世界优良的儿童服装，式样美观简洁，裁制便易的，介绍于读者，想亦为贤良的母亲所欢迎的吧”①，其中有一件民国女童连衣裙的裁制方法（图 2-105）。从最终的形制上看，这是一件较为平常的女童连衣裙，形制为及膝中长款、短袖、收腰且腰部打褶、翻领设计，基本属于当时欧美服饰形制体系。但是该裙设计的巧妙之处在于，在衣身、衣袖的主结构上仍然采用了中华传统的十字形平面结构。如图 2-105（a）（b）所示，通过对长方形布料的简单裁剪，并在腰部两侧进行完全对称但方向相反的排褶设计，形成了连衣裙的主体结构。改良后的连衣裙造型更加立体、合身。同时，此种前后衣片相连、衣身衣袖相连的一片式结构，在面料裁剪上也极为节约，从而成为经济与美观、中式与西式共生的设计范式。此件连衣裙虽然不是上衣下裙式，但也是当时女童夏季所着的代表性款式之一。

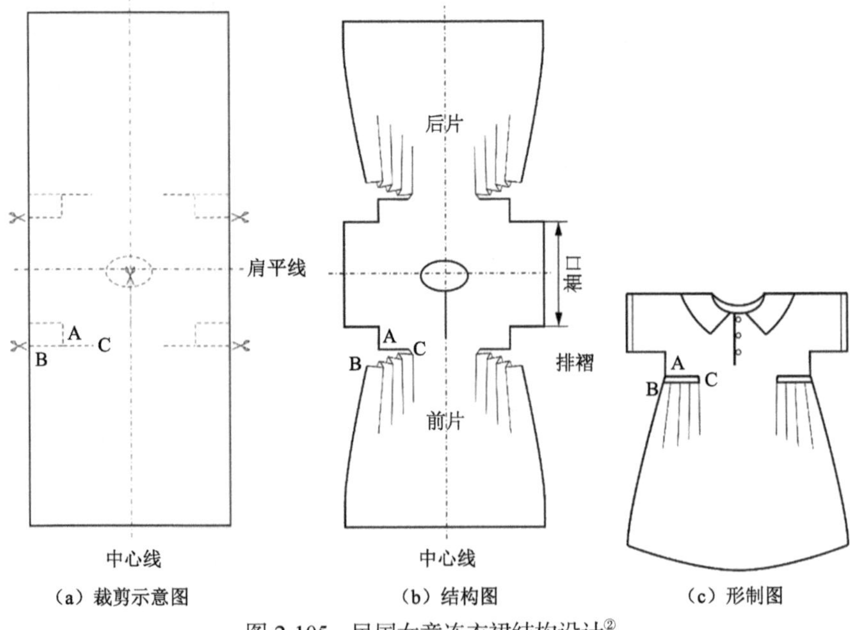

图 2-105 民国女童连衣裙结构设计②

在民国女童的连体服中，最大的结构特色是将上衣与下裳连属拼缝在一起。如图 2-106（a）所示，上衣由一块类似正方形的布料对折后裁剪而成，下裙由一块长方形布料直接围合成筒裙形制，然后将上衣与下裙进行拼合，并形成均匀的裙褶。图 2-106（b）所示方法与图 2-106（a）类似。在材料的

① 雪清. 儿童服装之裁制法：贡献给贤良的母亲们[J]. 女子月刊，1936（6）：104.

② 雪清. 儿童服装之裁制法：贡献给贤良的母亲们[J]. 女子月刊，1936（6）：104. 笔者参考绘制。

使用上，可以将整块尺寸加大的方形布料，先折叠剪出上衣，再将剩余布料制成下裳，并与上衣拼合即可。图 2-106（c）所示为上衣与裤子的拼合，上衣同上，裤子则按照儿童常穿开裆裤的结构裁好缝合后再与上衣拼缝即可。

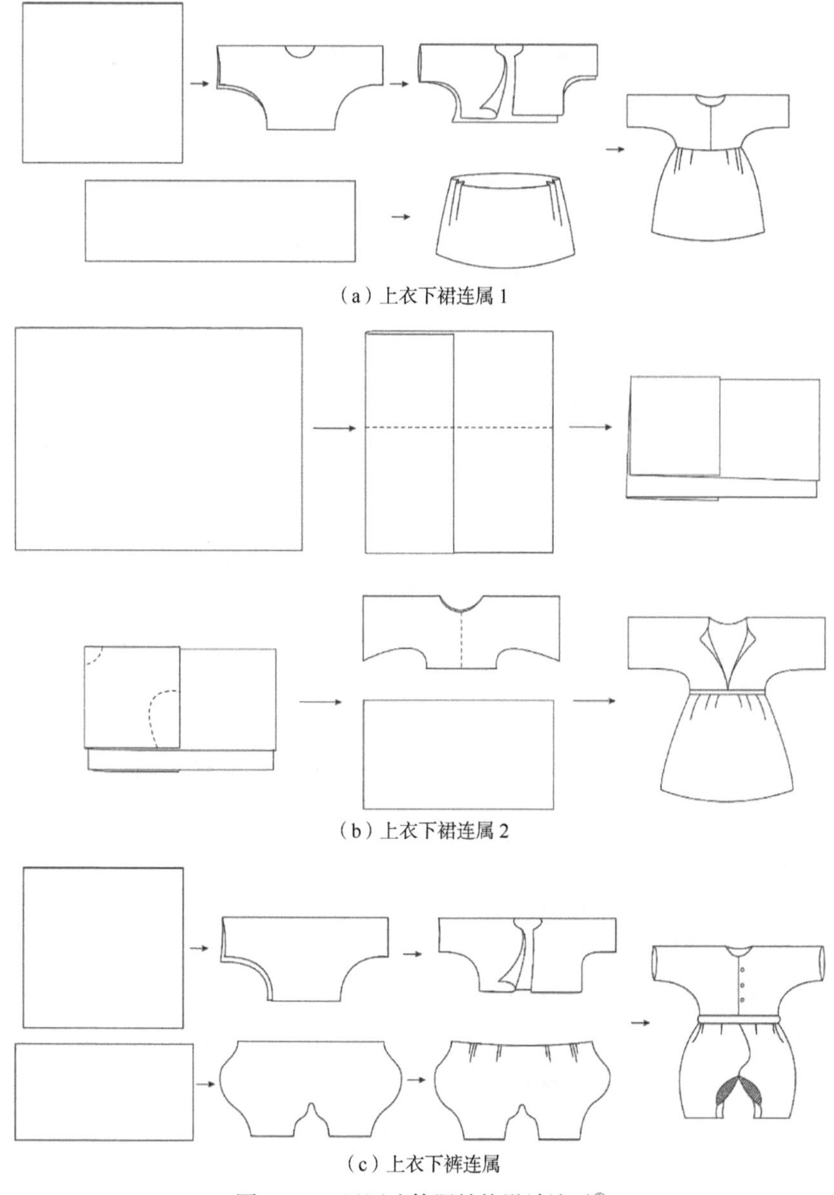

（a）上衣下裙连属 1

（b）上衣下裙连属 2

（c）上衣下裤连属

图 2-106　民国连体服结构设计演示[①]

① （a）（c）参考《裁缝大要》绘制（何元编. 裁缝大要. 上海：中华书局，1936），（b）参考《裁缝课本》绘制（何明齐，徐瑞秋编. 上海：商务印书馆，1936）。

在儿童连体服中，旗袍是最具代表性的形制之一。中国丝绸档案馆珍藏了数件民国女童旗袍（表 2-23、表 2-24）。编号 8002-05-2018-263 的旗袍为 20 世纪 20 年代末 30 年代初夏款单旗袍，面料为绿色织锦提花，前身稍有泛黄褪色，衣服表面有污渍。衣长较长，穿着时及脚踝上处，衣身较为宽松，身侧腰、臀处无曲线轮廓，下摆处有弧度，袖子长至手腕，袖根部与袖口处大致同宽。前身花型朝向因连裁原因与后背花型朝向相反。领圈、大襟、下摆、袖口及侧边处有机织花边，花边外圈为黄色内部为紫色。领底有两颗盘香扣，大襟、腋下分别有一颗盘香扣，身侧共有三颗扣盘香扣。编号 8002-05-2018-266 的旗袍为 20 世纪 30 年代春秋穿夹旗袍，面料为真丝印花，前身花型朝向因连裁原因与后背相反。衣长较长，穿着时长过脚踝处，衣身较为宽松，身侧腰、臀处稍有曲线轮廓，臀部稍凸出，臀以下竖直下摆有弧度，袖长至手腕，袖型宽松，袖口稍有收口。领边、领圈、双襟、下摆及侧边处有咖啡色包边，领口有两颗一字扣，大襟、腋下均有一颗一字扣，身侧共有五颗一字扣，最后一颗扣与开衩同高。里衬为暗红色面料，与面料大小相同，在侧摆、底摆处缝合。编号 8002-05-2018-264 的旗袍为 20 世纪 30 年代夏款夹旗袍，面料为深绿色织锦提花，前身稍有泛黄褪色，衣服表面有污渍。衣长较长，穿着时及脚踝上处，衣身较为宽松，身侧腰、臀处无曲线轮廓，下摆处有弧度，袖子稍短，袖口稍比袖根部小，前身花型朝向因连裁原因与后背花型朝向相反。领圈、大襟、下摆、袖口及侧边处有花边做装饰。领底、大襟、腋下分别有一颗盘香扣，身侧共有四颗盘香扣。里衬为米白色面料，底摆处内侧的里衬贴边为条纹面料。编号 8002-12-2018-773 的旗袍为 20 世纪 40 年代春秋穿旗袍，中等长度，穿着时长至小腿部。衣身宽松，身侧胸、腰、臀无曲线轮廓，胸部到下摆呈上窄下宽梯形。袖长至腕部，袖宽较宽，腋下袖跟处沿直线向袖口处稍微放宽，呈倒大袖。面料为淡粉色地绣花绸，无里料。领、袖和下摆等处用与衣身相同的浅粉色细包边装饰，半开襟，无开衩，系合方式有盘扣和按扣，盘扣材质与包边相同，形状为上方小圆下方大圆的葫芦形，领面上两粒盘扣，领底、胸前大襟上各有一粒盘扣，腋下和身侧设按扣。面料色彩与图案设计为甜美风格，是一款少女穿的旗袍。①

① 苏州中国丝绸档案馆，苏州市工商档案管理中心编. 芳华掠影：中国丝绸档案馆馆藏旗袍档案[M]. 苏州：苏州大学出版社，2021.

表 2-23 民国女童旗袍实物标本基本信息

馆藏编号	实物标本	形制复原	年代考证	面料工艺	系扣方式
8002-05-2018-263			20世纪20年代末30年代初	织锦提花	盘扣、揿扣
8002-05-2018-266		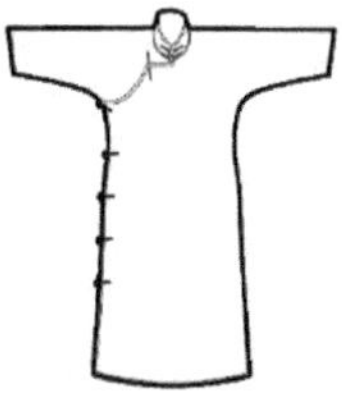	20世纪30年代	真丝印花	盘扣
8002-05-2018-264	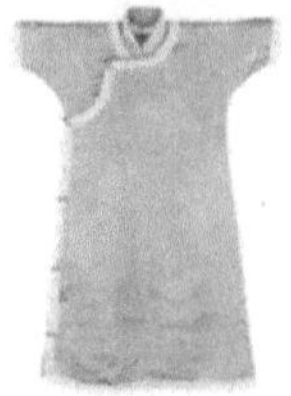	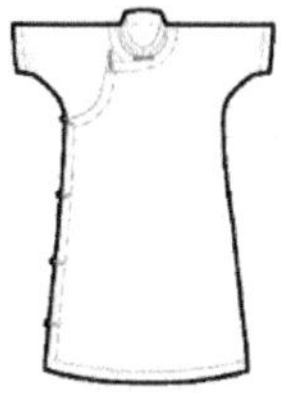	20世纪30年代	织锦提花	盘扣
8002-12-2018-773	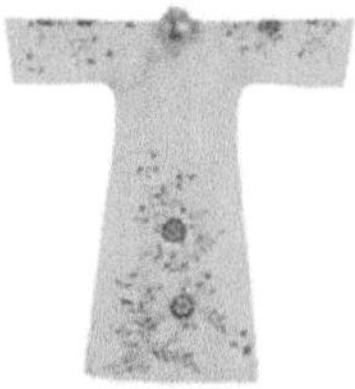		20世纪40年代	真丝绸料	盘扣、揿扣

资料来源：中国丝绸档案馆藏品

表 2-24 民国女童旗袍标本全息数据采集 单位（厘米）

测量部位	8002-02-018-263	8002-02-2018-266	8002-02-2018-264	8002-12-2018-773	均值
衣长	61	68	67.5	98	73.6
胸宽、挂肩宽	32	30.5	30	31	30.9
下摆宽	41	37	41	50	42.3
挂肩长	16.4	14.3	19	20	17.4
大襟定长	6.5	6	6	8	6.6
斜襟长	14	13	14	15	14
侧襟开口量	42	53	47	28	42.5

续表

测量部位	8002-02-018-263	8002-02-2018-266	8002-02-2018-264	8002-12-2018-773	均值
小襟长	42	25.5	47	32	36.6
小襟宽	6	8	10.3	4.5	7.2
小襟扣子数量	5	5	4	3	4.3
领围长度	27.5	26.4	28	31	28.2
后领高	4.5	4	3.5	5.5	4.4
前领高	3	3.5	3	4.5	3.5
领子扣子数量	2	2	1	3	2
通袖长	69	78.4	51	98	74.1
袖口宽	14.5	10	10	21	8.9
开衩长	15.2	16	8	0	9.8

资料来源：中国丝绸档案馆藏品

“传统的儿童旗袍款式一般具有以下几个突出特征：立领、不破肩、不收腰、下摆开衩低、盘扣，等等。”不难看出，相较成人旗袍，“不收腰”和“下摆开衩低”是儿童旗袍的显著特点。另外，“考虑到儿童天性活泼好动且发育快，袖子较成人的尺寸宽松”。[①]

3. 领、襟形制及其闭合方式设计优化

立领是传统儿童服饰主要领型，衣领上立，四周严密包裹着脖颈，鲜有余量。中国传统服饰虽然讲究宽衣博袖，但在衣领处却反道而行。上衣的衣领，以紧扣脖颈为礼，凸显精气，忌讳衣领松垮。这种造物特性置于童装，则忽视了儿童生理及生活的特殊需求。儿童脖颈发育伊始，骨质绵软，且喜好活动，紧缚的衣领不仅束缚了儿童脖颈的向好发育，也约束了儿童的活动嬉戏。因此，衣领的设计优化集中体现在开口处留有足够余量，保证服装穿着的舒适性及易于穿脱，在款式上表现为各种翻领，如带领座的翻立领，不带领座的坍肩方角翻领、坍肩圆角翻领、坍肩花边翻领等，其中领围设计空间较大的坍肩翻领最为常见。图 2-107 为笔者征集的民国幼童浅红色纺纱刺绣翻领连衣裙中的坍肩方角翻领造型与结构分析，其领围达到了 32 厘米，且为两片式叠合设计，不勒脖，完全满足了儿童颈脖的发育量及运动量。

① 钟漫天，等. 中国童装文化[M]. 北京：国际文化出版公司，2019：35.

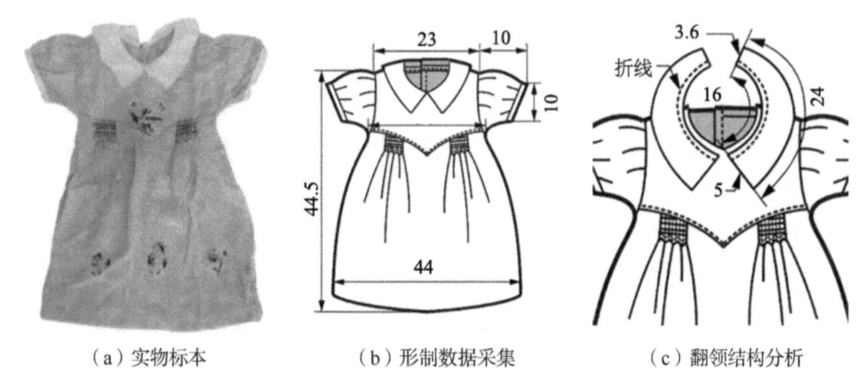

图 2-107　坍肩方角翻领形制及结构分析（单位：厘米）

儿童连体服门襟的设置也一改常态，从前身转为后背，且鉴于衣身后片的结构限制，原来常见于前身的右襟形制也果断舍弃，只在后中心线设计开襟形式。如图 2-108 为笔者征集的民国幼童棕褐色提花绸改良开裆连衣裤的后背衣襟。针对衣襟系结方式，1938 年有外国人提及中国“从前婴儿服装，似乎都不太合乎健康条件，‘束带’是恼人的锁链，改善的方法现在已经普遍化。”①

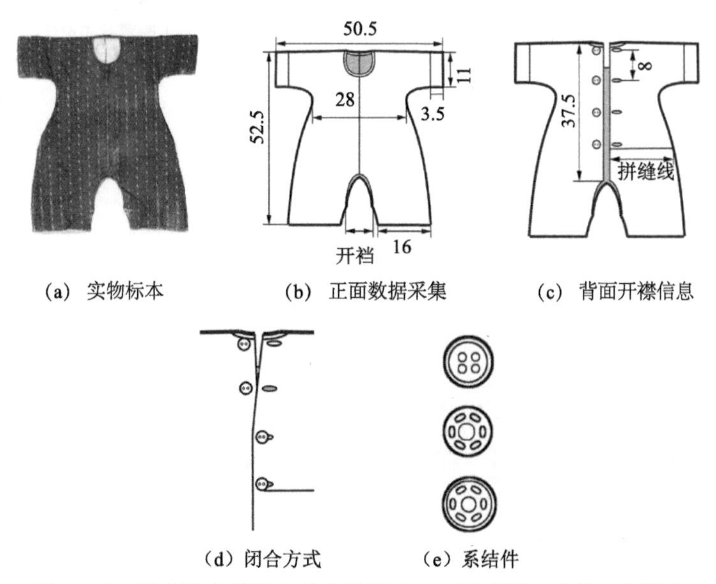

图 2-108　后开背衣襟形制及圆纽闭合方式示意图（单位：厘米）

① Drake E F A. 保育婴儿最合理的服装用具（未完）[J]. 建平，译. 健康生活，1938，14（4）：112-113.

笔者通过考证大量现存实物发现，这里所指“改善的方法”即嵌扣、圆纽两种新式系结方式，系结位置多设置在童装后背中上部。通过设计适合儿童关节活动的尺寸变化，保持服饰内部气候的最佳状态，使领、襟连接下儿童服装具备与成长相应的耐用时间和不会使身体关节产生负担感的保护结构。

此外，女童旗袍亦采用下摆低开衩或不开衩设计。图2-109整理出三种常见的开衩及其闭合方式设计：第一种，低开衩设计，最后一个盘扣距底摆的距离比盘扣与盘扣之间的间距还短；第二种，表面开衩实则闭合的设计，从外观看上去最后一个盘扣距底摆尚有一定距离，但在内部却潜藏着子母扣作为暗扣进行闭合；第三种，将左右侧缝都缝固的不开衩设计，此种设计适合底摆宽较大的儿童旗袍，以免造成儿童下肢行动的不便。

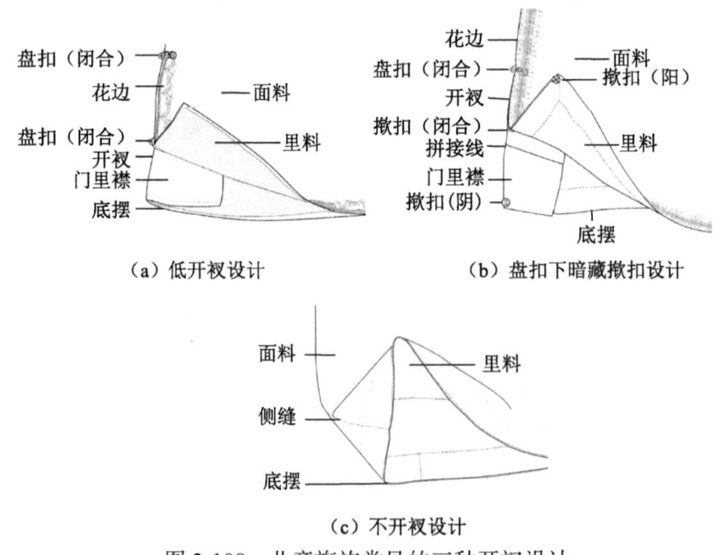

图2-109 儿童旗袍常见的三种开衩设计

4. “自上而下”的便宜脱衣方式

儿童连体服上下连属，因此穿脱方式显得格外重要。“脱去婴儿的衣服最好自上而下，从脚脱出，切弗（勿）向上由头部拉出。”[①]这首次提出儿童服饰自上而下的脱衣方式。笔者结合对大量民国儿童连体服的实物分析，发现这种自上而下的脱衣方式正是儿童连体服脱衣的代表方式。如图2-110（a）所示，裤袜连体服先松解腰带再从脚下脱出；图2-110（b）的衣裤连体服则是先解开后背圆扣，然后再从袖口及裤腿处脱出。

① 钟志和. 婴儿卫生浅说：婴儿的衣服和尿布[J]. 现代父母，1934，1（10）：21-22.

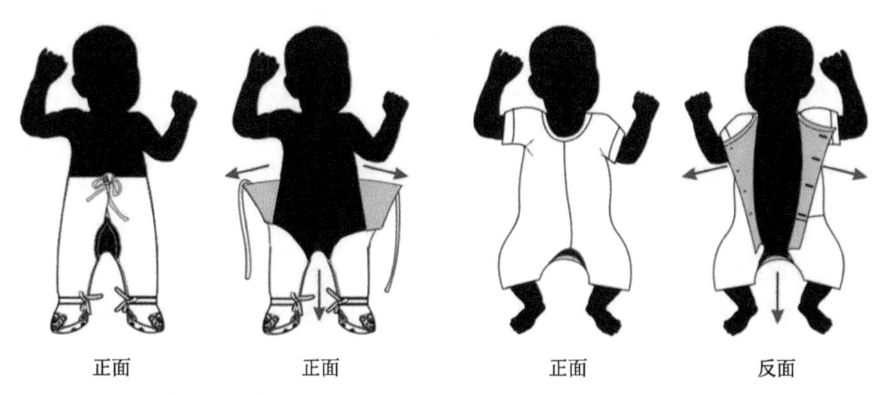

（a）裤袜连体服的脱衣方式　　（b）衣裤连体的脱衣方式

图 2-110　“自上而下”的脱衣方式示意图

5. 撳扣式尿布设计优化及与连体开裆裤的搭配

民国时期没有纸尿裤，常用长方形棉布，通过简单折叠衬垫于儿童下体。1949 年毕承禧称，尿布与婴儿健康有很大关系且往往被人忽视，他指出当时通行尿布有许多缺点：太阔，缚在婴儿胯间容易皱缩，不舒服。加之婴儿骨头软，长垫易造成 O 形腿，继而出现“改良尿布”。[①] 如图 2-111 所示，“改良尿布”在腰两边用撳扣、纽扣、布带或安全针别

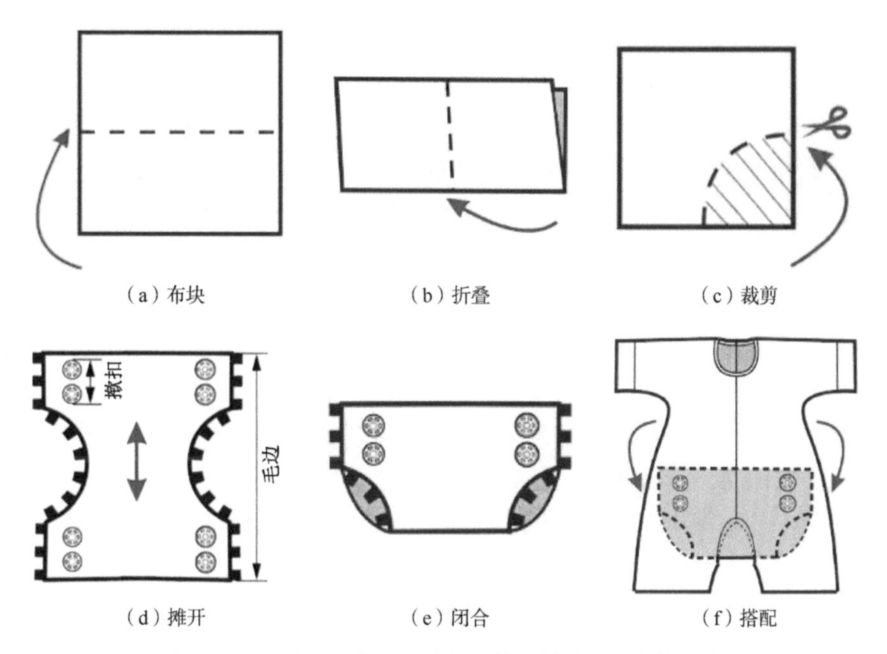

（a）布块　（b）折叠　（c）裁剪

（d）摊开　（e）闭合　（f）搭配

图 2-111　“改良尿布”设计与连体开裆裤的配套使用演示

① 毕承禧. 尿布的开档裤（附图）[J]. 家，1949（39）：74-75.

上，以揿扣为最方便，且大号最佳，小号容易松脱。这种尿布的优点是：裆较狭，不会把婴儿两腿分开，胯间舒服，不会皱缩起来，且保护肚皮，换洗便利，美观大方。与开裆裤搭配使用，能极大地释放裤内空间，为儿童下肢运动腾出了极大余量。此外，笔者考证发现，民国儿童连体裤中有大量裤子在下裆采用开合的按扣设计，虽不是开裆裤，但设计者也创造条件以方便更换尿布。

综上所述，需要强调的是，针对民国儿童着装成人化现象及其潜藏的诸多落后属性而开展的“设计介入”，是一种由社会精英揭露、呼吁和提倡，逐渐为民间广为接受、实践并普及开来的设计改良行为。其目的就是跳脱数千年来中国儿童服饰的成人化阴影，在思想上从“家长本位”走向“儿童本位”，在设计上厘清了成人服饰与儿童服饰的界限，实现了儿童服装设计理念的重大转变。从这个角度看，民国儿童服饰中的改良创新，即“设计介入”，不仅使历史遗留的成人化现象得以消弭，更揭开了中国近现代童装设计的序幕，具有重要的划时代意义，其影响重大。

儿童尤其是婴幼儿，较成年人缺乏自理能力和自主性而处于“弱势”，由此带来儿童服饰设计中的“特殊需求”，如实用性强、方便穿脱、舒适简洁等，这些问题在民国儿童连体服设计改良中得到了较好的解决。

“增进儿童幸福的实际工作，其实不外两方面，精神方面，应施以科学化的合理化的以儿童本位做出发点的教育。物质方面，应以衣食住行诸方面生活上的合理享受。然无论精神物质，两者均不可偏废。”[①]民国儿童着装，从儿童的角度实现了从被动接受到主动体验的重要跨越，改良设计后的儿童服装变得更加合体、卫生、健康，富有童趣。同时，面对西洋童装大量引进的时代浪潮，民族传统童装并未就此消逝，而是采用设计介入的积极方式，最大限度地保留了民族传统，也使民国童装在类型及风格上更加丰富和多元，这对现代儿童的着装及生活仍具有重要的启示作用。从儿童的服装设计到衣食住行及其生活、教育等各方面，不仅要规避“成人本位”的越位出现，关注儿童主体性及能动性，而且需要探寻民族童装的传承与创新路径，巧妙使用设计语言，使儿童着装在西式潮流中开辟一条东方之路。

---

① 葛石熊. 育儿常识：上篇：卫生问题：儿童服装问题[J]. 长寿（上海 1932），1935，4（25-28）：23-27.

二、传统蕾丝面料旗袍的结构创制及艺术设计

本小节以广州博物馆、中国丝绸档案馆等珍藏的民国蕾丝旗袍为实物史料，结合相关文献史料，开展整理与研究，以期为今后蕾丝旗袍产品设计研发提供技术与艺术参考。首先，明确蕾丝旗袍在民国影星名人与日常生活女性中的普遍流行，为当时的夏季时尚单品；其次，考据蕾丝旗袍的形制与结构设计细节，总结其以植物元素为主的花型结构、以立领半开襟为主的领襟形制及明暗组合式的闭合方式等；最后，从使用的角度指出衬裙作为蕾丝旗袍的必搭配饰，不仅在色彩上需要与蕾丝旗袍形成内外呼应、内浅外深的搭配方案，而且在结构上也可以与旗袍“合二为一”，以“假两件”的形式制成具有“里子”的蕾丝旗袍，更加便于女性穿着。

蕾丝是西洋舶来、具有网眼组织的针织织物，按工艺分为手工蕾丝与机织蕾丝两种。现存较多民国蕾丝旗袍的传世实物，这些旗袍在材质手感、视觉风格及结构设计上与一般丝绸、棉麻梭织旗袍差异较大。目前学界对蕾丝旗袍的分析研究较少，除了考察蕾丝作为花边装饰在梭织旗袍的衣缘上，针对通身均由蕾丝面料制成的旗袍的研究较为罕见。主要有赵帆对中国丝绸博物馆藏海派蕾丝旗袍的整理与基本信息概述①，贺阳对北京服装学院民族服饰博物馆藏20世纪30—40年代蕾丝旗袍的整理与特征阐释②，但其均未就蕾丝旗袍的流行背景与服用对象、设计细节与结构特征等开展深入细致的考证。本小节以广州博物馆等珍藏的民国蕾丝旗袍实物为研究对象，通过整理与测绘，重点从设计与使用的角度开展深入研究。

（一）蕾丝旗袍时尚流行及服用对象

民国初期的旗袍“不刻意显露形体……趋于宽大平直、严冷方正”③，随后以沪上时尚女性及本帮裁缝为代表的力量，对传统旗袍开展了大量的革新与改良，改良旗袍应运而生。蕾丝旗袍便是面料创新改良最彻底的案例之一。

蕾丝面料轻、薄、透、漏，由其制成的旗袍“薄如蝉翼”④，深受当时身体、思想解放后时尚女性的喜好。当时还有一种透明旗袍，即玻璃旗袍。伴随玻璃丝袜、玻璃皮包等新型玻璃纤维制品问世，玻璃旗袍也被发

① 赵帆. 海派蕾丝旗袍研究[J]. 浙江纺织服装职业技术学院学报，2018，17（1）：26-32.

② 贺阳. 钗光鬓影　似水流年——北京服装学院民族服饰博物馆藏 30～40 年代民国旗袍的现代特征[J]. 艺术设计研究，2014（3）：2，31-36，129.

③ 腾冲县人民政府办公室编. 腾冲老照片[M]. 昆明：云南人民出版社，2011：125.

④ 蒋为民主编. 时髦外婆：追寻老上海的时尚生活[M]. 上海：上海三联书店，2003：35.

明，且有黑色、蓝色、绿色、红色、白色等多种色彩可选，不仅被国人如京剧演员童芷苓[①]等定制，还在美国流行（图 2-112）。[②]但是这种玻璃旗袍却在实用性上存在巨大缺陷，不但售价昂贵，而且透气性差。据载，玻璃旗袍“夏季服之虽云美观但因密不透风热不二当。玻璃旗袍可落水洗涤，但不能熨烫，此点正同于香云纱，而上身独不及香云纱凉爽经久，售价且有高出五倍以上”[③]。相比之下，轻盈透气的蕾丝旗袍是夏季女装的绝佳选择，时人称黑蕾丝衬出内衣的护胸线条是夏季最富时尚感的一种旗袍（图 2-113）。在时尚审美与实际使用的美用共生互促下，蕾丝旗袍的流行由偶然走向必然。

图 2-112 美国流行的玻璃旗袍[④]

图 2-113 民国女性着蕾丝旗袍

图片来源：北京服装学院民族服饰博物馆珍藏老照片

由于时尚流行的广度，民国蕾丝旗袍的传世量虽不及丝绸旗袍，但也不容小觑。图 2-114 为中国丝绸档案馆珍藏民国浅粉色蕾丝旗袍，面料为浅粉色镂空蕾丝，单层无里料。无袖，袍长至脚踝，衣身适体，无明显收腰设计。领边、领圈、双襟、下摆、侧摆及袖口都饰有与面料颜色相同的细镶滚设计，系结处用揿扣与风纪扣组合搭配；领面设有一粒风纪扣，领底、胸前大襟上、腋下为揿扣；领型呈尖角方形，上有标签，写有“云容妇女服装店，上海福煦路同孚路口”，领里为白色绸料，领面与领里之间采用黑色定形硬衬，这与一般蕾丝旗袍常用透明硬衬迥异。图 2-115 为中国丝绸档案馆珍藏的另一件民国夏穿薄款旗袍，相较上款，除了配色不

① 刁刘. 童芷苓的玻璃旗袍[J]. 上海滩（上海 1946），1946（12）：6.

② 美国流行的玻璃旗袍：[画图][J]. 沙龙画报，1946（2）：4.

③ 潘闲. 王莉芳新置玻璃旗袍（附照片）[J]. 海涛，1946（17）：9.

④ 美国流行的玻璃旗袍：[画图][J]. 沙龙画报，1946（2）：4.

同之外，此款在蕾丝面料上选择了结构与手感更加细密丝滑的品类，蕾丝的结构精致稳定，因此在腰部设计了适当的收腰，使旗袍更加适体。[①]这些品相完整、工艺精湛、装饰精美的传世实物是今后蕾丝旗袍研发与创新设计的灵感源泉。

民国蕾丝旗袍的穿着对象，常被当时人们以刻板印象定性为“交际花”，实际并非如此。民国时期蕾丝旗袍的穿着对象为当时社会中所有追求时尚的女性。走在潮流前线的影视明星对新鲜事物的接受程度高，对流行时尚及新式服饰追求的积极性高，轻薄透亮、能够彰显曼妙身姿的蕾丝旗袍自然成为她们想尝试和追捧的对象。20 世纪 30 年代上海滩红极一时的女演员胡蝶便是蕾丝旗袍的忠实粉丝。1936 年，旗袍制作名师褚宏生为胡蝶设计定制了一件白色蕾丝旗袍，采用当时最流行的法国蕾丝面料制成，在胡蝶的演绎下博得时人喝彩。[②]在民间百姓的日常生活中，蕾丝旗袍异彩纷呈。作家朱慰慈在传记文学《我的两个母亲》中展示了 20 世纪 40 年代母亲着蕾丝旗袍的优美形象（图 2-116）。蕾丝旗袍深受朱母的喜爱，设计定制了数十件，并保存了十来件珍品，一直到晚年。可见蕾丝旗袍在民国女性心中的价值与分量。

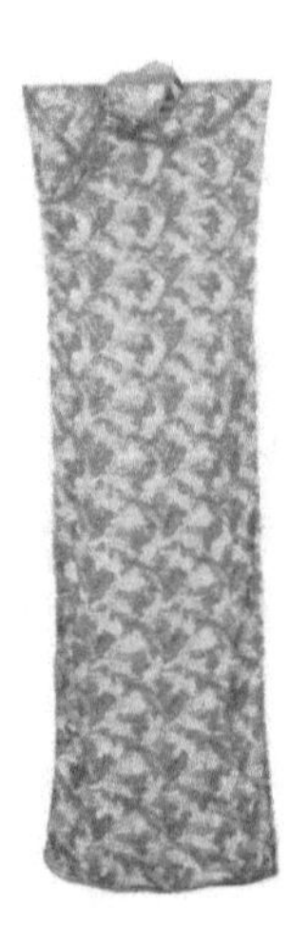
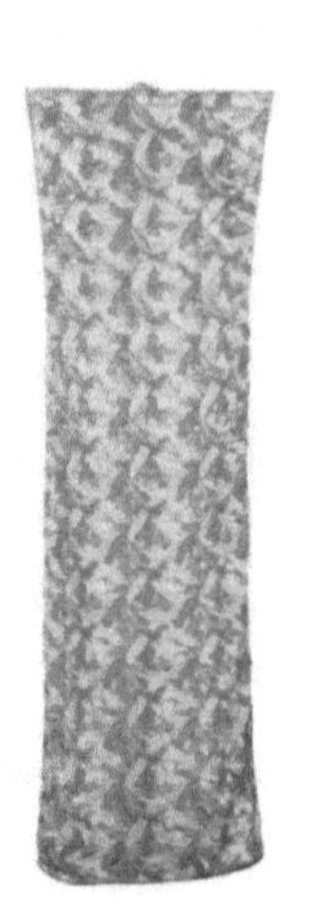
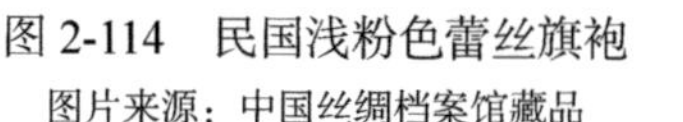

图 2-114 民国浅粉色蕾丝旗袍
图片来源：中国丝绸档案馆藏品

图 2-115 民国香槟色蕾丝镂空花卉旗袍
图片来源：中国丝绸档案馆藏品

① 苏州中国丝绸档案馆，苏州市工商档案管理中心编. 芳华掠影：中国丝绸档案馆馆藏旗袍档案[M]. 苏州：苏州大学出版社，2021.

② 上海海派旗袍文化促进会编. 美丽传说：海派旗袍文化名人堂首批入选名人纪实[M]. 上海：上海人民出版社，2017：123.

图 2-116 朱慰慈母亲着蕾丝旗袍[①]

（二）蕾丝旗袍的形制及结构设计特征

与丝绸旗袍对比，蕾丝旗袍的造型特色主要表现为蕾丝面料自身的组织结构形成的花型、肌理及裁剪制作过程中的形制细节与结构特征。

1. 植物元素为主的蕾丝花型结构

从现存实物的整理与研究来看，蕾丝花型主要以花、草、叶、茎等植物元素为结构单元，以四方连续型构图，通过纱线的勾连铺成整幅面料。图 2-117 为民国蕾丝旗袍中具有代表性的几款花型结构。图 2-117（a）为竹叶式，叶片弯且细长如竹叶，每片叶内有两三道异色竖向叶脉，邻近竹叶之间相互交错、勾连，通过部分重叠的方式形成结构相对稳定的织物结构，但整体结构相对松散，镂空面积较大。图 2-117（b）为花叶式，在元素上分为花朵与茎、叶三种，在设计上以花为点、以叶为面、以茎为线，在构图上更加丰富和有层次，不同大小及造型的元素之间相互错落和组合搭配，使形成的蕾丝面料在结构上更加紧致和稳定，因此织物的透气性和镂空程度相对较低。图 2-117（c）为海棠花式，以海棠花的花瓣及花蕊为核心元素，附带几片叶子作为装饰，规则地布满织物，且相互之间并未重叠与勾连，而是直接通过网纱连接在一起，因此在视觉上很像将海棠花直接缝缀于网纱之上。此种花型及工艺设计使花纹与网纱底料之间的对比更加强烈，蕾丝面料的肌理感更鲜明。图 2-117（d）为类菊花式，经推测应为菊花瓣的解构与重组，细长且略带弯式的菊花瓣比竹叶更加柔软和灵动，在构图上随意性和空间性更强。蕾丝旗袍上不同的花型解

① 朱慰慈. 我的两个母亲[M]. 上海：上海远东出版社，2007：17.

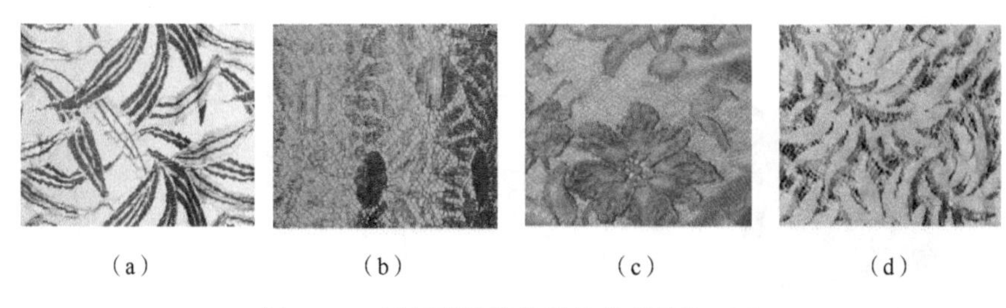

（a）　（b）　（c）　（d）

图 2-117　民国蕾丝旗袍常见花型结构四式

图片来源：中国丝绸档案馆、广州博物馆藏品

构对旗袍的裁剪与缝制工艺也提出了不同的要求，花型结构越松散、面料镂空性越强，工艺处理难度就越大。

2. 立领半开襟的常用形制结构

蕾丝旗袍的领型主要采用立领的形制。虽然民国时期女性为追求身体解放曾一度兴起“废领运动”，无领旗袍也有创制，但蕾丝旗袍却仍然选择立领形制，主要是基于蕾丝面料的特殊考量。立领，特别是加了硬衬的立领，对蕾丝旗袍领袖、门襟乃至整个上半身的塑形具有重要作用。蕾丝面料由于极大的松散性，不仅在制衣时极难成型，而且在服用时也会产生不服帖、变形等弊病。通过贴合于脖颈的立领设计，领窝处的拉力能够使蕾丝旗袍领襟处的面料良好地贴合于人体而不易变形。因此，蕾丝旗袍的领型主要在领角等立领造型上作出变化，衍生出直角立领、筒式立领等。

蕾丝旗袍门襟的常见形制还是右衽大襟，但是门襟有全开与半开之分。全开襟与丝绸旗袍基本一致，相比之下半开襟更符合蕾丝面料的特性，更为常用。图 2-118 中的这件黑色半开襟蕾丝旗袍，形制为圆角立领，右衽大襟，后领中有挂耳，前后无中缝，侧开衩。旗袍衣长 119 厘米；领围长 31 厘米，后挫 1.5 厘米，前直 6 厘米，后横 5 厘米，领高 4 厘米，前领脚无起翘；通袖长 19.5 厘米，袖口宽 15 厘米，挂肩宽 18 厘米；大襟定宽 6 厘米。采用了挖大襟裁剪法，挖襟量为 2 厘米，款式上采取了西式连衣裙套头式，即右边不开裾，故小襟仅限于上开口的斜襟部位，且小襟极为细窄，仅为宽度 2.5—3 厘米的滚边，从前领口一直延伸至侧缝止口下 5 厘米处。斜襟和侧襟开口处用“555☆”牌揿钮，领口、大襟定、腋下共有 3 组一字扣。严格来讲，这并不是传统意义上的小襟，更像是西式服装中的门、里襟的概念，这点也符合蕾丝面料通透的特点，即尽量减少小襟的面积，减少对服装外观的影响。[①]

① 吴欣，赵波. 臻美袍服[M]. 北京：中国纺织出版社，2020.

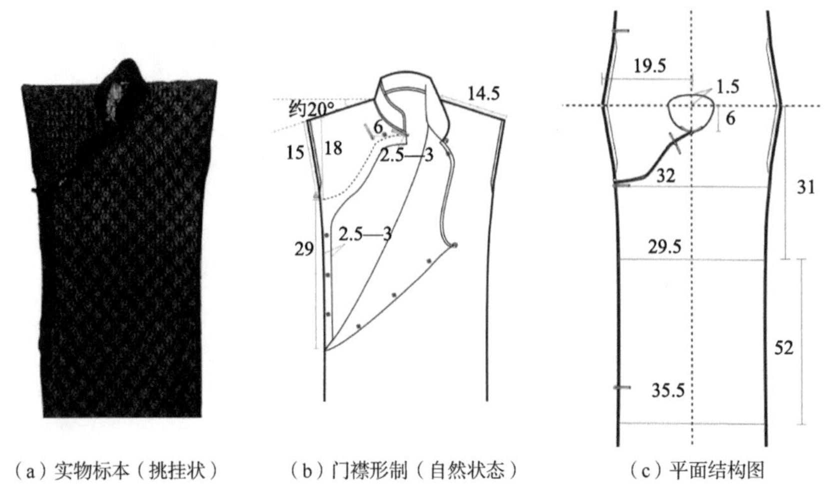

（a）实物标本（挑挂状）　（b）门襟形制（自然状态）　（c）平面结构图

图 2-118　蕾丝旗袍半开襟形制结构设计（单位：厘米）

图片来源：中国丝绸档案馆藏品

需要注意的是，在传世旗袍实物中常发现有肩斜存在，但经笔者对丝缕方向的反复考察，绝大多数民国旗袍是没有肩斜存在的。传世实物中存在的肩斜基本上是人体长期穿着后面料变形所致。丝绸面料尤其是弹性较好的面料，经过长年累月的穿着，很容易产生轻微的变形，让人产生原本就有肩斜设计的误判。蕾丝旗袍作为最具伸缩性能的旗袍之一，无疑更会出现这种情况。图 2-118 中的蕾丝旗袍在自然状态下约有 20° 的肩斜，但经复原测绘，其原本的结构仍属无肩斜设计。

3. 明暗组合式的闭合方式

蕾丝旗袍组织结构松散，面料手感松软轻薄，且容易变形，不仅裁剪与缝制难于其他组织结构严密、相对挺括的丝绸、棉麻织物，制成之后的开合与穿脱也相对困难。这对旗袍闭合方式的设计提出了极高的要求。

蕾丝旗袍的闭合件主要有盘扣、揿扣、拉链、风纪扣四种。盘扣属于缝缀于蕾丝表面的闭合件，显露于外，其余揿扣、拉链、风纪扣均属于隐藏在面料内部的暗合设计。拉链主要应用于蕾丝旗袍侧开襟侧缝处的闭合，但拉链出现的时间较晚，基本在 20 世纪 40 年代以后，当时被称为改良的纽扣。如图 2-119 所示，四种闭合件常以组合方式出现。拉链与盘扣通常二选一，作为旗袍侧缝的闭合方式。领窝至腋窝处的门襟闭合不管是否有盘扣设计，几乎都采用了揿扣进行暗中固定。同时，针对有透明硬衬的领型设计，在领窝处还通常采用风纪扣作为固定方式，使硬挺的衣领减少对蕾丝面料的拉扯，自成领型。可见，蕾丝旗袍相较丝绸旗袍在闭合方

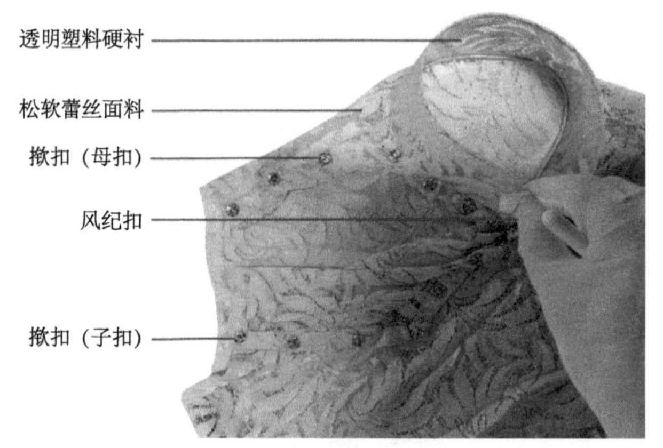

图 2-119　蕾丝旗袍的暗扣设计与组合

图片来源：广州博物馆藏品

式上更多地采用了暗扣设计，但也保留了明处的盘扣进行巩固和装饰。这种明暗组合的综合使用，使蕾丝旗袍在服用时得以呈现最佳效果。

（三）蕾丝旗袍与衬裙的结构关系及搭配方案

蕾丝旗袍因其独特的织物组织结构，形成了镂空、透视的视觉效果，不能直接单穿于身，且绝大多数的蕾丝旗袍采用了无里设计，所以衬裙成了蕾丝旗袍必备的搭配服饰。蕾丝旗袍与衬裙之间的关系，不仅是使用功能上的必要关系，还是装饰美化上的辅助与优化关系。二者只有通过巧妙搭配，才能形成蕾丝旗袍的独特魅力。

1. 衬裙的搭配及其形制结构

传统旗袍作为时尚单品，在穿着时有很多精美的配饰，如衬裙、披肩、马甲、高跟鞋、大衣、臂钏等，其中衬裙是最常见也是最经典的配饰之一。衬裙在形制上基本属于马甲、背心形制，通体尺寸一般略小于外搭旗袍；材料以手感丝滑、轻薄飘逸的真丝为主；在装饰上，衬裙尤以底摆缘饰为特色，通常贴、缀蕾丝花边等，搭配穿上后随着女性身体摆动及旗袍开衩，衬裙底摆花边若隐若现，颇具东方含蓄之美。[①]

笔者征集的一件民国时期江南地区的衬裙（图 2-120），通身乳白色设计，形制采用了吊带衫结构，在下摆和左右开衩的边缘拼缀宽 2—5 厘米的蕾丝花边，在领圈、挂肩处也缀以蕾丝花边。闭合方式在肩带处设计了揿扣，即子母扣。据载，民国“妇女到了夏季，为了凉爽，大半总要穿衬裙。衬裙的制法，可以找你不穿旧旗袍一件，从领口剪下来，其式样随

---

① 程乃珊. 上海街情话[M]. 上海：学林出版社，2007：126.

意，最好是前胸的尖端剪到领下五寸，前背尖端剪到领下七寸为止，□一个鸡心形，袖子剪去，将纽扣□掉，沿大衬边钉上子母扣，这样一件衬裙便完工了”。所载衬裙形制与图 2-120 基本一致。由以上改制过程还可看出，衬裙与旗袍的结构及制作过程近似，一般“将小襟拼于后身右边之腰部，再将前后身相拼，缝贴边，钉揿钮（纽）”（图 2-121），衬裙即成。该衬裙的类型为圆领，且后领深于前领，此外还有尖领、方领设计等。

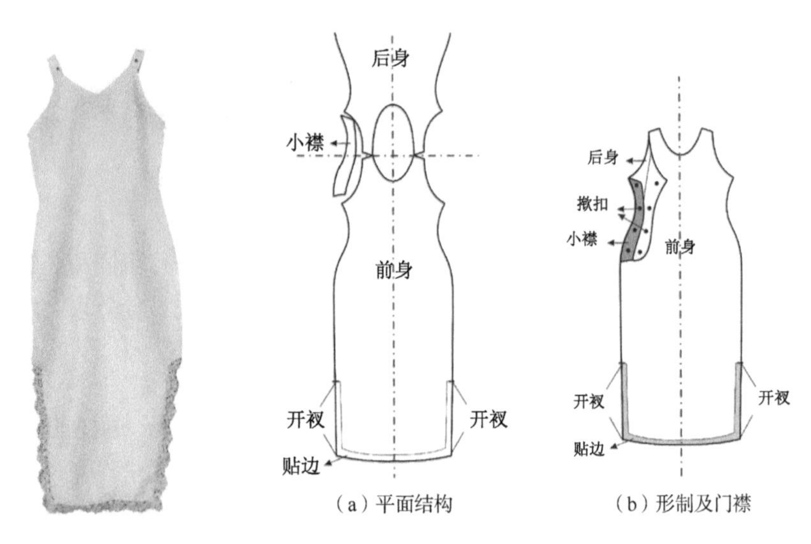

图 2-120 江南蕾丝花边衬裙

图 2-121 民国衬裙的形制结构及门襟设计

2. 衬裙与蕾丝旗袍在结构上缝合一体

除了里外的穿搭组合，衬裙还可以通过工艺直接缝合在旗袍上。看似两件，实为一体，类似现代服装中的“假两件”设计。在广州博物馆，笔者发现一件民国橙桃色蕾丝配同色衬裙三骨袖旗袍，为衬裙与蕾丝旗袍缝合在一起的典型案例。如图 2-122 所示，衬裙采取与蕾丝旗袍同色的真丝绸料，形制为马甲背心，在衬裙的左右侧缝与肩缝处将其与蕾丝旗袍缝合在一起。此外，由于蕾丝面料比梭织面料更具弹性，即更贴合于人体，此件旗袍在衬裙上设计了长 13 厘米、宽 0.7 厘米的省道。这种在衬裙胸部设计省道的手法，不仅是为了使内搭衬裙与外穿蕾丝旗袍一样合身，减少衬裙与旗袍之间材料皱缩余量的产生，也是为了对女性胸部的塑形和美化。为了加深这种塑形效果，时人还会在衬裙的胸部内侧增加乳罩。添加了乳罩的衬裙，除了具备防止蕾丝旗袍因镂空导致走光的实用功能之外，还可使原本就以表现女性性感、凸显身体曲线美为目的的蕾丝旗袍更具装饰性。

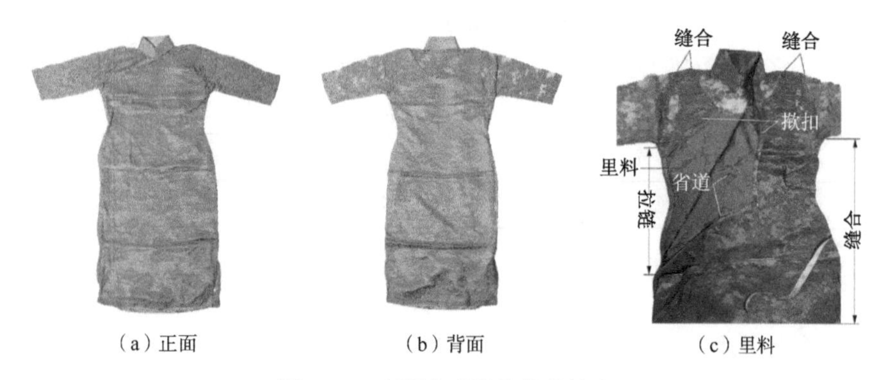

（a）正面　（b）背面　（c）里料

图 2-122　衬裙与蕾丝旗袍的缝合

图片来源：广州博物馆藏品

3. 衬裙与蕾丝旗袍的色彩配套

在色彩上，对衬裙的设计与选择是最考究的。针对一般梭织不透明旗袍，衬裙时常通过底摆显露于外，因此其色彩需要与旗袍搭配和谐。对透明的蕾丝旗袍，内搭衬裙的色彩或多或少能显示出来，取决于蕾丝面料的透明程度。为此，蕾丝旗袍搭配衬裙的色彩选择更为讲究，一旦搭配不当造成色彩混乱，将影响旗袍的整体视觉美观。

这里的色彩不单指具体的色相，主要指色彩的整体色调。衬裙的色彩虽多纯色，但也有暗纹、碎花等纹样及肌理，因此不能以单一色相来确定衬裙的色彩属性，而是要通过色彩的占比和对比来确定整件衬裙的整体色调。表 2-25 列出了民国时期衬裙与旗袍色彩的搭配色调，白色、黄色与湖色为当时衬裙的主要色调，其中白、黄二色基本可以搭配浅绿色、浅蓝色、浅红色等色彩纯度较低的浅色调旗袍。搭配的规律是衬裙的色调不能深于外搭旗袍，通常在色彩纯度上要低于外搭旗袍，才不会使衬裙的色彩过于夺目，喧宾夺主。因此内搭衬裙与外穿旗袍的最好色调方案便是内外呼应、内浅外深。沪剧演员王雅琴珍藏了多件薄如蝉翼的蕾丝旗袍与衬裙，她说："这样的旗袍面料大多是舶来品，又轻又飘，因为很透明，当时在里面还要穿衬裙。这件衬裙是天蓝的，衬在蓝色的蕾丝旗袍里面。还有一件，里面我衬粉红的。都要配套。"[①]老太太的口述印证了表中所列衬裙与旗袍色彩的搭配方案。除了同色系的深浅搭配，以浅色系搭配黑色的对比搭配同样适宜且流行。但是黑色作为"最深"的色相，制成的衬裙，与其搭配的旗袍则只能是黑色。

① 蒋为民主编. 时髦外婆：追寻老上海的时尚生活[M]. 上海：上海三联书店，2003：36.

表 2-25 衬裙与旗袍色彩的搭配

编号	内搭衬裙主色调	外穿旗袍主色调
1	白色	白色、浅绿色、桃红色、淡蓝色、橘红色
2	浅黄色、黄色	黄色、浅蓝色、橘红色、粉红色
3	湖色	白色、蓝色、绿色、绯色、葡萄灰色
4	深灰色、黑色	深灰色、黑色

综上所述，蕾丝旗袍作为民国针织旗袍的范式之二，不同于手工编结旗袍的昙花一现，在流行的深度和广度上均有较大提高，这与其自身的形制结构及穿搭方式密不可分。诸式植物元素的蕾丝花型设计使蕾丝旗袍兼具了镂空透气与装饰美感的基本美用功能，成为时髦女性夏季服用的最佳单品；同时，为了解决与丝绸等一般梭织旗袍在形制结构上的差异，蕾丝旗袍还通过领襟形制的优化、闭合方式的明暗组合，以及与衬裙在结构、色彩上的巧妙搭配和共生，规避了蕾丝旗袍在服用上的诸多技术和美观问题。民国蕾丝旗袍在结构上松而不散，在装饰上漏而不透，在风格上艳而不俗，为此后蕾丝旗袍的设计改良与创新研发提供了重要的灵感素材和理论指导。

三、传统手工编结旗袍的结构创制及艺术设计

针织是利用织针把各种原料和品种的纱线构成线圈、再经串套连接成针织物的工艺技术及过程，一般分为手工针织、机器针织两类。相较梭织物，针织物质地松软、弹性优良且具有较好的透气性，穿着舒适性强。在 2018 年中国国家博物馆举办的“伟大的变革——庆祝改革开放 40 周年大型展览”中，由东华大学时尚科创团队原创的两款“科技旗袍”亮相。其中一款便是采用柔软、弹性的针织面料研发出的“针织变色科技旗袍”[①]。该针织旗袍规避了传统旗袍常用锦缎、香云纱等梭织面料制作而弹性不足的缺点。经笔者考证，针织在旗袍面料上的出现及应用早在民国时期便已存在。

对针织、编织在民国旗袍中的出现及发展，已有研究主要集中在旗袍蕾丝、花边及盘扣等辅料的针织上[②]，缺乏对旗袍针织面料的学术梳理

① 东华大学“科技旗袍”开创智能化服装未来[J]. 纺织检测与标准，2018，4（6）：23.

② 龚建培. 近代江浙沪旗袍织物设计研究（1912—1937）[D]. 武汉：武汉理工大学，2018；王妮. 二十一世纪海派旗袍面料设计与运用研究[D]. 上海：东华大学，2020；沈征铮. 民国时期旗袍面料的研究[D]. 北京：北京服装学院，2017.

与专题解读。个别只在考察民国编结技艺时略有提及，如王楠和张竞琼在论证“仿呢料”肌理在服饰中应用时，指出1942年冯秋萍曾创作出“仿呢料”编结旗袍。[①]针对现代针织旗袍的研究，主要从技术角度探讨传统旗袍与现代针织技术的融合与共生。本小节从历史起源、工艺工序、结构特征角度探讨针织旗袍的流行发展与价值等，采用文献记载、图像视读及工艺复原等方法系统考证现代针织旗袍的雏形——民国特色的针织旗袍。考证得出：手工编结旗袍由民国编结大师冯秋萍始创于1939年9月，代表性款式有“赛方格呢编结旗袍”等；编结工艺方式除材料及工具选择外，先后经“前身—中腰—大襟—后身—立领—滚边—系结”7道工序，以“自下而上、由前到后”方式手工编结。研究指出：编结旗袍的创制不仅使旗袍的面料、工艺及造型艺术等更加丰富多元，亦是民国女性延续传统女工文化的重要载体，是民国女性服饰创新的重要实例。虽然手工编结的方式效率低下，与当时“去手工化”主旋律相悖，未能在民国以后大规模流行，但现代机织解决了针织旗袍工业化的技术问题，为未来针织旗袍的广泛流行提供了可能。

（一）编结家冯秋萍与编结旗袍创制

民国时期自编结技艺从西方引进后，便迅速俘获了中国女性的集体芳心。《方舟》《立言画刊》《三六九画刊》《今代妇女》等几十家期刊，先后刊发出大量关于编织技艺教学、展示时下最流行编织时装的图文，供国内女性参考学习，尤其1930年以后更是蔚然成风。1934年6月创刊于天津的典型家庭刊物《方舟》（月刊），直接开创了“编织栏”专栏[②]，刊载内容有“春衫”“夏装”“婴孩帽”等，极为丰富，基本囊括了男女老少在不同季节及场合下的大部分服饰品。在手工编结技艺及编结产品于中国的流行和发展、普及过程中，冯秋萍起到了至关重要的开拓和引领作用。

冯秋萍（图2-123），民国时期著名的绒线编结艺术家及教育家，善于依据不同人群及季节场景等，采用新材料、新针法，设计出各种造型新颖、风格鲜明，深受时人欢迎的绒线编结服饰。[③]冯秋萍在手编领域中的贡献集中体现在两大方面：一是创造性地研发出各种新式编结方法，据统

---

① 王楠，张竞琼. 近代冯秋萍“仿呢料”与“仿皮料”绒线编结技艺[J]. 服装学报，2019，4（1）：49-53.

② 商焕庭. 编织栏[J]. 方舟，1935（18）：31.

③ 冯秋萍最近发明的绒线编结法：服务于编结界十多年的冯秋萍女士近影：[照片][J]. 艺文画报，1947，1（10）：25.

图 2-123 冯秋萍着旗袍及编结开衫[①]

计其一生共创作了 2000 余种绒线编结花样，研发出野菊花、美人蕉、孔雀翎、牵牛花等诸多新式花型，并设计应用到“孔雀开屏披肩”“野菊花荷叶边春装”“杜鹃花拉链衫”等服饰品中[②]；二是极大地拓展了传统编结的领域，使作为西方舶来的手编绒线，由原本用于保暖的内衣，拓展至单穿外露的外衣，如马甲、披肩、大衣、西装、围巾、童鞋、童帽等服饰品及沙发等家纺用品。此外，冯秋萍倡导，编结技艺是民国步入新时代在新形势下的中国女性“新女工”；并通过开办学校、与企业合作等方式，有效促进了民国手工编结及国产绒线工商业的向好发展。冯秋萍也因其卓越贡献被人尊称为“编结大王”[③]。

1939 年 9 月，冯秋萍在手工编结广为流行的时代背景下，结合时尚女装——旗袍，创新发明了手编针织旗袍。冯秋萍用四股英雄牌国产毛绒线试结了一件短袖旗袍，全身多编平针，用小桂花针镶边，结成后再以细绒线配色，采用毛线刺绣法挑绣蝴蝶纹样，以作装饰。此件编结旗袍一经问世，便深受时人喜爱，据冯秋萍称，“各界女士们欣喜若狂，竞相前来学习（地址在辣斐德路马浪路西玉振里二十号良友编结社）”[④]。此次以后，冯秋萍陆续结合流行花型设计出多种经典的手工编结旗袍，其中代

① 冯秋萍最近发明的绒线编结法：服务于编结界十多年的冯秋萍女士近影：[照片][J]. 艺文画报，1947，1（10）：25.

② 张竞琼，王楠. 近代绒线编结时装所蕴含海派文化内涵探析[J]. 丝绸，2020，57（4）：83-88.

③ 野星. 冯秋萍会翻三百余种花样，不愧“编结大王”[J]. 海星（上海），1946（10）：3.

④ 冯秋萍. 新创名贵细绒线旗袍[J]. 上海生活（上海 1937），1939，3（11）：48-49.

表性的有 1948 年为当时上海的时髦小姐和太太设计的夏季“野菊花时装旗袍”[①]，造型为中袖设计，结合当时流行的旗袍垫肩元素，针法及花型选用当年由其创新的野菊花型，配色选用深、浅两种玫瑰色绒线交相呼应，渲染出野菊花的姿态，荣获当年上海青年会编结物展览头奖。此外，冯秋萍在民国时期还设计出诸如“并蒂莲针织旗袍”等多件时尚精品。

图 2-124 是冯秋萍设计结成的方格花型的编结旗袍，时尚简约，是当时最新式、最流行的一种花样。据冯秋萍描述：“远处望去，竟然辨不出是什么呢或是什么料子做成的。”[②]为了更直观地展示编结旗袍的结构与造型，笔者复原了一件无袖手工编结旗袍的基本形制（图 2-125）。

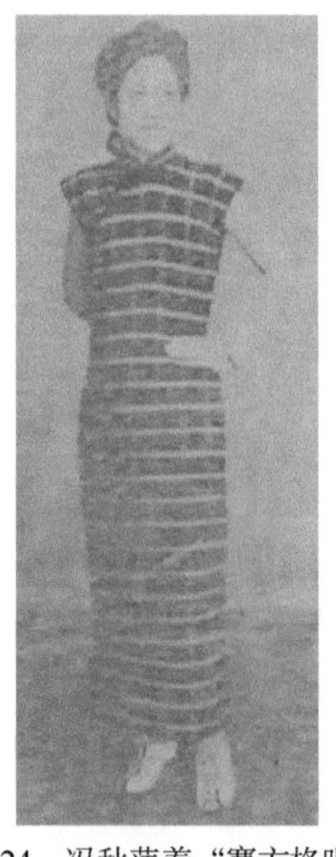

图 2-124 冯秋萍着“赛方格呢编结旗袍”[③]

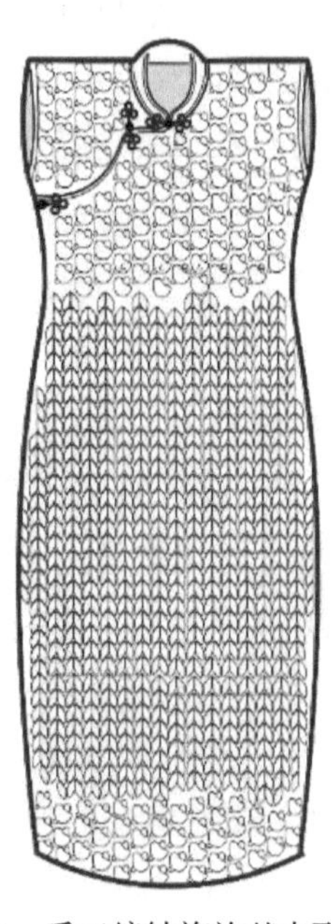

图 2-125 手工编结旗袍基本形制

旗袍是民国中后期女性普及性、接受度最广的服饰单品，其流行脉络也与编结技艺的流行发展不谋而合，因此编结技艺在旗袍中的应用是合乎时代、紧随潮流的。换言之，手工编结旗袍在民国时期的出现是时尚与时代的必然。手工编结旗袍作为梭织面料旗袍的重要补充，首次实现了从梭织到织针织的重要跨越，极大地丰富了旗袍面料的品类与艺术风格，成

① 孙庆国，张竞琼. 中国现代编织大师冯秋萍[J]. 装饰，2006（10）：126-127.

② 冯秋萍. 绒线旗袍编结法（附照片）[J]. 杂志，1942，10（1）：208-209.

③ 冯秋萍. 绒线旗袍编结法（附照片）[J]. 杂志，1942，10（1）：208-209.

为现代针织旗袍的前身。民国编结旗袍出现的时间相对较晚，属于民国后期，流行也较为短暂，从其创制（1939 年）至民国结束（1949 年）仅 10 年。从文献记载及实物视读的考证中发现，这种物美价廉的编结旗袍并未在民国后期大规模地流行开来。尤其是民国时期的手工编结旗袍实物，鲜少发现有传世至今者。需要指出的是，虽然手工编结旗袍在民国女性服饰中的存在感及地位并不高，但其特殊的工艺及由工艺衍生出的艺术、人文及市场等价值是不容忽视的。

（二）手工编结旗袍的成型工艺工序复原

本小节结合文献记载、传世影像观测，并通过工艺的实践复原等方法，经反复科学验证及修正，总结归纳出民国手工编结旗袍的编结工艺工序。

1. 材料及用具选择

材料：针对普通女性体形（号型：165/88A），选用细绒 1 磅（约 0.45 千克），配色挑花细绒线 1 支。质料宜选择色牢度较高者。

用具：单头针 1 支、双头针 1 对、钩针 1 支、刺绣针 1 支。

2. 编结的工艺工序

1）前身编结

手工编结旗袍最先编结的部位是前身。先从下摆起头共起 124 针，下摆 3.3 厘米左右，宽及两面拾针，多结小桂花针（即“单桂花针”，上下左右交替编结下针和上针，形成有凹凸形状的肌理，如图 2-126 所示），中央全结平针（图 2-127）；在两端的边针（必须结毛边，即第一针不必挑去）平结有 30 厘米长，两端的桂花针不必再结，完全换结平针。对收针的地方，当依照旗袍腰身规定收放。编结过程中需要注意长短的控制：须照本人所穿旗袍的长短标准再短 3—4 厘米。因为绒线结完后容易下垂，拉长衣身长度。这类旗袍不穿时宜折叠安放，不宜垂挂，否则也易拉长衣身。

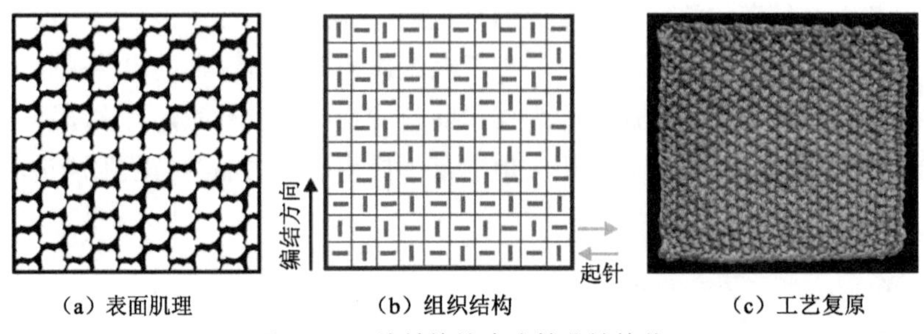

（a）表面肌理　（b）组织结构　（c）工艺复原

图 2-126　编结旗袍中小桂花针技艺

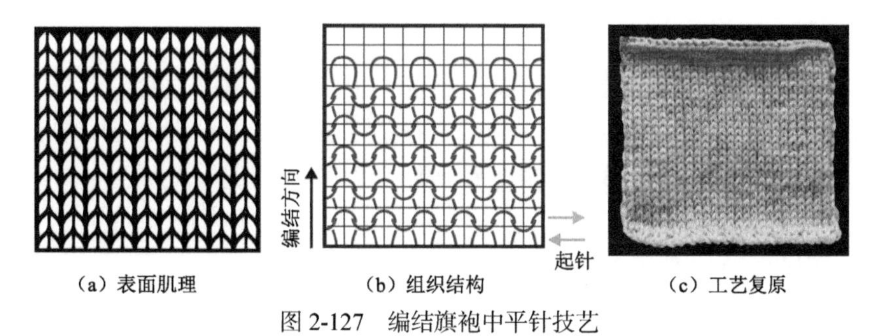

（a）表面肌理　（b）组织结构　（c）工艺复原

图 2-127　编结旗袍中平针技艺

2）中腰收放

手工编结旗袍的中腰收放法，以个人腰围大小作为标准进行收放，隔 2—5 行收去 1 针，或放 1 针，形成腰身。考虑到编结服装本身的伸缩性，收放幅度不宜过大。

3）收大襟

大襟的收法是手工编结旗袍工艺中最关键的工序。首先在袖管弯处先换结小桂花针；然后隔 1 行再收去 3 针，重复 3 次；随后照大襟之弯处先结小桂花针，将 24 针全都收口，使成衣服的大襟式样；在领圈中段，再行收去 1 针，收成普通圆领圈；在袖口一端，虽为相连编结，不宜收放，与普通旗袍相同，结到一半剩下。

4）后身结法

手工编结旗袍后身的结法，除了放里襟相连之外与前身基本相同。首先在袖管结一半与后身相齐，用缝针照放里襟，在袖管一端结法与后身相同，领圈每行放出 1 针，放到中间再结 4 行，换结上下针 10 针在边上，使边不卷；然后渐渐结 7 行退结 1 针平针，重复 2—5 次；再渐渐退下结到肩湾下面 11.7 厘米，还有里襟的针数 28 针，全结上下针，结有 16.7 厘米长收口，里襟已成，袖管已相连在内，同时结成。

5）领部钩结

手工编结旗袍的领部钩结，首先是领圈编结：用钩针在领圈内钩 1 行短针，使浑圆后再用钩针钩成。其次是领头编结：用钩针先起首 12 针，全钩短针，前领阔 2—3 厘米，后领 36.7 厘米，式样比较平齐。此外，为将领头做成硬挺美观的造型，最好里面衬一层纸（民国时衬纸）或黏合衬。

6）滚边处理

手工编结旗袍袖管的边，用 2 支棒针挑起，针数全结桂花针 10 行，用收口法收之。其余四面之滚边，则用钩针全钩短针。

7）系结件配置

手工编结旗袍系结件分两类：一类是纽子纽襻。做法是用钩针先钩 1 根辫子，先打成 3 粒胡桃纽，盘成金花菜 3 瓣，共计 6 支 3 副，领口 1 副，大襟 1 副，挂肩湾处 1 副。另一类是揿纽。除上述三处系结外，其余地方全用揿纽钉上即可。

至此完成一件手工编结旗袍的编结。

（三）手工编结旗袍的创新价值

如前所述，伴随民国时期绒线编结业兴起而创制的手工编结旗袍，虽然流行时间较短、流行程度较低，但其潜藏的创新价值不容小觑，不仅在民国时期，在当下及未来都具有重要的启示和参考意义。

1. 线圈串套下结构工艺的技术价值

编结旗袍的全手工成型工艺，一改其他梭织旗袍需经裁剪、拼缝、镶滚等工艺工序，跳脱中华传统服饰的十字形平面结构，直接量体编结而成，在造型与外观风格上独树一帜。手工编结旗袍的制作工艺与梭织面料截然不同，由织针按照特定工序工艺，根据人体曲直构造，通过针法灵活的收与放“一气织成”，包括滚边、门襟及衣领的制作均以编织而成。因此，此种全成型编结工艺形成了无数线圈之间的空隙及拉力，使编结旗袍呈松紧自如、依身成型的独特造型，而且在手感上“轻便柔软，外穿内着，均甚相宜，实居服装中之首席”[①]。

此外，材料、工艺及质感等别具一格的手工编结旗袍，还具有一定经济优势。随着民国时期针织行业的繁荣发展，绒线编结物是十分大众化的产物，绒线价格相对经济实惠。因此，编结旗袍为消费者提供了除传统绫、罗、绸、缎等珍贵丝绸旗袍外的另一种选择。同时，由于手工编结工艺中线圈串套的可逆性、可重复性，一件编结旗袍即使穿到落伍、不时兴，甚至穿到破旧，仍可将其拆散后依新样重新编结。

2. 手作女工存续的人文价值

民国女性学习引进西方编结技术，创新应用到当时的潮流服饰旗袍上，一方面彰显了女性自身极大的创造力，另一方面也是民国女性延续中国传统手工制衣即女工文化的重要实践。女工，亦作“女功”“女红”“妇红”等。“传统女红是自然经济的产物，具有自给自足的特点，而近代新型女红在此之上发展成了为女子谋取职业需求的新型作业方式，其主要表

① 冯秋萍. 漫谈绒线编结[J]. 胜利无线电，1946（10）：21.

现是绒线编织物作为一种商品用于售卖来获取财富……绒线编织是一门高尚的手工技艺，教人以自食，教人以自谋，可为当时的女子谋一自立坦途。即使在如今的时代，这种绒线编结也依然流行，仍有许多女性掌握着绒线编织的技术，从事绒线编织的工作”[①]。

20 世纪 40 年代，即编结旗袍创制以后，编结手工艺在社会上、家庭中蔚然成风，一度成为“女人的习惯”，成为不同年龄阶段、不同阶层女性“最欢喜学习的工作”，成为女性新型的一种生活方式，所谓“编结生活”。1940 年，据《良友》画报刊载谷人、谭志超摄影，当时校园里男学生带着网球与球拍到学校去，女学生带的却是绒线团与织针（图 2-128）；甚至在颠簸动荡的人力车上，乘坐着的女性都充分利用这一点闲暇时间来编织自己心爱的服饰款式，过一把“手瘾”（图 2-129）。这种发自女性本体的创造力与实践精神，还体现在当时的各项大赛中，如《上海生活》所记载 1941 年由安乐纺织厂组织的“绒线编结比赛大会”[②]等。在这些比赛及展览会上，手工编结旗袍成为民国女性竞赛与炫技的重要载体之一。

图 2-128 带绒线去学校的女学生[③]

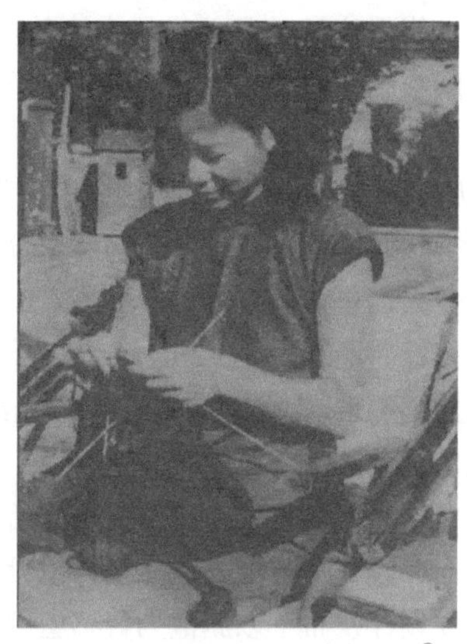

图 2-129 人力车上女性在编结[④]

① 王楠，张竞琼. 近代冯秋萍“仿呢料”与“仿皮料”绒线编结技艺[J]. 服装学报，2019，4（1）：49-53.

② 绒线编结比赛大会（安乐纺织厂举办）：[六幅照片][J]. 上海生活（上海 1937），1941，5（2）：1.

③ 谷人，谭志超. 绒线生活：编结是小姑娘最欢喜学习的工作：[照片][J]. 良友，1940（161）：17.

④ 谷人，谭志超. 绒线生活：编结成为女人的习惯，她们无论在何处甚至人力车上也一样过着手瘾：[照片][J]. 良友，1940（161）：18.

3. 技术革新后潜在的市场价值

创制于民国后期的手工编织旗袍，之所以未能在市场中广为普及和流行，其中最大的阻力便是手织工艺当时未能实现向机械化、工业化的技术转变。虽然当时国内纺织服装行业的工业化程度已成规模，但仍处于动力机器纺织的引进和成长期。在针织领域，民国以后集中对袜类、内衣类等产品进行研发与生产，其中绒线类针织物主要有用横机编织后缝合的毛衣裤、手套、帽子、围巾等。①当时由机器生产的针织物品类较为单一，没有开发出适用于旗袍的成熟工艺。另外，民国编织旗袍对手工的回归，与当时服饰面料“去手工化”的主旋律相悖。民国时期的不少女性，已经不是房内热衷女工的闺秀，她们走出房门，转身成为有职业身份且可出入不同场合的新时代女性。因此，手工编结的针织旗袍，即使一再推广与宣传编结工艺，产出的数量仍十分有限，无法满足大多数女性的着装需求，也就不具备形成时尚潮流的可能性。这也使手工编结旗袍在民国时期的市场并不繁荣，只是在展览会等罕见场合中昙花一现。

值得注意的是，市场占比的微弱并不代表市场价值的微小。民国手工编结旗袍最大的市场价值，在于其对后世针织旗袍发展与时尚流行的启示，其潜在的市场价值是庞大的。所谓“历久弥新”，编结旗袍无疑是“历久”的，尽管其在民国没有广泛普及，且在新中国成立后先后经历了旗袍式微、复兴及污名化的各个阶段，但在改革开放后依旧伴随旗袍的再次复兴而复出。1989 年，上海工艺编织厂和上海出版服务公司编的《上海棒针新潮》，预知 20 世纪 90 年代编织时尚新潮时，一件象牙白色的编结旗袍赫然在列。②可见，手工编结旗袍一直存在人们的认知及对未来时尚的预期之中。至于“弥新”，21 世纪以来，编结旗袍通过设计师、品牌及技术介入等方式，变得更加鲜活、更有活力、更显价值。

在设计师方面，以知名针织设计师潘怡良为例。早在 2008 年，潘怡良便设计发布了以旗袍为灵感主题的系列针织时装，通过对不同廓型、色彩、工艺、细节等设计要素的实践，探索新世纪、新生活方式下针织旗袍走上时尚舞台的可能及路径。近年来，针织旗袍仍然频频出现在其各季度的时尚发布会中。在品牌及产业方面，以中国羊毛衫名镇浙江桐乡濮院为例，此地聚集了一大批针织毛衫的花型及款式设计研发企业、单位等。在此地面向市场的各类针织产品中，同样出现了针织旗袍的身影，如“浩怡

① 周启澄，赵丰，包铭新主编. 中国纺织通史[M]. 上海：东华大学出版社，2017：541，625-627.
② 上海工艺编织厂，上海出版服务公司编. 上海棒针新潮[M]. 上海：上海三联书店，1989.

服饰”企业旗下品牌“瑶池玫瑰”“旗姿悦”等品牌，曾推出系列针织旗袍产品。其研发团队针对复古风产品，在 2014 年春季开发原创“改良针织旗袍”秋冬新款，并经一年多的线下实体销售收获好评。2015 年秋冬，该公司将针织旗袍以“瑶池玫瑰”品牌为导向推到线上进行尝试性销售，同样取得较好效果。需要警惕的是，目前市场中的针织旗袍，粗制、劣质现象凸显，如版型垮、省道多、盘扣松、装饰俗、镶滚糙、疵病多等。在新时代物质条件相对富足、中高端服饰市场兴起的背景下，已基本“去手工化”的针织旗袍可以适度地“手工化”，如手工盘扣、手工镶滚等，从而重塑经典，重塑品质。这也是民国编结旗袍中“手工”温度的现代价值之一。

综上所述，由纱线直接钩套编织成型的针织旗袍，不管在面料质感、工艺工序，还是在造型构造、艺术风格上，都是对主流梭织旗袍的重要补充，民国时期的手工编结旗袍是现代市场中针织旗袍的前身。传统编结旗袍采用全手工制作，包含七道工序，是民国女性开展的重要旗袍创新设计。虽然编结旗袍因种种原因未能实现批量化生产，未曾在市场中大规模地流行开来，但其内含的技术、人文和市场创新价值不容忽视。现代流通于市场的针织旗袍，作为民国手工编结旗袍的现代传承，但又区别于当时的手工编结工艺，已经被机器织成的方式所取代，解决了传统手工编结难以批量化生产及大规模流行于市场的重要缺陷，使针织旗袍在未来走向更高、更广的时尚舞台成为可能。①

① 王志成，崔荣荣，牛犁. 民国时期手工编结旗袍的创制及价值考略[J]. 丝绸，2021，58（6）：103-109.

第三章　现代旗袍时尚设计与风格体系

当下我们所处的历史时代、社会背景、生活方式、审美趋向等均发生了演进和变迁，呈现多元文化并存的特点，各种艺术思想和文化观念相互影响、相互交融，使世界文化领域进入大融合的时代。加之国际文化交往日益频繁，经济、科技、社会、艺术的相互影响使我们的生活方式更加丰富，极大地促进了旗袍文化的多样化、丰富化发展。

旗袍的文化传承与时尚发展不仅需要在思想上与时俱进，也需要在审美及设计艺术上不断迭新，以满足当时当下的消费群体。这便引出了另一个重要的研究主题——现代旗袍的时尚设计及其风格体系的构建。为此，本章从时尚设计的思想理念、路径方法、流行风格三个层面，层层递进，探讨旗袍时尚设计过程中设计与装饰、形式与功能、艺术与文化等内涵的碰撞，重点解读旗袍时尚创新的方式。

第一节　和合共生：现代旗袍时尚设计的思想理念

“和合”文化是中华文化的精髓，其中蕴含了深邃的天人和谐观、人本观、生态道德观等丰富内容。“共生”意指两种及以上不同的事物相互联系并共存于一体，相依相存，互利互惠，并产生“1+1＞2”的效应，这充分体现出物与人、自然、社会之间的有机整体性。在设计学领域，“和合共生”是一种强调事物整体性、系统性、文化性、价值性的设计思想，它倡导万物和谐共处，传递着协同与合作的精神价值。这种设计思想又是辩证的。柳冠中在阐释共生美学观时指出：“以立足现在、规划未来为目的地继承传统，以达到更高层次的‘人性复归、天人合一’理想境界。它反对躺在‘传统’象牙塔上，沉溺在祖先赐予的宝库中徘徊，提倡表现美学观中革命的一面，对传统持分析的态度，推陈出新，越过前人的脚印，抛弃在支流上‘扎猛子’、‘找冷门’、玩弄技巧的陋习；鼓励艺术家插上科学的翅膀，带上系统论的望远镜纵观历史长河中的渊源和峰谷。”[①]

① 柳冠中. 事理学方法论（珍藏本）：一本讲设计方法论、设计思维的书[M]. 上海：上海人民美术出版社，2019：222.

因此，现代旗袍时尚设计中的和合共生理念既源自传统，又敢于创新、敢于突破、敢于融合、敢于批判。

一、旗袍设计与装饰的共生：器饰相“合”

《说文解字》中对“器”有如下解释：“器，皿也。”[①]段玉裁注“器乃凡器统称”[②]，即“器”为有形物质的统称。朱熹认为“以有形之实规定器”[③]。《周易·系辞传》记载：“见乃谓之象，形乃谓之器。”[④]故在传统社会生活中，“器”表现为有形的社会生活用品和丰富的民间工艺品。“饰”为装饰、修饰之意。《左传·昭公元年》记载：“子晳盛饰入。”[⑤]《后汉书·梁鸿传》记载：“女（孟光）求作布衣麻履、织作筐缉绩之具。及嫁，始以装饰入门。”[⑥]《论语》中有“君子不以绀緅饰”[⑦]的说法。故“饰”表现在民间艺术中有两层含义：一是民间艺术的技法；二是以技法为手段，从外表至材料、结构、功能等特性的视觉形态，赋予美、传达美的行为，这也是创造原则、意匠观念及鉴赏情趣的表达。“由‘有用’进而‘至善’进而‘审美’，人们渐渐懂得如何将各类材质做成‘美物’以丰富自己的生活，提高生活的品质。”[⑧]在传统造物活动中，“器”与“饰”不仅满足了人类社会生活的需求和装饰美化的功能，还深深渗透入了传统造物的文化价值之中。

因此，“器”与“饰”的关系是共生的。随着经济发展和物质生活水平的提高，现代人对旗袍的消费已经不是单纯满足基本人体生理功能需要，更多的是体现了旗袍作为消费商品具备功能性与外在形式装饰性的统一，即“器饰共生”。时尚的造物思想是一个多元化、系统性的体系，在时尚艺术文化的实用及审美领域，共生的造物思想是指“器”与“饰”的共生单元在一定的共生环境中以不同的共生模式，从实用和审美的不同侧重，按照相应尺度形成相互依存的关系，从而达到提高时尚价值的目的。易言之，“器”与“饰”的对称性和非对称性共生模式体系，传递着从实用、审美视角带来的不同造物侧重的思想理念。但需要强调的是，现代旗

---

① 转引自慕迁. 汉字话你知[M]. 长春：吉林文史出版社，2021：74.

② 许慎撰，段玉裁注. 说文解字 1 全注全译版[M]. 黄勇，译. 北京：中国戏剧出版社，2008：224.

③ 转引自葛荣晋. 中国哲学范畴通论[M]. 北京：首都师范大学出版社，2001：185.

④ 《易学百科全书》编辑委员会编. 易学百科全书[M]. 上海：上海辞书出版社，2018：329.

⑤ 转引自王崇任. 春秋时期的贵族文化与文学（修订本）[M]. 北京：中央编译出版社，2020：183.

⑥ 转引自林浩. 东钱湖石作艺术[M]. 宁波：宁波出版社，2012：188.

⑦ 转引自樊登. 樊登讲论语：学而[M]. 北京：北京联合出版公司，2021：494.

⑧ 张道一主编. 美术鉴赏[M]. 北京：高等教育出版社，1998：280.

袍物质主体作为“器”的形制外化，不仅要与材质、纹饰、装饰等“饰”的细节进行融合共生，还要关注“饰”的内涵及外延，以寻求旗袍时尚产品更高的附加值。通过设计探讨旗袍主体与外在传播模式的相互融合，引导消费者的选择和品鉴，在有形的物中赋予并传递无形价值。这种表达既不是形式上的，也不是西方奢侈品牌采用“高”（价）不可攀的高溢价刺激消费，而是应该做到“俯拾皆是”，以丰俭由人的设计状态将“器”通过“饰”传达给目标受众；现代旗袍设计的价值也不再由材料的稀缺性、装饰手工时长等来界定，而是通过传达设计的文化理念或内在创意精神来体现，产品线可以涉及快时尚、高街、奢侈品、小定制等模块，从而实现装饰之“道”的价值传播。

二、旗袍功用与形式的融合：物用相“合”

“用”，功用、功能，是指产品具有不同功用的使用价值，延伸释义为适合的、好用的。旗袍产品的“功能”就指在设计、生产和使用过程中所构建的“基本使用性”“服用适合性”双重功能。旗袍的“基本使用性”表现在一定的物质条件下的穿着基本使用、防护及生理需求等方面，如保暖、御寒及遮风、防晒的实用功能性；“服用适合性”主要体现旗袍“好用”程度，即为符合不同服用便捷功效和穿着卫生、舒适而在造型、材质、结构和工艺等方面进行设计制作的适合性。

首先，传统旗袍出色的结构设计完成了功用的改良设计。尽管在现代旗袍设计中经常采用省道及西方立体剪裁方式进行廓型及结构的创意创新，但传统改良旗袍的结构设计范式仍然值得设计师参考和采用。这种结构设计形成了“立平交互”的适度特色，即传统平面与现代三维立体相结合，且基本贴合人体曲线的旗袍造型轮廓。中国历代服饰大多以T 形轮廓作为主干基础造型，服饰整体呈现平面平整化的状态，这种形态在旗袍中显得尤为突出，即当手臂水平伸直后与身体交叉垂直，形成“平直安定”、无堆叠的平面轮廓造型。20 世纪 30—40 年代，受西方服装廓型适体、简约和服用便捷功能性的影响，旗袍的长度开始缩短，采用归拔技术等方式，使腰身收紧，基本适合人体，形成了现代旗袍的基本雏形。该时期的旗袍，展开时为平面造型，穿着时则呈现立体形态。20 世纪 40 年代后期，旗袍结构开始采用省道技术，通过收肩省、腰省、腋下省或胸省等，使旗袍各个部位更合理，更贴近人体的肩、臂、胸、腰、臀等部位，在平直垂坠和立体曲线下形成平面与立体交互和谐的造型状态。

其次，当下人们对旗袍的功能和效用需求也在不断提高，尤其体现在使用高科技手段改变纺织材料的物理特性，以适应现代人新生活方式的需求。时尚设计与生活理念、数智审美及艺术精神需求应当统一，这体现在旗袍产品设计文化的“形式”与“功能”的交互统一上。现代旗袍设计在系结方式上进行了创新，不再局限于传统的闭合直扣。设计师可以采用纽扣、风纪扣、拉链、揿扣等多种系结方式，并将其设置在后背或领襟处（图 3-1）；也可以借助针织面料和一体成型织造技艺，为现代女性穿脱旗袍带来了更多的便捷。同时，在现代生活当中，旗袍的易磨损部位（肩部、袖口）可采用拼接的手法，耐磨而且可以更换，具有很好的功能价值。在旗袍材质上，除传统手工丝、棉、麻外，还可利用呢类、纱罗、印花绸、雪纺（图 3-2）等新型面料，满足不同年龄、职业和消费偏好的人群需求。旗袍造型上，可以在传统旗袍基本款式廓型上进行改良创新，呈现诸如干练裤装等形式，以此来满足不同职业女性的穿着场合需求等。

当然，上述价值功能与形式装饰的融合并不是空洞或有意的添加，而是源于使用过程中的自然体验。它给人们带来了愉悦的感受，形成了“美”与“用”相结合的审美意境，集自然、舒适、适用、美观于一体，实现了使用、适用、巧用价值功能与形式装饰审美的完美统一。

图 3-1　旗袍后身装拉链[①]

（模特：林凯歌）

图 3-2　雪纺旗袍

（模特：颜文溢）

① 本章展示的此类旗袍的设计均为丝执品牌，摄影均为黄秋儒，谨表谢意。

三、旗袍文化与品调的交汇：天人相“合”

天人相“合”，或称“天人合一”，是中华传统造物艺术设计的核心要义和深层境界。“天”，指自然、社会、宇宙及世间万物存在和运行的状态、法则；“人”，指人格、品位、品格、情操、内心、修养等。人与自然、人与社会和谐共生下形成的品调与文化，则是天人交汇相“合”形成的核心内涵，既可形容旗袍的设计理念，也可以诠释人的思想境界。

第一，所谓品调，就是品位和格调的综合，是人与生俱来的或通过后天习得的审美品格和文化蕴含，是设计师综合自然、社会、人文而形成的艺术造诣、文化修养、审美情趣和艺术表现力的生动体现，是人们对某种文明境界和素养的执着追求，以及在这种追求下形成的习惯性行为方式。为此，选择什么样的旗袍和穿着方式实际上也是在选择自己的美学品格和思想情调：古典（图 3-3）、浪漫、休闲、典雅、随意、前卫、甜美（图 3-4）、深沉等。

因此，旗袍品位表达的是穿着者或创作者的审美情趣、艺术追求、表达方式和文化内涵的自然流露。格调则是针对创作对象表达个性的主要倾向，表达的是作品的思想内容，是细微文化和时尚的组合，格调可以反

图 3-3　古典风时尚旗袍

（模特：左倪腾腾、右林凯歌）

图 3-4　甜美风时尚旗袍

（模特：颜文溢）

映出创作者或艺术家的情操，它首先取决于创作立意，是生活中真、善、美在艺术作品中的体现。一般来讲，正确的世界观、积极的人生观、健康的审美理想、符合社会的时尚趋势是表现格调的重要基础和前提。

中国艺术也一直十分强调作者的思想品质对创作的直接影响。所谓“人品不高，用墨无法”，即艺术作品与人品、美、善等在中国传统美学思想上的影响是分不开的。从这个意义上讲，品位是影响格调的重要因素；从创作角度看，格调是作者思想境界和艺术境界的最高体现；从欣赏角度看，格调是艺术批评的重要标准之一。为此，品位更多体现的是人的要素，格调更多表现的是旗袍的艺术特质，二者相辅相成，是主观要素和客观要素之间的互融共生关系。在现代旗袍时尚设计中，作为消费者的“人”的感受是设计的核心要诀。设计和搭配出有品位的旗袍并不是每位设计师和穿着者都能轻易做到的，也不是越时尚的旗袍就越有品位。只有设计出符合目标消费者个性特征的旗袍，或者穿出适合自己的旗袍，才算是具有格调的。

第二，从文化的角度看，旗袍时尚设计中的品位和格调还有高低和雅俗之分。“雅”与“俗”是衡量旗袍设计审美品位与格调高低的一个重要标准。一件旗袍如果只是迎合世俗的流行，那仅仅是满足于视觉刺激，这样的产品往往会被贬斥为庸俗浅薄；如果在思想内容和艺术内涵上能被接受，这样的设计就会被誉为格调高雅和富有品位的，才是真正具有审美情趣和艺术境界的。因此，通常情况下流于视觉表面形态的艺术被认为格调和品位不高，具有深邃的文化内涵并与表面形态相统一的艺术才被认为高雅和格调高。而在现今“文化消费”的推动下，设计个性化和多元化趋势越来越明显，时尚设计是商品也是艺术品，应当满足人们对个性品位和格调的追求。所以，传统的品调标准已经不适应现代人追求个性化的需求，我们应当重新审视品调美的衡量标准，“雅”与“俗”往往是互动的，设计师和消费者对审美、对品位、对格调、对什么是“雅”什么是“俗”都有独到的理解。服装设计审美在“雅俗共赏”的平台上创造艺术性和商品性、个性与共性之间的穿插与共生共融。与此同时，“雅”与“俗”的矛盾性、混沌性和模糊性的交融与共生，为服装设计审美进入多元化和个性化时代提供了理论依据。

第三，人与自然及社会的和谐，是旗袍设计文化的时代使命和价值归宿。工业化大生产、现代科技发展固然给人们带来了舒适便捷高效的生活，但也给社会及环境带来了一些负面影响，如能源危机、资源消耗、环境污染、交通拥堵、生态失衡等，带来了人与机器关系及生存环境的不协调。这引起了人们尤其是人文社会科学学者在文化思潮范围、精神领域内的广泛思考，他们寻找、开拓新的发展领域，以期达到人与自然、社会环境的高度融合。在此背景下，现代服装设计思潮发生新的转变，追求个性和独特风格成为新的创意理念。承认人类与自然万物的休戚与共，这种思潮实际上与我国的“天人合一”这一古老而深邃的理论是相通的。现代时尚设计越来越多地倾向“回归自然”和“以人为本”，这些设计理念是感性和理性自然结合的设计实践。因此，在现代旗袍时尚设计上，我们需要重新思考人与自然、人与社会的关系，不断走向“天人合一”的理想境界。例如，传统旗袍只对大襟结构处进行必要设置，其他袍面鲜有破缝的设计，充分体现了遵从自然、节约用料的思想观念；又如在旗袍的纹样设计中，取法自然，把山涧花鸟、鱼溪云月等自然万物穿着在身上，感受万物与我为一，通过寓意象征把自己的美好祈愿寄托于天地之间（图 3-5、图 3-6）。

此外，从内涵和品位上，旗袍也恰到好处地向人们传达着中国女性的内外之美，传达着当代社会所带有的自然环境韵味及意境。内外之美不但体现在外表的美丽，更体现在内在的品质。外表美是通过给人的外观感受所表现出来的，比如说身体的线条、着装的风格等。而内在美则是一个人个性品质、气场的体现。一个气质绝佳的女性身上会带有很多光环和自信。现如

图 3-5 天地“万物”装饰旗袍
（模特：颜文溢）

图 3-6 通身牡丹纹饰旗袍
（模特：颜文溢）

今，我们在生存发展中面临很多的竞争，而一个人的气质及内在素质会对其工作和生活产生较为关键的影响，因此提升外在、内在的双重修养，才能有更强的竞争力。

第二节　兼撮众法：现代旗袍时尚设计的路径方法

“兼撮众法，备成一家。”[①]现代旗袍时尚设计在创新路径及设计方法上应当博采众长，在思想上秉承和合共生，在形式上拓宽设计边界。易言之，旗袍的时尚设计既不应拘泥于传统，也不应局限于旗袍本身。除了激活和发扬旗袍自身的优势，还可以参借其他服饰品类的特点，以及其他工艺、艺术等门类的元素作为设计灵感。

一、取法于自身传统优势——传统旗袍形制及装饰基因激活

如前所述，民国时期旗袍之所以能在长时期内被女性和社会接受、喜爱，其与时俱进、雅俗共赏的设计细节功不可没。面对传统旗袍中丰富多样的形式与装饰艺术基因，现代旗袍设计师的首要任务便是传承、利用并创新这些优秀的文化基因，使它们能够在现代生活与时尚潮流中焕发出新的活力。

（一）传统旗袍平面裁剪结构的基因延续

中华地域广袤、民族众多、历史悠久，服饰品类极为丰富，中华传统服饰存在着极为庞杂的结构谱系，但各民族、各地域的传统服饰在结构上又存在着鲜明的共性。“一个民族的文化基因是在特定地域和文化环境中形成的具有可继承性和可辨识性的基本信息模式，它反映了独特的民族风格。”[②]因此那些长期存在、普遍分布且影响深远的代表性结构要素，便成为中华传统服饰结构的可持续经典基因，亦是后世可持续传承与创新的重要焦点。

滥觞于先秦时代的服饰十字形平面结构，是中华传统服饰最具代表性的服饰基因之一。在中外服饰史的对比研究中，平面与立体是中外服饰差异的重要体现之一。西方服饰通过对服饰面料的裁剪、切割、拼合等方式，在胸、腰、臂、臀等人体部位形成诸多“省道”，使服饰尽可

---

① 陶明君编著. 中国书论辞典[M]. 长沙：湖南美术出版社，2001：338.

② 刘元风主编. 新中装[M]. 北京：中国纺织出版社，2020：6.

能地契合人体凹凸有致的生理曲线。中华服饰则反其道而行，数千年来从未大规模地在服饰上进行“省道”的布置，衣身及衣袖等结构始终沿袭着平面的整体特征。通俗来讲，中华传统的各类服饰，像折纸一样，可以完全以平铺的形式放置在一个平面上，且面料不产生任何皱缩、隆起现象。

民国时期的传统旗袍外观平直，通常是传统中式连身结构（即衣片与袖片属于同一块面料），并采用平面剪裁的工艺（图 3-7、图 3-8）。旗袍廓型发生了明显变化，但结构裁片还是保持了平面的完整性。需要强调的是，传统旗袍虽然裁剪方式是平面的，但结构形式却具有立体性，主要原因就是它最大化地运用推、归、拔熨烫技术实现了对织物的立体造型效果。这要求当时的旗袍制作匠人不断因时尚的变化进行旗袍工艺的改良，采用不同的工艺方法来对旗袍的外轮廓和结构线进行与传统旗袍工艺不同的塑造处理。

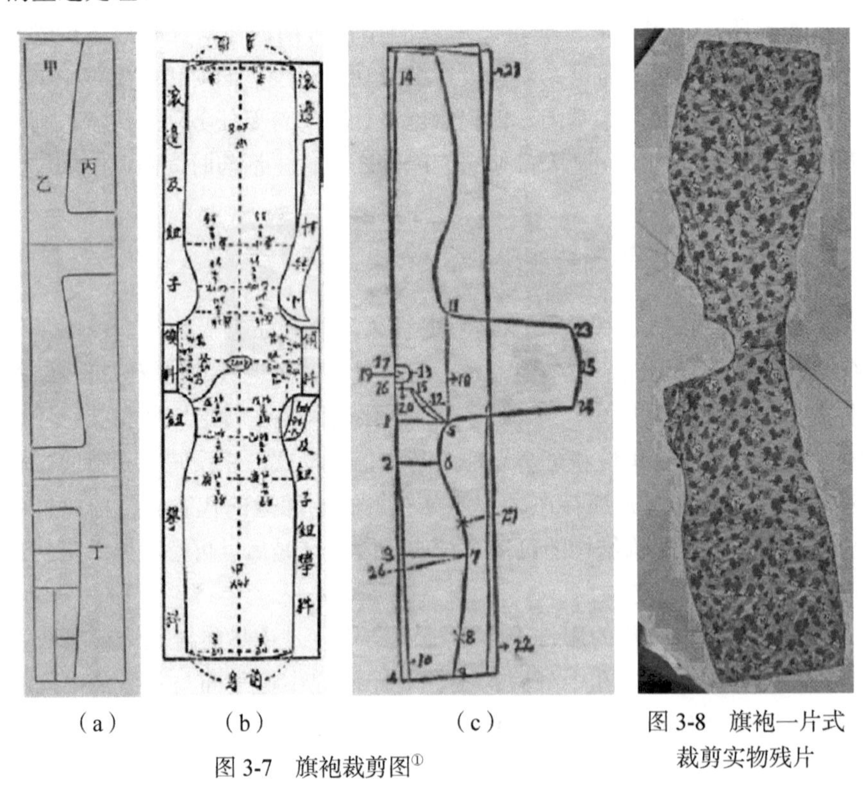

（a）　（b）　（c）

图 3-7　旗袍裁剪图①

图 3-8　旗袍一片式裁剪实物残片

① （a）摘自 1925 年《妇女杂志》第 11 第卷 9 期；（b）摘自 1937 年《机联会刊》第 166 期，第 19 页；（c）摘自 1948 年卜珍著《裁剪大全》。

此外，虽然传统旗袍中已有收省旗袍，但是从传世实物来看，收省旗袍并非当时的主流。当时的人们还是喜欢在形式上尽可能地保留旗袍结构的完整性，以最简约的形式、最高超的技术，完成旗袍服用、适用、巧用功能性的实现。其中最典型的例子是 20 世纪五六十年代流行的“沙漏形”改良旗袍，呈现一种与同时代的迪奥时装相类似的强调塑形的状态，时髦的女性还搭配子弹头胸衣，形成一种尖胸、细腰、丰臀的时髦轮廓。图 3-9、图 3-10 是 1957—1958 年《服庄》刊载的旗袍及其搭配样式。《服庄》是当时上海市服装公司出版的服装式样专集，消费者可根据其中的图样自己制作新款服装。图 3-11、图 3-12 为现代旗袍设计对这种“沙漏形”塑身旗袍结构的沿用，可以看出即使没有腰省、胸省的设计，旗袍依然非常修身，体现了面料（特别是有花型面料）装饰形式的完整性。

（二）传统旗袍轻薄透露面料的重新演绎

如前所示，蕾丝等轻薄透面料在民国旗袍中已盛行，成为当时思想先进女性追求身体解放与时尚的物质载体。时至今日，相比织锦提花等传统丝绸面料，蕾丝等轻薄透面料在组织结构、花型肌理、设计形式上更为多变，且穿着舒适、成本低廉、易于打理。因此，这类面料成为现代旗袍时尚设计中传承与创新最多的材质元素，其“重新演绎”主要体现在以下几个方面。

第一，将蕾丝面料与西式立体裁剪相结合，参考现代连衣裙的结构形态，设计出更加立体和挺括的旗袍造型。图 3-13（a）（b）为两件同款异色的蕾丝短旗袍，形制为立领，中短款，短袖，收胸腰省，左右侧缝开衩且较短，无盘扣，门襟设置在后背且以隐形拉链的形式闭合。整体造型简洁干练，通身采用蕾丝面料制作而成，内搭同色系衬裙，非常适合女性通勤所着。相较之下，图 3-13（c）的立领更高，裙长更长，开衩也较长，为典型的礼服制式，适合女性赴约、社交等礼仪场合。

第二，对蕾丝面料的花型进行再设计，使其时尚化。传统蕾丝花型以花草等植物元素为主，现代设计除了部分传承传统图样［3-14（a）］之外，重点以几何抽象的形式语言对蕾丝花型做减法设计，如图 3-14（b）（c）（d）所示，其以点、线、面的组合和搭配形成不同造型、不同方向的组织花型。同时，关注蕾丝技艺的多样化表现，图 3-14 呈现了四种不同肌理和质感的视觉形态，特别是图 3-14（d）借用了蕾丝十字挑花绣的针法形态，结合花型中矩形及简形花瓣等元素，使旗袍的现代艺术感与时尚感十足。

图 3-9　1957—1958 年《服庄》刊载塑形设计旗袍

图 3-10　1957—1958 年《服庄》刊载塑形设计旗袍与西服等外套搭配

图 3-11　不收省塑身装袖旗袍
（模特：林凯歌）

图 3-12　不收省塑身连袖旗袍
（模特：林凯歌）

（a）肉桂粉蕾丝短旗袍

（b）淡紫色蕾丝短旗袍

（c）大红色蕾丝长旗袍

图 3-13　通身蕾丝面料旗袍

（模特：左、中倪腾腾，右黄湘敏）

（a）黑色牡丹纹花型蕾丝旗袍

（b）白色 S 形旋风花型蕾丝旗袍

（c）黑色圆形花型蕾丝旗袍

（d）白色矩形四瓣花型蕾丝旗袍

图 3-14　蕾丝旗袍的面料花型

（模特：左上黄湘敏，左下林凯歌，右上倪腾腾，右下颜文溢）

第三，将蕾丝面料与梭织面料进行拼接，营造两种面料结合的搭配之美。方法有三：其一，在旗袍的肩部、袖部、裙摆及开衩处等适当部位采用蕾丝面料进行塑形和装饰。蕾丝与梭织面料采用同色、异质、异纹的设计手法，使两种面料之间形成薄与厚、轻与重、虚与实的装饰美感，极大地增强旗袍在结构上、视觉上的层次（图 3-15）。其二，缩小蕾丝面料使用的面积，相对隐藏使用的部位，形成若隐若现的朦胧美感（图 3-16）。其三，将蕾丝介入旗袍面料的艺术改造，使其附着在旗袍通身或局部（大面积）面料上，丰富旗袍面料的表现力（图 3-17）。

除了蕾丝之外，现代材料的创新衍生出更多具有轻薄透露质感的面料，如透明薄纱是女性裙装常用的面料素材，也可以成为旗袍面料或辅料的重要选择。使用的方法一般有两种选择：其一，薄纱附着、搭配在梭织旗袍之外，形成内厚、外薄的双层面料搭配艺术。为了和谐美观，设置在内的梭织面料一般采用纯色且无花型装饰，外搭的薄纱则可以进行纹饰、技艺、款式的变化装饰（图 3-18、图 3-19）。其二，将薄纱与梭织面料进行拼接，一般设置在肩部（图 3-20）、背部（图 3-21），形成整体与局部的设计关系。

（a）侧身

（b）正面

图 3-15　蕾丝面料与梭织面料拼接旗袍

（模特：侧身左倪腾腾、右颜文溢，正面颜文溢）

图 3-16　肩部蕾丝面料巧用
（模特：倪腾腾）

图 3-17　条状蕾丝改造面料
（模特：黄湘敏）

图 3-18　印花薄纱旗袍
（模特：林凯歌）

图 3-19　倒大袖珠绣薄纱旗袍
（模特：王建梅）

图 3-20 肩部薄纱拼接旗袍
（模特：黄湘敏）

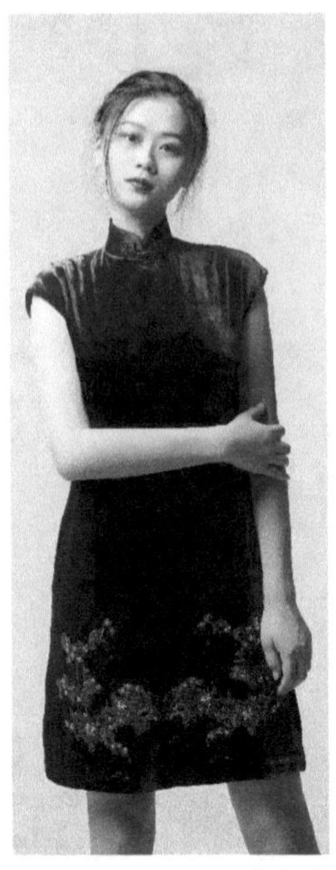

图 3-21 背部薄纱拼接旗袍
（模特：颜文溢）

此外，蕾丝、薄纱等轻薄透露材料在旗袍上的设计创新还有更多的路径与方法有待发掘。图 3-22 旗袍将蕾丝作为辅料装饰在左右袖子的中线上，形成立体的效果，同时与薄纱进行组合，加上腰部的两处捏褶设计，整体营造出多重材料混搭的立体风格。图 3-23 旗袍将蕾丝面料附着在灯芯绒面料上，类似云肩领的形制，虽然在工艺上不属于拼接，也没有形成透露的视觉效果，但是也不妨作为一种对轻薄透露材料的使用路径和方法。

（三）传统旗袍刺绣装饰技艺的局部演绎

刺绣是传统服饰中最常见的装饰技艺之一，但在民国时尚及传统旗袍中的使用频率已然下降。究其原因是其在当时作为机器无法替代的手工装饰技艺，耗时耗力，难以满足人们对时尚产品的批量化、快速化需求。现在，虽然技术的发展使机绣成为可能，但重工满绣的传统服饰难以被大众接受而走进日常生活。为此，将刺绣技艺作为点缀，在旗袍领襟等局部进行装饰和演绎，是现代旗袍时尚设计的重要路径。

在众多刺绣品类中，珠绣一直是现代服装，特别是西方高级定制、高级成衣擅用的绣法之一。故笔者以此为例，阐释刺绣技艺在旗袍中的设计方法。

图 3-22 蕾丝与薄纱材料综合设计
（模特：黄湘敏）

图 3-23 领肩蕾丝“拼接”旗袍
（模特：倪腾腾）

珠绣作为传统刺绣工艺中的一种，在我国中古时期便已存在。早在汉末魏晋时期已有“珠绣之衣”，早于目前所认知的唐朝，距今约有 1800 年；魏晋南北朝时期珠绣常见于宗教形象中，至唐代随着佛教文化的传播而进一步发展；清代时珠绣的发展到达顶峰，作为华贵和奢侈的表征，备受皇室贵胄青睐，同时对民间珠绣发展产生了一定的影响；清末民初时由于工业文明的进步及贸易往来，带动了珠绣在民间的迅速发展与普及。

民国时期，珠绣的使用场合与人群变得更加广泛。一方面在特定场合中，如戏曲表演时，为了呈现更好的舞台效果，珠绣依旧深受重用；另一方面，珠绣因其华贵富丽的视觉效果，也被用作嫁衣，潮州嫁娶习俗中就常在婚庆礼服中饰有珠绣，并一直延续至今，成为当地特色。此外，清末民初时大批量的材料进口与生产制作不仅使珠绣在普通百姓中流行开来，同时也使其更受社会名媛的青睐，其曝光率迅速增加，取得了很好的宣传效果。20 世纪 40 年代时上海女歌手梁萍女士的演出服饰上就有许多珠绣装饰，其中最显眼的是一件全珠片式的旗袍，此外还有珠片式蝴蝶花卉、龙、凤等多种图案（图 3-24）。珠绣在近代的使用进入到了一个新的历史阶段，从装饰效果、修饰用品、流行场合及服用人群都完全趋于日常化、大众化。

图 3-24 20 世纪 40 年代后期上海著名歌手梁萍女士着珠绣旗袍

图片来源：北京服装学院民族服饰博物馆藏旧照

存世的传统旗袍采用珠绣技艺者并不多见，图 3-25 为一套传统珠绣旗袍与衬裤，均选用牙白色缎质面料。旗袍袍长 125 厘米，通袖长 74 厘米，下摆宽 50 厘米；形制为立领右衽斜襟、短袖合身样式，共有 10 颗盘扣，衣身左右开衩，在领口、门襟、袖口、下摆至开衩处有珠片绣花牡丹纹样。内搭衬裤裤长 96 厘米，腰围 110 厘米，直裆长 32 厘米，功能类似现代的打底裤。裤腰采用松紧设计，裤脚有珠片绣花梅花纹样，造型生动，寓意吉祥。

（a）珠绣旗袍

（b）珠绣衬裤

图 3-25 民国牙白缎地珠绣旗袍及衬裤

图片来源：广州博物馆藏品

通过实践总结出珠绣技艺在现代旗袍中的设计方法有下列四种：第一种，延续传统使用法则，用珠绣技艺来表现图案图形，装饰位置一般在旗袍的胸部、腰部、肩部等上半身，形成平视、和谐的视觉中心点（图 3-26、图 3-27）；第二种，将刺绣技艺作为点缀，与旗袍面料的肌理、花型、组织进行结合，成为面料艺术改造的一种装饰技法（图 3-28、图 3-29）；第三种，将珠绣与旗袍的盘扣进行结合，通常设计在素色或以暗纹面料为装饰的旗袍上，将盘扣作为设计的细节和亮点（图 3-30、图 3-31）；第四种，将珠绣作为旗袍的缘饰，设计在领口、门襟、袖口、底摆和开衩处，且可与蕾丝辅料进行结合，增加材质的视觉层次和肌理感（图 3-32、图 3-33）。

此外，珠绣还可以与旗袍的腰线等结构线结合（图 3-34），或者作为大面积纹饰的装饰点缀（图 3-35）等。因此，珠绣作为点缀性装饰技艺在现代旗袍时尚设计中是最常用的手法，也是最可行的路径。如此设计，不仅可以降低绣工的成本，也能在装饰形式上形成时尚、简约的视觉风格。这也是其他刺绣等传统装饰技艺应用在现代旗袍时尚设计中的普适方法和路径。

图 3-26　珠绣露肩旗袍
（模特：王建梅）

图 3-27　珠绣无袖旗袍
（模特：黄湘敏）

图 3-28 红旗袍上珠绣面料改造
（模特：左林凯歌，右颜文溢）

图 3-29 黑旗袍上珠绣面料改造
（模特：黄湘敏）

图 3-30 珠绣盘扣装饰旗袍
（模特：林凯歌）

图 3-31　珠绣盘扣设计旗袍一组
（模特：左王建梅，右倪腾腾）

图 3-32　珠绣蕾丝搭配紫旗袍
（模特：林凯歌）

图 3-33　珠绣蕾丝搭配红旗袍
（模特：林凯歌）

图 3-34　珠绣腰节装饰旗袍
（模特：黄湘敏）

图 3-35　珠绣大面积纹饰旗袍
（模特：王建梅）

（四）传统旗袍镶滚贴边缘饰的时尚转化

镶滚贴边的缘饰装饰一直是传统旗袍装饰细节的重要组成部分，在时尚设计中可以较好地继承与发展，总结的方法主要如下：

其一，在缘饰的材料上，除了传统的丝绸质地（图 3-36），可以大胆地采用类裘皮等硬挺的面料（图 3-37）进行材料的对比设计，夸张缘饰的装饰效果。

其二，在缘饰的造型表现上，既可以用钉珠（图 3-38）甚至手绘等方式勾勒出镶边的效果，形成“徒有其表”的视觉效果，还可以贴花边（图 3-39）的方式呈现各种缘饰造型的美感。

其三，将缘饰视作“线”的艺术和构成，在其内容上也可大做文章，精心装饰的宽边缘饰在纯色、素色面料的袍身上显得更加夺目（图 3-40、图 3-41）。

其四，设计师还要擅于跳脱传统缘饰的造型、材料、技艺等既定界限，营造多变的设计形态（图 3-42 至图 3-46）。

图 3-36 丝绸镶滚旗袍
（模特：倪腾腾）

图 3-37 类裘皮面料镶滚旗袍
（模特：左颜文溢，右黄湘敏）

图 3-38 珠绣假镶边旗袍
（模特：颜文溢）

图 3-39 蕾丝贴边旗袍
（模特：倪腾腾）

图 3-40　如意头宽镶边旗袍
（模特：林凯歌）

图 3-41　钉珠花纹宽镶边旗袍
（模特：王建梅）

图 3-42　蕾丝面料不规则贴边旗袍
（模特：林凯歌）

图 3-43　滚边镶边旗袍
（模特：王建梅）

图 3-44　钉珠缘饰旗袍
（模特：倪腾腾）

图 3-45　蕾丝搭配钉珠贴边旗袍
（模特：颜文溢）

图 3-46　三角形镶边搭配钉珠旗袍
（模特：王建梅）

二、取法于其他服饰款式——现代旗袍时尚造型的拓展设计

回顾旗袍的百年发展史，不难发现旗袍的造型以传统为主，创新创意程度较低。款式创新是探索和设计出更具时尚感旗袍的重要一环，连衣裙等其他女装款式的细节和要素为旗袍的时尚造型设计提供了重要的拓展元素。

（一）旗袍廓型的时尚造型扩展

当下，旗袍要进行创新融入流行时尚中，以廓型为基础的拓展设计是一个重要的展现形式。首先，现代旗袍的廓型设计需要根据穿着者的体型、使用场合、风格定位、审美取向等进行适合的设计（图 3-47），选择最合适的长度和宽窄度；其次，除了延续旗袍作为传统衣裳连属式的典型制式（图 3-48），参考传统衣裳分属形制，将旗袍上身与裙摆通过腰节处的分割处理进行创新演绎（图 3-49）。这种腰节线的处理在手法上可采用结构分割、省道、抽绳、育克等结构设计，在分割袍身的同时，也极大地

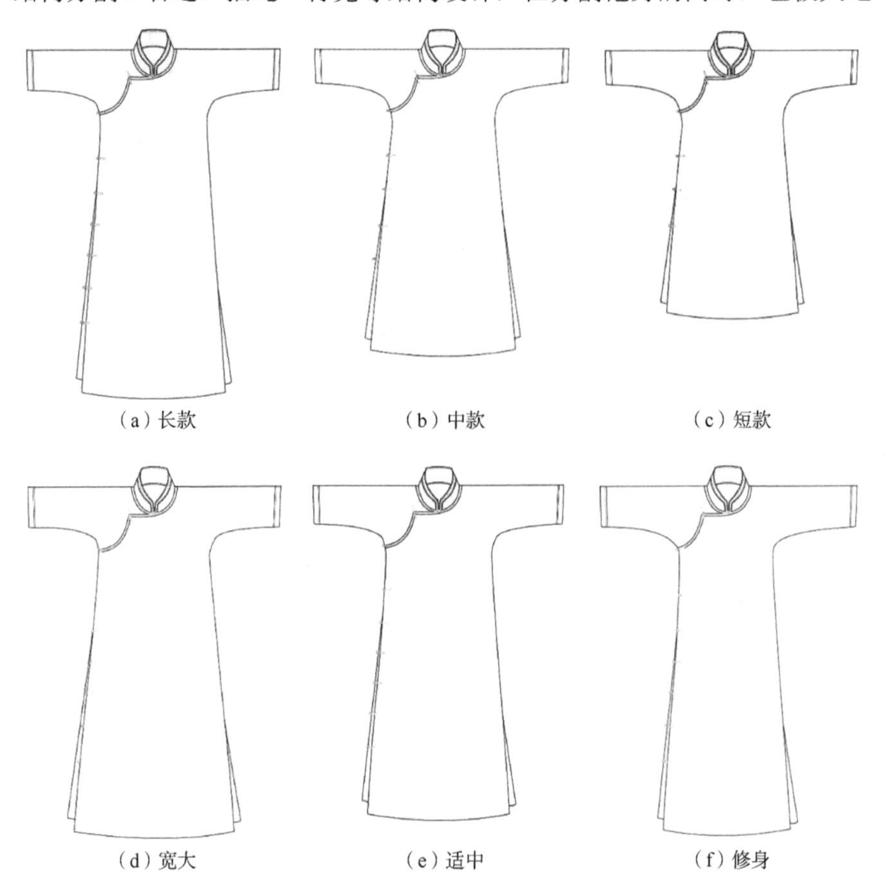

图 3-47 旗袍廓型的长短肥瘦设计

增强了旗袍的结构语言，使原本平面的旗袍面料营造出立体的视觉效果；从位置上看，可以根据需求进行高低的适度调整（图 3-50）。从廓型的角度看，旗袍也从传统偏 H 形，拓展出 A 形、O 形、X 形等，为现代生活中旗袍不同风格的营造及不同穿着需求的满足提供了更多可能。

图 3-48　衣裳连属式旗袍时尚造型拓展设计

图 3-49　旗袍腰节分割造型拓展设计

图 3-50　旗袍腰位的高低设计

（二）旗袍立领的多变装饰设计

衣领是装饰、包裹、保护脖颈的服饰部件。无论在现代设计还是传统造物中，衣领设计都是服饰设计中极为重要的环节。这与人体脖颈的特殊性有关。立领，指衣领穿着时紧贴于脖颈呈向上直立状态，是中华传统服饰领型设计中应用最为广泛、近代以来广受人们认识与接受的传统领型之一。立领与大襟、右衽等一道，已成为国内外新中式、中国风创意设计中的经典元素，影响深远。

民国旗袍立领有丰富的变化，常见的有高立领、低立领、筒立领、波浪立领、直立领、交领、凤仙领、花瓣领、水滴领、V 领等形式。现代旗袍领延续了立领的基本造型，领型设计除了需要根据错视原理保持脸型、肩胸部位与领型的视觉协调外，可以糅进更多的领面变形，如元宝领、衣身相连融合的连身立领、复古的改良中式交领等，更多表现领型的宽窄高低（图 3-51）、曲直变化；同时在时尚创意中更多地增加流行元素，比如领角圆直、异色和多层次处理等，使领面呈现不对称、拼接对比、装饰明线、工艺辅料搭配等设计（图 3-52 至图 3-54）。

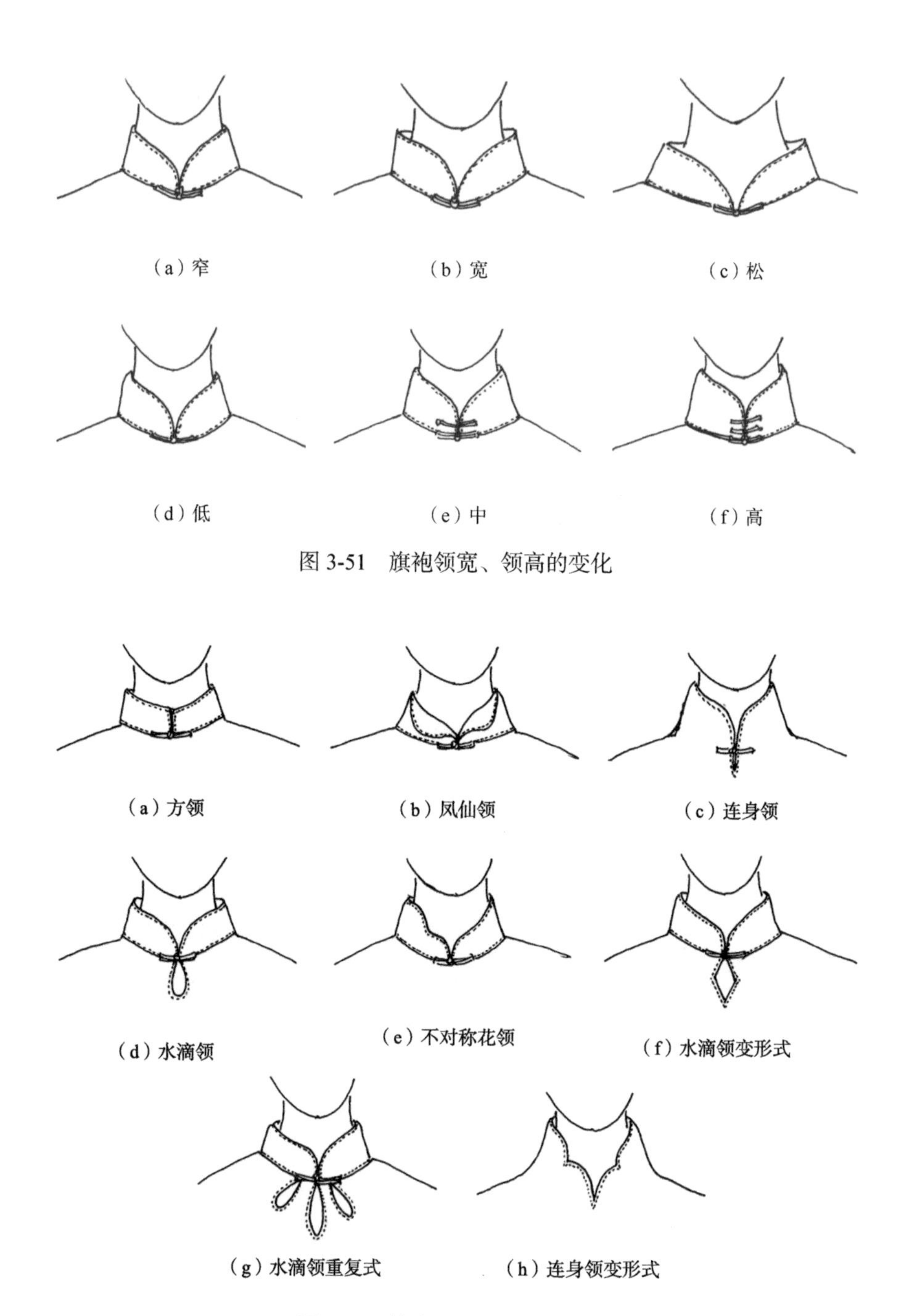

图 3-51　旗袍领宽、领高的变化

图 3-52　旗袍立领造型拓展设计

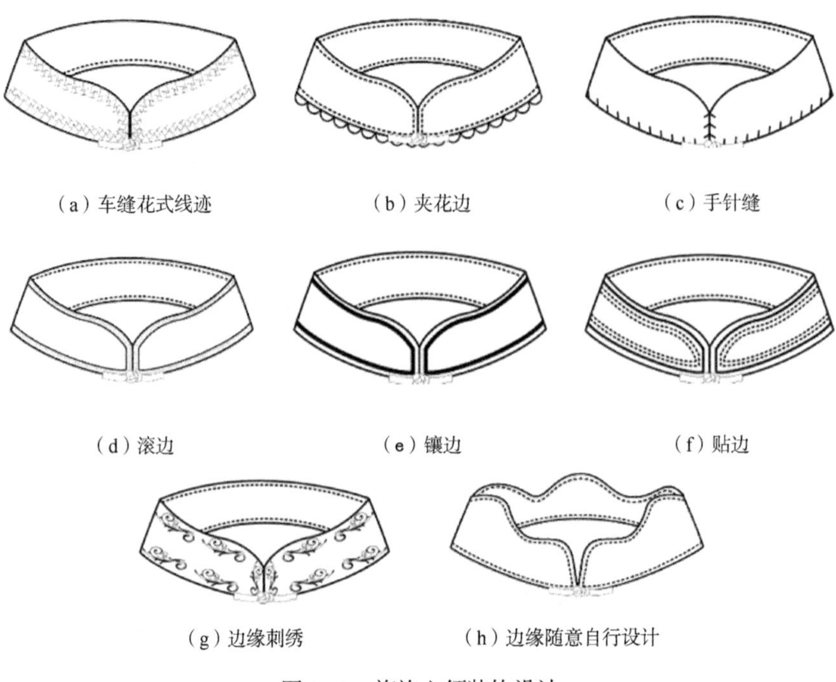

图3-53　旗袍立领装饰设计

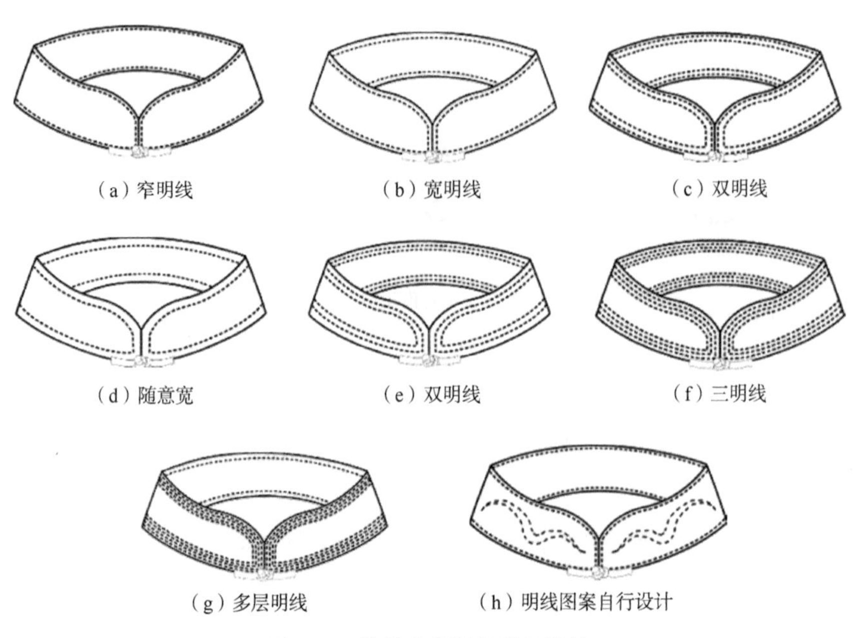

图3-54　旗袍立领装饰线迹设计

（三）旗袍门襟的曲直位置经营

门襟，指的是从服装衣领下缘延伸至胸部位置直至下摆的衣片开合系统，古代也称为“裾”，本意是指衣服的前襟。这一称谓可见于汉代典籍。《说文通训定声》载：“裾，衣之前襟也。今苏俗曰大襟。”[①]《宋史·李纲传论》载：“若赤子之慕其母，怒呵犹嗷嗷焉挽其裳裾而从之。”[②]古代门襟按照不同的结构方式，大致可以分为大襟右衽、左衽和对襟等几种。

民国旗袍的门襟主要有大襟、双襟、一字襟、偏襟、缺襟、方襟、曲襟、双圆襟、双边双圆襟、斜襟、琵琶襟、直襟、中长襟、对开襟、如意襟、无襟等。其中，大襟是清代乃至民国时期袍服最为常见的开襟形式，衣襟从领口下方往右腋下延展，在领口到腋部之间略呈 S 形变化，腋部以下则呈直线延伸至下摆。

除了常见的大襟之外，传统旗袍的双襟、肩襟、一字襟、琵琶襟、斜襟、无襟等样式也值得进一步传承与优化。这些优化既可以使门襟线条更加简约和隐蔽，也可以将门襟作为线型装饰进行重点强调，从而成为视觉中心。此外，也可以根据需要采用现代女装中流行的双排扣、偏襟、缺襟等设计，使旗袍门襟突破传统的设计思维和制式，营造出更加便捷、生动的闭合方式（图 3-55）。

（四）旗袍开衩的收放雅韵设计

开衩，作为服装的一种造型和工艺手法，通常指的是衣服边缘所开的纵向缝隙。它具有三重功能：一是为了腿脚灵活，方便活动；二是为了装饰美观，在开衩边缘进行镶滚绣贴技艺装饰，营造出良好的视觉效果；三是展现人体美，女性穿着开衩的旗袍，在行动中能将腿部的曲线若隐若现地展现出来。开衩在不同时期体现了不同的流行风格，其长度也有所变化，有的长至臀部，有的则短至膝盖上下。20 世纪 20 年代，旗袍刚开始流行时，小短衩非常受欢迎。后来，随着海派文化的兴起，开衩的位置也越来越高，同时对称情况也有所改变，出现了单侧开衩、两侧开衩以及在前后开衩等多种样式。如图 3-56 所示，旗袍开衩设计，高开衩最具性感，中开衩较为优雅，低开衩更具内敛；开衩的位置有侧、有前、有后，造型有直、有斜，给旗袍的细节设计提供了丰富的创意空间。

---

① 略阳县地方志办公室编. 明清略阳县志校注[M]. 西安：三秦出版社， 2015：682.

②《群书治要续编》编辑委员会编. 群书治要续编（4）[M]. 北京：团结出版社， 2021：51.

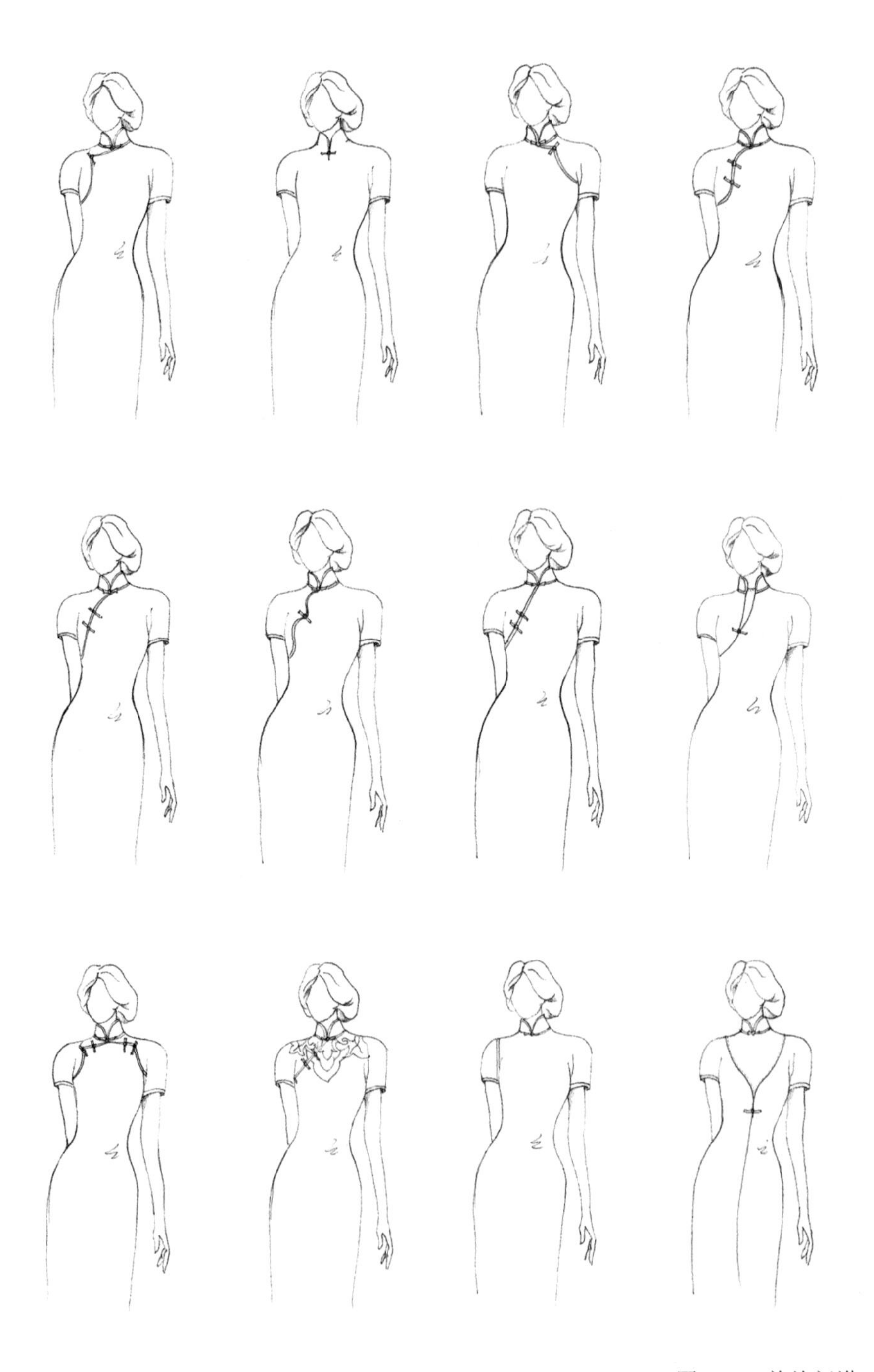

图 3-55　旗袍门襟

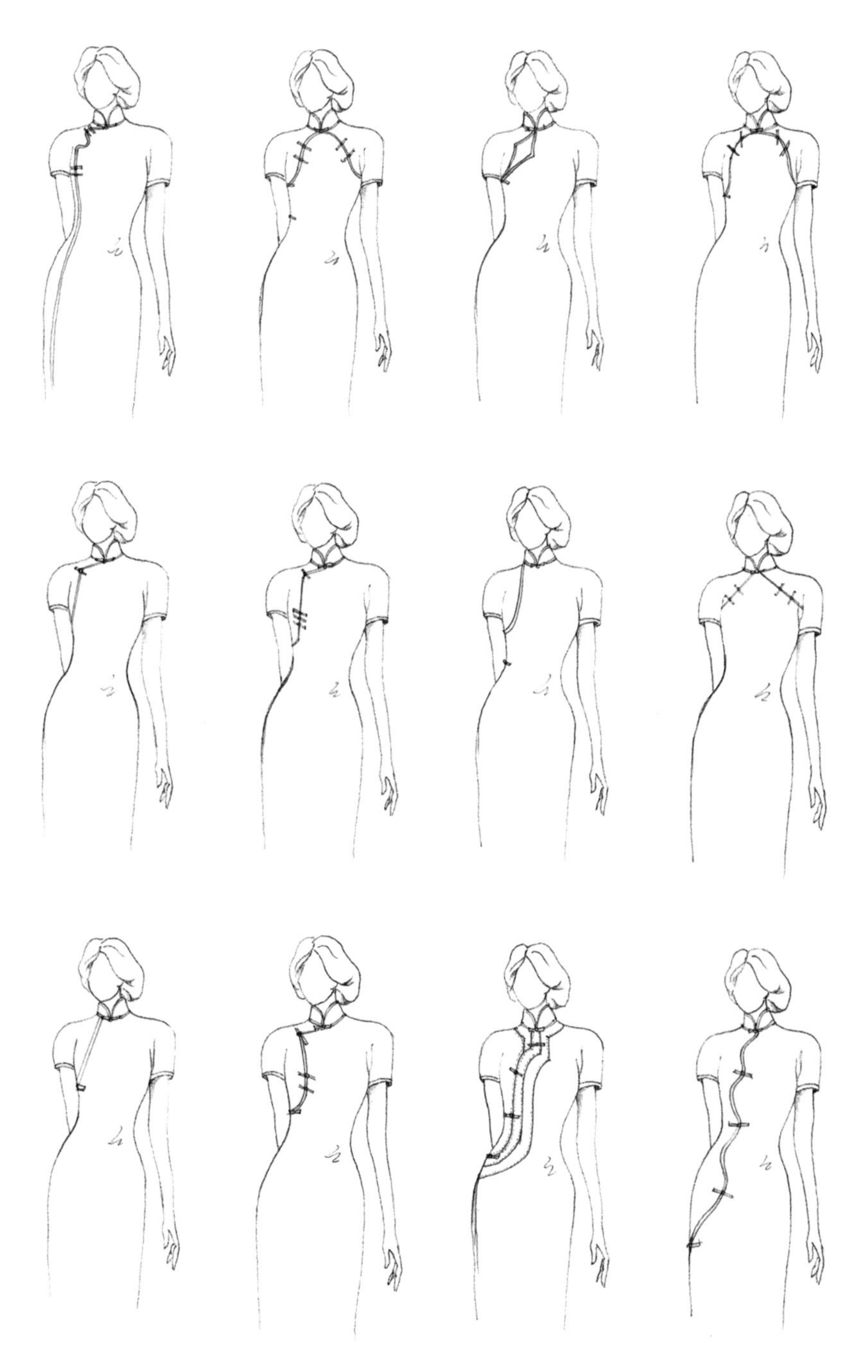

形式的位置设计

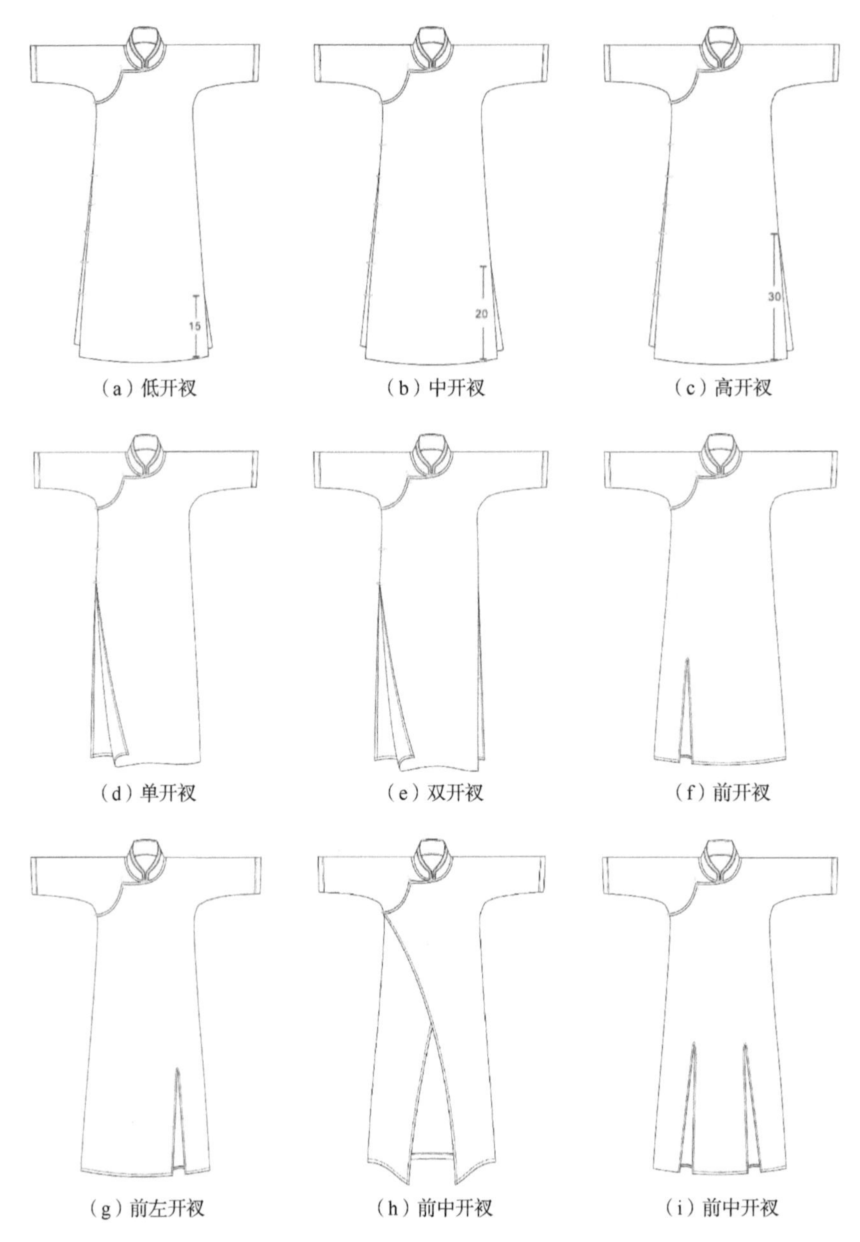

（a）低开衩　（b）中开衩　（c）高开衩

（d）单开衩　（e）双开衩　（f）前开衩

（g）前左开衩　（h）前中开衩　（i）前中开衩

图 3-56　旗袍开衩的拓展设计（单位：厘米）

西方服装艺术形态常常以展现女性美，尤其是性感美为主体。为实现这一目标，设计师们常常采用“露透”人体第二性征的手法，如通过短裙、紧身衣、半胸上装等造型，以及半透明面料、蕾丝面料等来露颈、露肩、露背、露半胸、露腿，从而营造出人体美。同时，他们还运用紧缩腰围的细腰设计、垫臀和裙撑等方法来突出或强调女性的曲线美。在这种背景下，旗袍的开衩设计成为了沟通中华传统与现代时尚，特别是西洋美学的重要设计焦点。它不仅是表现现代女性身体美和性感美的重要媒介，而且相比较于直接暴露肩胸部位的设计来说，旗袍这种隐约、低调的性感美更显含蓄，一定程度上延续了我国古典优雅的审美特征，寻求了介于中西审美之间的共生。

（五）旗袍袖型的创意嫁接设计

袖，是连接在肩头、套在臂上的服装部件，它的造型既适应人体上肢活动的特定需要，又符合整体性与人体工学、生理学的协调统一，也是服装整体艺术风格表现的重要元素。袖的变化和装饰也极为丰富：原先传统服饰均为连袖，即衣身与袖连裁一起的袖型，袖身和肩线呈平直状态；西式袖型则表现多样，有装袖和插肩袖。现代旗袍袖型设计可以以传统袖型为基础，以西式袖型为拓展方向，在肩线、袖山和袖身三个维度开展创意设计。如袖有长短肥瘦及袖身和袖口不同的细节变化（图3-57），有短袖、中袖或无袖，还有倒大袖式的前宽后窄等，亦有如泡泡袖、灯笼袖、羊腿袖、荷叶袖等立体仿生造型，多样多变，创意无限（图3-58、图3-59）。

需要强调的是，除了装袖外，连身袖是现代时尚旗袍袖型设计需要重点关注的要点。传统的平面结构的连身袖没有袖斜和肩斜，是衣片和衣袖对称连裁的服装，样片呈十字形，且衣身款式比较宽松。这种设计在手臂侧举与躯干成 90° 时，腋窝有充分的袖笼深度，方便活动；但当手臂下垂时，腋窝会形成很多褶皱，既不舒服也不美观。为了改善这一问题，现代中式服装可以在传统的连身袖基础上进行创新。具体来说，可以采用有肩袖斜的合体型袖中线设计：以前片原型的肩线延长线作为袖中线位置放置前袖原型的样板，使袖山与袖窿间出现间隙，从而形成肩部造型圆顺、较为合体的连身袖。然后，以肩点为旋转点，逐渐增加袖中线向下的倾斜角度（如图3-60所示的紧身型袖中线），使肩袖角度不断增大，袖窿与袖山间的间隙逐渐变小。这样设计后，腋下部分的褶皱量逐渐减少，腋窝侧缝长度也相应减少，整体衣袖的造型外观变得更为美观。但需要注意的是，这样的设计可能会减少手臂向上活动时的松量，影响活动舒适度。因此，在实际制作时，可以通过逐渐增大的袖裆布来弥补这一不足。

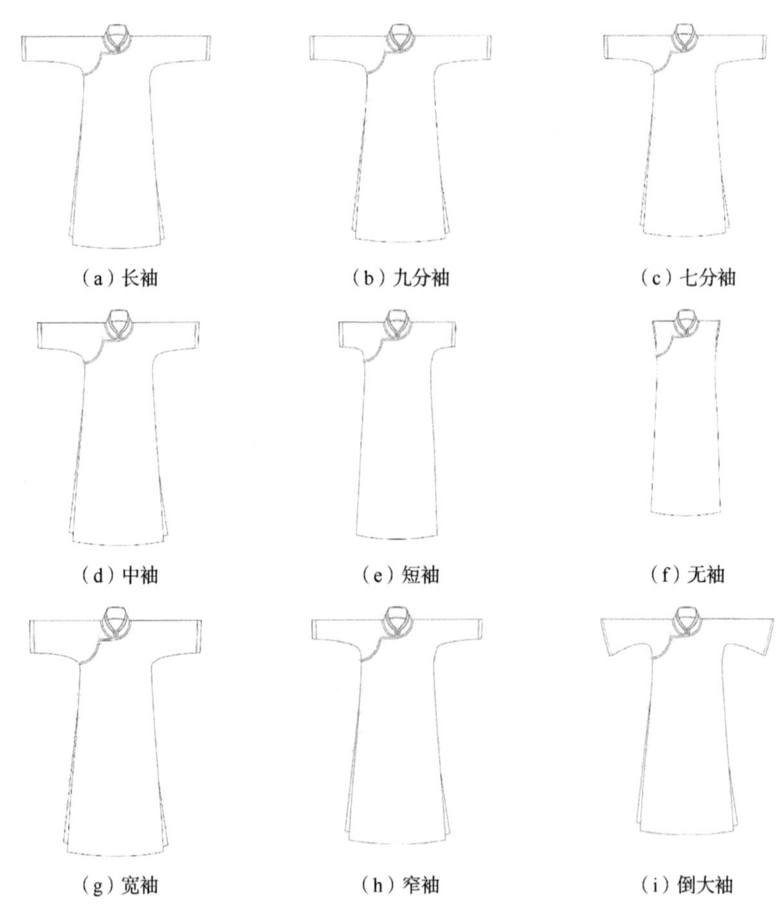

（a）长袖　（b）九分袖　（c）七分袖

（d）中袖　（e）短袖　（f）无袖

（g）宽袖　（h）窄袖　（i）倒大袖

图 3-57　旗袍袖型的基本款式变化

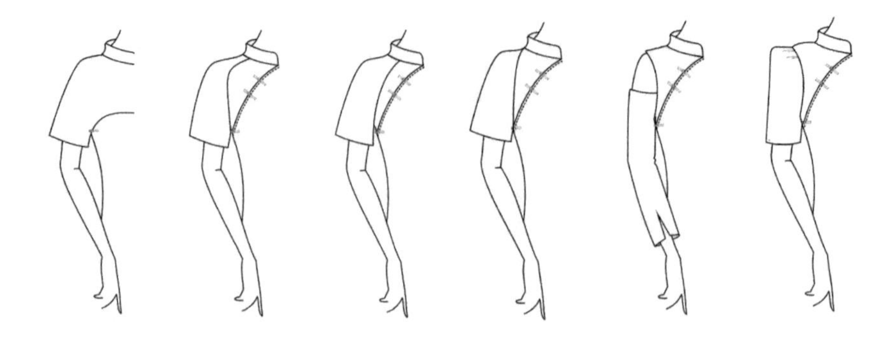

图 3-58　袖窿处的变化设计

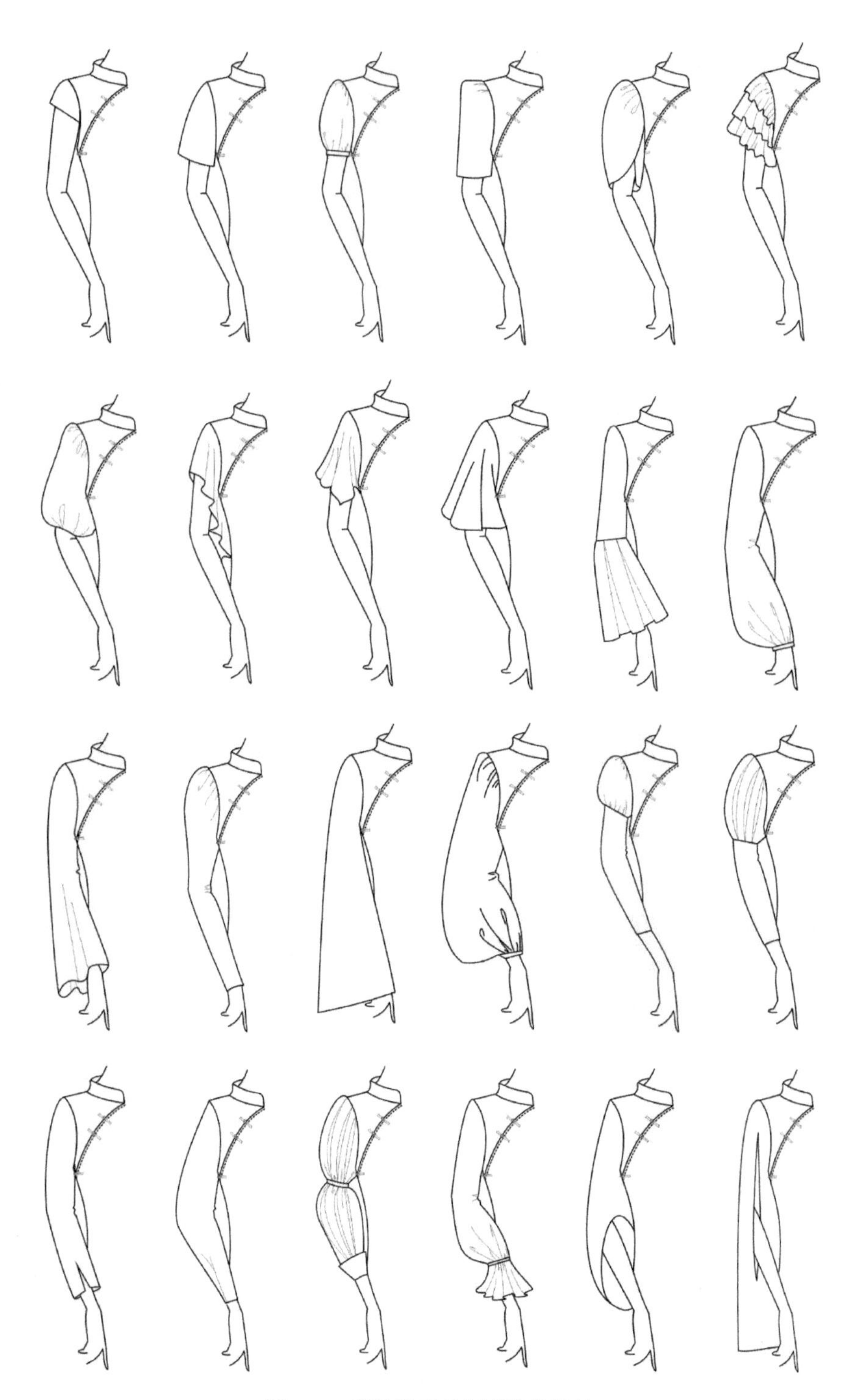

图 3-59　旗袍袖型的创意嫁接设计

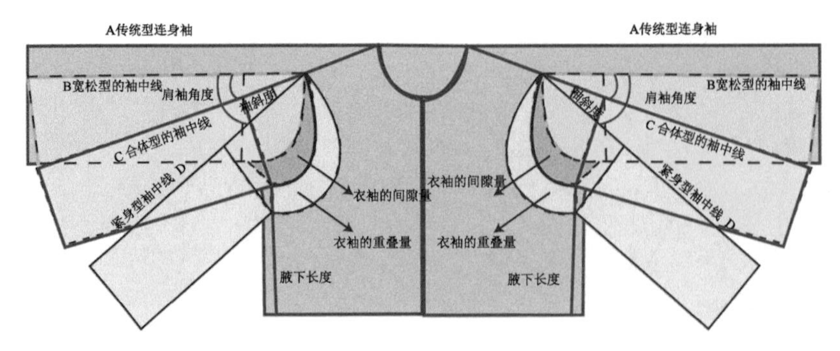

图 3-60　连身袖袖中线的变化

以 2014 年亚太经济合作组织会议上的“新中装”旗袍（图 3-61）为例，其袖型设计采用了连肩袖结构，旨在保持传统服饰平面裁剪的完整性，减少对服饰结构的破坏，确保衣袖与衣身的统一。但为了使服饰更适合现代人的生活方式，新中式袖型设计进行了以下创新：一是参考西式服装结构，袖中破缝，使整体外观简洁且功能良好，图 3-61（b）所示为连身袖三片结构的合体设计[①]；二是引入肩斜设计，如图 3-61（c）所示，对比新旧袖型，增加了约 45° 的肩斜；三是优化腋下插角设计，营造宽松袖裆，使服装更美观、更符合人体工学[②]。这些处理减少了传统袖型腋下面料余量堆积的问题，使袖型更适体，结构线更隐蔽，最大限度地传承了中华传统的连肩结构特色。

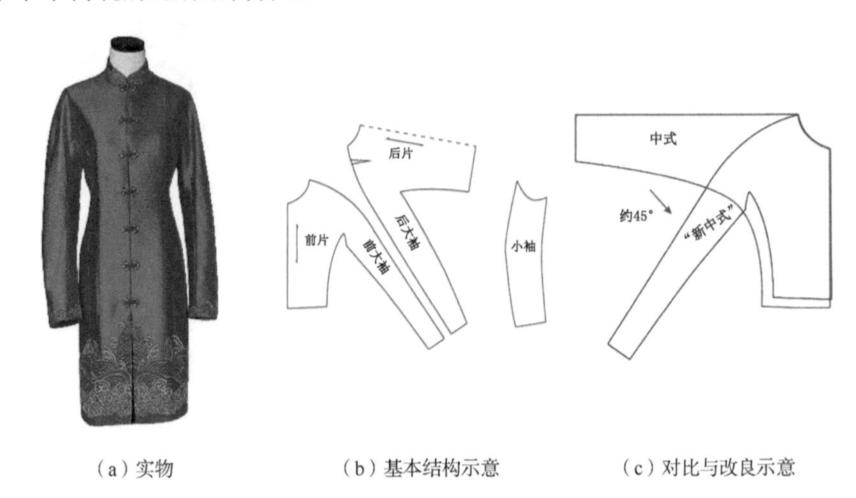

（a）实物　　（b）基本结构示意　　（c）对比与改良示意

图 3-61　“新中装”旗袍的合体连身袖型设计

① 刘瑞璞编著. 女装纸样设计原理与应用[M]. 北京：中国纺织出版社，2017：280.

② 施文帆，吴志明. 基于服饰文化传承的“新中装”设计创新[J]. 服装学报，2018，3（6）：523-528.

（六）旗袍“下裳”的时髦造型演绎

旗袍在中华服饰体系中从属于衣裳连属的袍服，在西洋服饰体系中从属于连衣裙形式。为此，旗袍“下裳”的设计可以直接参考当下流行的女裙样式。在设计方法上，既可以从裙摆的造型上做文章，还可以以腰节处为界，大胆地开展下半身即“下裳”的时髦造型演绎（图 3-62）。

图 3-62　旗袍时髦的“下裳”设计

三、取法于其他艺术门类——以竹编为例改造旗袍面料艺术

继续拓展设计灵感和视角，除了旗袍自身及服装体系，其他艺术门类也是现代旗袍开展时尚设计的重要路径，如陶瓷、雕刻、编结、金工、木工、漆工等工艺美术，以及绘画、书法、雕塑、篆刻等纯美术。为了深入探讨这些艺术形式与旗袍时尚设计的关系，总结创意创新的思路和方法，笔者选择编结技艺中的竹编为案例，开展设计实践与理论分析。

本小节旨在通过了解中国竹编的发展脉络、阐述竹编的主要技法分类，分析服装品牌中竹编技法的应用并在其设计手法的基础上进行创新。经市场调研发现，当前旗袍品牌对竹编工艺的运用仅仅有结构上的借鉴，缺乏在面料肌理和结构上的创新，竹编旗袍的风格也很单一。为此，笔者总结出旗袍面料改造对竹编工艺的借鉴方法，以期为旗袍的工艺设计、图案设计提供更多的素材，提升旗袍附加值，并实现现代旗袍对传统手工艺的活态化传承。

（一）中国竹编溯源发展及工艺技法

1. 中国竹编的溯源与发展

中国竹编历史悠久，可追溯到河姆渡遗址出土的陶器上印有的竹编织物痕迹。春秋战国时期，竹编开始具备装饰性，并逐渐向工艺范畴发展。东晋时期的竹编已日见精致，“良工眇芳林，妙思触物骋。篾疑秋蝉翼，团取望舒景”[①]。明清时期，竹编工艺得到全面发展，与漆器等工艺相结合，创制了十分考究的器皿，如首饰盒、画盒等。19 世纪末至 20 世纪 30 年代，南方各地的工艺竹编渐渐兴盛。然而，在日军侵略期间，竹编工艺遭受重创，仅有少数艺人坚守。抗日战争胜利后，竹编工艺逐渐复苏。新中国成立后，竹编技艺被归类为工艺美术。进入 21 世纪，尽管竹编面临市场挑战，但仍有艺术家致力于其创新与发展，将中国竹编艺术推向新高度。

2. 竹编的特性及技法表现

1）竹编自然特性

竹子因富有弹性和韧性，易编织且坚固耐用，远古时期便成为编制篮、筐的主要材料。苏轼曾说：“食者竹笋、庇者竹瓦、载者竹筏、炊者竹薪、衣者竹皮、书者竹纸、履者竹鞋，真可谓不可一日无此君也。”[②]凸显了竹在生活中的重要性。将竹子劈成篾丝，通过技艺手法，可编织成日常用具或工艺品。与绳编、草编等柔性材料相比，竹编成品更易保持固定性和体量感，展现出独特的编织形态。

2）竹编工艺技法

中国传统竹编按工艺分为粗丝和细丝两类。粗丝竹编主要用于制作日用品，如凉席、篮子等，盛行于南方地区；细丝竹编则以精细著称，多制成花瓶、茶具等，还包括瓷胎竹编器皿。按编织形式，竹编可分为平面和立体两种。平面竹编如竹编画、窗帘等；立体竹编则包括竹篮、花瓶等三维物品。竹编的基本原理是将竹丝分为经丝和纬丝，通过相互交叠、挤

---

① 成乃凡编. 增编历代咏竹诗丛 上[M]. 太原：山西人民出版社，2010：17.

② 转引自封面新闻编. 人文蜀地：一份记者的行走笔记[M]. 成都：四川文艺出版社，2020：123.

压牵连成一个固定形态的整体。

第一，常规式竹编结构（表 3-1）。竹编的编织技法多样，不同地域各具特色，如东阳就有 200 多种技法。无论技法多复杂，都基于“挑一压一”的基础结构。“挑”即挑起被编的篾片，“压”则是把篾片压在被编的篾片上，形成经纬分明的纹理。挑压编可以选择不同的组合方式，如挑一压一、挑一压三、挑二压二等，用不同粗细的竹篾进行排列，可以产生丰富的纹理效果。当篾片的挑压形成规律性变化时，就会成为艺人有意识追求的美的图案。

表 3-1　常规式竹编结构分类

编织技法	竹编组织结构	工艺方法
平编		又称十字编织，是最基础的编织方式，垂直交叉而形成的肌理
人字编		由两条经纬篾片 90° 相交，挑二压二或挑三压三
龟纹编		一般采用三种颜色且宽度和薄厚相等的篾片编织成形似龟纹的图案，用了一横二斜交叉提三压三的编织技法
三角编		三条篾片围绕一个中心点，按同样的角度交叉挑压，分别穿插

续表

编织技法	竹编组织结构	工艺方法
六角编		以三条篾片为基础各自相交 60°，挑一压一，同方向的篾片需要保持平行
八角编		以四条篾片平编为基础，另外四条篾片呈 45° 角穿插进去，以此循环往复
螺旋编		由多条篾片从一个方向顺位交织而成一个圆形的口。交接处的篾片前后交叉固定，篾片与篾片之间的角度相等
圆面编		先用多条交错于一点的均匀夹角篾片作为编织结构框架，再在框架上围绕圆形一圈圈向外均匀地编织
自由编		自由编法与其他编法大相径庭，先用六角编法进行编织，随后篾片不再按规律排列，而是从各个角度进行穿插编织，最后形成随意乱序的效果

第二，装饰性竹编结构（表 3-2）。中国人喜竹，文人墨客常以诗画歌颂其虚怀若谷、高洁正直的气节。竹与人们的日常生活息息相关，祖先利用竹的韧性编织出实用的器皿和美丽的艺术品。历经数千年的发展，竹编技艺在

各朝各代的文化与艺术演进中日渐精细。宋代以后，竹编从生活器皿晋升为工艺品，自此竹可编万物，美化万物。装饰性竹编在常用技法的基础上，更注重美观性，色彩搭配、纹样肌理、图案设计等方面都更具美感。

表 3-2 装饰性竹编结构分类表

装饰性竹编技法	竹编组织结构	工艺方法
弹花	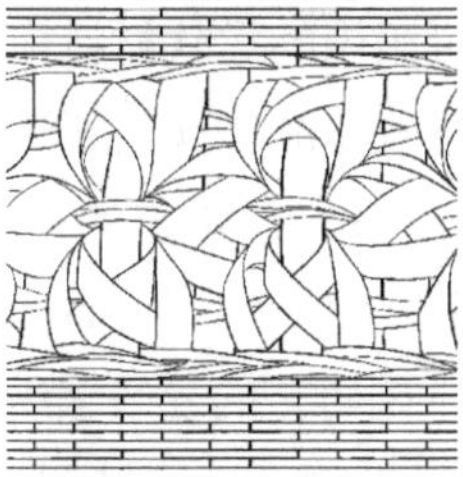	又称外插花，在疏散的编织面上靠篾片的弹性，将篾片两端插入编织的缝隙中，中间适当隆起，从而形成一种浮雕式的凸起花纹
插筋	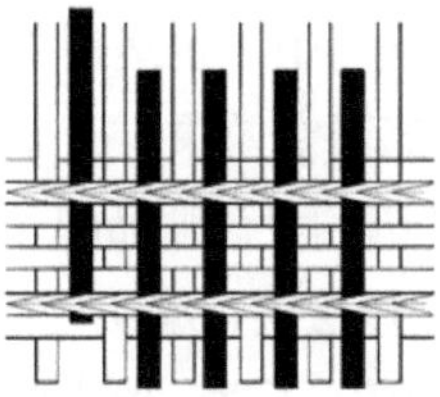	“筋”是指宽窄、厚薄一致的扁篾，插筋是将这种篾片插在产品的两端和中间，做有规则的排列
穿篾（丝）编	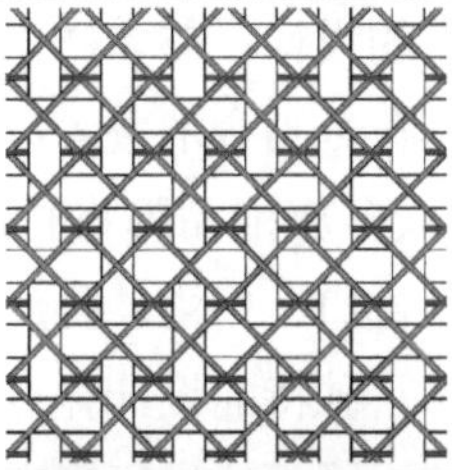	在篾片疏编的基础上，再用篾片或篾丝进行有规律的穿插装饰，使编织面由无数个规则的几何图案组成
正字编（硬板花）		是从“挑三压三”斜纹编法演变而来的一种装饰手法，所编得的文字类图案代表了人民的祈愿和吉祥寓意，如福、禄、寿、喜或万字、回字等。往往采用染色的竹篾编织，成品是正方形或长方形
书画编	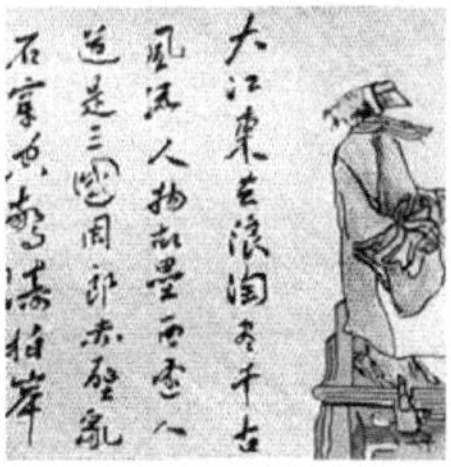	以篾代笔，以丝作画，竹编大师仿照丝织纹样再现了这幅苏东坡的字画。先铺好一层底篾丝，在底篾丝上画上文字或图案，然后交叉铺上上层篾丝，编织时将有图案线条的部分挑上来即可。一般以黑白两色的竹篾经纬交织，竹篾细如发丝、薄如蝉翼

（二）竹编手工艺在时尚市场的运用

1. 竹编在时尚品牌中的应用调研

竹编蕴含着浓厚的民族风情，为服装设计注入了新的时尚元素和设计灵感。尽管竹子材质本身过硬，不宜直接贴合皮肤，且竹编本身并不具备直接的可穿戴性，但少数秀场仍巧妙地运用竹条打造出立体的服装造型。在大多数品牌设计中，设计师们主要运用可服用的柔软材料模仿竹篾进行编织，其中不乏借鉴竹编技法的创新作品。这些作品展现出新潮与传统兼具的视觉感受，各色各样的竹编肌理尤为引人注目。最常见的是利用竹编的“挑一压一”基本技法进行款式设计。表 3-3 中，中国设计师王逢陈（Feng Chen Wang）在其 2020 春夏系列中，将中国竹艺的复杂编织技术融入皮革和牛仔面料设计中，纹样采用了捕鱼竹篓的编织技法；法国品牌高缇耶（Jean Paul Gaultier）在 2010 年春夏高级定制系列中，也运用不同的面料在服装的肩部、整身等部位，通过疏编形成局部镂空效果，密编则使用不同色彩的织条，整体系列风格自由奔放；来自法国的设计师品牌 Lecavalier 的 22/23 秋冬系列同样利用“挑一压一”的竹编技法进行编织设计，红与黑的线条在腰间纵横交错，纵向线条自然垂下形成流苏下摆，给人强烈的视觉冲击。

随着国风时尚的兴起，现代旗袍的设计日益多样化。近年来，旗袍在面料和工艺上实现了新的突破，创新出符合当今消费者审美的改良款式，向世界展示着“中国风”的时尚魅力。众多旗袍品牌将竹编工艺巧妙融入设计中，设计师们在旗袍的领部、肩部、袖口、门襟、腰部、下摆、开衩等部位进行装饰性的细节设计，为旗袍增添了独特的设计亮点。荷言旗袍改良了宋庆龄生前常穿的编织旗袍，在旗袍的不同部位进行镂空的编织设计，使素色旗袍焕然一新，清新雅致。四件旗袍分别在领口、胸前、下摆用了平编疏编、八角编和人字编（表 3-3），粗细不同的材质带来了不同的视觉感受。

表 3-3 服装品牌中竹编工艺应用

服装品牌应用图例	竹编技法	编织面料与色彩
王逢陈（Feng Chen Wang）2020 春夏系列	八角编 平编	面料：皮革、牛仔 色彩：浅蓝、卡其、牛仔蓝

续表

服装品牌应用图例	竹编技法	编织面料与色彩
Jean Paul Gaultier Spring 2010 Couture	乱编 平编	面料：皮革、丝绸 色彩：深蓝、黑白
Lecavalier22/23 秋冬系列	平编 人字编	面料：皮革 色彩：黑红
荷言旗袍	平编 八角编 人字编	面料：丝绸 色彩：天青、浅草绿、景泰蓝

2. 竹编技法在旗袍中的运用不足之处

1）竹编结构创新不足

尽管竹编工艺在服装设计领域的应用日渐精细，且备受消费者喜爱，但其在旗袍设计中的创新应用仍显不足。多数设计师在运用竹编工艺时，仅局限于参考其在服装局部的装饰效果，并通过服装语言表达出来。然而，对竹编编法的借鉴很单一，大多是运用最基础的“挑一压一”斜编、平编技法，稍复杂一点的只有六角编、八角编，缺乏更具创新性的组织结构设计，这使得竹编技法在旗袍中的运用显得过于保守和缺乏新意。

2）面料改造设计不足

在利用竹编工艺进行面料改造时，除了用布条编织出与竹编一样的组织结构之外，还可以根据编织后形成的几何图案，进行面料肌理或图案的二次改造设计。然而，现有市场上的旗袍品牌大多只是将布条编织成形后，直接拼接在旗袍的胸前、下摆或肩袖等部位，缺乏进一步的面料改造创新设计。这种单一的面料改造方式限制了竹编技法在旗袍设计中的更多可能性，也使得旗袍的款式和风格显得过于单调。

3）竹编旗袍风格单一

与民国时期优雅、摩登的旗袍相比，当前市面上的旗袍风格越来越多样化，如 Y2K[①]风、前卫中性风、东方废土风、科技未来风等，成功地迎合了当代年轻人的喜好。然而，运用竹编工艺的旗袍却主要局限于优雅、女性化的风格，如 WJX 婉君玺、荷言旗袍等品牌多是偏高定小礼服的曳地旗袍，穿着场合非常有限。这种单一的风格已经难以满足年轻女性对审美和穿着舒适度的更高需求。因此，旗袍设计师需要在原有竹编编法的基础上进行创新设计，结合当前旗袍的流行风格，创作出兼具中华民族传统文化魅力与商业价值的旗袍。

（三）以竹编工艺为媒介的旗袍面料改造创新

作为中华民族的标志性文化之一，传统竹编历经数千年的传承与发展，蕴含着历代精工巧匠的智慧，并隐藏着无限的创新可能。将竹编结构通过面料改造的形式展现出来，不仅赋予竹编结构新的发展可能，也实现了现代服装在传统手工艺基础上的再创造与二次设计。条状面料的编织过程与竹编的“挑压”技法相似，可以通过变换面料材质来改变编织形态。竹编工艺根据织条之间是否有空隙，分为密集定式结构编织和稀疏定式结构编织。前者织条之间不留空隙，编成一整块平整的面料；后者则形成镂空、通透的面料效果，透出穿着者的皮肤或内层面料，营造出类似水墨画中白描的空间感。

1. 由“常规式”到“装饰性”的组织结构之新

随着生活质量的提高，人们更加倾向选择舒适、柔软的服装。古今旗袍皆喜用的蕾丝面料，因其肌理感十足，成为竹编技艺创作的重要载体。设计师可以将各种竹编结构、组织、纹理与蕾丝面料结合，完成材质的风格过渡（图 3-63）。

---

① Y2K（Y=Year，K=1000，2K=2000），指的是 2000 年，即千禧年。

图 3-63　旗袍中“编结”而成的蕾丝面料两则
（模特：上王建梅，下倪腾腾）

设计师还可以对牛仔面料进行改造，并进行旗袍的局部拼接设计。旗袍的廓形一般比较贴身，而牛仔面料偏硬、色泽暗淡、缺乏弹性，贴身穿着的舒适感较差。适当的后整理水洗工艺能使牛仔面料变得更加柔软，改变牛仔原有的单一色彩，赋予牛仔新的生命。再使用扎漂工艺将牛仔的色彩褪色，使其产生蓝—灰—白渐变的扎染花型，图案风格明烈自然。将扎漂之后的牛仔面料分割成织条并编织成面，出现的新图案兼具随机性与规律性的美感，视觉上更富有张力，增添牛仔的质感和肌理。

旗袍的局部拼接设计主要包括领部、肩部、袖子、胸前、腰部、背部、门襟、下摆、开衩等部位的拼接。将定式编织的面料不规则地拼接在旗袍的各个部位，编织部分既有镂空也有叠加在平整面料之上的，镂空与不镂空之间的对比使拼接部位更加错落有致（表 3-4）。

表 3-4 创新竹编的组织结构与旗袍拼接设计

创新竹编编法（笔者绘）	工艺方法	面料改造小样（牛仔，笔者绘）	旗袍应用效果图（李佩珊[①]设计）	拼接部位
	平编+乱编			肩部、领部、下摆
	S形硬板花（人字编的变形）			斜开衩

① 李佩珊为笔者指导的硕士研究生。

续表

创新竹编编法（笔者绘）	工艺方法	面料改造小样（牛仔，笔者绘）	旗袍应用效果图（李佩珊设计）	拼接部位
	双篾条平编+双篾条穿篾编		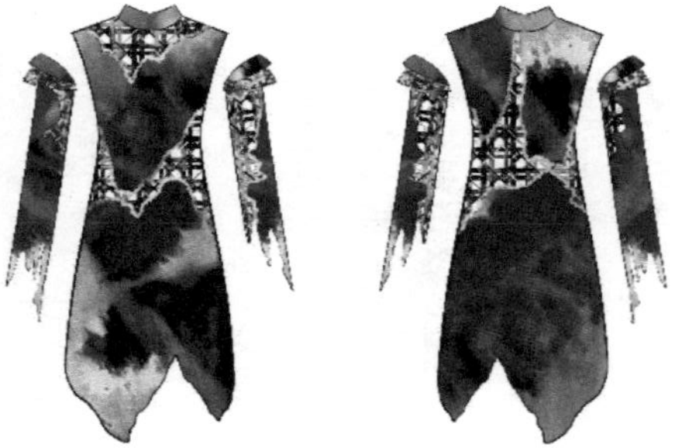	胸前、腰部、袖子
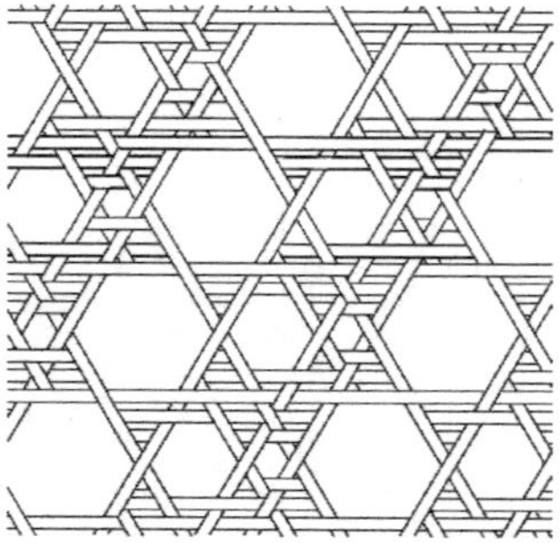	六角编的变形（六角孔洞大小不一）	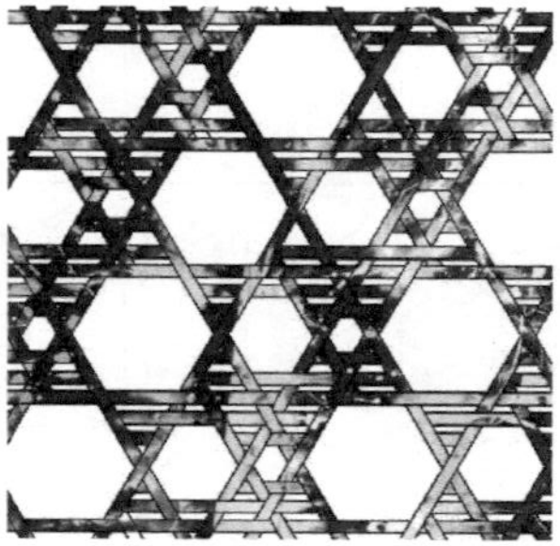	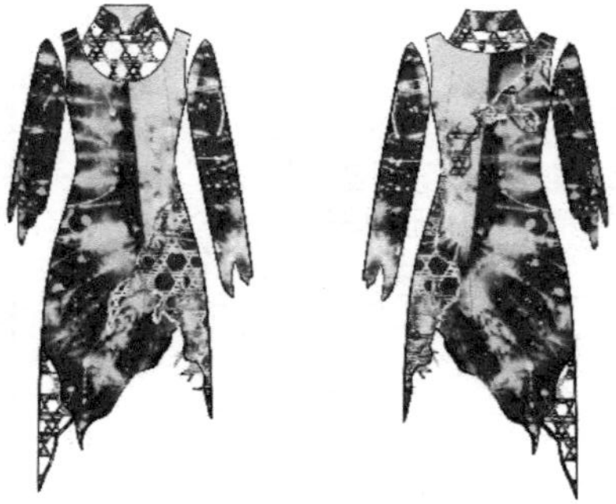	胸前、下摆

2. 竹编结构与激光镂空的工艺组合之新

激光镂空技术是通过图形处理软件将矢量化的图案输入激光雕刻程序后，利用激光雕刻机在面料表面切割图案轮廓。与传统镂空方式相比，激光镂空速度更快更精准，图案边缘线条光滑、流畅。

不同样式的竹编组织结构各有千秋，融入高科技工艺设计后，更加体现中华传统文化的兼容性，传递出与编织本身不同的美感。如表 3-5 所示，对皮革面料进行改造设计时，首先对竹编结构进行创新，分别设计出三个稀疏定式结构和一个密集定式结构；其次，借鉴竹编制品在灯光照射下的光影效果，对皮革面料进行激光切割改造，仅留编织部分，其他部分切割掉，形成镂空；最后，对切割后的面料做抽象渐变印花图案。密集、精致、准确的镂空面料体现了科技与艺术的融创。根据改造后的激光镂空面料小样，绘制出系列旗袍效果图（图 3-64）。

表 3-5 竹编结构与激光镂空的工艺组合

创新竹编编法	工艺方法	皮革面料改造小样
	三角编的变形 （粗篾条三角鳊与细篾条三角鳊交叉编织）	
	三角编的变形 （粗细不同的 3 层篾条交叉编织）	
	月牙形硬板花 （平编的变形）	

续表

创新竹编编法	工艺方法	皮革面料改造小样
	斜编+穿篾编 （篾条粗细不同）	

图 3-64　激光镂空面料旗袍应用效果图（设计：李佩珊）

此外，竹编结构还可以与传统手工艺进行强强联合。如图 3-65 所示，旗袍设计中的竹编结构与珠绣和滚边技艺进行了巧妙地结合，装饰在旗袍的领袖之处。所编结的面料既可覆于面料之上，也可与面料进行拼接形成镂空的装饰效果，设计手法灵活多变。

3. 先编织后绗缝的立体肌理之新

面料改造包括平面面改和立体面改，前面介绍的属于平面面改的减法设计，下面尝试将多层材料或面料叠加，进行立体面改的加法设计，把竹编结构隐藏在两层面料的中间夹层，使“看得见的竹编”变成“看不见的竹编”。先用绳子或某种条状材料编出竹编结构，在成品的上下方分别

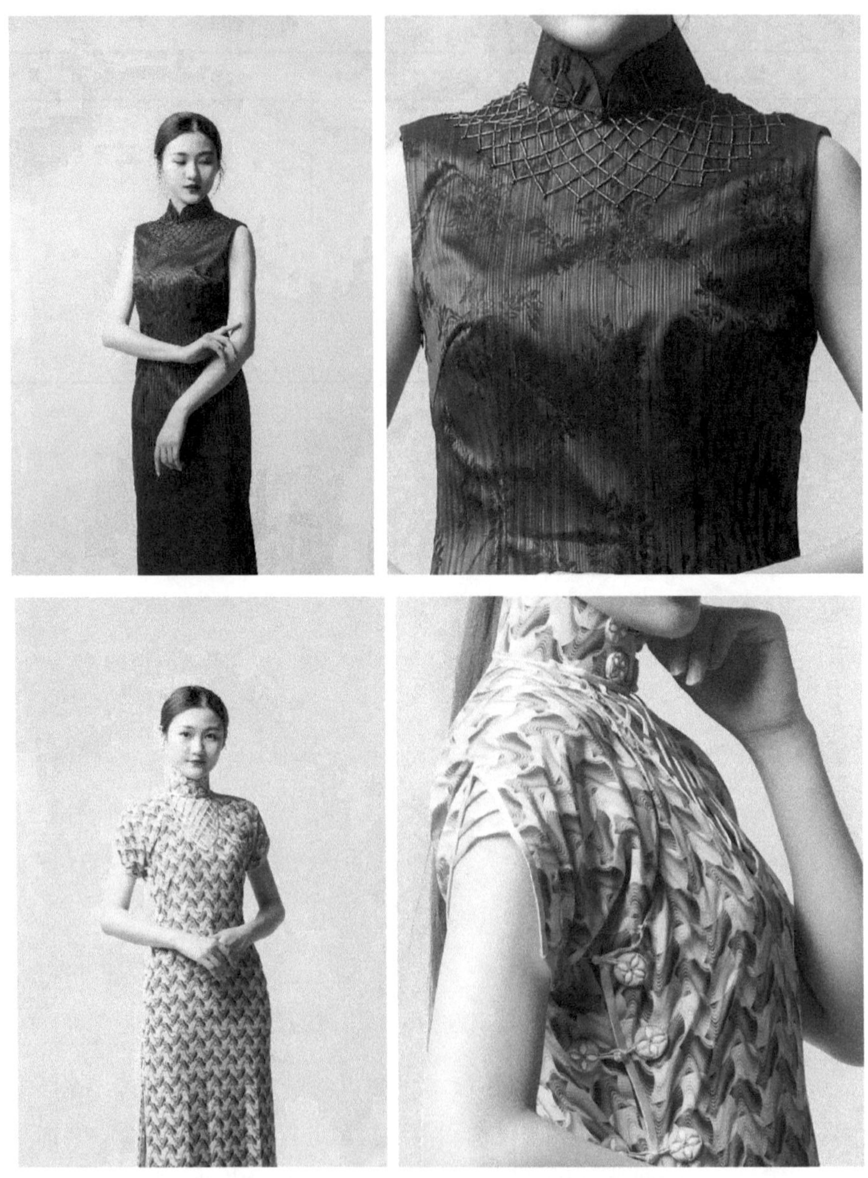

图 3-65 旗袍中竹编结构与珠绣、滚边技艺相结合
（模特：倪腾腾）

覆盖一块面料，然后沿着绳子的外侧边缘进行绗缝，形成有凹有凸的三维面料肌理。绳子可以长出面料外侧，作为长短不一的流苏，增添随意、凌乱的美感。

笔者据此设计出了三种面料小样，绗缝后的图案分别是四角星、井字格和菱形图案，面料可多层错开叠加，增强层次感（表 3-6）。根据改造的立体肌理面料小样，绘制出系列旗袍的效果图（图 3-66）。

表 3-6　先编织后绗缝的面料立体肌理创新

创新竹编编法	工艺方法	绗缝图案	牛仔面料改造小样
	斜编的变形（用绳条编织出规律排列的四角星形状）		
	平编的变形（编织时留出一宽一窄的间距，形成井字格图案）		
	穿篾编的变形（菱形图案）		

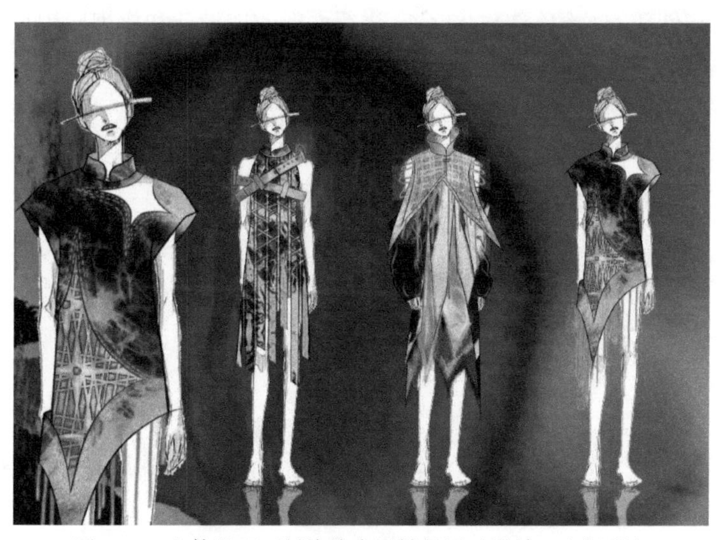

图 3-66　立体肌理面料旗袍应用效果图（设计：李佩珊）

这种以增强旗袍面料肌理感、立体感为目的的技艺创新，是打造现代旗袍时尚风格（特别是设计面向青年消费者的潮酷、个性等风格）旗袍的重要路径。改造方法完全可以举一反三，如将蕾丝花边面料作为线型语言，即编结的“竹篾”，简单编结后拼缀上风格迥异的其他面料，形成独特的旗袍面料艺术（图3-67）。

图3-67 旗袍中蕾丝花边编结拼缀形成创意面料
（模特：王建梅）

传统竹编工艺历史悠久，其发展至今仍有很大的创造空间，竹编技法在旗袍等服饰中的面料改造创新设计有着非凡的意义。本小节在借鉴竹编工艺技法和肌理的基础上，分别将牛仔水洗扎漂、激光镂空、绗缝等服装工艺与创新的竹编结构相结合，进行面料改造设计和旗袍应用设计。利用扎漂工艺把牛仔漂出随机的渐变图案再编织，模糊了竹编纵横分明的界限；借助激光镂空技术切割出棱角分明的编织轮廓，增添了竹编技艺的科技感；通过叠加多层面料遮盖编织材料，使竹编结构从“有形”转变为“隐形”。这样一来，不仅创新了竹编的编法结构、竹编与其他工艺方法的结合，还创新了旗袍的风格，以当下流行的东方废土风、Y2K 风来呈现竹编旗袍的特色。在现代服装设计中融合精细的竹编纹，是将传统手工艺传承下去的最好的方式，同时也是对现代旗袍推陈出新、革故鼎新的再设计途径。

第三节 一体多元：现代旗袍时尚设计的风格构建

一个时代的风格是这个时代文化形象的象征和社会的缩影，时尚设计应依据不同的文化背景、不同的设计对象、不同的穿着场合、不同的使用目的，加之不同的艺术表现手法，最终呈现不同的服装风格形式，这也是对艺术和设计审美的独特的认知、追求与理解。时尚艺术创作风格取决于设计师的鲜明个性，但个性并不等于风格。设计者在创作实践过程中的表达方式一贯坚持在其个性基础上，直至并形成深厚的艺术修养和独特的审美趋向，才是时尚设计师“成熟”与“成就”的标志。为此，现代旗袍时尚设计的风格构建是每位设计师的必修课。而旗袍是中国传统服饰亦即华服的代表性符号之一，“中国风格”是所有创意创新风格的“底层逻辑”。换言之，旗袍设计不管在细节上如何改良，进而形成怎样的风格，其自身在形制及结构上所蕴含的民族性、文化性是不可磨灭的重要标识。这就是现代旗袍时尚设计风格中的“一体”之根本。“多元”则是基于“一体”格局下，参照国际流行及时代生活方式而开展的多元化、动态化设计实践。

一、一体：“中国风格”时尚设计体系的建构及理论阐释

近年来国际“中国风”和国内“国潮风”兴起，推动我国服饰史论、时尚设计与文化研究的不断深化，时尚产业逐渐迭代升级；“中国风格”已然成为设计学界和时尚产业日趋关注、思考和实践的焦点。笔者从界定“中国风格”入手，力图从艺术学理层面构建“中国风格”时尚设计体系，从中华历史与文化融合思潮等视角探究“衣文明”与“中国符号”的理论基础，并从设计学层面形成对未来时尚艺术生活方式、时尚产业发展与设计教育等的学科思考，从而提出“史论”和“产业”共建下的“中华时尚学”思想雏形。

新时代塑造国家文化、打造中国时尚风格是承扬优秀传统文化、保护民族文化之根的重要举措。中华服饰的发展与演变、传承与创新，一方面涉及历史社会的发展与更迭变迁，涉及人们对新材料、新技术的不断开发与利用；另一方面涉及人们对设计活动、艺术鉴赏的不断追求与创造，是艺术与设计的完美整合，并折射出审美、思想、精神等内涵。目前的中华服饰史研究往往侧重历史演变与社会文化的阐释，忽略了在设计学、艺术学视野下开展中华服饰设计过程、审美鉴赏，特别是风格流派、内涵特征的深入研究。因此，设计学视野下的中华服饰风格研究，通过历史与现实观照、设计与文化交互等的综合研究，在史料的整理与佐证下，实证中华服饰中的中国风格是今后重要的研究方向之一。

在中华民族文化传承创新的时代热潮下，要进行“中国风格”时尚设计体系的建构及理论阐释，势必引出以下问题：首先，“中国风格”的界定、构成体系及其与中华服饰的关系问题，包括：中国风格的构成元素、内涵及外延为何？新时代我国服饰设计的现状如何？新时代民族复兴下的服饰文化传承及时尚设计与中华传统服饰文化之间的关系如何？如何构建新时代服饰设计中国风格研究体系？其次，关于中华服饰艺术文化符号提炼及其当代转译的问题，包括：构建新时代中国风格的理论要求有哪些？中华服饰造物设计中有哪些代表性艺术文化符号？从设计艺术、设计哲学、设计思想等层面出发，可以总结出哪些符号价值内涵？这些价值内涵如何转译？对新时代时尚设计有哪些指导和启示？再次，针对新时代中华服饰设计中国风格的构成与实证的问题，包括：如何构建新时代中国特色时尚风格体系？新时代生活有哪些表现和特征？如何把握民族传统与现代时尚的交互关系？如何把握好时代脉搏塑造构建中国风格，完成设计的文化表达？最后，关于中华服饰中国风格引领新时代衣文明与生活方式的问题，包括：中华服饰具有哪些代表性民族风格？对新时代中国现代生活方式下服饰设计思想和未来中国人的穿衣文明有哪些影响？立足新生活方式，如何以中国风格引领中华衣文明的体系构建？等等。这些都是值得思考和实践的议题，在当下由西方世界所主导的时尚与审美观的大背景之下，对这些议题的研究极具现实意义和理论意义。

（一）“中国风”兴起及风格体系建构必要性

所谓“中国风”，在常规概念上属于一个“舶来品”。13—19 世纪，“中国风”在欧洲颇为盛行，一度成为追捧的时尚。[①]在西洋时尚文化的语境中，特别是哥特式时尚逐渐兴起并被建构以后，讲究平面裁剪及视觉装饰的“中国风”设计别具一格，逐渐成为西洋服饰中的一朵奇葩。复观当下，人们的服装早已浸入国际化、全球化的时尚潮流。易言之，中国人日常所穿着的服装已与外国人无差异，基本同频。在这种时代背景下，区别于国际流行时尚的“中国风”的设计思潮再次成为时尚，并且不再局限于国外，在中国同样存在，并已兴起多年。究其必要性主要有三。

1. 激活与再生中华服饰优秀文化基因的现实意义

中华服饰文化遗产无疑是中华文明的瑰宝，不仅指导过去，构建了

---

① 佛朗切斯科・莫瑞纳. 中国风：13 世纪—19 世纪中国对欧洲艺术的影响[M]. 龚之允，钱丹，译. 上海：上海书画出版社，2022.

中华民族服饰的物质和非物质文化基石，更对今天的现实社会和人民生活具有重要的设计启迪作用。当下，我们要将历史悠久、底蕴深厚的中华服饰艺术精髓通过设计介入的方式，嵌入到人们的生活中来，从而打造“艺术、时尚、品质”的新生活范式。易言之，历史性、民族性是中华民族屹立于国际之林的个性与特色的根脉；中华服饰中的造物设计原则和匠心智慧，是现代时尚产品设计研发的文化滥觞。只有深入挖掘中华服饰文化遗产内涵，加强服饰设计中的民族化元素体现，提供文化艺术赋能，才能使中国设计成功地与国际时尚接轨，综合提升我国民族品牌的核心竞争力，塑造我国时尚形象并最终形成“中国风格”。因此，研究中华服饰史料及文化遗产对发展民族特色文化产业具有重要现实价值，对促进我国特色产业文化的发展具有很好的赋能作用，是服务于现代国民经济和社会发展的良好助剂。①

2. 彰显中华文化特色及民族个性符号的社会意义

传统服饰文化传承和文化生态延续是保护民族文化之根的重要举措。著名社会学家费孝通说过：一个民族总要强调一些有别于其他民族的风俗习惯、生活方式上的特点，赋予强烈的感情，把它升华为代表本民族的标志。中华服饰的丰富性足以让我们为本民族的服饰文化感到自豪，进而为作为一个中国人感到骄傲。但随着工业化、信息化社会进程的不断加速推进，文化全球化、格式化日趋鲜明，许多传统文化有缺失，作为社会人的归属感有缺失，尤其是许多年轻人对本民族文化的认识、认同与掌握陷入了“文化的沙漠”。因此激烈的国际竞争中人文精神的力量和软实力的竞争日趋凸显。如何在激烈的世界竞争中占有一席之地，占有领先位置，不只是军事、经济和科技所能决定的。一个国家的综合实力尤显重要，有没有民族精神，不仅关乎文化的传承，更是一个国家发展中凝聚人心的基本保证。所以要保护和传承中华服饰史料及文化遗产的优秀精髓，是一个国家人文精神和民族感情的需要，也是展现文明互鉴、实现价值耦合的重要举措，具有极大的社会意义。②

3. 构建具有民族精神及中国风格的时尚设计话语体系

立足中华优秀传统文化背景，从中华服饰的艺术设计与民族风格入手，通过史料的系统挖掘与研究，传承与发扬中华服饰丰富多彩的艺术语

① 崔荣荣. 中华服饰文化研究述评及其新时代价值[J]. 服装学报，2021，6（1）：53-59.

② 崔荣荣，梁惠娥，牛犁. 文化圈视野下汉族民间服饰类文化遗产保护与传承[J]. 创意与设计，2012（3）：19-23.

言及博大精深的文化内涵，形成容易认知的中华民族服饰文化的话语体系，其价值在于传承与发展优秀传统文化，启发当代设计观念的创新，形成系列具有中国特色的纺织文化遗产的知识与价值体系；在于立足新时期服饰设计，积极构建中国文化形象话语体系，以习近平新时代中国特色社会主义思想为指导，以中华民族伟大复兴为使命，研究揭示服饰设计的风格趋势，提出具有自主性、独创性的理论观点；也在于立足服饰设计的市场实践，创造具有本土化、独创性的学术话语，启发新时代中国设计艺术与观念的创新，形成系列具有中国特色的服饰设计体系，构建中国风格与国家文化形象。

（二）"中国风格"界定与时尚设计的理论基础

不可否认的是，目前的民族时尚研究仍以"实践性综述"为主，较少从设计学、艺术学等艺术理论的本源上对时尚设计的方法、原则和过程等提炼出系统的理论参借。换言之，研究成果仅仅通过提炼传统服饰装饰设计元素，并将其设计运用到现代时尚产品上，哪怕是赋予了作品一些吉祥的文化寓意和民族属性，也只能算是一项合格的"实践性综述"，抑或是"设计综述"，而不是"设计理论"。[①]因此，从理论层面思考构建"中国风格"与"中国时尚"的视觉表征和艺术内涵势在必行。

1. "中国风格"的界定

2016 年 11 月 30 日，习近平在中国文联十大、中国作协九大开幕式上的讲话中提出："中华文化既是历史的、也是当代的，既是民族的、也是世界的。只有扎根脚下这块生于斯、长于斯的土地，文艺才能接住地气、增加底气、灌注生气，在世界文化激荡中站稳脚跟。正所谓'落其实者思其树，饮其流者怀其源'。我们要坚持不忘本来、吸收外来、面向未来，在继承中转化，在学习中超越，创作更多体现中华文化精髓、反映中国人审美追求、传播当代中国价值观念、又符合世界进步潮流的优秀作品，让我国文艺以鲜明的中国特色、中国风格、中国气派屹立于世。"[②]

因此，新时代时尚设计"中国风格"（图 3-68）是建立在中华服饰文化等优秀传统文化基础上，蕴含大量中国元素并适应全球流行趋势的艺术形式及生活方式的集中体现。首先，民族艺术文化是"中国风格"的内在

① 崔荣荣. 中华服饰文化研究述评及其新时代价值[J]. 服装学报，2021，6（1）：53-59.

② 习近平. 在中国文联十大、中国作协九大开幕式上的讲话（2016 年 11 月 30 日）[N]. 人民日报，2016-12-01（2）.

构成，是国家对内形成向心力和凝聚力，对外产生亲和力和感召力的软实力。通过实物、文献、图像等多重史料的整理与研究，重视艺术设计与社会、历史、文化等外部环境的关联与互动，从传统服饰纹样表现、造型构造、装饰美化、技艺技巧、造物思想及意匠经典等艺术设计层面，系统、完整地构建出中华服饰造物艺术体系，重点阐释并科学实证天人之“道”指导下“美用一体”的共生造物艺术符号。在西方时尚理论家，如法国知名符号学领袖罗兰·巴特（Roland Barthes）将服饰分为“意象服饰”“书写服饰”“真实服饰”三种形式，并分解为技术的、肖像的和文字的存在方式时[①]，中国人却诗意地将服饰视作“道”与“器”、“美”与“用”的统一。其内在逻辑是对服饰即时尚作为“礼”的追寻，而非作为“物”的剖析。其次，新时代特征是“中国风格”建构需要领悟的外在要素。从根基、灵魂、持守、创新、气度五个维度形成清晰的关于当代“中国风格”的时代特征，并以此指导服饰文化与时尚设计，通过服饰的内在语言与外在语义展现“中国风格”的文化构成。

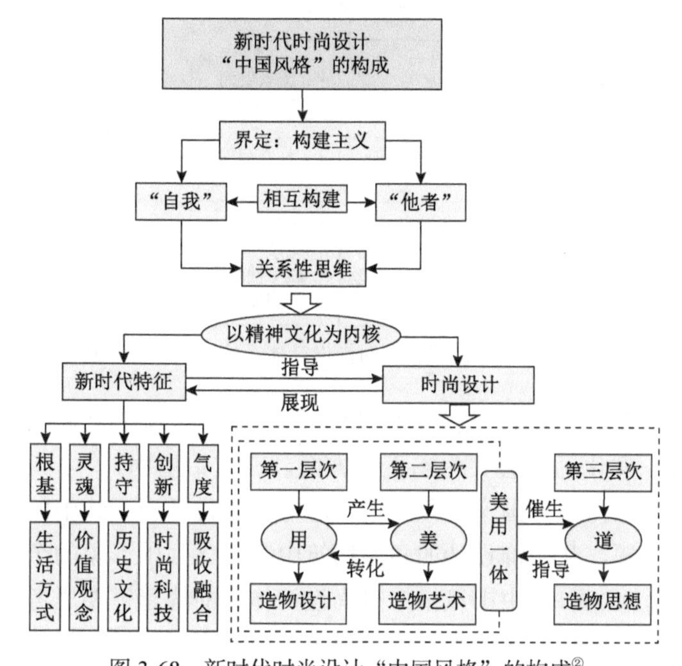

图 3-68　新时代时尚设计“中国风格”的构成[②]

① 罗兰·巴特. 流行体系：符号学与服饰符码[M]. 敖军，译. 上海：上海人民出版社，2000：3-4.

② 此类图均为作者绘制。

2. “中国风格”时尚设计体系构建的理论基石

设计学理的基本原则是将设计的器物（产品）与其使用的人置于社会生活生产环境中发生的互动关系，阐释新时代服饰“中国风格”建构的理论依据及需求，通过政策解读和社会调研的二元角度，重点围绕国家层面、国际层面梳理多维度需求，包括国家文化及复兴的战略需求、民族个性打造的文化需求、国际时尚话语权及产业发展需求等开展研究，以期从宏观的角度厘清“中国风格”时尚设计体系构建的理论基石（图 3-69）。

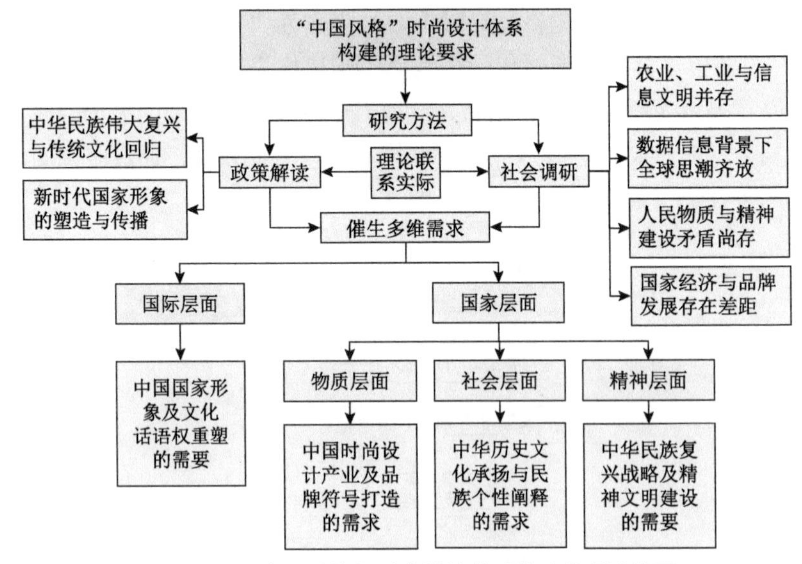

图 3-69　“中国风格”时尚设计体系构建的理论基石

具体来看，“中国风格”时尚设计体系构建的理论要求可细分为政治、经济、文化、社会、生态五个方面。在政治层面，“中国风格”需要思考设计如何服务国家形象塑造，思考新时代时尚设计中的国家文化形象构建议题，从服饰设计的角度构筑中国文化强国形象的全球识别系统[①]；在经济层面，“中国风格”时尚设计体系的构建需要思考设计如何推动时尚产业的转型，特别是在我国时尚产业愈发成熟的机遇下，系统化认知、系统化设计被提上了新的高度；在文化层面，“中国风格”设计需要重点助力中华优秀传统文化的传承、复兴和创新，并从非物质文

① 徐剑. 构筑中国文化强国形象的全球识别系统[J]. 上海交通大学学报（哲学社会科学版），2022，30（4）：77-89.

化遗产及工艺美术等手工艺方面给出文化遗产承扬等具体方案，以期创造新的文化业态；在社会层面，“中国风格”时尚设计需要引领社会风尚，沉浸社会空间，构建既具“理念、智慧、气度、神韵”，又含时代感、时尚感和数智特征的“衣文明”生活方式，以规避“炫耀式休闲”及“炫耀性消费”[①]等时尚误区；在生态层面，“中国风格”的构建需要始终践行可持续发展战略，以时尚设计改善自然环境和生态文明，推动时尚行业的“碳中和”革命。

3. 中华传统文脉中“服饰符号”体系及其当代转译

首先，在中华民族历史演进和变迁的整体脉络下，构建多维立体“服饰符号”体系架构，遵循我国社会文化变化节奏和规律，围绕先秦至民国时期各主要历史阶段中国传统服饰物质形态展开，探讨服饰形制、制作工艺、技艺工具等的生成、发展、积淀、变革等物质文化内容，在历史大背景下宏观阐述中国传统服饰的发展进程及沿袭规律；其次，采用“图、文、物互证”的研究方法，重视艺术与社会、历史、文化等外部环境的关联与互动，从服饰纹样表现、造型构造、装饰美化、技艺技巧、造物思想及意匠经典等艺术设计层面系统完整地构建出中国传统服饰造物艺术体系，科学地实证中国传统服饰中的艺术风格；最后，讨论现阶段中国传统服饰文化阐释与符号解读的突破口及其对新时代国家形象塑造的赋能。

研究的问题主要有：传统服饰物质史及丝绸文化符号研究、传统服饰造物艺术史及美用一体符号研究、传统服饰社会思想史及天人合一符号研究、中国传统纺织服饰类非物质文化遗产符号研究，以期从“物质文化、造物艺术、社会思想”三个层面，层层递进地思考如何阐释与提炼民族服饰文化中的符号特色。在此基础上，立足多维穿衣哲学理念，在继承历史传统、创新未来时尚的时代使命下，深入研究中华服饰设计的艺术文化符号、中国思想及其与新时代时尚设计文化之间继承与共生的紧密关系，从不同层面的中华服饰文化符号中淬炼和提取设计主题，以显性符号和隐形内涵并举的形式进行解读和转译，是构建中国风格时尚、完成设计的文化表达[②]的主要方法（图 3-70）。

---

① 索尔斯坦·凡勃伦. 有闲阶级论[M]. 凌复华，彭婧珞，译. 上海：上海译文出版社，2019：29.

② 崔荣荣. 中华服饰文化研究述评及其新时代价值[J]. 服装学报，2021，6（1）：53-59.

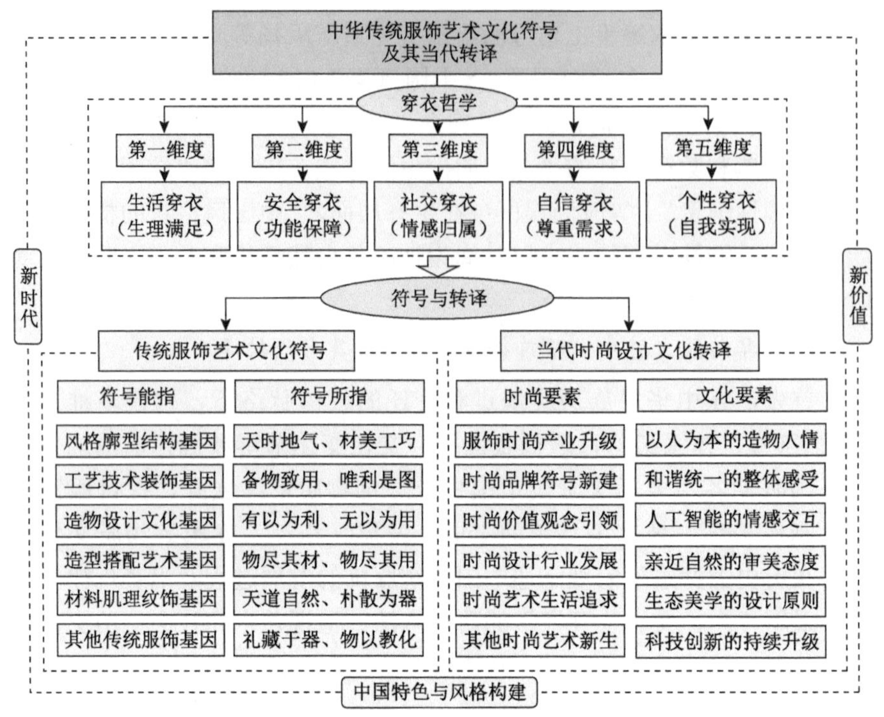

图 3-70　中华传统服饰艺术文化符号及其当代转译架构

4. 民族风格构建新时代中华“衣文明”体系

“时尚是大众文化的运作方式。”①一个时代的风格是这个时代文化形象的象征和社会的缩影，是当下人民对美好生活向往的最为直接的体现。如何立足新时代的时代要求、生活方式的社会要求、文化传播的国家需求等，在现代、民俗与流行潮流中找到中华服饰文化与现代时尚设计的契合点，打造属于中华民族独有的“衣文明”风格特征，夯实文化自信的底气，彰显新时代的国家形象视觉符号，是今后“中国时尚”研究的价值导向。“一旦较早的时尚已从记忆中被抹去了部分内容，那么，为什么不能允许它重新受到人们的喜爱，重新获得构成时尚本质的差异性魅力？”②因此，研究可以从民族艺术和流行趋势的视角，分别阐释民族风格的再生方式及其与国际多元时尚风格之间的交互交融，以期廓清中华时尚风格在新时代语境下的多样表现，从而建构新时代中华的时尚风格体系，为中华

① 王文松. 时尚与文化设计：消费社会中时尚与文化产业的理论思考[M]. 北京：知识产权出版社，2018：25.

② 齐奥尔格·西美尔. 时尚的哲学[M]. 费勇，等译. 广州：花城出版社，2017：121.

服饰设计的未来流行及审美趋向提供理论和实践参考。[①]基于此，最终通过对新时代多维度社会生活的把握及把控，引导和重塑时尚生活方式与穿衣哲学交互共生下的中华特色“衣文明”体系（图3-71）。

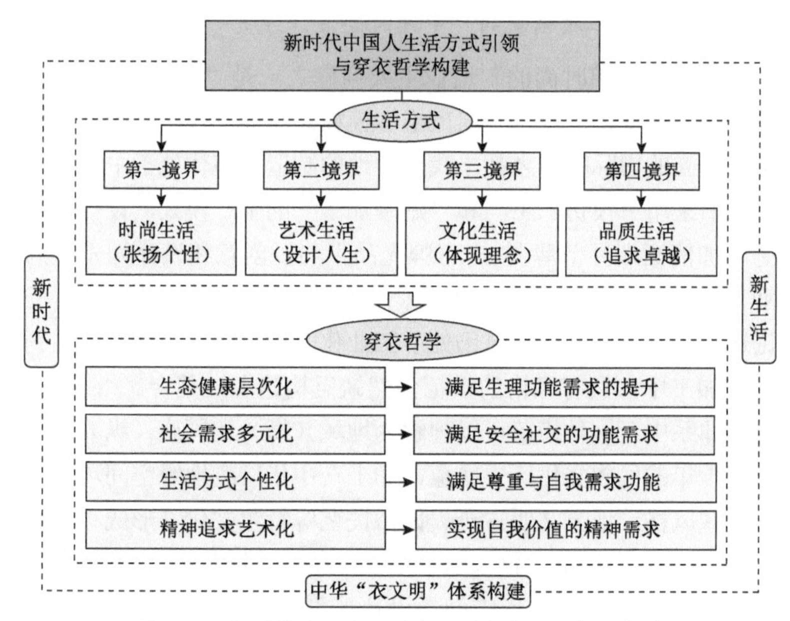

图3-71　新时代中国人生活方式引领与穿衣哲学构建

（三）时尚设计“中国方案”体系与实践

“时尚既是一种与生产和消费具有特殊关系的工业，又可以引发讨论身份、性别和性感之类的话题”，时尚还是承载民族文化传承与形象构建的重要媒介，“在全球国际关系中担任重要角色”。[②]在当下时尚设计专业教育和产业发展中，如何进一步推进作为中华民族文化标识符号的传统服饰文化的传承、传播和创新，如何增加中国时尚产业的国际话语权，是目前学界和行业逐渐关注的议题。无疑，发掘和传承中华民族服饰及蕴含的国潮文化内涵是有效途径之一，深入挖掘传统文化的丰厚资源使其作为代表中国文化形象的时尚符号进入大众视野，推出一批具有传世价值的成果，积极从时尚设计的国潮风格、服装行业的品牌拓展、服饰产业的走出去等综合“中国方案”的实施，是当下时尚设计国家文化形象塑造的重要发展趋势。

此外，如何在实践中用好这些服饰设计与时尚符号，树立新时代的

① 崔荣荣. 中华服饰文化研究述评及其新时代价值[J]. 服装学报，2021，6（1）：53-59.

② 乔安妮・恩特维斯特尔. 时髦的身体：时尚、衣着和现代社会理论[M]. 郜元宝，等译. 桂林：广西师范大学出版社，2005：264.

服饰审美观、消费观，打造新时代的价值观与生活方式，重塑时尚设计的价值理念，从而助推中国时尚产业发展，支撑民族品牌的壮大，是中国时尚设计立足世界舞台的重要保障。

1. 基于新中式华服创新的“中国时尚设计方案”践行与拓展

调研发现，中国时尚的制造业主要问题之一是“有牌无品”，价值赋能仍然不足，地域特色及“中国风格”模糊。对标伦敦、巴黎、纽约、米兰等品牌林立的国际时装之都，我国各地的制造业整体处于中级阶段，多数企业依旧采用“模仿加工”和“贴牌加工”的生产模式，设计、文化、品牌等附加值高端环节薄弱，“有牌无品”与以创意和设计为先导的服务型产业体系差距较大。依据让·鲍德里亚在《物体系》中关于模范与系列的论述，中国时尚产业目前仍处于工业化时期或者中晚期，在系列化产品设计和加工中，具有风格的模范仍然缺乏构建和被整合。[①]在“中国风格”时尚体系中，这种模范可以理解为地域（横）和民族（纵）的综合，即以传承千年的民族文化历史底蕴，加上在中华广袤地缘空间环境中积淀形成的地域风格、地方文明古迹、民俗民艺等特色文化，形成“标识”和“赋能”中国制造品牌的关键，这是中国风格的关键脉络。

此外，还可以重点从华服创新设计典型案例入手，探讨我国时尚品牌的设计与发展状况，掌握市场数据及品牌的国际影响，总结经验。同时对新时代服饰款式、纹样、剪裁、面料、色彩、工艺等进行创新设计实践，重点关注中国时尚消费市场中频频闪现的集体品位，如国潮等，并与企业合作进行市场推广，培养能够影响世界的中国时尚大牌，进而塑造能够代表国家形象的集群品牌（图 3-72）。

2. 立足时尚行业发展的“中国时尚传播方案”要素分析与建立

“中国方案”的提出是对我国时尚行业提出的新要求，在艺术设计的基础上更对政策支持、人文关怀、加工生产，以及品牌渠道运营等提出了新的要求，并且随着科技的进步及人们对环境的日益重视，智能、生态等理念的加入亦成为重要研究内容。在行业各环节的相互作用下最终形成符合时代特征、行业发展需求，能够展现民族审美、国民文化认同的服饰设计“中国方案”。在此基础上，通过博览会、时装周等形式进行国际流行发布，打造时尚之都、精尖企业，进而塑造时尚强国形象（图 3-73）。与此同时，设计驱动时尚产业变革成为新的议题，在新商业模式和技术背景

① 让·鲍德里亚. 物体系[M]. 林志明，译. 上海：上海人民出版社，2018：152-153.

下如何建构设计新路径成为攻关的重点和难点：是继续沿着问题导向的路径，还是基于当下信息技术及人工智能的社会环境，第四次智能革命的社会迭代，古今中西的共性与差异的价值认同，网络新媒体的传播形式及其他营商模式的变异等多方面要素影响下的设计新路径。

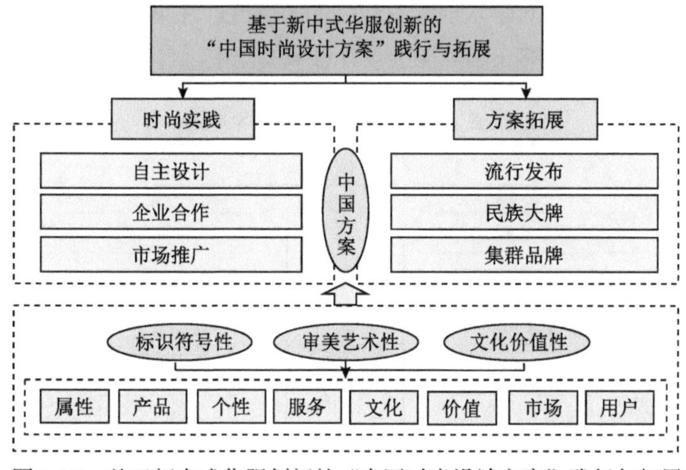

图 3-72　基于新中式华服创新的“中国时尚设计方案”践行与拓展

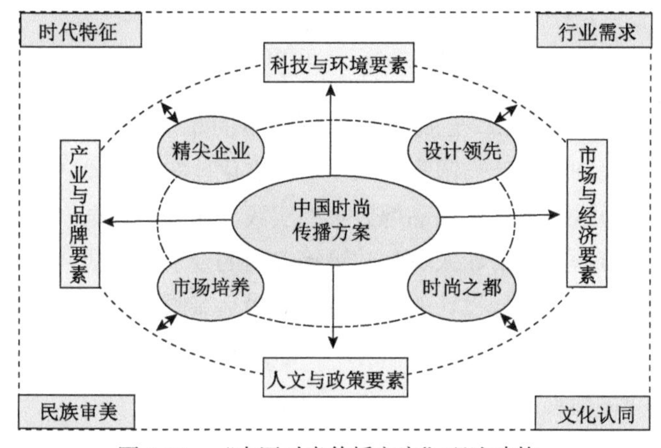

图 3-73　“中国时尚传播方案”理论建构

3. 立足专业发展的“中国时尚学术方案”实践

通过多角度、多层面构建具有传统文化特质的时尚设计专业人才培养体系，为“中国服装学术方案”提供人才基础及学术支持。具体以培养高素质、复合型服装创新创业人才为宗旨，以适应服务美丽中国、创新驱动发展等国家发展战略需要为导向，以文化传承和艺术创新作为聚焦点，始终贯穿于整个教学与人才培养建设中，基于“学术研究反哺教学”的理念，以时尚设计为主体、文化传承与市场导向为两翼的“一体两翼”式教学架构，促进传统文化遗产传承与时尚产业发展在时尚设计教学中的融入，构建“艺术特色显著、产业联系紧密、文化传承厚重、技术线路新颖”的时尚设计师育人格局（图 3-74）。使设计师完成从理论到实践、从专业到行业，具有深度和广度的设计能力培养过程，助力时尚设计专业的设计师成长；养成科学而独到的学术视野，对学术前沿有较强的敏感度，注重多元的学术视野和国际的交流与互鉴，能够在国际服装设计领域发出中国自己的声音。

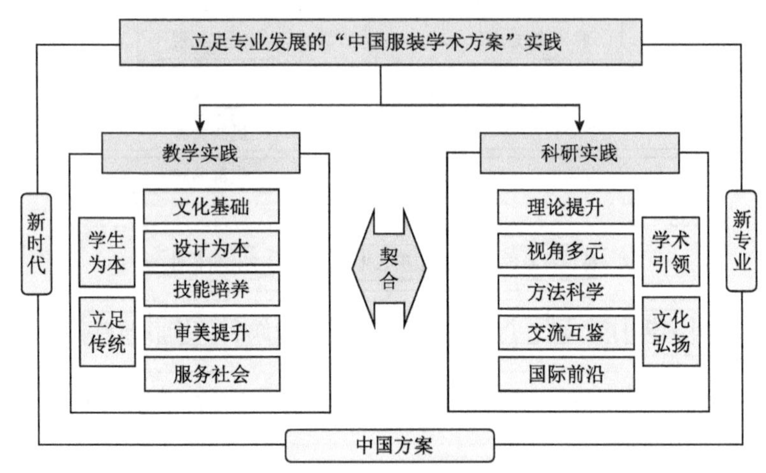

图 3-74　立足专业发展的“中国服装学术方案”实践

综上所述，应从本土服饰品牌发展中的华服创新设计典型案例入手，挖掘华服创新设计与国家形象塑造、文化软实力建设之间的赋能、共生关系，进而进行中国时尚品牌方案的实践与拓展。根据产业与品牌、环境与科技、市场与经济、人文与政策等方面的要求，形成艺术设计、智能设计、消费设计、符号设计的具体方案，最后着眼未来，为服装行业的发展提供人才支持和学术支持。

（四）“中国风格”时尚设计的话语传播

时尚是文化传播最为直观的载体之一，是工艺美术实体、文化符号、信息资讯三个层面要素合一的媒介。改革开放以来中国时尚发生了天翻地覆的变化，走出了一条开放、接轨、探索和筑梦的自信之路。新时代新征程，时尚筑梦将有效助推文化自信。越来越多的本土设计师、品牌、企业、高校及博物馆机构等开始深刻认识到“中国风格”时尚设计话语构建及其海外传播与交流的重要性和使命性。

以往，我们借助国家艺术基金等项目资助，以及展览、表演等各类文化交流活动，向美国、英国、法国等国家展示了中华服饰的艺术魅力和文化特色。这里既包括龙袍、旗袍等传统服饰经典，也涉及大量华服创新等时尚设计作品。虽然传播的“厚度”达到了，但在传播的“广度”和“深度”上还远远不够。所谓传播的“广度”，以往借助展览等各类活动进行的文化“输出”式传播，其受众是非常有限的。一方面，受众的“面”有限。参与活动及驻足观赏者大多来自高校、协会、组织及一些亚洲文化、服饰文化、手工文化爱好者。另一方面，受众的“量”有限。活动用服饰的数量，相比批量化的时尚商品来说，是非常有限的，且一般是单款单件，无法实现和满足更多人的需求。因此，以往“中国风格”的古今时尚传播，更多的是一种时间、地点、对象非常明确的“定向”“定点”“定时”传播。至于传播的“深度”不足，是因为上述这种传播往往“浮于表面”，即停留在艺术鉴赏和文化学习层面。面对这种传播，外国人很难将中国的时尚——不管是过去的还是当下的——与自己关联起来，只是将其作为精美的艺术品、装饰品来看待。服饰作为一种实用品、日用品，其使用价值在其中被弱化甚至被忽视。

未来，如何增进中国时尚国际化传播的“广度”和“深度”是中国时尚设计师、时尚品牌、时尚行业需要面对的重要议题。只有将“中国风格”的时尚设计作为一项创新设计的实践，制作成多文化融合、多风格展示的时尚产品，并将其投入国际消费市场，让它依靠市场的力量主动地流通起来，走进国外人的日常生活，才能实现深远、广阔的传播和影响。其一，“以退为进，以少胜多”。我们要充分调研并且足够尊重他国、他民族的文化背景，避免在文化语境上喧宾夺主。我们的华服设计、“中国风格”时尚设计不仅要强调本民族的文化内涵和民俗民风，还要对部分具有全球性价值的文化符号进行创作和演绎。在视觉符号上，也要以“少”“精”“准”为设计原则，避免大量中国传统服饰设计元素的堆砌和拼贴。其二，“无为而为，润物无声”。文化传播特别是跨国家、跨民族的文化传播，一定要有“无所为而为”的心境，采用“润物细无声”的方法，才能深入人心。老子云“道常无为而无不为”，“中国风格”时尚设计的国际传播要遵循国际社会发展、生活方式变革、时尚潮流演进的客观规律，顺应时尚流行的趋势，不必去干预时尚流行的运行。例如，在并没有流行中国风的时候，为了传播而强行在国外发布全系列专题华服时尚秀。易言之，不要去刻意地展示、宣扬本国的服饰文化。在日常中，本土设计师、品牌要善于将华服时尚元素进行解构和风格化再渲染，并且将其作为设计细节添加到每年度、每季度的时尚流行发布中。

“凡益之道，与时偕行。”这是习近平在出席国际活动中反复提及的一句话，同样适用于我们中国时尚的国际传播。服装虽然是有形的，但其蕴含的工艺、技巧、风格、审美、文化、精神、价值等是无形的。中华“衣文明”蕴含的染、织、绣、绘的丝绸织造技艺，镶、滚、拼、缀的服饰装饰手法，平面、均衡的服饰结构体系，意必吉祥的服饰设计动机等，是人类服饰设计的重要灵感和共同财富。在未来，我们要以“与时偕行”的创新意识，将中国特色的民族风格与世界各国的时尚潮流相结合，构建“民族性”与“时代感”共生的世界大同“衣文明”。

如果说过去我们研究染织刺绣等非物质文化遗产、手工艺及其背后的文化是出于一种责任，一种对先辈文化遗产进行抢救、保护和传承的历史责任；那么未来我们再去阐释、解读和讲述中华文化，更多的是一种担当，一种敢于将理论结合实际、生活、生产、产业的担当，一种敢于将中国理论放诸西洋既有理论体系中去对比并新构的担当，一种敢于书写、敢于发声、敢于尝试的学术担当。

为此，不管是设计学界还是时尚产业，都要厚植中华优秀传统文化的理论沃土，依托国际、国家文化背景，立足时尚设计的专业、产业、行业发展，通过政策解读、社会调查、理论阐释、案例分析等方式深入探讨新时代国家和国际层面对“中国风格”时尚设计体系构建的多维需求，倡导以精神文化为导向，融合传统与现代思潮，构建新时代中国时尚风格体系。基于此，一方面，要结合艺术、设计、时尚理论及产业发展现状构建时尚设计中的“中国符号”（史论赋能）、“中国方案”（产业实证）、“中国风格”（体系创新）；另一方面，要引导并重塑时尚生活方式与穿衣哲学共生下的中华“衣文明”体系，并以此构建“中华时尚学”。易言之，“史论”和“产业”是构建“中华时尚学”，亦即打造“中国风格”的“两驾马车”，正如孔子所曰“叩其两端”，二者缺一不可。如此，才能赋能中国设计教育，以期对中国时尚设计及相关学科、专业的发展规划提供参考，同时也为中国时尚理论构建与设计教育改革提供方案。

二、多元：旗袍符号厚植“中国风格”的多元化设计实践

无论在东方还是在西方，时尚总能很鲜明地体现当时的时代特征、民族特色，并且自始至终被打上以“文化”为主的烙印，时尚的设计也反映了民族文化中的普遍心理状态、信仰、道德及审美观念。易言之，时尚设计中突出不同民族衣着文化的习惯和传统，使时尚体现出各自的民族心态和审美观念。随着时间的推移，各民族相互之间的交流和影响日益扩大，时尚的世界化和民族的个性化将是历史发展的必然趋势。同

时，民族化的时尚仍会作为国家历史文化的象征被珍惜而流传远久。旗袍作为中华民族的代表性时尚符号——而且是国际知名度最高的符号之一，其民族性的根本已经不可动摇。那么，其时尚设计风格的构建重点，就不是民族性的恪守和拘泥，而是充分吸收好社会发展衍生出的时代感、潮流感、流行感，从而打造和构建超越单纯民族性的、更具文化包容性的“中国风格”。

为了更好地区分旗袍的设计风格，拓展设计思维，下面笔者将回归设计过程，复原旗袍设计灵感选取、思维拓展和风格渲染的细节，以期为设计师提供些许参考。

（一）原汁原味：复古经典风旗袍的多元设计实践

伴随近年来国潮国风的悄然兴起，复古经典的风格在时尚界占据了重要地位。同时，旗袍在穿着场合上也是礼仪服饰的重要品类。为此，设计出具有新意和美感的复古旗袍仍然具有重大市场。

1. 华服典章风格旗袍设计

华服典章风韵是以中华传统艺术文化为灵感，通过挖掘和转化形成的独具民族文化气派和中华造物思想的风格；不仅是一种富有时尚感和历史底蕴的独特时装风格，更是一种传承中华传统艺术文化的象征，融会了古典文化的华贵与优雅，以及旗袍的婉约与端庄。通过细致的设计和精湛的工艺，将中华造物思想和民族文化气息融入其中，使其承载丰富的情感和独特的故事。风格关键词：华贵、典雅、传统、色彩斑斓、端庄、经典、雅致、民族等。这类风格的设计思维发散图见图 3-75。

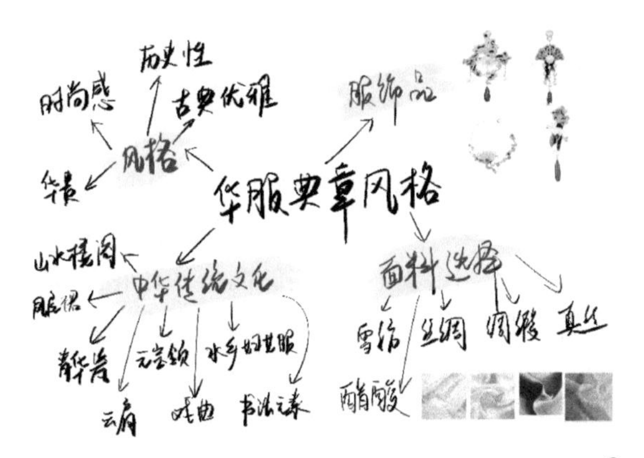

图 3-75　华服典章风格旗袍设计思维发散（设计：卢珏[①]）

① 卢珏为笔者指导的硕士研究生。

“青瓷”系列在设计中不仅巧妙融合了青花瓷与旗袍，更让这两种传统文化跨越时空，进行了一场华美绝伦的对话，共同勾勒出一幅古典韵味与现代风尚相互映衬、交相辉映的诗意画卷。作为中华文明中璀璨夺目的艺术遗产，青花瓷以其独一无二的碧蓝色调与细腻繁复的花纹，展现了古代工匠超凡的技艺与审美情趣。而旗袍这一中国传统服饰的瑰宝，则以优雅端庄的气质、曼妙的曲线美及简约而不失高雅的设计，赢得了世人的青睐与赞美。在此系列设计中，青花瓷的精湛纹样仿佛一朵朵清丽脱俗的花朵，在旗袍的柔美布料上翩然绽放，生动诠释了中国古典艺术的灵动之美与雅致风情。旗袍流畅的剪裁与贴合身体的线条，又为青花瓷图案注入了鲜活的生命力，使得整件作品如同行走的诗意画卷，让穿戴者在举手投足间尽显东方神韵与时尚风采（图 3-76）。

图 3-76 “青瓷”系列旗袍设计灵感（设计：卢珏）

在轮廓上，将青花瓷瓶的优雅曲线融入旗袍的剪裁中，通过修身的上身和 A 字裙摆，打造出与青花瓷瓶颈相似的优美曲线。在色彩上选用青花瓷的经典蓝白色调，使用蓝白相间的面料和印花，使旗袍呈现浓郁的青花瓷特色。另外，青花瓷的质地光滑细腻，具有独特的釉面光泽，面料上特别选用了丝绸和仿缎，以使旗袍在触感上与青花瓷相呼应。在图案设计上，将青花瓷纹饰巧妙地融入旗袍的设计中，打造独特的纹样和图案，采用绣花、刺绣或印花等传统手工艺，增添华丽的视觉效果，使其呈现出浓厚的中国传统文化韵味（图 3-77）。

图 3-77　“青瓷”系列旗袍设计效果（设计：卢珏）

2. 古典婚俗风格旗袍设计

古典婚俗服饰文化是中华传统服饰中不可或缺的一部分，它不仅在视觉上展现出华丽精致的美感，更蕴含着深厚的礼仪文化。这一文化对当下中华服饰的重塑与变革具有深远的意义，并为现代婚礼服饰的创新和新时代礼仪风尚的建构提供了强有力的文化符号。风格关键词：华丽、古典、端庄、大方、繁复、优雅、经典、璀璨、质感、宫廷等。这类风格的设计思维发散图见图 3-78。

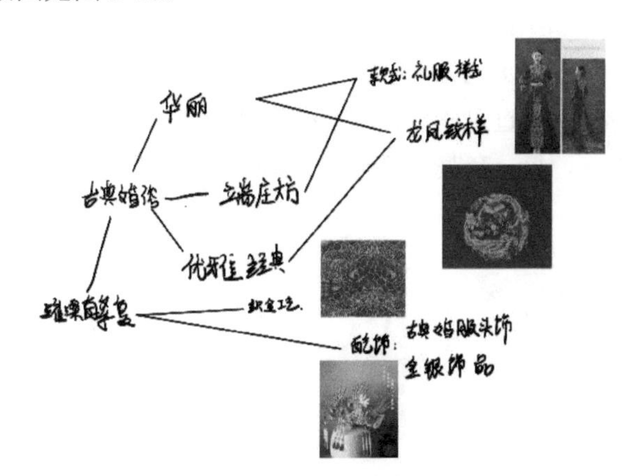

图 3-78　古典婚俗风格旗袍设计思维发散（设计：徐彤彤[①]）

“喜宴”系列的设计灵感源自中华古典婚俗。古典龙凤图案与婚服旗袍相融合，呈现出一幅华丽绝伦的婚礼画卷。色彩上，选择以传统的红色

① 徐彤彤为笔者指导的硕士研究生。

为主调，象征着喜庆与幸福。同时，金色的贵族色彩也被巧妙地融入其中，为婚礼增添了一抹璀璨的光彩。该风格既体现了传统婚俗的庄重与喜庆，又展现了现代女性的时尚与优雅，是一种完美融合文化传承与时尚风采的婚礼服装风格（图 3-79）。

图 3-79　“喜宴”系列旗袍设计灵感（设计：徐彤彤）

“喜宴”系列设计通过形状、色彩、质地、纹饰和工艺等细节精心体现古典龙凤图案、婚服与旗袍的融合，展现出如同华丽画卷般的婚礼风采。它保留了婚服的庄重气质，同时巧妙融入旗袍的曲线美，使成品成功融合了这两者的优点，更加贴合现代女性的身形。在材料选择上，该系列运用了传统的织锦缎，并与织金工艺完美结合，织绣出精美的龙凤纹样，充分展现了古典与优雅的魅力。通过这些设计细节的巧妙融合，古典龙凤图案、婚服与旗袍得以完美统一，每一套服装都宛如一幅华丽绝伦的画卷（图 3-80）。

图 3-80　“喜宴”系列旗袍设计效果（设计：徐彤彤）

3. 民族民俗风格旗袍设计

民族民俗艺术风格是一种以民族或民间民俗服饰为灵感，蕴含丰富民族文化和独特服饰特色、文化气息浓郁的设计风格。服装的总体风格通过面料、图案、款式的设计特性得以充分展现。风格关键词：民族、古典、雅致、传统、文化图腾、乡土风情、经典复古、民间艺术等。这类风格的设计思维发散图见图 3-81。

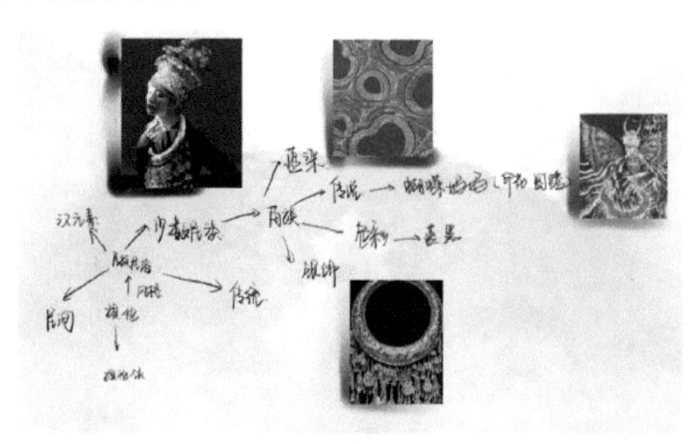

图 3-81　民族民俗风格旗袍设计思维发散（设计：孙洁璇[①]）

在苗人眼中，蝴蝶是创世与生命的象征，代表着生命的温度与力量，被赋予神性的色彩，是苗族艺术的重要元素。不管生命如何迭代，“蝴蝶妈妈”的故事在民间已是永恒。“苗韵 • 蝴蝶”系列的设计灵感来源于苗族的“蝴蝶妈妈”。通过提取蝴蝶图案，并采用苗族传统刺绣与蜡染工艺，巧妙地将苗族的文化精髓融入旗袍设计之中（图 3-82）。

图 3-82　“苗韵 · 蝴蝶”系列旗袍设计灵感（设计：孙洁璇）

① 孙洁璇为笔者指导的硕士研究生。

"苗韵·蝴蝶"系列设计选用苗族特色的黑色、蓝色作为主色调，彰显苗族文化的独特韵味。以苗族蝴蝶妈妈为灵感，运用传统刺绣与蜡染工艺，生动展现蝴蝶的瑰丽羽翼，将苗族文化巧妙融入服装设计。该设计融合了苗族文化的色彩、纹饰和工艺，将传统与现代相结合，展现出独特且时尚的服装风格。此设计既传承并致敬苗族文化，也展现了现代女性的自信与魅力（图 3-83）。

图 3-83 "苗韵·蝴蝶"系列旗袍设计效果（设计：孙洁璇）

（二）多姿多彩：流行创意风旗袍的多元设计实践

人的个性差异影响着审美认知的差异，审美认知的差异影响着设计和着装的差异，而设计和着装的差异又影响着时尚发展的多样化趋势，多元化时代需要各种艺术风格的百花竞放。

1. 浪漫柔美风旗袍设计

所谓浪漫柔美风，是一种体现女性的甜美及单纯的风格。浪漫柔美风旗袍通常使用碎褶、蕾丝作为辅助元素，使用中间色调作为主要的颜色搭配，既不张扬，又不失个性。

浪漫柔美风旗袍有如下两个特点：其一，阴柔的。通常选择具有高度悬垂性与柔软性的面料，如使用丝绸类面料来作为裙装的裙边，以充分体现女性线条的柔美。其二，少女的、可爱的。使用碎花及烂花的面料，以蕾丝、饰花作为主要修饰元素，通过缎带装饰、裙子抽细褶、衣饰上给边等手法，来营造旗袍的可爱感。风格关键词：温柔、浪漫、柔美、精致、清新、优雅、少女、婉约、细腻、梦幻等。这类风格的设计思维发散图见图 3-84。

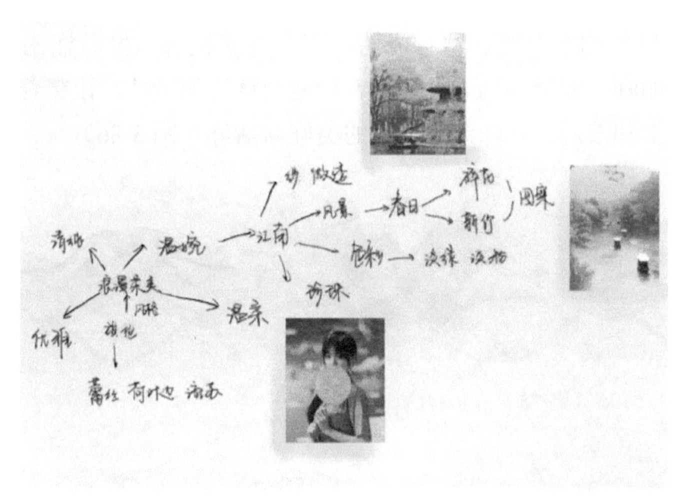

图 3-84　浪漫柔美风旗袍设计思维发散（设计：孙洁璇）

从古至今，江南风景总是带有诗情画意，那里的一草一木、一水一石，都仿佛蕴含着无尽的故事与情感，引无数文人雅士为其倾倒。“春生”系列的设计灵感来源于江南春日的景色，采用粉绿色系作为主色调，降低明度和饱和度，营造出一种温婉而柔和的氛围，尽显旗袍的浪漫柔美（图 3-85）。

图 3-85　“春生”系列旗袍设计灵感（设计：孙洁璇）

“春生”系列的旗袍设计汲取了江南春日的灵感，以展现旗袍的浪漫柔美。在色彩的选择上，采用了粉绿色系，柔和的色调代表着春天的生机和活力。通过降低明度和饱和度，使色彩更为温婉柔和，恰到好处地呈现江南春日的淡雅气息。而在款式设计上，通过蕾丝、抽褶、流苏、荷叶边等元素的运用，让传统款式焕发出新的活力。这个系列的旗袍，仿佛在呼应江南春日的细雨绵绵、翠竹成荫。每一件旗袍都散发着江南的独特气质，如诗如画，如梦如幻。设计师希望通过这样的设计，让穿着者感受到江南的温柔和浪漫，体味江南春日的美好与恬静（图 3-86）。

图 3-86 “春生”系列旗袍设计效果（设计：孙洁璇）

2. 奢华高雅风旗袍设计

奢华高雅风的服装设计，主要的特点有柔滑、纤细、质量绝佳及优雅，能够展现出成熟女性的干练气质、大方仪态。奢华高雅风旗袍使用的面料都是上等极品，披挂式的服装形式将女性的身体线条之美展现得淋漓尽致，体现出女性的高贵典雅。风格关键词：柔滑、华美、优雅、考究、流动感等。这类风格的设计思维发散图见图 3-87。

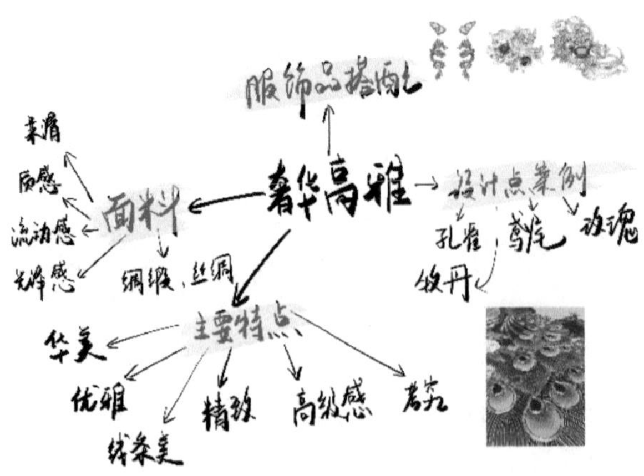

图 3-87 奢华高雅风旗袍设计思维发散（设计：卢珏）

孔雀这一中国传统文化的象征，自古以来便以其昂首展翅、羽翎璀璨的姿态，赢得了人们的无尽赞美。其华美的羽翼和雍容的气度，宛如大自然赋予的艺术之品，使人为之倾倒，心生敬仰。在传统文化中，孔雀不仅是美丽的化身，更寓意着吉祥与高贵。“雀之灵”系列设计将孔雀羽毛的纹样与旗袍的优雅融合，成为一幅气韵生动的画卷，孔雀的瑰丽图案以珠片、钻饰点缀于旗袍之上，锦绣斑斓，艳丽夺目。这种设计将奢华与高雅相结合，展现出瑰丽华贵的旗袍风采（图 3-88）。

图 3-88　“雀之灵”系列旗袍设计灵感（设计：卢珏）

“雀之灵”系列设计采用孔雀羽毛图案作为旗袍的主要纹饰，使旗袍呈现充满魅力的视觉效果。色彩上借鉴孔雀羽毛的鲜艳色彩，选择明亮的绿蓝、金黄等颜色，与传统旗袍色调相结合，创造出独特而华丽的色彩组合。裁剪上参考孔雀羽毛的层次感和流动性，设计出层叠和流动的裙摆，呈现优雅的动态效果。质地上选用具有光泽感的面料，如缎子或丝绸，以模拟孔雀羽毛的华丽质感。装饰上加入精致的刺绣、珠片或水晶等，模拟出孔雀羽毛的细腻纹理和闪耀效果，营造旗袍的华美氛围（图 3-89）。

图 3-89　“雀之灵”系列旗袍设计效果（设计：卢珏）

3. 时尚简约风旗袍设计

时尚简约风必须将新时代的设计理念和着装需求相结合，满足人们对知性的需要，展现优雅高贵的气质。时尚简约风旗袍一般情况下会以无彩色及冷色系的颜色为主色调，其中蒙德里安绘画风格是当下比较流行的设计风格。风格关键词：简约、知性、优雅高贵、智慧、雅致、端庄、典雅、含蓄等。这类风格的设计思维发散图见图 3-90。

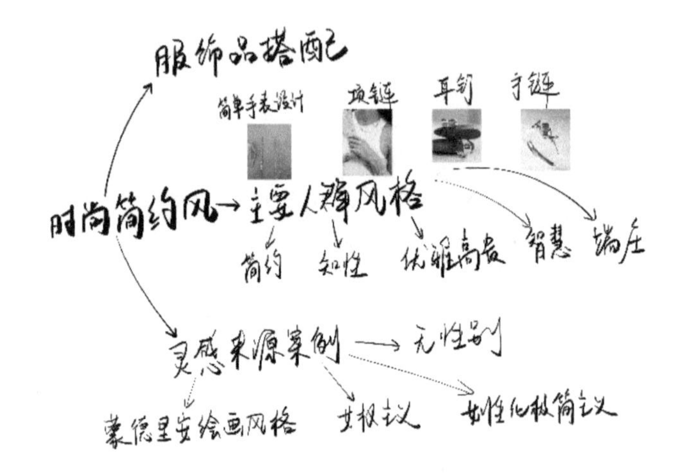

图 3-90　时尚简约风旗袍设计思维发散（设计：卢珏）

“不染”系列设计注重听取现代知性、独立女性内心的声音，将现代女性自信、独立、智慧的气质与传统旗袍的优雅样式巧妙地融合在一起，从而表达了富有时代感的旗袍设计理念（图 3-91）。

图 3-91　“不染”系列旗袍设计灵感（设计：卢珏）

在融合现代女性魅力与传统旗袍的设计中，设计细节扮演着至关重要的角色。“不染”系列在款式设计上保留了传统旗袍的经典线条和剪裁，同时进行了微调，使其更贴合现代女性的身形，凸显出现代女性的优雅气质。这种微调不仅保留了传统旗袍的韵味，还使其更加符合现代女性的审美需求。在色彩的选择上，“不染”系列注重简约高贵，选择经典的黑白为主题设计色，既显得高雅大方，又能够凸显出现代女性的干练与独立。在面料上，“不染”系列选择了高质量的丝绸面料，使旗袍散发出华贵典雅、触感细腻的特质，这样的面料不仅提升了旗袍的质感，还彰显了现代女性对品质的追求（图 3-92）。

图 3-92　“不染”系列旗袍设计效果（设计：卢珏）

4. 性感透视风旗袍设计

性感透视风旗袍是对旗袍元素使用打散、重构等手法进行创新设计的成果。性感透视风旗袍很大程度上已不同于传统的旗袍样式，多使用纱质面料、皮革等材质，性感时尚。风格关键词：迷人、魅力、诱惑、性感、透视、诱人、大胆、前卫、优雅、知性等。这类风格的设计思维发散图见图 3-93。

“绽放”系列设计以盛放的花朵为灵感，通过对花朵元素的提取，采用纱质面料制造出透视效果，体现出女性的魅力。该系列设计巧妙地将性感透视风格与传统旗袍融合，展现出一种兼具现代性感与传统韵味的旗袍设计理念（图 3-94）。

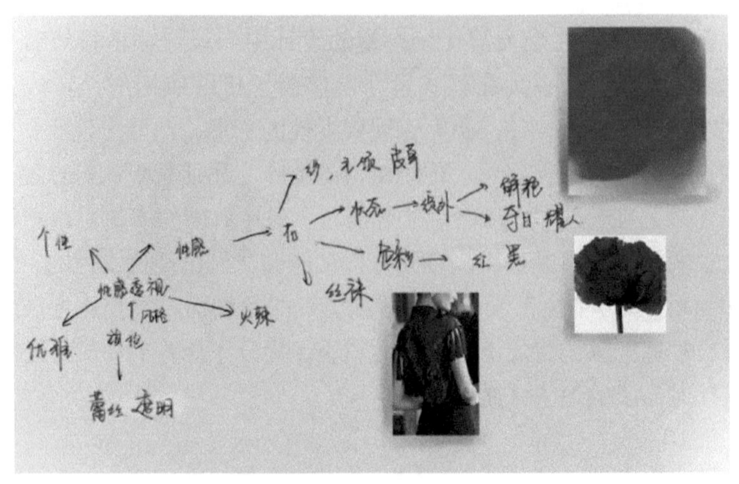

图 3-93 性感透视风旗袍设计思维发散（设计：孙洁璇）

图 3-94 “绽放”系列旗袍设计灵感（设计：孙洁璇）

“绽放”系列在廓型设计上将传统旗袍的经典线条与性感透视风格的流畅剪裁相融合，保留传统旗袍的修身剪裁，同时加入性感透视的设计，如镂空、蕾丝透视等，使旗袍呈现复古与现代相结合的状态。在色彩上，“绽放”系列大胆尝试不同的色彩组合，如亮丽的红色、性感的黑色等，使旗袍散发出独特的现代魅力。在面料上，“绽放”系列选择薄纱、网纱等，使旗袍呈现别样的时尚气息。通过以上设计细节，性感透视风旗袍兼具了现代性感与传统韵味。这样的设计不仅仅是对传统旗袍的再创造，更是对现代时尚的探索与展望。愿这种设计能够给现代女性带来一份独特的着装体验，引领时尚界朝着更加前卫、创新的方向前进（图 3-95）。

图 3-95　“绽放”系列旗袍设计效果（设计：孙洁璇）

5. 中西混搭风旗袍设计

中西混搭如字面所示，表达的是中西元素合璧、别具一格的独特感。风格关键词：融合、复古、摩登、创意、时尚、碰撞、独特、个性、文化交融、多样化、混搭等。这类风格的设计思维发散图见图 3-96。

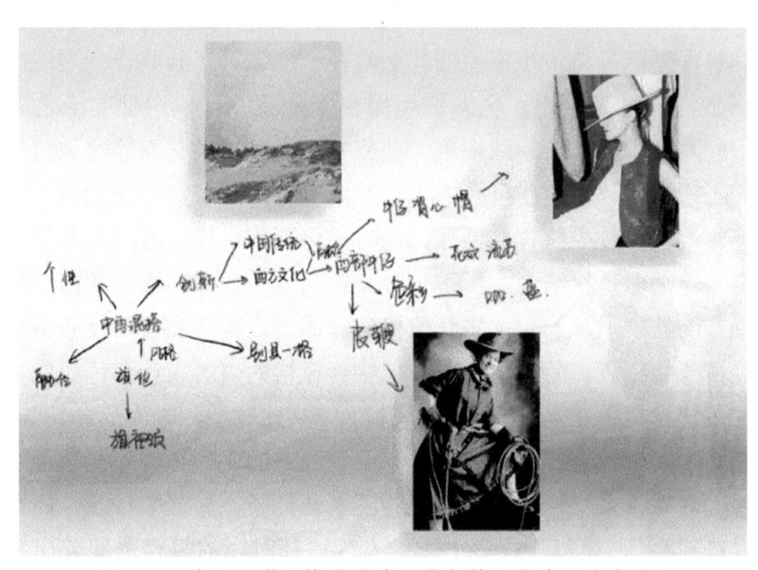

图 3-96　中西混搭风旗袍设计思维发散（设计：孙洁璇）

“牧马城市”系列设计深受中西文化的影响与启发。该系列从深厚的东方文化根基出发，跨越地域界限，汇聚中西智慧精髓，通过古典旗袍元素与西方牛仔元素的碰撞与融合，展现出一种前所未有的时尚风尚，为旗袍设计开辟出更加多元化的创新路径（图 3-97）。

图 3-97 “牧马城市”系列旗袍设计灵感（设计：孙洁璇）

“牧马城市”系列的设计巧妙地将牛仔风格的粗犷线条与旗袍的典雅曲线相融合，形成一种中西文化的交融之美。牛仔元素如牛仔面料、铆钉装饰、牛仔腰带等与传统旗袍的花朵纹样、立领等巧妙结合，展现出一种崭新而独特的时尚魅力。色彩的运用也十分巧妙，以中性的土色为主色调，搭配西部牛仔风格的深褐色，使旗袍呈现既勇敢又娴静的独特气质。在设计工艺方面，将牛仔风格的手工刺绣工艺与传统旗袍的褶皱工艺相融合，使旗袍在质朴中蕴含着精致。同时，将西部牛仔风格的皮革装饰与传统旗袍的丝绸面料相结合，呈现一种豪放与柔美并存的视觉冲击。最后在设计细节的处理上，加入了牛仔风格的流苏、皮鞭等元素，使旗袍呈现既奔放又精致的特点。同时，通过西部牛仔风格的高腰设计和传统旗袍的 A 字裙摆，使旗袍更显优雅与飘逸。“东西方文化融通，时尚尽显韵味”，该系列作品致力于探索传统与现代、东方与西方的交融之美。愿这种设计能够给现代女性带来一份兼具中西风情的着装体验，如“牛仔魂，旗袍韵，尽显时尚新潮”，让每一位穿上它的女性，在时尚的舞台上展现出独特的个性与魅力（图 3-98）。

图 3-98　“牧马城市”系列旗袍设计效果（设计：孙洁璇）

6. 智能科技风旗袍设计

智能科技风格的旗袍主要采用有高科技含量的新面料，凭借其质地、色彩、光泽的独特性，给人耳目一新之感。风格关键词：时尚、前卫、迷幻、抽象、新颖、个性、潮流、革新、大胆、视觉等。这类风格的设计思维发散图见图 3-99。

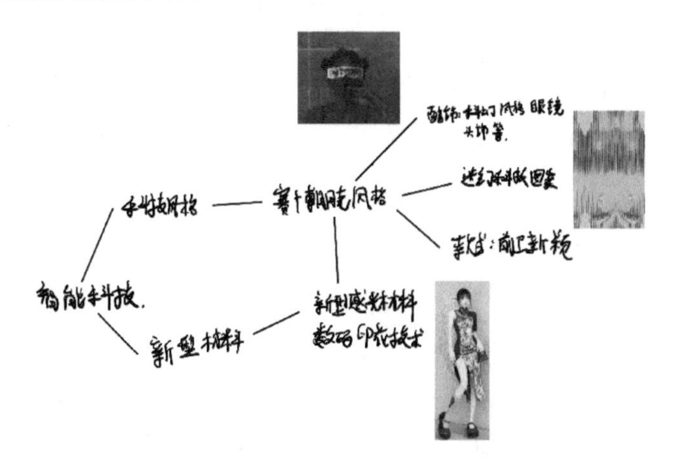

图 3-99　智能科技风旗袍设计思维发散（设计：徐彤彤）

“霓虹东方”系列设计将赛博朋克风格与传统旗袍相融合，表达了设计师前卫独特的设计理念。赛博朋克风格赋予了旗袍前所未有的未来感与科技感，让旗袍散发出独特的科技氛围。融合了这样的风格，旗袍变得异彩纷呈，别具一格，成为引领时尚潮流的先锋。“霓虹东方”系列设计不仅创造了旗袍的新形态，更是对智能科技的探索与尝试，将新型感光材料、数码印花和赛博朋克风格与旗袍相融合，让旗袍焕发出全新的生机与活力（图 3-100）。

图 3-100　“霓虹东方”系列旗袍设计灵感（设计：徐彤彤）

“霓虹东方”系列设计采用了新型感光材料、数码印花，赋予了旗袍多变的色彩效果。随着光线的变化，旗袍的颜色会呈现不同的光影效果，多彩多姿，变幻莫测，使旗袍成为智能化的艺术品。通过数码印花技术在旗袍上印制丰富多彩的图案，旗袍呈现艺术品般的绚丽效果。“霓虹东方”系列设计通过以上设计细节，让传统与未来融为一体，形成一种独特的时尚风格（图 3-101）。

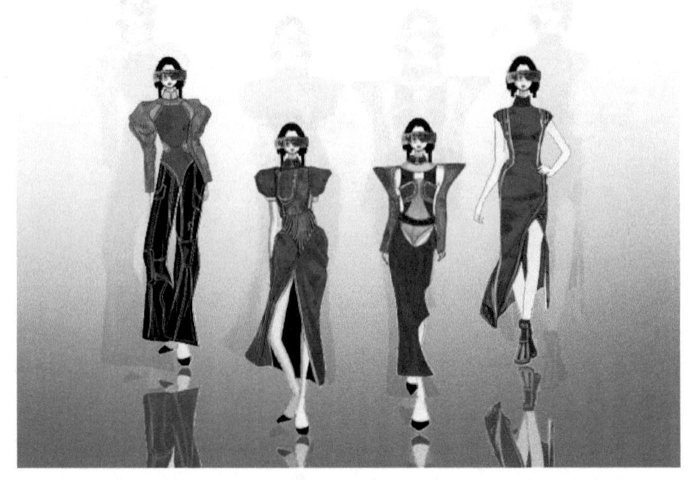

图 3-101　“霓虹东方”系列旗袍设计效果（设计：徐彤彤）

7. 另类个性风旗袍设计

另类个性风格的灵感来源是格外丰富的，具有代表性的有波普艺术、前卫艺术、幻觉艺术、街头艺术等。对以上艺术进行融合与借鉴，就可形成具有较强特征的服装风格。伦敦 20 世纪 70 年代出现了以反叛旧体制为目标的时尚运动，朋克风应运而生，主要特征为留怪异的发型、穿黑色皮革的裤子等。风格关键词：朋克、金属、反叛、个性、潮流、街头、暗黑、浪漫、酷帅等。这类风格的设计思维发散图见图 3-102。

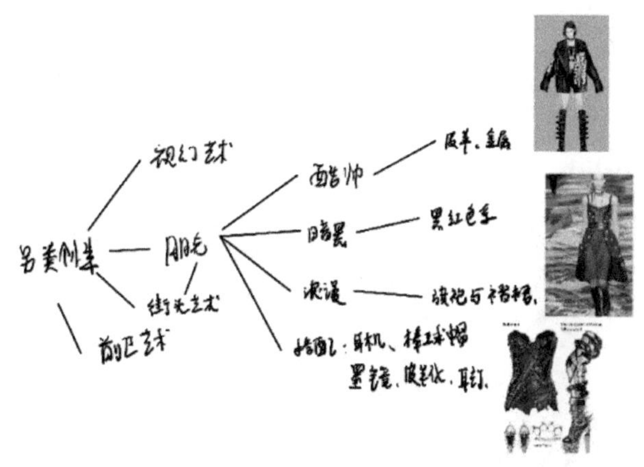

图 3-102　另类个性风旗袍设计思维发散（设计：徐彤彤）

“浪漫朋克”系列设计汲取朋克的灵感，将其与传统旗袍相融合，展现出个性化的旗袍设计，这样的设计不仅仅是对传统的颠覆，更是对现代个性与自由的表达。在设计中保留传统旗袍的线条，同时注入朋克风格的叛逆元素，使旗袍呈现前卫与个性并存的独特魅力。运用朋克风格的元素，如铆钉、刺绣等，展现叛逆与浪漫并存的美（图 3-103）。

“浪漫朋克”系列设计在款式上将传统旗袍的经典线条与浪漫朋克的叛逆元素相融合，在传统的修身剪裁中加入一些不规则的设计，展现前卫怪异。整体色彩以黑红为主调，凸显暗黑朋克的设计主题，体现朋克黑暗、酷帅的风格。在材料上选择在朋克服装中常用的皮革材料，体现出酷帅反叛的意味（图 3-104）。

8. 绿色生态风旗袍设计

绿色生态风格的旗袍设计将传统旗袍元素与现代环保理念相结合，为时尚界带来自然、美丽的全新风貌。这样的设计不仅仅是时尚的演绎，更是对可持续发展的支持。风格关键词：可持续、简约、自然、舒适、环保、多功能、森系、传统。这类风格的设计思维发散图见图 3-105。

图 3-103　“浪漫朋克”系列旗袍设计灵感（设计：徐彤彤）

图 3-104　“浪漫朋克”系列旗袍设计效果（设计：徐彤彤）

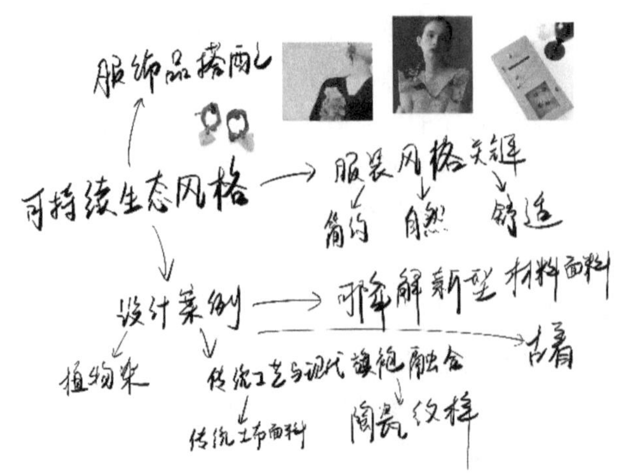

图 3-105　绿色生态风旗袍设思维发散（设计：卢珏）

“源起自然”系列设计注重环保与可持续性，选用有机棉、再生纤维等环保材料，并采用可持续生产工艺，旨在降低对环境的影响。该系列强调简约、自然与舒适，运用环保印花技术降低对环境的损害。设计中融入植物纹饰等自然元素，表达对大自然的敬意。同时，剪裁注重舒适性和多功能性，使旗袍适应多种场合穿着，更环保（图 3-106）。

图 3-106　“源起自然”系列旗袍设灵感（设计：卢珏）

“源起自然”系列设计灵感源自自然。该系列色彩丰富，运用植物染，将山花野草的绿、花卉的红等自然色彩汇聚于旗袍之上。棉、丝等高质量的天然面料，是植物染与旗袍完美融合的关键，赋予旗袍天然的质感。整个设计过程贯穿绿色环保理念，使旗袍在展现美丽的同时，也体现了对自然的尊重和关怀（图 3-107）。

图 3-107　“源起自然”系列旗袍设计效果（设计：卢珏）

9. Y2K 风旗袍设计

Y2K 风格诞生于千禧年前后。当时随着千禧年的到来，人们对未来的恐惧与幻想达到顶峰。该风格将数码、电子、计算机界面、科技等元素融入穿搭，以鲜明、高饱和的色彩展现活力与创意。它融合了纯粹的享乐主义、毫不掩饰的性感，以及一种近似怪异的天真，是人们在愉悦中想象未来的产物。风格关键词：复古、潮流、梦幻、数字、张扬、年轻、少女、缤纷、甜酷、时尚、个性、潮流等。这类风格的设计思维发散图见图 3-108。

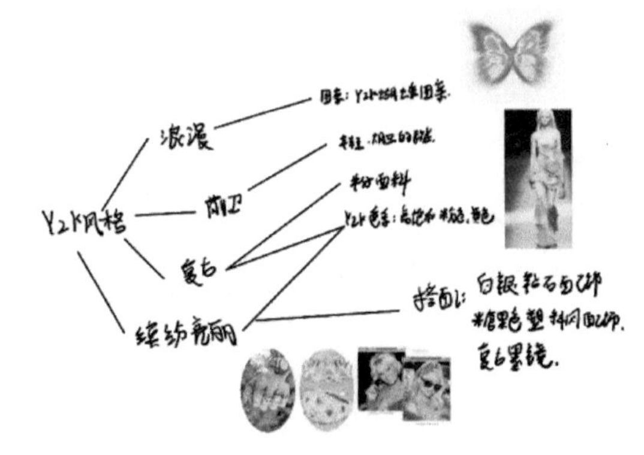

图 3-108　Y2K 风旗袍设计思维发散（设计：徐彤彤）

“千禧年代”系列设计使用了充满未来感的潮流元素，将其与传统旗袍相融合，设计出复古与时尚兼具的旗袍，既是对传统经典的致敬，也是对未来时代的遐想与探索。该系列使用亮丽的色彩和象征着未来的蝴蝶图案，给现代人带来一份充满未来感与时尚个性的着装体验（图 3-109）。

图 3-109　“千禧年代”系列旗袍设计灵感（设计：徐彤彤）

“千禧年代”系列设计在款式上保留传统旗袍的修身剪裁，同时加入 Y2K 风格的流线设计，如剪裁垂坠的裙摆，使旗袍兼具复古感与时尚性。在色彩上以明快、夺目的粉色和黄色为主，尽显年轻活力。在面料上使用了具有复古气息的牛仔面料，呈现出一种兼具未来感与传统韵味的状态（图 3-110）。

图 3-110　“千禧年代”系列旗袍设计效果（设计：徐彤彤）

10. 生活休闲风旗袍设计

生活休闲风旗袍具有活泼、闲适等特点。该系列设计的灵感来源为工作套装、工装裤、背带裙、牛仔裤等，强调实用性和功能性。在细部结构特征方面，多使用拉链、贴袋、明缝线迹等；在颜色方面，多为绿色、蓝色；在材料方面，运用较多的有斜纹布、牛仔布等。风格关键词：生活、休闲、日常、简约、舒适、功能、实用、简便、活泼、年轻、度假等。这类风格的设计思维发散图见图 3-111。

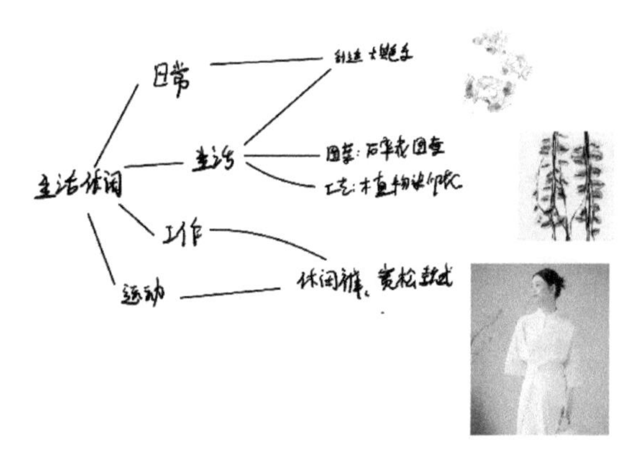

图 3-111　生活休闲风旗袍设计思维发散（设计：徐彤彤）

“花・间”系列设计从日常生活中吸取灵感，将生活休闲风格与传统旗袍相融合，表达舒适自在的服装设计理念。在该系列设计中，旗袍不再是正式场合的着装选择，而是日常生活的休闲单品（图 3-112）。

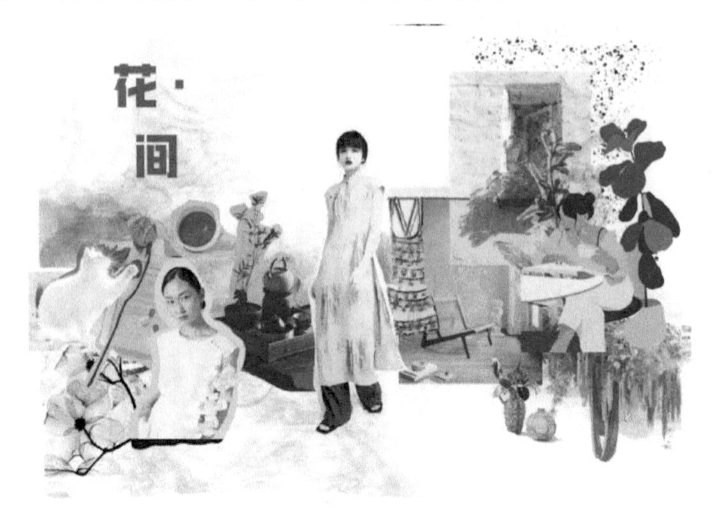

图 3-112　“花・间”系列旗袍设计灵感（设计：徐彤彤）

“花・间”系列设计在款式上保留了传统旗袍的经典线条，同时融入休闲风格的舒适剪裁，更适合日常生活中的活动，让人感受到身心舒畅、心旷神怡。该系列色彩以柔和、自然的卡其色为主，与休闲的生活氛围相得益彰。在工艺上，注重简约自然，采用植物染工艺，表达自然休闲之感（图 3-113）。

图 3-113　“花・间”系列旗袍设计效果（设计：徐彤彤）

第四章　现代旗袍定制设计与品牌塑造

随着中国经济的快速发展和社会变革的不断推进，人们的消费观念和生活方式已经发生了显著的变化。消费者在时尚生活上个性化的诉求越来越多，不再满足于工业产品的标准化、规格化和批量化生产，开始追求能够体现自我审美和情趣爱好的定制设计。与此同时，伴随中国文化自信的不断增强，人们对传统文化的认知和理解也在不断深化，时尚国潮风、中国风逐渐被国人接受、喜爱和推崇。旗袍作为传统服饰的杰出代表之一，其内含的民族文化价值、和合审美理念、简约典雅的造型设计等，逐渐走进人们的视野和生活中。

在人们对旗袍的需求从实用型向时尚型转变的过程中，现代旗袍品牌应运而生。旗袍成为女性追求时尚与个性、凸显魅力与品位的重要选项。加之数智时代来临，大数据、人工智能等技术的普及和发展，现代旗袍品牌形象的塑造与构建、文化价值的传播和推广也面临着重要变革，从渠道到方法均由传统的以实体店为主转向以互联网上的视觉营销为主。现代旗袍品牌期望通过创新和变革，成为具有时代气息和民族特色的时尚品牌，从而进一步推动中国传统文化在当代社会中的认知和传播。

第一节　现代生活方式视域下旗袍定制趋势

现代生活方式体现了社会、科技和文化等多个方面的发展。随着互联网和智能设备的普及，人们的生活越来越数字化，健康与环保意识也不断增强，这些都使现代人的文化娱乐方式更加多样化和个性化。而这些现代生活方式潜移默化地让旗袍定制呈现个性化、多功能、环保性等特色。旗袍定制通过线上线下销售渠道，结合展示产品并在实体店提供试穿和个性化咨询等服务，满足不同消费者的购物习惯和需求。

总的来说，在现代生活方式的推动下，旗袍定制正趋向于个性化、多功能性设计，并融合时尚元素，同时拓展可持续发展的路径，结合线上线下融合的销售模式。这些趋势充分反映了现代人对旗袍的需求和期待，使旗袍定制能够更好地适应当代社会的变化和时尚潮流。

一、现代生活方式变革与时尚变迁

生活方式是一个较为宽泛的概念。近年来，国内外诸多学者主要从心理学、社会学、营销学角度对生活方式进行概括与总结。马克斯·韦伯首先提出“生活方式”这一词语，1927 年心理学家阿德勒首次提出生活方式的概念。随着对生活方式的不同领域的理解和研究，研究者相继补充和完善生活方式的概念（表 4-1）。总之，现代生活方式本身是综合性概念，是人们日常行为中在活动、兴趣、观念方面所展现出来具有代表性的特征，不同生活背景下的主流生活方式具有多样性和时代性。

表 4-1 生活方式的定义

年份	研究者	关于生活方式的观点提炼
1927	阿德勒	活动、兴趣及意见的外在体现
1963	拉泽	价值观、社会地位、文化等综合的动态表现
1971	费尔德曼和蒂特马尔	社会群体性、覆盖性广、核心利益性
1996	科特勒	活动、兴趣和观念
1999	所罗门	一个人花费时间和金钱的方式
2005	阿龙·阿胡亚	人类的活动、兴趣及意见的综合性体现

可以通过 AIO 量表来测量现代生活方式，了解消费者在活动（activities）、兴趣（interests）和观点（opinions）三个维度的情况，进而全面地了解其生活方式。有学者明确了三个维度的具体含义（表 4-2）。[①]

表 4-2 生活方式 AIO 测量因素

活动（A）	兴趣（I）	观点（O）
工作	家庭	自身
习惯	住所	社会舆论
爱好	工作	政治
社交	社交	业务
娱乐活动	娱乐	经济
运动	时髦	教育
采购	食物	产品
社团	媒介	未来
度假	成就	文化

① Wells W, Tigert D. Activities, Interests and Opinions[J]. Journal of Advertising Research, 1971(11): 27-35.

（一）现代社会文化背景

当前社会经济快速发展，在多重文化背景影响下，现代生活方式也随之转变，直接与人们加速升级的需求挂钩，即不同的现代生活方式凸显出不同层次的需求。

1. 经济发展满足物质文化需求

当下我国社会的主要矛盾已经转变，即从“物质文化需求”转化为“美好生活需要”，从“落后的生产力”转化为“不平衡不充分的发展”。“美好生活的需求”的升级和转化，不仅是对纯粹物质上的需求，更重要的是对文化内涵和精神内蕴的升级追求。例如，某知名短视频博主通过刺绣、养蚕、缫丝、做美食，穿梭在诗意田园中，通过自己朴素典雅的生活方式向世界传输中国文化，讲好中国故事。再如，美食纪录片《舌尖上的中国》将食物作为集艺术、哲学、历史等于一身的民族文化载体，深入探索了食物背后的文化内涵，让观众更加深刻地理解了中华传统文化的博大精深。第 51 届戛纳国际电视节上，《舌尖上的中国 2》更是走向世界，成为中国文化的象征性符号。

2. 农业、工业与信息文明并存

农业文明深深植根于传统农耕文化，精耕细作是其典型的工作生产模式。伴随经济的不断发展和科技创新的步伐，手工业和农业的精耕细作模式已逐渐演进为机械化、规模化的工业文明，这种转变对社会发展产生了深远影响。信息文明，主要是通过高效利用知识和信息来节约资源、时间与精力，从而提升社会生产力。值得注意的是，工业文明和信息文明都是以农业文明为基石发展起来的，这三者并非相互取代的关系，而是相互依存、共同发展。不论是在农业生产还是工业生产中，人工智能都极大地推动了机械化、自动化的进程。现代农业正朝着机械化、自动化和智能化的方向迈进。例如，尽管苏州的绣娘依然沿用着明清时期的织布机进行手工织造，但像波司登这样的大型企业已经实现了全自动化的物流管理，不仅降低了成本，还大幅提高了效率，实现了分拣作业的零误差。

3. 大数据背景下的全球化视野

在大数据的时代背景下，文化呈现一种共享的状态，这既带来了巨大的机遇，也伴随挑战。民族文化若要长久发展，需要借助大数据的力量，并着眼于全球化，坚持“走出去”原则，通过文化交流吸收并融合各种文化的精华。2020 年，“云旅游”“云逛展”“云蹦迪”等“云”文化活动成为热门话题。为了满足公众“云逛展”的需求，百度百科推出了线上直播科普节目《行走的文明》，汇聚了海内外近 300 家数字化博物馆的资源，让观众即使在家也能拓宽文化视野。该节目通过跨地域、跨领域的全球博物馆、艺术展览和艺术人物的展示，为网友呈现了一场前所未有的视觉盛宴。然而，全球化视野下的文化共享也可能导致文化的边界变得模糊，甚至出现文化趋同的现象。[①]因此，在享受全球化带来的便利的同时，也要在文化交流与共享中坚守和传承自己的民族文化特色。

4. 知识信息文化思潮百花齐放

在信息化和大数据的推动下，文化传播呈现即时性、实时性和连锁性，这使主流文化与亚文化能够并存并蓬勃发展。例如，《战狼》等爱国主义题材的作品，以及《上新了故宫》等以全新视觉体验传播优秀传统文化的节目，都引发了热烈反响。故宫的文创产品和文物表情包，将故宫的庄严与恢宏转化为亲民、有趣且实用的形象，深受大众喜爱。另外，“凡尔赛文学”这一网络热词也风靡一时，它指的是在社交平台上以不经意的方式炫耀自己的优越和成就。这种青少年网络亚文化现象不仅在国内火热，还走出了国门，备受关注。

（二）现代生活方式发展趋势

在信息化高速发展和经济全球化的推动下，现代社会文化的审美意识和品位发生了显著变化。多元化现代生活方式已成为必然趋势，不同群体在多彩的大环境下各自寻找着合适的生活方式。现代生活方式的需求基本符合马斯洛的需求层次理论，并在需求深度上有所加强，具体表现在以下四点。

1. 生态健康层次化——满足生理功能需求的提升

生态健康需求的层次化日益明显，由基础生理需求向更深层次的精神生理需求转变。这种转变具有感染力和号召性，影响衣食住行的方方面面，如人与自然、生活与生产、物质与精神的关系。例如，无印良品倡导的回归自然、简约质朴的生活方式广受欢迎，不仅体现了生态、健康的生活方式，也呈现了自我精神状态。拥有千年历史的中国茶文化，已发展成为一种提升心境的生活方式。

2. 社会需求多元化——满足安全社交的功能需求

当生理需求得到满足后，社交需求逐渐凸显。当前社会环境的复杂

---

① 马兰. 全球化视野下对中国传统文化的思考[J]. 内蒙古师范大学学报（哲学社会科学版），2007（S1）：415-417.

性和生活方式的多样性决定了社交需求的多元化。人们通过线上线下交流互动，满足兴趣、情感、利益等具体需求。社交软件和平台是适应新环境、满足新需求的产物。在防疫期间，社交产品不断创新，社交元素推动流量变现，社交平台助力社会公益，领导、专家通过直播宣介相关政策，普惠于民，稳定民心，凝聚人心，满足了民众的安全性需求。

3. 生活方式个性化——满足尊重与自我需求功能

独特的生活方式有助于塑造个人形象和特色，获得他人信任和认可，增强自尊心和自信。“个性化定制”是典型的个性化生活方式，信息化、智能化的发展为个性化定制的大众化提供了可能，使衣食住行几乎各个方面的个性化喜好和需求都可以被满足。例如，“尚品宅配”给消费者提供免费的、参与式的设计服务，能够有效满足消费者的个性化需求；其利用虚拟设计、体验设计和产品设计，在原料采购、加工制造之前就实现了销售定制。[①]近年来，改良后的中式婚礼服成为流行趋势，尤其是中式定制婚礼服带来的隆重感，极大地满足了消费者被尊重的需求。

4. 精神追求艺术化——实现自我价值的精神需求

精神追求艺术化是自我需求的精神升华与沉淀。例如，非物质文化遗产（简称非遗）苗族挑花州级代表性传承人滕静蓉，把苗族挑花当作自己的毕生事业，注重在挑花图案装饰及色彩运用上进行保护、传承、创新，通过艺术设计实现自身价值。类似地，在书法中达到“忘我”境界，痴迷于传承、弘扬中华传统书法文化，也是精神追求艺术化的表现。

（三）时尚文化变迁新趋向

1. 产业融合打造新形态

旅游已成为现代生活中的重要休闲方式。近年来，地方政府积极将具有民族特色的服饰文化融入文化旅游产业，推出文化创意产品和民族服饰，以“非遗+旅游”“文化+旅游”等新模式，作为推动经济发展的新动力。游客在旅行中体验各地风情和民俗，同时感受传统服饰文化的艺术魅力。例如，云南永平县通过非遗进景区活动，进行少数民族服装和非遗项目展演，实现了文化与旅游的深度融合。

2. 艺术跨界呈现新视感

跨界融合为不同行业、领域和资源带来了新的价值和意义。在文化

① 胡飞，王炜. 创新设计驱动的“互联网+”服务型制造[J]. 美术观察，2016（10）：11-13.

艺术领域，跨界合作正迎合了消费者升级的生活方式和审美趋势。苏绣大师陈英华的宇宙星空系列作品，将传统刺绣与现代天文元素结合，赢得了许多国际赞誉，体现了跨界服饰技艺的力量。2021 年河南卫视的春晚节目《唐宫夜宴》，唐俑舞者的服化道极为讲究，且将现实舞台和虚拟场景结合，将博物馆、国家文物宝藏、大唐繁华夜景等虚拟场景放入舞台，再现了大唐盛世，使观者产生身临其境的感觉，获得了广泛好评。

3. 融合创新塑造新风格

在现代生活中，民族文化的表现不仅在于传承优秀传统文化，更在于对其进行创新设计。这种设计并非对传统服饰文化的生搬硬套，而是注重与现代生活方式和环境相衔接，倾向于实用性和生活化的审美取向。中央美术学院自主设计的学位服，一时间“美”上微博热搜，它结合了中国传统服饰元素和现代学位服的特点，主要包括学位袍、披肩、冠帽、徽章。学位袍取形于深衣，辅之百褶；披肩取形于云肩和立领；冠帽以西方四方帽为基形，加入了四方平定巾元素。整体简约素雅，具有中国传统服饰风格特色。

4. 数字科技引领新民俗

在“互联网+”时代，网络文化已经深刻地影响着大众的现代生活。文化与科技的深度融合推动了优秀传统民俗文化的转型升级，形成了“新民俗”。如今，“云拜年”、电子贺卡、网络红包、电子春联等新型祝福方式已成为主流。这些都是在传统民俗信仰和节庆民俗的基础上实现的转型，是民俗在遵循网络特征、满足现代人生活需要的改造。[①]近几年的春晚就充分运用了先进的数字技术，如 XR 技术，实现了远程祝福和艺术的联结，不仅重现了丰富的民俗文化，更承载了深厚的民俗情感与精神。

二、现代生活方式视域下旗袍定制设计

随着数字化生活的普及、社交媒体的兴起，以及生活与工作的日益融合，旗袍定制必须顺应社会新需求进行变革。传统旗袍设计虽有其规范和限制，但现代生活方式的冲击使旗袍定制越来越注重个性化和多样性，设计师可根据客户的独特需求和喜好进行量身打造。同时，现代科技的进步和新型材料的涌现为旗袍定制提供了更广阔的选择空间。丝绸虽仍是旗袍的经典面料，但高级纤维、混纺面料及天然纤维等现代材质也广泛应用

---

① 彭晴. “活态化”传播与网络新民俗[J]. 东吴学术，2020（5）：119-122.

于旗袍定制中，以满足不同消费者的需求。此外，现代工艺技术如数码印花、立体裁剪等的运用，极大地丰富了旗袍的设计和质感。值得一提的是，个性化定制服务已成为现代旗袍定制品牌的核心竞争力。通过深入沟通，品牌可依据客户的独特需求和身形特征进行精准定制，确保旗袍的合身与舒适。

这些变革深刻反映了现代生活方式对旗袍定制的深远影响，推动了旗袍在设计、材质选择及服务模式等方面的全面进步。因此，本节将从“定制”这一概念出发，在探讨其起源及旗袍定制重要性的基础上，通过问卷调研，深入了解大众的生活方式和需求，以设计出既符合消费者生理需求又能满足其心理期待的“度身”现代旗袍。

（一）时尚定制概论

时尚定制源于古代贵族阶级，在当代社会成为时尚，其中凸显的高层次需求成为新焦点。现在服装定制群体不断扩大，定制类型更为丰富，定制服务也更加精细化。

1. 时尚定制的定义

“定制”一词起最早源于萨维尔街，意思是为个别客户量身剪裁。19世纪，法国就已经提出了定制概念，当时被称作“高级定制”。《现代英汉服装辞典》中关于定制服装有以下两种定义：tailor made——定做的衣服，裁缝做的，像高级裁缝缝制的（女服），线条简单朴素且贴身的，特制的；tailor costume——定做服装。①

结合当前时尚定制与现代生活方式的相关定义，本小节重新概括了服装定制的内涵。在复杂多变的当代生活环境中，人们经常进行社会交往和人际互动，因此，当代时尚定制不仅要满足个体的基本生理需求，更要满足个体在社交活动中的情感、人格等深层次需求（图4-1）。

“生理人”定制层次指的是根据人的身高、体重、体型、肤色、身材、年龄、性别等生理层面的要素开展；“心理人”定制层次则是根据个人的兴趣爱好、文化程度、个性特征、审美取向等心理需求进行定制；“社会人”定制层次，定制时要综合考虑人穿着定制服装需要出席的场合，如社交、职场、礼仪、舞台、民俗等。时尚定制是满足消费者三个层次需求的综合服务，这三个层次相互关联、层层递进。

---

① 王传铭主编. 现代英汉服装词典[M]. 北京：中国纺织出版社，1996：487.

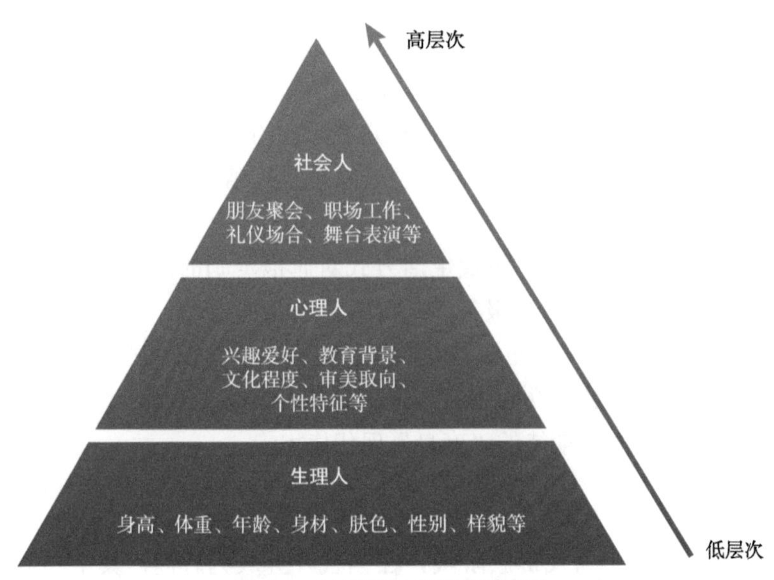

图 4-1　时尚定制的需求层次说

2. 时尚定制的起源与发展

根据已有研究者对时尚定制的研究，时尚定制的发展可以分为两个阶段。第一阶段为惯例和典章制度定制期。[①]在人类服饰史上，惯例指的是人们在服饰创作的摸索过程中逐渐形成的穿戴习惯，这些习惯在各区域内约定俗成；典章制度则是指国家文明形成后，服饰穿戴被纳入国家制度，使服饰穿戴制度化和规范性，并为后世的服饰继承与发展奠定了基础。随着等级、阶层制度的强化，出现了专门为贵族或有权势和财富的人提供定制服装的服务，这是现在高级定制的雏形，但当时仅为极少数人服务。[②]

《寄园寄所寄》载，嘉靖年间，有一裁缝制衣非常了得，一官员闻名而来制衣，而小裁缝却“跪请入台年资”，向官员了解为官资历，因为“不知年资，不能称也”，强调裁缝需要根据官员的为官年限与资历、进而了解其行为习惯来制作官服。[③]这反映出古代服装定制与人的生活、工作、气质紧密相关，也体现了当时服装定制的前瞻性和等级制度的严格性。

时尚定制的第二阶段是中西方文明交流的时期。英国的萨维尔街代表着男装定制的最高标准。高级女装定制则起源于 19 世纪中叶的巴黎。而在近代中国，1840 年鸦片战争后，受“西风东渐”的影响，为了适应

① 华梅. 人类服饰文化学[M]. 天津：天津人民出版社，1995：33.

② 刘丽娴，郭建南. 定制与奢侈：品牌模式与演化[M]. 杭州：浙江大学出版社，2014：87.

③ 赵吉士. 寄园寄所寄（下册）[M]. 朱太忙标点，周梦蝶校阅. 上海：大达图书供应社，1935：312.

社会变迁，一些裁缝开始专门为外国人制作洋装，他们后来被称为“红帮裁缝”，其贡献被历史铭记，并持续影响至今。如今的一些西装品牌，如培罗蒙，便是“红帮裁缝”技艺的当代传承。

3. 时尚定制的分类及表征

为满足现代人的生活方式，当代社会涌现出众多定制新概念，这从侧面揭示了现代人对时尚定制的多元化需求。当代时尚定制可分为经典定制和新兴定制两大类（表 4-3）。经典定制又可分为高级定制与量身定制，两种定制之间在本质上具有一定的相对性，分别代表着宫廷时尚定制文化和民间时尚定制文化。随着历史的更迭、社会与技术的进步，以及人们对服饰的个性化追求，宫廷定制文化与民间定制文化正朝着高级定制与量身定制方向日臻成熟和完善。新兴定制是基于现代信息科技而产生的，包括规模定制、网络定制、轻定制、微定制等，可使顾客通过较低的成本体验定制情感和价值。

表 4-3 时尚定制划分

分类	经典定制		新兴定制
具体定制	高级定制	量身定制	规模定制、网络定制、轻定制、微定制
背景	宫廷贵族，时尚流行	自然经济，量体裁衣	经济全球化，互联网，数字科技
关键词	彰显身份、等级财富，奢侈性，唯一性	手工缝制，作坊形式，模仿性，平民性	时尚潮流，科学技术，生活方式，个性时尚，品牌彰显、绿色生态
定制主体	小→大		
定制点	全局性→局域性		
定制需求	基础性、物质性、单一性→层次化、多元化、个性化、艺术化		

时尚定制在不断发展中呈现出独有的特征：高级定制以奢侈性和唯一性为标志，量身定制展现出平民性和模仿性，而新兴定制则强调绿色生态和个性时尚。从高级定制到量身定制再到新兴定制，这一过程反映了定制群体包容度的逐步扩大。

大规模服装定制的设计阶段通常被划分为标准化设计过程与定制化设计过程，这两者之间存在一个关键的分离点——定制点，即顾客订单分离点（customer order decoupling point）。[①]在时尚定制的分类中，这个点代表着服装定制需求中共性与个性的分离点。在量体、定款、选材、染整、裁剪、缝制、熨烫等整个流程中，定制点的布局反映了定制的深度。经典定制是全局性的，定制点贯穿始终，根据定制者的身份、地位和喜好进行制作；而新兴定制则是现代化发展的产物，旨在降低定制成本，使定制普及于大众，因此其流程中的定制点具有局域性。

在当代时尚定制中，无论是经典定制还是新兴定制，都致力于满足人们的需求，展现出高度的统一性。然而，从历史角度看，从传统经典定制到当代经典定制，从传统经典定制到当代新兴定制，定制需求呈现从单一到多样、从基础到多元的发展趋势和特征。

4. 时尚定制与生活方式的关系

从宏观角度看，时尚定制文化是传统文化的一部分，而现代生活方式则属于现代文化范畴。现代文化又是在传统文化的基础上产生的[②]，因此时尚定制与现代文化、现代生活方式与传统文化存在必然的联系。

具体来说，时尚定制的需求意向能够反映出个人的独特现代生活方式。通过梳理现代生活方式，纵向比较可以发现，人们对生活方式的追求从质感和造型逐渐提升到品位、理念和生态，这是一个从表面性、物质性追求向本质性、非物质性追求转变的递进过程。同样，时尚定制的解读也从色彩、结构、面料、工艺等形式元素，逐渐深入到对情怀和理念的追求，体现了从物质性到精神性的升华。在横向比较中，服饰作为现代生活方式的一个重要领域，两者各自的内部元素都体现了个性与特殊性。然而，它们之间也存在共性和普遍性，这是一个从个体、微观层面向系统、宏观层面的转化。以现代生活方式的各个领域为载体，最终追求的是心与物、人与自然、精神与物质的平衡、和谐与统一（图 4-2）。因此，不同层次的定制需求反映了不同的生活方式，特有的现代生活方式体现在日常生活的方方面面。

综上所述，生活方式是个人日常活动、价值理念等的整体体现。随着时代的发展，生活方式日趋多元化、个性化和艺术化。时尚定制发展至今形成了各具特色的定制类型，但时尚定制主体和需求从未缺席。时尚定制反映生活方式，生活方式包含时尚定制。因此，从宏观角度梳理现代生活方式的趋势，有助于更深入地理解时尚定制。

---

① 陈颖. 面向跨国采购的纺织服装业大规模定制[J]. 丝绸，2005（11）：4-7.

② 李淑贞编著. 现代生活方式与传统文化教程[M]. 厦门：厦门大学出版社，2003.

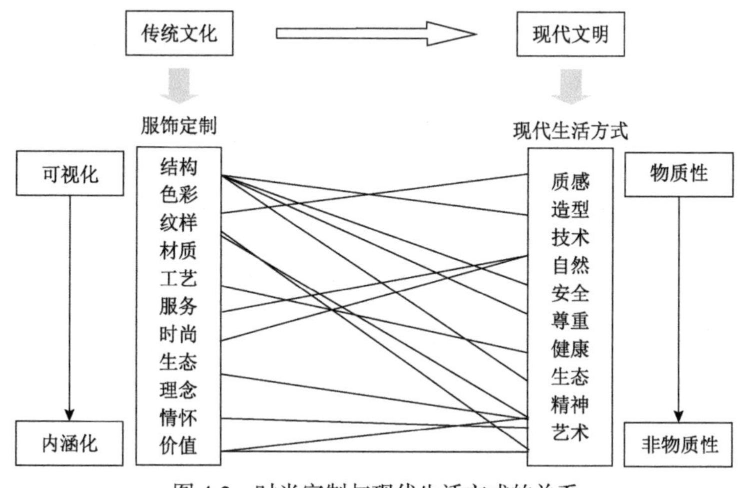

图 4-2　时尚定制与现代生活方式的关系

（二）现代生活方式下旗袍定制的消费意向

本次问卷调查基于消费者的生活习惯，调查消费者对旗袍定制的相关认知和需求意向，分析消费者定制的习性和偏好，从而有针对性地为旗袍定制的设计实践提供有力依据。

1. 调研目的

本次调研的核心目的是了解消费者对旗袍定制的需求意向。调查问卷分别基于现代生活方式分类的视角，从消费者对旗袍定制基本特征的认知、定制动机与基本现状、定制习性与理念等方面展开调查，最后综合分析不同的生活方式如何影响消费者的旗袍定制需求。第一，基于AIO 量表设计问卷，通过调查消费者的活动、兴趣、观点，来确定并归纳其生活方式类型。第二，调查消费者对旗袍文化的了解程度、接触旗袍定制企业（品牌）的途径及定制类型，以此评估他们对旗袍定制的认知与参与度。第三，深入探究消费者旗袍定制的价位、定制品类、穿着场合、定制途径、定制频率等基本现状。调查消费者对旗袍的“形”、“情”、“境”、款式、造型、创新细节等的外在需求特征，以及对定制服务层次、意义、价值理念等的内在需求特征，明确当代旗袍定制消费者的穿着习惯与价值理念。

2. 调研数据分析

1）有效样本的人口统计变量描述

调查问卷的发放量为 250 份，回收的有效问卷为 250 份。样本的相关人口统计变量见表 4-4。调查结果显示，受访者主要是 20—35 岁的高学历女性，她们大多是在校学生或事业单位职工，且月收入在 5000 元以下者占多数。可见，旗袍定制的消费群体普遍具备较高的知识水平。消费群体趋于年轻化，这反映出年轻消费群体不仅拥有良好的经济基础，而且通过购买时尚定制化产品来展现其对个性和精致生活的追求。因此，未来的旗袍定制开发需要充分考虑不同消费群体生活方式的差异性。

表 4-4　样本的人口统计学特征统计

项目	变量	人数/人	百分比/%	累计百分比/%
性别	男	45	18.0	18.0
	女	205	82.0	100.0
年龄段	20 岁以下	69	27.6	27.6
	20—25 岁	109	43.6	71.2
	26—35 岁	39	15.6	86.8
	36—45 岁	10	4.0	90.8
	46—55 岁	18	7.2	98.0
	56 岁以上	5	2.0	100.0
学历	专科	21	8.4	8.4
	本科	161	64.4	72.8
	硕士	41	16.4	89.2
	博士	16	6.4	95.6
	博士后	2	0.8	96.4
	其他	9	3.6	100.0
职业	政府机关	11	4.4	4.4
	商业贸易	5	2.0	6.4
	事业单位	28	11.2	17.6
	电子行业	1	0.4	18.0
	自由职业	13	5.2	23.2
	离退休人员	7	2.8	26.0
	在校学生	164	65.6	91.6
	其他	21	8.4	100.0
月收入	5000 元以下	178	71.2	71.2
	5001—10000 元	43	17.2	88.4
	10001—20000 元	22	8.8	97.2
	20001 元以上	7	2.8	100.0

2）关于生活方式的分类

根据现代生活方式的研究现状和发展趋势，以及调研群体的意向趋势，笔者提炼了群体画像的关键特征。基于这些特征，受访者的生活方式可以划分为乐活舒适型、积极进取型、时尚潮流型、轻奢精致型。表 4-5 详细梳理了不同类型消费者的生活方式、工作目标、日常习惯与偏好、生活理念。

表 4-5 不同类型消费者的生活方式分类及表征

生活方式	工作目标	日常习惯与偏好	生活理念	人数/人
乐活舒适型	不工作，赚钱	热爱旅游、热衷运动、阅读生活情趣类杂志、注重饮食口味及营养价值、喜爱个性简约风格装饰	顺其自然 健康松弛	45
积极进取型	多赚钱，实现个人价值	看书、报、学术研讨类杂志，对奢侈品及价格不关心，穿着经济实惠类服装	奋斗进取 努力创造	22
时尚潮流型	多赚钱，晋升	喜欢上网、逛街、与朋友聚会，阅读时尚资讯类杂志，注重饮食审美情趣，热爱流行及古典音乐，自驾出游	自由个性 引领时髦	162
轻奢精致型	实现个人价值	与朋友聚会、看商业信息类杂志、穿着高档次品类服装、热爱奢侈品并认为物超所值、出行有专车接送	经典气质 精致格调	21

3）不同类型消费者旗袍定制的数据分析

（1）消费者对旗袍文化认知程度分析。结果显示，消费者对刺绣、盘扣、滚边等工艺及棉麻、丝绸等面料的了解相对较多（图 4-3）。

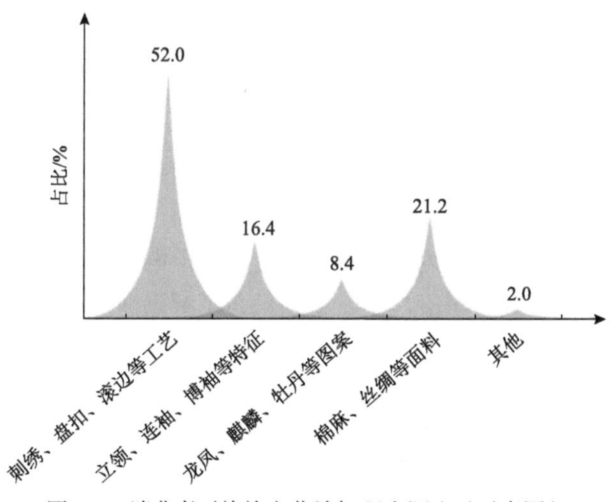

图 4-3 消费者对旗袍文化认知程度调查（示意图）

（2）不同类型消费者旗袍定制行为的交叉分析。在定制行为方面，全定制以旗袍婚礼服等为主，全定制价格昂贵、品质高端，一般定位在家庭社会经济地位较高的群体或者重大场合；半定制包括市场上的轻定制、微定制等，主要是指定制日常旗袍及旗袍改良款，以及定制旗袍服饰周边，如增补旗袍刺绣细节、局部整改、搭补手套等配饰。从图 4-4 可知，不同类型消费者的旗袍定制均以半定制为主，并且较多人从未定制过，这说明当代旗袍定制类型较为单一，旗袍定制具有较大的拓展潜力。

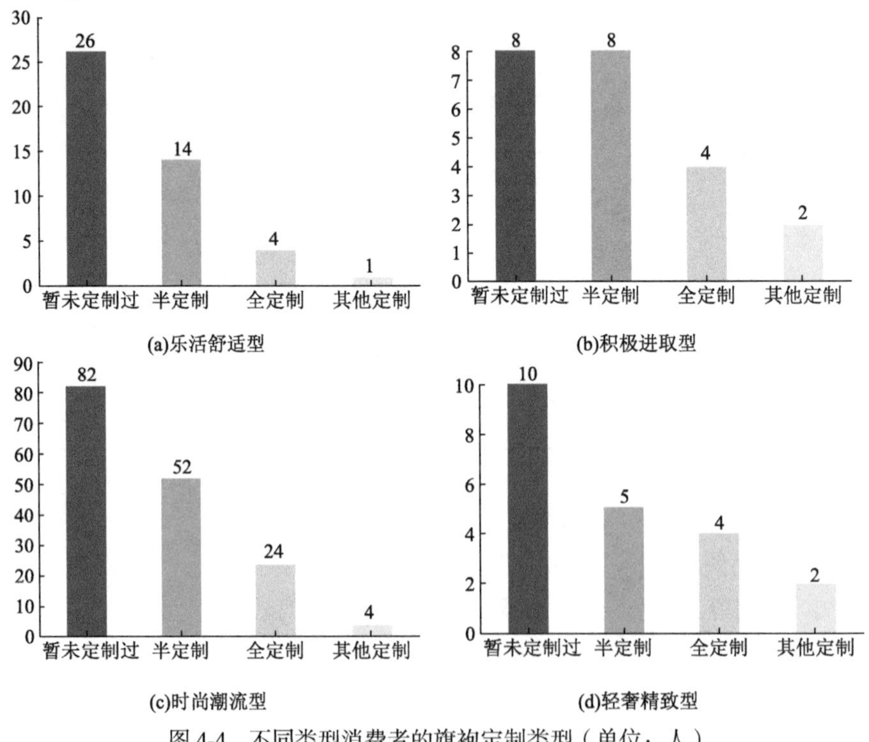

图 4-4　不同类型消费者的旗袍定制类型（单位：人）

表 4-6 交叉归纳定制类别与消费群体在认识渠道、定制价位、定制途径、定制频率四个方面的现状。在认识渠道方面，旗袍定制整体主要以逛街时看到和社交媒体宣传为主要渠道，这得益于电商渠道的大力发展，增加了产品的曝光度和可信度，丰富了认识与了解旗袍定制的渠道。在定制价位上，整体在 20000 元以内，以 3000 元以下档位为主。在定制途径上，全定制倾向于高端定制及小众定制，半定制主要是小众定制及网络定制。在定制频率上，专业化程度较高的定制类型，定制频率一般在半年或者一年以上，而其他定制因价格上的优势，定制频率较高。

表 4-6　不同类型消费者的旗袍定制行为　　单位：%

定制行为	分类	全定制	半定制	其他定制
认识渠道	逛街时看到	61.11	60.76	33.33
	朋友介绍	27.78	62.03	11.11
	社交媒体宣传	47.22	68.35	66.67
	自己主动关注	36.11	22.78	11.11
定制价位	1000 元以下	41.67	63.29	44.44
	1001—3000 元	33.33	25.32	33.33
	3001—5000 元	5.56	7.59	0
	5001—7000 元	8.33	2.53	0
	7001—10000 元	5.56	1.27	0
	10001—20000 元	0.00	0.00	0
	20001 元以上	5.56	0.00	11.11
定制途径	高端定制设计师工作室/品牌	47.22	20.25	11.11
	中端定制工作室/品牌	33.33	34.18	0
	小众定制工作室	41.67	68.35	22.22
	网络定制	25.00	48.10	55.55
	通过相关熟人加工定制	30.56	25.32	22.22
定制频率	1—3 个月	36.11	10.13	55.55
	3—6 个月	8.33	2.53	0
	6—9 个月	5.56	10.13	11.11
	9—12 个月	5.56	6.33	0
	12 个月以上	44.44	70.89	33.33

（3）不同类型消费者旗袍定制动机及用途分析。调查结果显示：旗袍定制主要是为了参加聚会、宴会、婚礼或在商务场合穿着；伴随这几年新国风的兴起，日常穿着的比例也在逐步增大（图 4-5）。从调研结果来看，定制旗袍让消费者最满足的是其“独特的韵味”（图 4-6），最吸引消费者的是其“艺术性”“工艺精细度”“自我个性表达”（图 4-7）。这两方面在本质上具有统一性。具体说，工艺精细度层面在很大程度上包括旗袍定制的精致度和合体性，艺术性和自我个性表达可归结于旗袍定制的审美性。因此，精致、合体、漂亮的定制旗袍满足消费者展现独特韵味等方面

的需求，还可展现自我个性，提高自身吸引力。例如，出席聚会或宴会时，他们希望通过旗袍来展现自己的气质和文化底蕴；在商务场合，他们则更注重服装的品质和合体度，以彰显身份并增添人文气息；而对参加婚礼的消费者来说，无论是作为新娘的婚礼服还是作为宾客的礼服，都讲究精致与隆重，以示尊重和正式。

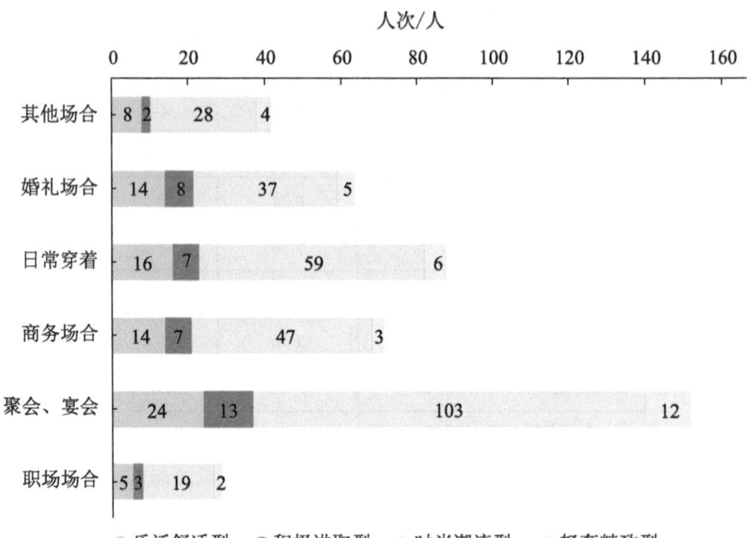

图 4-5 不同类型消费者定制旗袍的穿着场合

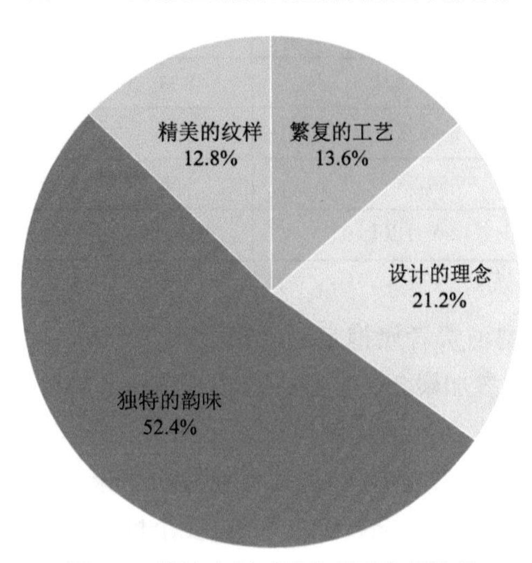

图 4-6 旗袍定制对消费者需求的满足

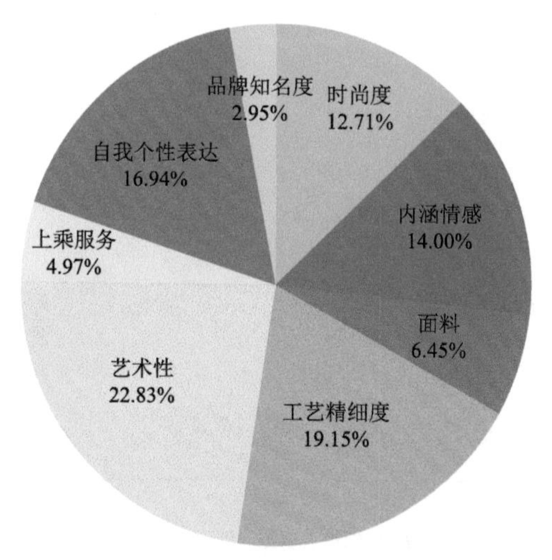

图 4-7　旗袍定制的吸引力占比

（4）不同类型消费者旗袍定制的设计意向需求分析。从调研结果来看，定制旗袍时消费者主要从“形”的方面进行意向选择（图 4-8），即消费者比较注重旗袍的轮廓形态、款式结构、肌理表达等外在的要素设计，且不同类型消费者在定制旗袍时的意向选择存在较大差异（图 4-9）。总体上看，在快节奏的社会生活中，简单、日常和时尚成为大多数人的追求。消费者对产品外观设计的关注度较高，且越来越多的消费者倾向于将旗袍融入日常服饰中，这已成为旗袍定制的发展趋势。这一点与调研发现改良立裁旗袍的受欢迎程度高于传统的古法平裁旗袍（图 4-10）相一致。

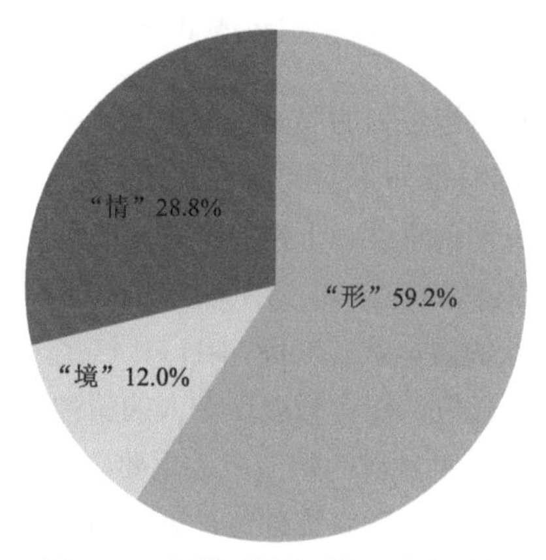

图 4-8　“形”“情”“境”意向选择

注：“形”即形态（轮廓、款式、结构、肌理等）；“情”即内涵（格调、情感、满足感、归属感等）；“境”即艺术（工艺、匠心、理念、思考等）

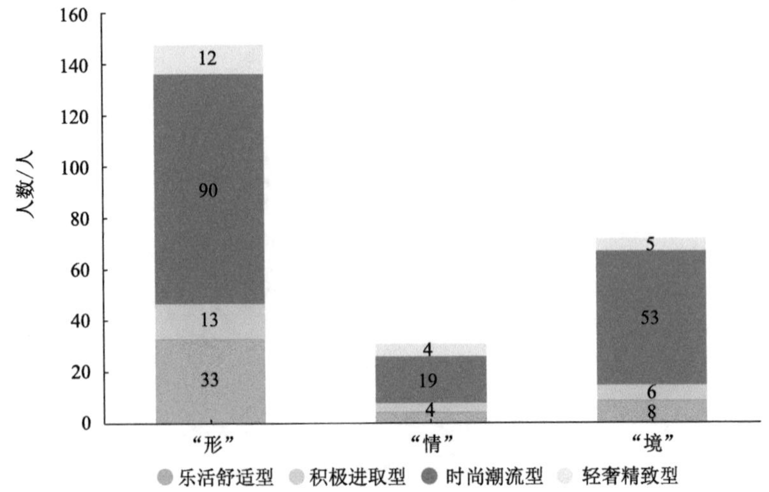

图 4-9 不同类型消费者的"形""情""境"意向选择

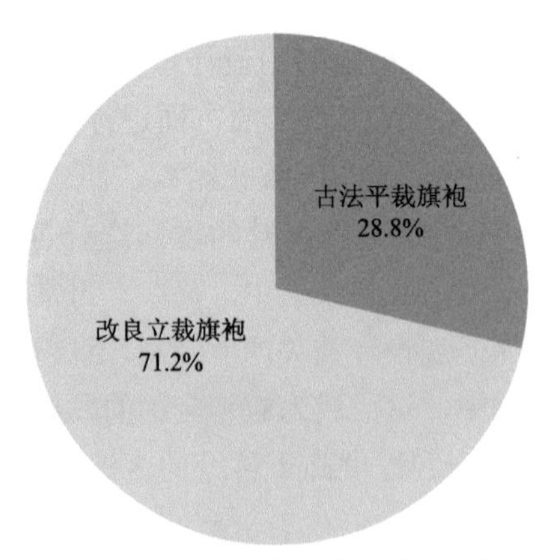

图 4-10 旗袍定制的款式意向选择

为了了解消费者对旗袍定制的局部修饰意向，调研设置了以领部特征为主的斗篷创意型、肩部特征为主的阔肩创意型、胸前特征为主的改良通勤款、后背特征为主的曳地创意型、下摆特征为主的鱼尾创意型、腰部特征为主的蜂腰创意型六大具体旗袍款式。结果表明，更多消费者选择领部、胸前、腰部进行修饰设计的旗袍款式（图 4-11）。这是因为，领部和肩部是塑造关键视觉中心的重要部位，能有效展现个人的精神风貌和气质；腰部作为整体视觉的黄金分割点，对身材的塑造至关重要。如图 4-12 所示，领部是所有类型消费者共同在意的创意修饰部位，表现最明显的是积极进取型。乐活舒适型还注重下摆和肩部的创意设计，时尚潮流型对胸前和腰部的创意设计也较为关注度，轻奢精致型最关注的是腰部的修饰设计。

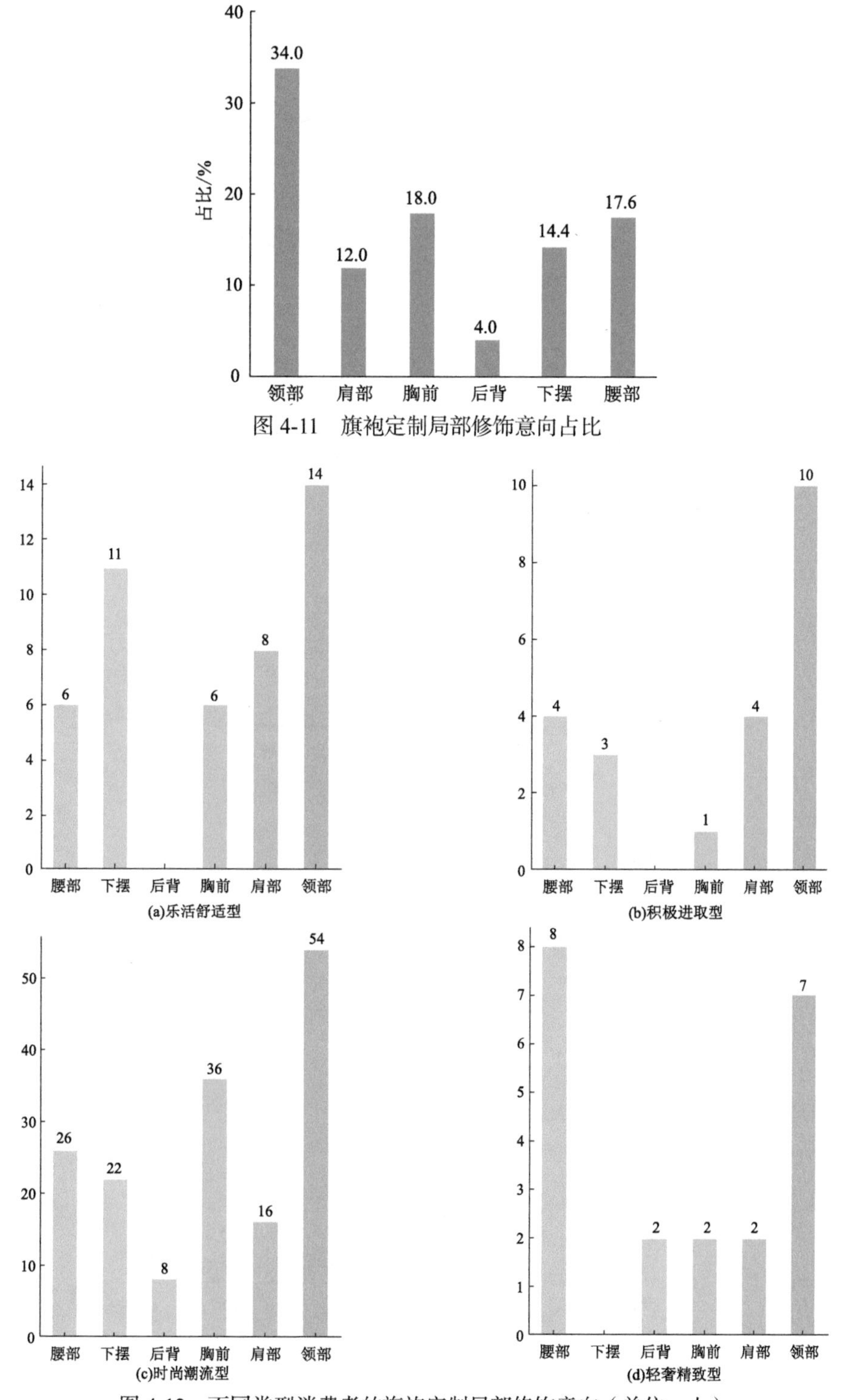

图 4-11　旗袍定制局部修饰意向占比

图 4-12　不同类型消费者的旗袍定制局部修饰意向（单位：人）

在面料的选择上，以真丝、棉麻等传统面料为主（图 4-13），真丝面料的轻盈光泽更能彰显出旗袍的独特韵味，棉麻则可以展现旗袍的古朴优雅、舒适耐用。在定制旗袍风格的选择上，以复古经典、简约大方、时尚国潮为主（图 4-14）。具体到不同生活方式类型的消费者，轻奢精致型和积极进取型除了前述三大主要风格外，对民俗风情风格也较为关注（图 4-15），表明这两个群体在服装风格美感的追求上更具前瞻性和包容性。

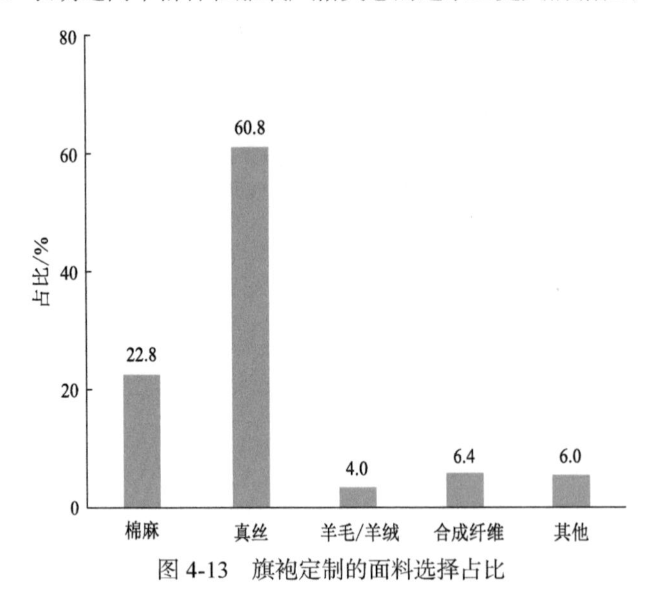

图 4-13　旗袍定制的面料选择占比

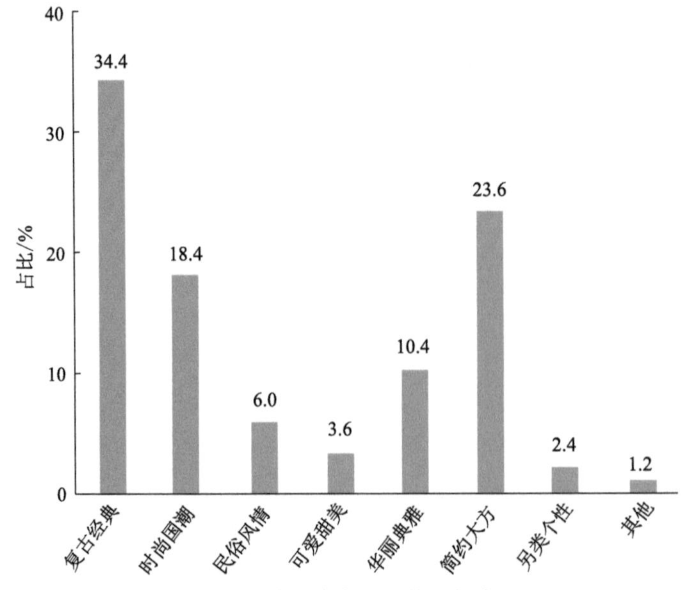

图 4-14　旗袍定制的风格选择占比

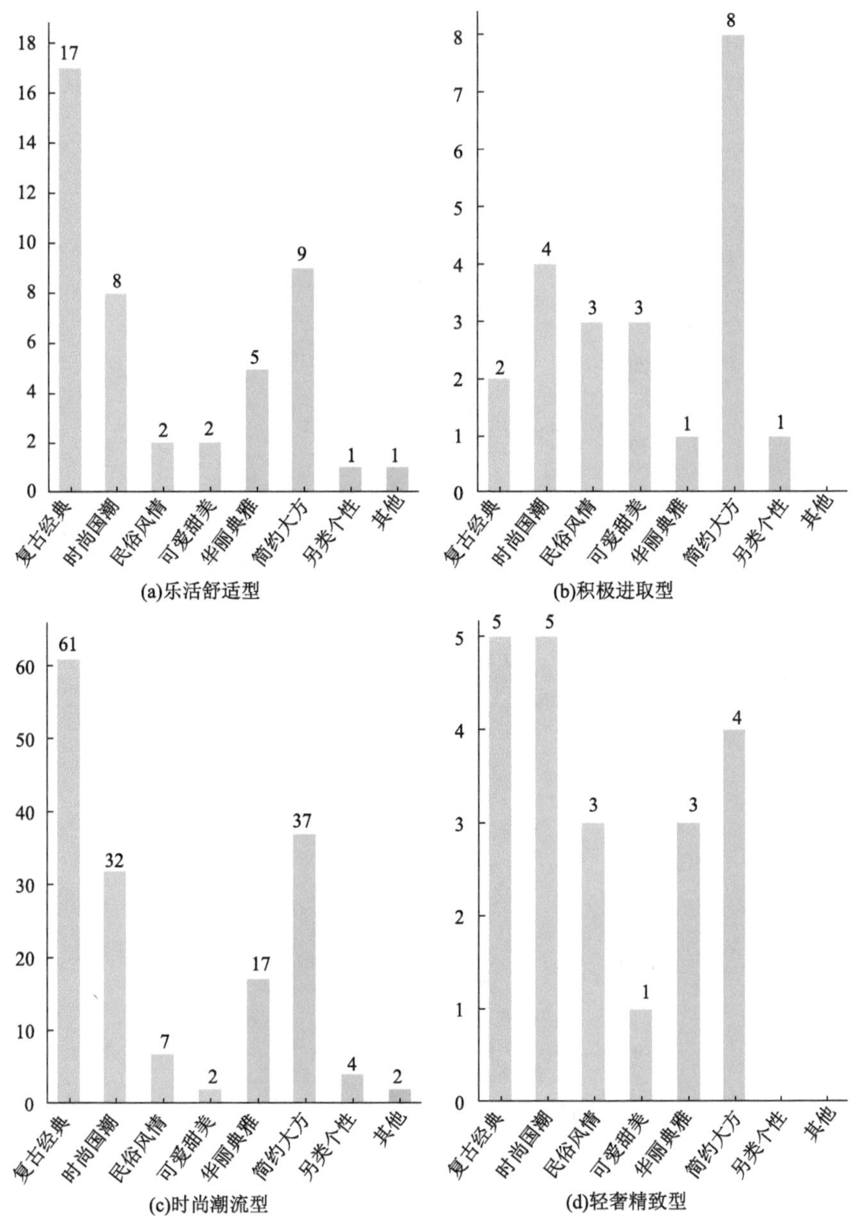

图 4-15　不同类型消费者的旗袍定制风格选择（单位：人）

（5）消费者对旗袍定制的未来期望。从调查结果来看，更多人期待定制的旗袍在具备艺术性和实用性的同时，能够体现优秀文化复兴和工匠精神回归的深层内涵（图 4-16），这既反映出博大精深的中华优秀传统文化对人们深远、持久的影响，也是对当前相关国家政策的响应与支持。此外，相比古法旗袍款式，消费者更喜欢现代改良后的旗袍款式（图 4-17），这或许表明在当代旗袍设计中，融入新潮时尚元素和文化内涵的做法会更受消费者的欢迎。未来，旗袍定制的改进可以进一步探索如何结合当代时尚与文化。

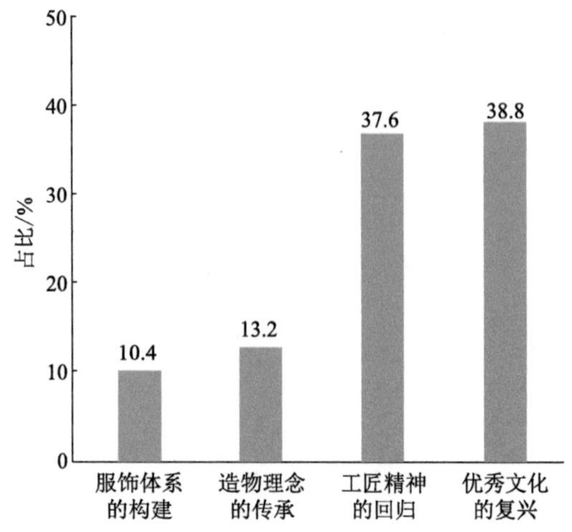

图 4-16　消费者对旗袍定制特性的期望

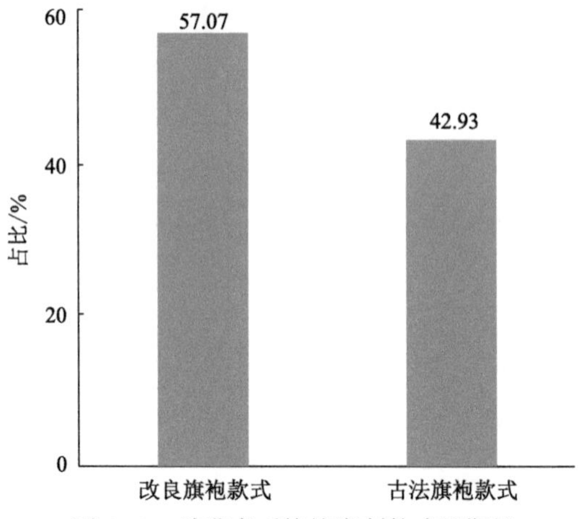

图 4-17　消费者对旗袍定制款式的期望

3. 结论与反思

1）结论

第一，消费者可划分为四类：乐活舒适型，追求自然、健康的生活方式；积极进取型，强调努力奋斗；时尚潮流型，紧跟时尚资讯，追求个性发展；轻奢精致型，注重生活品质和格调。调查显示，按人数排序，时尚潮流型居首，其次是乐活舒适型、积极进取型和轻奢精致型。

第二，不同类型消费者的旗袍定制以半定制为主，定制途径从传统的中高端传统工作室转变为以小众定制工作室、网络定制为主。定制的频率不高，大都在半年以上，在定制的花费上，费用也往往控制在 2 万元以内。定制旗袍让消费者最满足的是其“独特的韵味”，最吸引消费者的是其“艺术性”“工艺精细度”“自我个性表达”。

第三，关于旗袍定制的设计意向需求，消费者更关注直观的“形”层面的设计元素，如款式、形态和造型。消费者喜欢在传统旗袍基础上进行局部创新设计，特别是领部、胸前和腰部的设计最受青睐。

第四，在面料选择上，仍偏爱真丝和棉麻。在定制风格上，消费者对经典复古和简约大方风格有较高期待，同时对时尚国潮风格也表现出强烈意愿。

第五，消费者对旗袍定制未来期望的结果分析。消费者期望定制旗袍具备实现优秀文化的复兴和展现中华文化内涵的深层次底蕴。同时，相比古法旗袍，消费者更喜欢现代改良旗袍。

2）反思

第一，从内涵及外延方面来看，消费者对定制旗袍的认知仍停留在可视化特征上，对其情感表达和文化底蕴的理解有待加深。

第二，旗袍定制存在消费周期长、消费水平偏低的问题，且目前以半定制为主。现代生活追求便利、多样和快时尚，但传统旗袍定制耗时且需专业技能，这让许多人对其望而却步，不愿意选择旗袍作为其日常服装。因此，我们急需在时尚与传统间找到平衡点，满足现代消费者对便捷和个性化的追求，同时不失传统服装的韵味。

第三，旗袍定制正处于发展上升期，但其风格偏于传统，缺乏多元化。未来，我们可以融入更多的中华元素和现代时尚元素。此外，目前旗袍的面料较为单一，市场对新型面料的开发充满期待。

第四，关于旗袍定制的认知途径，虽然已从传统的线下工作室拓展到线上定制，并获得了一定的推广和社会认知，但线上定制的品质与服务往往衔接不上，难以进入中高端市场，也难以展现工匠精神。

第二节 旗袍定制的构成表征与设计

本节依据现代旗袍定制市场的现状和问题，针对现代生活方式的需求层次特征，提出了旗袍“度身定制”的概念。这一概念强调了对消费者生理需求、心理需求、社会需求不同程度的侧重，从而构成了“形”“情”“艺”的中式定制特征。上一节基于对不同类型消费者日常生活特征及旗袍定制意向趋势的分析，进一步揭示了现代生活方式下消费者对旗袍定制的真实需求，可为旗袍“度身定制”的设计实践提供方向上的指导。

“度身定制”，即以消费者的需求与意向为核心，向消费者提供“度形”“度情”“度艺”的意向选择，是从外观定制到情感定制、再到艺术定制的渐进式定制模式。“度身定制”具体包括两个方面：一是量身定制，满足自然人对体型、舒适度、个人喜好等的基本需求；二是基本符合TPO原则，即人们在选择服饰时会考量时间（time）、地点（place）、场合（occasion）因素，关注服饰与职业、身份、个人标识的贴合度。旗袍文化的构成要素丰富多样，物质性包括旗袍款式、图案、色彩、工艺等，非物质性包括天人合一、备物致用、器物共生等造物理念。任何要素都可能成为消费者的意向需求。

“度身定制”可划分为传统（经典）与改良（创新）两个类别，将色彩、款式、面料、图案、工艺等要素作为变量，即供消费者选择需要定制设计的侧重选项（图4-18）。绿色部分是传统（经典），百分比代表着不同要素定制的传统程度，绝对值越大，传统（经典）程度越高。红色部分是改良（创新），百分比代表着不同要素定制的改良（创新）程度，绝对值越大，改良（创新）程度越高。图中“度身定制”的各项指标归置于0。

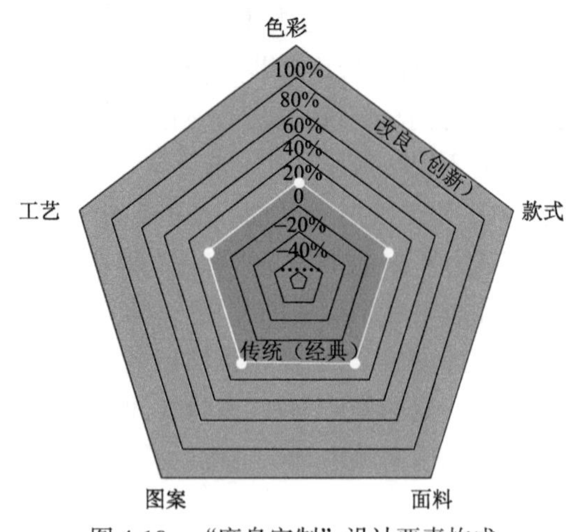

图4-18　“度身定制”设计要素构成

根据消费者的多样定制需求，图4-18中每一个要素都有可能成为变量或者定量。在色彩上，以五大正色作为传统（经典）类的代表，流行色或传统正色的改良属于改良（创新）；款式上，以对廓型、典型部位、形制的还原度来衡量传统（经典）的程度，以对传统面料的二次创新、新型面料、新工艺面料、对传统面料的改良来衡量改良（创新）的程度；工艺上，以镶、嵌、滚、补、绣、盘、染等传统古法技艺的应用程度来衡量传统（经典）的程度，以新工艺、对传统工艺的改良等来衡量改良（创新）的程度；图案上，以对龙凤纹、蝴蝶纹、三多纹、蝙蝠纹等传统纹样的应用和布局来衡量传统（经典）的程度，以现代图案或传统图案的抽象、变形、扁平、波谱、几何等手法或布局来衡量改良（创新）的程度。

一、旗袍“度形定制”的构成表征与设计

（一）构成表征

“度形定制”的“形”针对两个方面：一是指人的身高、体重、体型等生理层面的要素；二是指定制服饰的外观化造型要素。在生理、心理、社会三大层面中，“度形定制”以满足消费者生理层面和心理层面的需求为主导，社会层面的需求处于从属地位。在满足生理层面需求的基础上，满足消费者对服饰的廓型、款式、结构或肌理等外观的个性风格要求，体现其求异创新、追求独特的心理特征。

以创意个性化“度形定制”为例（图 4-19），其中以款式的定量指标变动为主，款式改良（创新）指标为 80%，色彩、面料、工艺、图案等变量可以根据定制客户的需求进行小幅度改动。

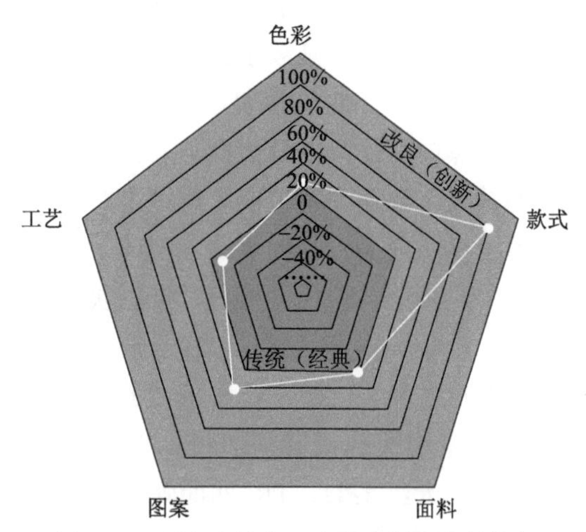

图 4-19　创意个性化“度形定制”变量指标

“度形定制”的“形”可概括为经典类和创意个性类。经典类“度形定制”基本等同于传统的量身定制。而创意个性化“度形定制”旗袍，是根据中西方对旗袍服饰文化元素的应用与创新、对古今融创现状的整理与归纳，使女装更具多样性、层次性、代表性，其形制可分为上下连属式、

上衣下裳式。这里的上衣下裳式如同上下通裁式的廓型设计，虽不会出现上下分节，但会以腰带、分割线、结构线等形式形成上半身着衣、下半身着裙的错觉，并将西方服装设计廓型原理用于现代旗袍改良（创新）的形制。创意个性化“度形定制”旗袍的具体廓型可分为曳地型、斗篷型、蜂腰型、鱼尾型、夸肩型等。

（二）时尚设计

旗袍“度形定制”的消费群体热衷于个性享受或潮流社交，其生活方式注重个性化体验。他们通常喜爱传统文化，钟情于个性化装饰和国风物品，热衷于时尚资讯。此外，他们可能喜欢逛街、参与社交聚会，并热衷欣赏流行音乐。这一群体秉持着及时行乐和追随时尚潮流的生活理念。

1. “丝路狂想曲”旗袍定制设计

“丝路狂想曲”为创意褶皱旗袍系列设计，设计灵感来源于丝绸之路沿途盛开的美丽花卉。这些美丽的花卉如同五彩斑斓的画卷，不仅点缀了沿途的风景，也给旅行者和贸易商带来心灵慰藉。图案汲取国画彩墨的风格，绘制出丝绸之路沿途的花卉；同时融合“中韵西裁”设计，将东方韵味融入西式的服装剪裁；通过创新的褶皱技法，仿生设计出花卉形状和弯曲山水褶皱。其风格主要是依靠创新的旗袍款式、褶皱面料和装饰工艺来营造独特的气质和格调。整体设计延续了旗袍的大气和高贵特质。

设计中的色彩主要以黑色、白色和印花图案为主（图 4-20）。在整个设计中，巧妙地运用了黑白对比，以及黑白与彩色印花之间的对比，视觉上呈现强烈而独特的效果。印花图案汲取了丝绸之路上花卉和彩墨绘画风格的灵感，主要采用了模仿彩墨绘画的手法，形成了以色块为基础的印花图案。在图案的构成中，黄色、粉色、橙色、红色块象征着花卉，而绿色和黑色则代表着小草、叶子和根茎（图 4-21）。设计旨在通过丰富多彩的色彩组合凸显女性的夺目之美，创造出一种浪漫的氛围。

在面料选择方面，采用凹凸机器褶面料、折线形机器褶面料、线性乱褶面料、水溶性蕾丝、天丝柔缎、TR 四面弹细斜等多样化的材质，以表现更为丰富的质感和层次感（图 4-22）。在辅料的筛选上，强调装饰性，运用抓钻、米珠、管珠等元素，为整体设计注入了独特的装饰效果。这样的精心搭配不仅使面料的质感更为突出，同时也为服装整体效果的呈现带来更多的设计亮点。总体而言，“丝路狂想曲”系列设计在色彩、图案和材质的巧妙组合上追求一种独特的时尚感，使整个系列呈现丰富的层次感和引人注目的吸引力。

图 4-20 “丝路狂想曲”色彩版（设计：张杨[①]）

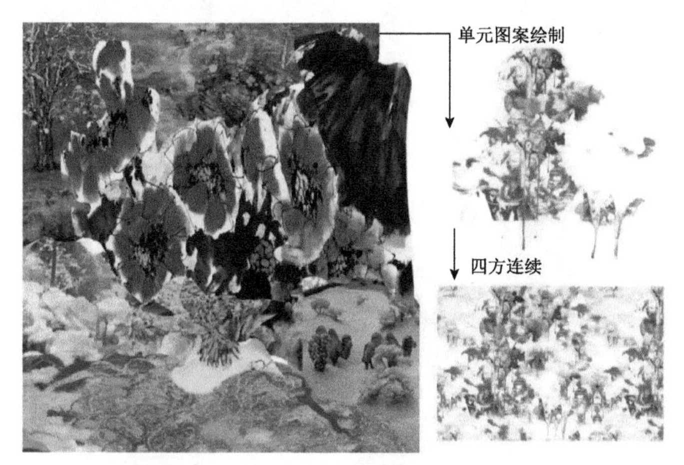

图 4-21 “丝路狂想曲”图案设计版

图 4-22 “丝路狂想曲”面料选择

① 张杨为笔者指导的硕士研究生。本案例中所有服装的设计图与实物图均由张杨完成。

“丝路狂想曲”的设计主旨在于将现代的褶皱元素与传统的旗袍元素相融合，创新运用褶皱技法仿生设计出花卉形和蜿蜒线形的褶皱。前期实践中首先制作了面料小样，在人体模特上模拟了服装的大廓型，并考虑了面料肌理的适配度，然后从中筛选出较满意的廓型（图 4-23）。根据前期的面料实践、廓型构思和灵感来源，绘制出褶皱面料与旗袍元素相结合的设计草图（图 4-24）和部分款式的效果图（图 4-25）。草图整体以旗袍的形制为主，加入镂空、不对称、夸张、叠加、拼接等手法进行局部设计，如胸部、腰部、腿部镂空的旗袍，右长左短的披肩，右高左低的裙下摆等。

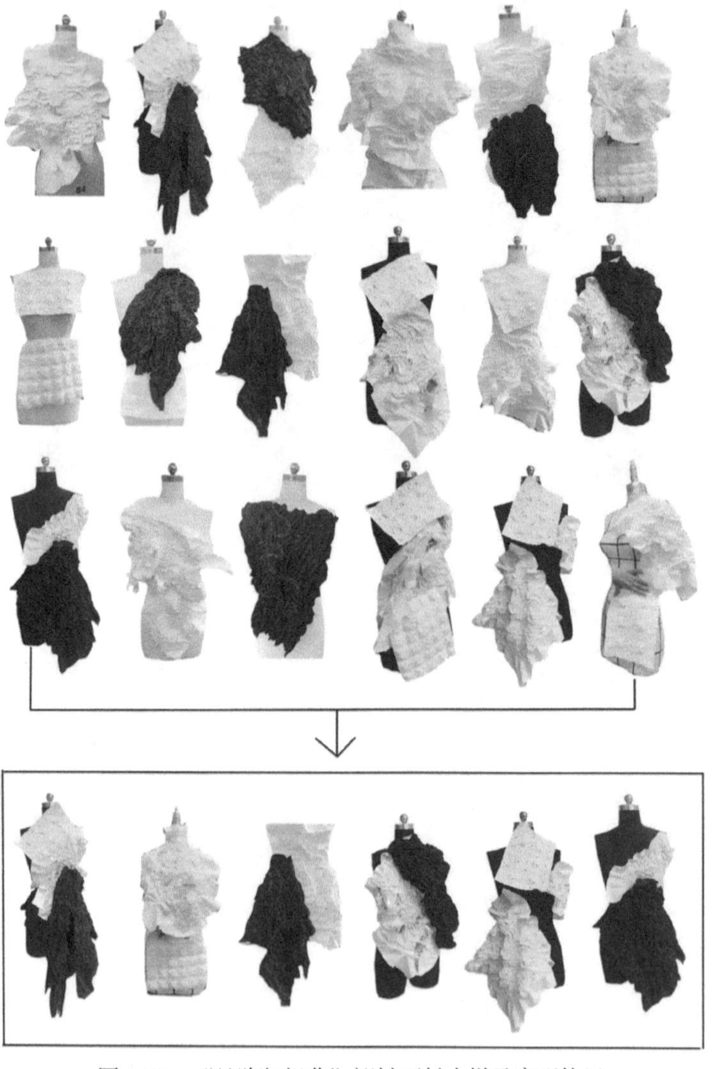

图 4-23 “丝路狂想曲”褶皱面料小样及廓型构思

图 4-24　“丝路狂想曲”设计草图

图 4-25　“丝路狂想曲”效果图

在设计草图的筛选过程中，考虑选取偏向传统的两套款式和偏向创意的两套款式，并结合不同的色彩搭配比例，组合成一个系列。最终确定了两组设计草图：第一组较传统的包括第 5 套和第 6 套，而第二组则涵盖了较有创意的第 2 套和第 8 套。这四套设计在色彩方面相互协调，展现了多样化的表现方式，包括以浅色为主、以重色为主、浅色与重色相融合的组合，使整个系列更加协调一致。

具体设计中，较传统的两套旗袍整体风格偏向传统形制，但对领口、袖口及辅料等进行了局部创新设计。创新之处主要体现在面料的运用和色彩的大胆碰撞。另外两套较创意的则更加大胆地融入创意元素，以潮流款式为基础，局部注入旗袍的小细节，如高开衩、包边等，展现出更为时尚和独特的风格。整体而言，“丝路狂想曲”系列旗袍不仅在形制上保留了传统特色，同时在面料和色彩运用上进行了巧妙创新，为传统旗袍注入了新的时尚元素。

“丝路狂想曲”系列旗袍的前期设计草图主要绘制出了大色块和整体廓型，但缺少细节刻画。细化的内容包括头饰（图 4-26）、扣子、鞋、辅料及面料纹理、面料质感等。对这些细节的精心处理使整个系列的设计更加完整。款式图展示了系列设计的具体样式，进一步展现了设计的理念和对细节的处理（图 4-27 至图 4-30）。

图 4-26　“丝路狂想曲”配饰图——头饰

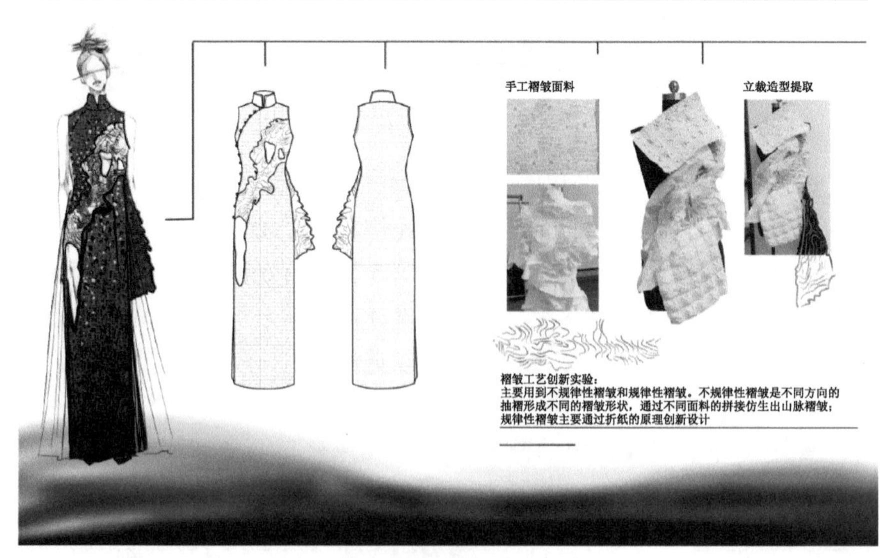

图 4-27　“丝路狂想曲”款式一

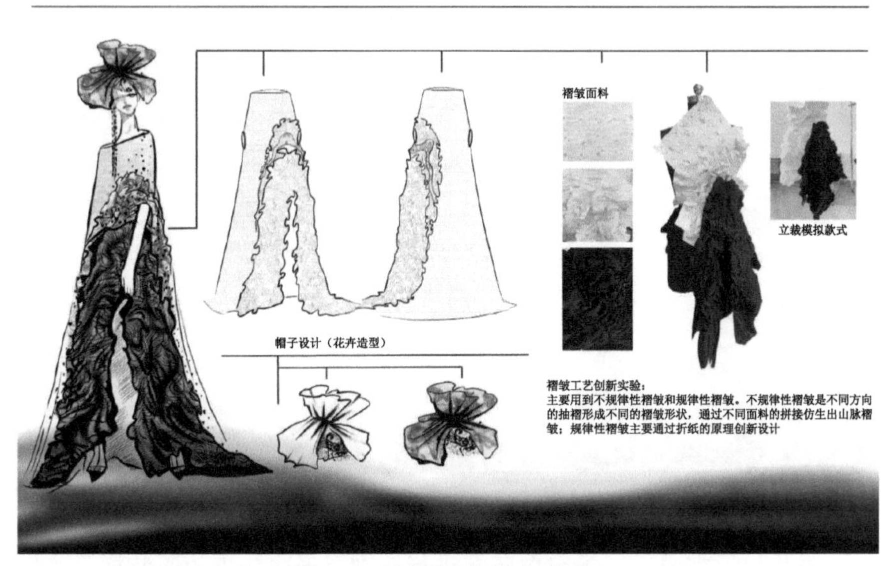

图 4-28　“丝路狂想曲”款式二

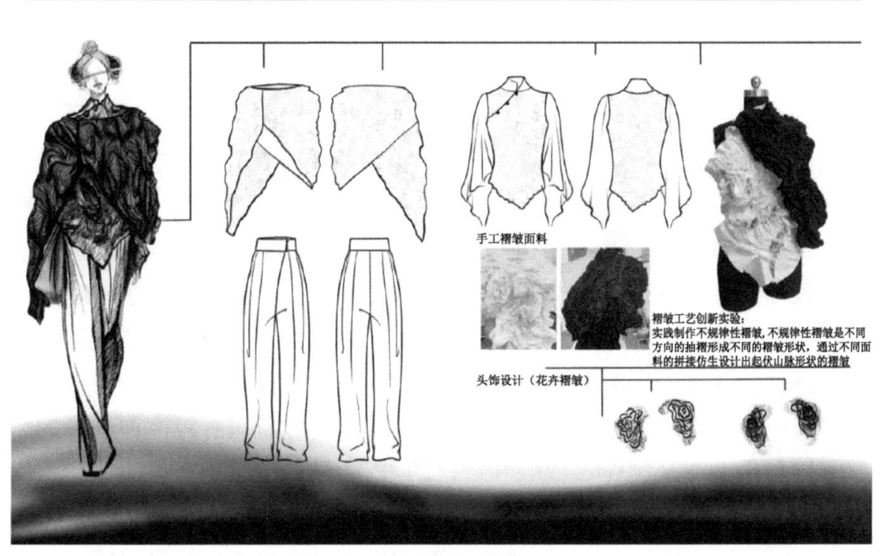

图 4-29　“丝路狂想曲”款式三

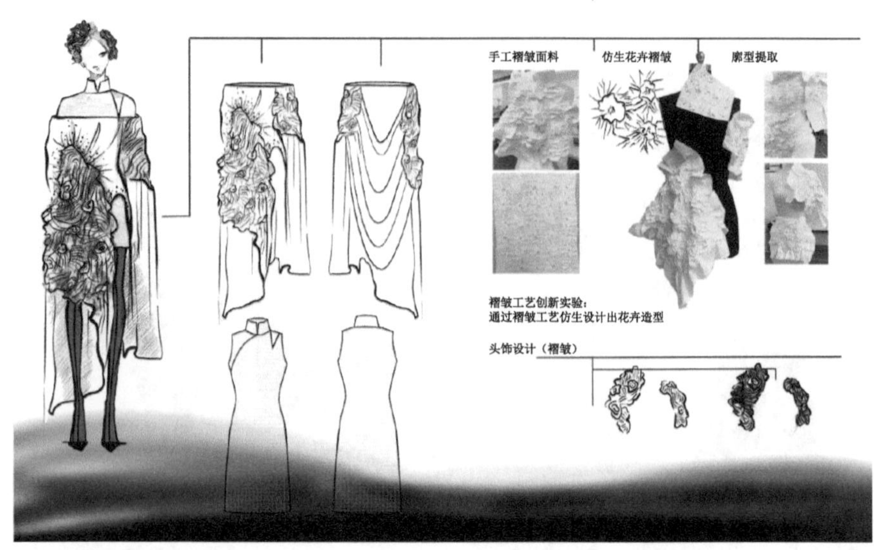

图 4-30 “丝路狂想曲”款式四

服装制版完成后，采用白胚布进行缝制，形成初步的服装样品。采用白胚布制作样品的优势在于其能够与实际服装面料在质地、垂坠感和触感等方面保持一致或相近，从而使最终的服装效果更贴合设计初衷，所以白胚制作是一个至关重要的步骤。

白胚的制作过程涉及对服装整体效果的仔细观察与调整。设计师需要根据初步制作出的白胚样品，对服装的结构、松紧度及长度等进行合理的调整。通过对白胚样品的精心调整，设计师能够更准确地把握服装的整体效果，以使最终呈现的效果尽量贴合最初的设计理念。这一过程既是对设计的实质性验证，也是对细节的精益求精。通过在白胚样品上进行改进，设计师可避免在后续的服装制作阶段出现重大错误，同时也能有效地加速整个服装制作的进程。所以，白胚不仅是服装在形态上的雏形，更是在实际操作中对设计构想不断完善和实践验证的阶段。这一阶段将直接影响最终成品的品质和符合度，因此对白胚的制作过程进行精准而周详的调整是确保整个服装制作过程顺利进行的关键一环。“丝路狂想曲”系列旗袍的白胚见表 4-7。

“丝路狂想曲”系列旗袍呈现鲜明的色彩对比和丰富的肌理感，给人以视觉上的强烈冲击。为了在服装整体造型中保持平衡，设计者巧妙地对头饰和耳饰进行了简化处理（表 4-8）。头饰摒弃了烦琐的设计，运用仿生设计的手法，将服装上的花卉印花面料巧妙地转换为花形头饰。这种设计

表 4-7 “丝路狂想曲”系列旗袍的白胚

编号	效果图	白胚（正面/侧面/背面）
第一套		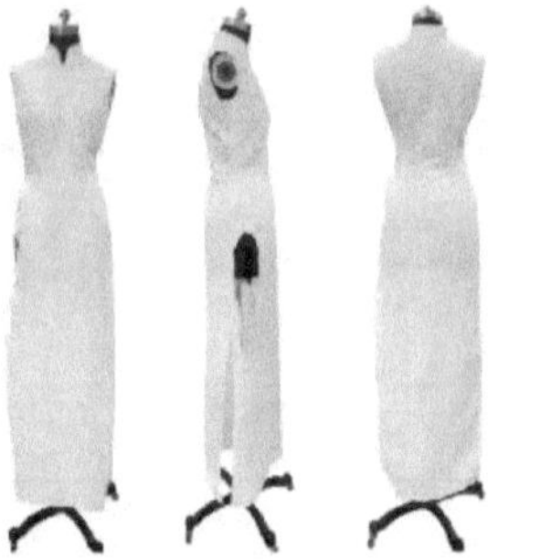
第二套		
第三套		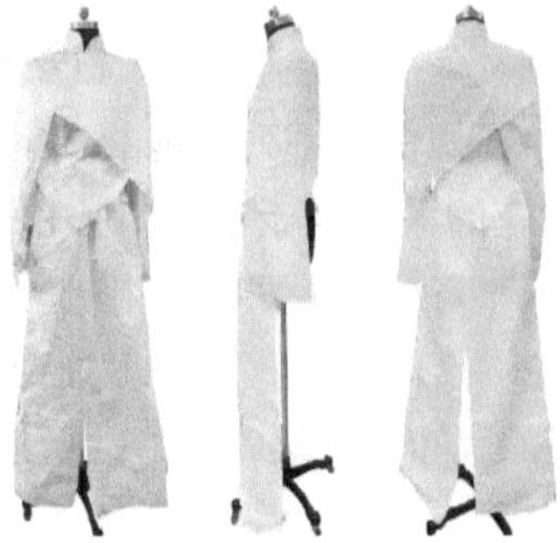
第四套		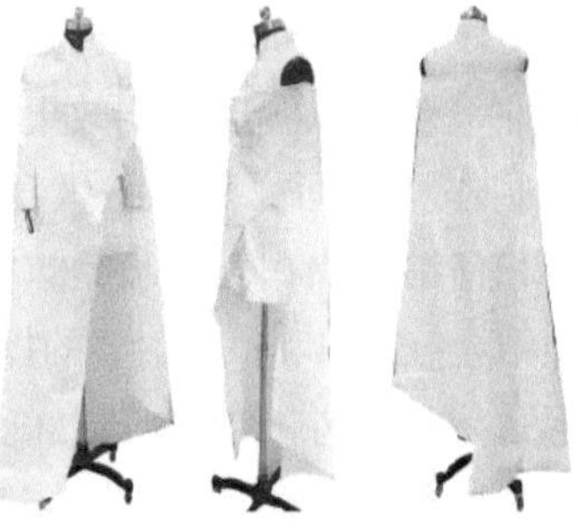

表 4-8 "丝路狂想曲"配饰

配饰	制作步骤	描述
头饰		提取花朵形状进行夸张设计，边缘加抓钻点缀
耳饰	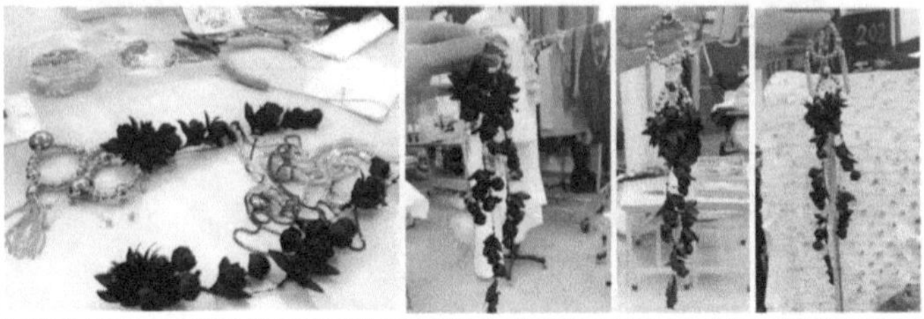	银色金属和黑色花朵进行组合，整体造型进行夸张设计

凸显了服装的独特花卉元素，使整体造型更平衡。耳饰主要采用银色和黑色，与服装上的抓钻和花卉印花相呼应。银色与抓钻的光泽相得益彰，呼应整体色调。黑色的花朵与服装上的花卉印花图案和仿生花卉褶皱形成巧妙的呼应关系，增强了整体造型的层次感。这种简化而精致的设计，使头饰和耳饰成为整体造型中的点睛之笔，既彰显了个性，又保持了整体的和谐统一。

"丝路狂想曲"系列旗袍的图案制作过程中，主要采用印花与褶皱的结合。印花的关键在于准确掌控色彩还原度、面料质感、硬挺度及厚薄等。印花图案面料主要用于花卉形抽褶（图 4-31）和蜿蜒路线形抽褶（图 4-32）。具体而言，花卉形抽褶要求较强的立体感，因此需要选用硬挺度较高的底布；蜿蜒路线形抽褶需要处理较大的抽褶量，并且为了呈现细密的褶痕，宜选择较薄且柔软的面料。此外，印花彩色的还原度也至关重要。如图 4-33 所示，两块印出的面料对比，右边的还原效果更佳。在印花过程中，需要不断调整，直至达到对色彩、质地、硬度和厚度等多个因素的精准平衡，以实现预期效果。

手工制作褶皱面料与旗袍大身的结合确实是一项复杂的任务，需要一些技巧和仔细的操作。以长款旗袍为例，上半身的花卉印花褶皱与黑色的大身相结合（图 4-34），主要的操作步骤如下。

找形：用面料小样在白胚上确定花卉印花褶皱在旗袍大身的造型。设计师要根据整体设计方案确定褶皱的位置、形状及与大身的整体协调。

图 4-31 “丝路狂想曲”花卉形抽褶

图 4-32 “丝路狂想曲”蜿蜒路线形抽褶

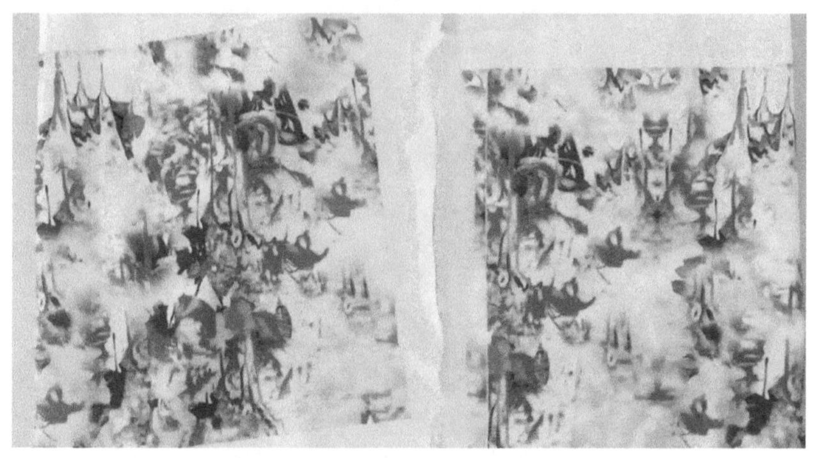

图 4-33 “丝路狂想曲”印花面料色彩对比

提取：用卡纸精确提取出花卉印花褶皱的形状。可以在白胚上画好轮廓进行剪裁，确保提取的卡纸形状与设计一致。

固定：将提取出的褶皱面料用珠针固定在旗袍大身上。这一步需要仔细调整褶皱的位置，确保其与整体设计的要求一致。利用珠针暂时固定褶皱，方便后续调整。

缝合：在大身上调整好形状、确定好位置后，将褶皱面料与旗袍大身进行缝合。这一步需要熟练的缝纫技巧，确保褶皱与大身紧密结合，同时保持设计的美感和整体效果。

以上每一步都需要精心操作。通过以上方法，可以举一反三，有效确定旗袍的镂空位置及形状（图 4-35）。

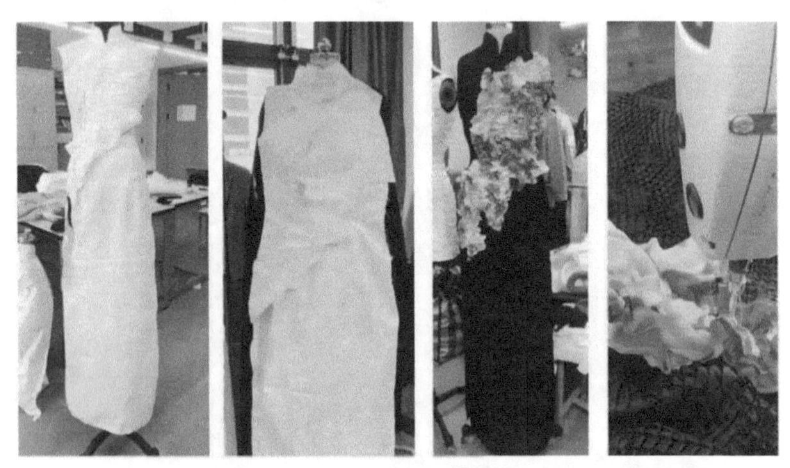

图 4-34 “丝路狂想曲”手工制作褶皱面料与旗袍大身的结合

图 4-35 “丝路狂想曲”旗袍的镂空位置与形状的确定

“丝路狂想曲”第一套以无袖立领长款旗袍为基础，通过巧妙的镂空和拼接设计展现出独特的艺术感。黑色折线机器褶面料与手工印花抽褶相结合，创造出鲜明的立体感和强烈的色彩对比。腰部、胸部和腿部运用镂空和拼接蕾丝面料，增加了细节层次，使旗袍更显灵动与性感。领口、门襟、衩口、下摆及镂空处均采用包边工艺，使整体设计更为精致完整（图4-36）。

图4-36　“丝路狂想曲”第一套成衣实物图[①]

① “丝路狂想曲”系列旗袍的展示模特为郑希妍。

“丝路狂想曲”第二套是一款创意设计的一字肩拖尾长裙，整体造型宛如一朵绽放的花朵。这套衣服的最巧妙之处在于前腿处的高开衩，这一设计巧妙地借鉴了旗袍的元素，通过高开衩展现女性腿部线条的美感。此外，在裙装的开衩、底摆、一字肩和袖子处采用了旗袍的包边和滚边工艺，使整体造型更为精致而有层次感。这套衣服的设计巧妙地融合了传统元素与现代时尚元素（图 4-37）。

图 4-37 “丝路狂想曲”第二套成衣实物图

“丝路狂想曲”第三套包括立领短款抽褶上衣、不对称设计的披肩和长款高腰裤。立领短款抽褶上衣在设计上采用了不对称的元素，袖子在倒大袖的基础上进行前短后长和切展设计，增加更多的褶量，使整体更加飘逸和灵动。上衣采用手工抽褶的花卉印花面料，增添独特质感。黑色披肩与印花抽褶上衣搭配，犹如盛开的花朵。整体搭配展现时尚干练感（图4-38）。

图4-38　“丝路狂想曲”第三套成衣实物图

“丝路狂想曲”第四套包括无袖短款旗袍和不对称一字肩披肩。旗袍独具创意，前肩采用镂空设计，而且采用包臀设计，以 A 字裙的形式呈现，展现出更为流畅的线条美。不对称一字肩披肩可以随意拆卸，拆卸后的短款旗袍展现简约时尚风格。披风采用仿生花卉褶皱面料，为整体造型增添了自然生动的元素。后背部分则采用自然垂坠的荡褶，使整体造型更加优雅。这种设计巧妙融合了实用性和艺术感，展现出独特的时尚魅力（图 4-39）。

图 4-39　“丝路狂想曲”第四套成衣实物图

“丝路狂想曲”系列旗袍将传统旗袍元素与当代褶皱技艺有机融合，赋予服装独特的审美魅力，而且具备了创新性和仿生性特征。该系列旗袍秉承国风服饰的创意转化和协调共生的设计理念，通过工艺技术融合及立体造型打造，巧妙地将传统旗袍元素与现代褶皱技艺相融合，赋予了服装创新性。不规则的手工褶皱面料与规律性机器褶面料相结合（图 4-40），形成了强烈的视觉张力，使服装的色彩和材质更具质感和层次感，增强了审美深度。

“丝路狂想曲”系列旗袍采用了立体造型的设计方法。创新褶皱立体造型的技法主要有缝合、叠加、折叠、交织和裁剪，这些技法有助于摆脱传统二维结构的限制。褶皱的立体肌理可以通过多种方式实现，如点缀、抽缩缠绕、折叠堆积、立裁制褶及材料的综合运用等。通过手工抽褶制作出仿生花卉和山脉褶皱，这些手工褶皱具有明显的立体效果，再结合机器褶堆积，打造出独具创意的个性风格（图 4-41）。

图 4-40　“丝路狂想曲”中褶皱的创新性

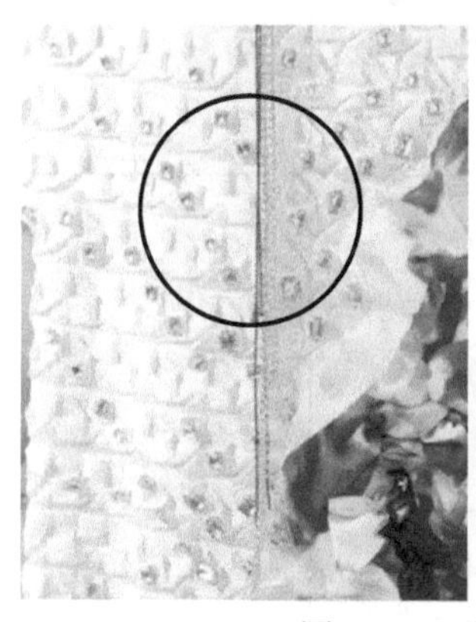

图 4-41　“丝路狂想曲”中褶皱的立体造型打造

“丝路狂想曲”系列旗袍的仿生设计分为两部分：一是面料的仿生花卉褶皱，呼应设计主题，展现出较高的原创性和完整性（图 4-42）；二是服装整体造型的仿生设计，如无袖立领长款旗袍的花卉印花褶皱如一片繁茂的花海，一字肩拖尾长裙拼缀的褶皱面料呈现盛开的花朵造型，立领短款抽褶上衣形似即将盛开的花骨朵，无袖短款旗袍仿佛一簇簇盛开的花朵（表 4-9）。

图 4-42 “丝路狂想曲”中褶皱的仿生性

表 4-9 “丝路狂想曲”整体造型的仿生设计表现

套系	第一套	第二套	第三套	第四套
图例				
花卉造型				
褶皱造型	花卉印花抽褶，犹如一片繁茂的花海	拼缀的褶皱面料，呈现盛开的花朵造型	压褶黑色披肩搭配花卉图案抽褶，形似即将盛开的花骨朵	左右肩部花卉褶皱仿佛一簇簇盛开的花朵

“丝路狂想曲”系列旗袍的褶皱采用了两种不同的布局方式：一是全件满地式布局，图案丰富且宏大，给人一种强烈的视觉震撼；二是块面拼缀式布局，为整体形象增添了厚重、精致和壮观的氛围（表 4-10）。

表 4-10　“丝路狂想曲”中褶皱的布局方式及设计分析

套系	图例	布局方式	布局部位
第一套		全件满地式	全身都使用褶皱面料
		块面拼缀式	花卉印花抽褶与黑色机器褶拼缀
第二套		全件满地式	全身都使用褶皱面料
		块面拼缀式	花卉印花抽褶、黑色机器褶及黑色抽褶拼缀
第三套		全件满地式	黑色压褶披肩、短款改良花卉印花抽褶上衣
第四套		全件满地式	白色短款机器褶旗袍
		块面拼缀式	左右肩部花卉褶皱与后片荡褶拼缀

2. “曲水流觞”旗袍定制设计

“度形定制”设计实践将广义的“形”的定制范围具体化，针对生理层面和心理层面，着重满足 20—30 岁女性消费者的个性心理需求。下面以“曲水流觞”系列旗袍设计为例进行说明。

“引以为流觞曲水，列坐其次”出自王羲之的《兰亭集序》。曲水流觞是中国古代的一种民间传统习俗，三月水流旁设酒杯，遇前则喝，主要有两大作用，一是欢庆和娱乐，二是祈福免灾。后来发展成为文人墨客诗酒唱酬的一种雅事。它体现了亲近大自然、纵情于山水的情怀，传达出特有的浪漫主义情怀。

“曲水流觞”系列的设计实践将街头风格进行延伸，与旗袍元素进行结合，意在颠覆传统优雅、端庄的旗袍女性形象，表现个性独特的女性形象。设计取《兰亭集序》中的浪漫主义情怀，通过褶皱的堆叠、层叠表达其中的“曲感”，以在视觉上形成聚焦。设计提取传统服饰文化中的立领、连袖、对襟等关键要素，力求塑造积极、个性、浪漫、美丽的女性形象（图 4-43）。

“曲水流觞”系列选择镂空蕾丝、光泽廓型感欧根纱、黑色皮革三种主要面料进行搭配，辅助面料选择立体百褶荷叶边、仿皮革花边或织带，主色为集神秘、高贵、优雅、神秘、庄重于一身的黑色，造型上以不同形态的曲线彰显女性的柔美与浪漫（图 4-44、图 4-45）。

图 4-43 “曲水流觞”主题灵感版（设计：许雅雅[①]）

---

① 许雅雅为笔者指导的硕士研究生。本案例中所有服装的设计图与实物图均由许雅雅完成。

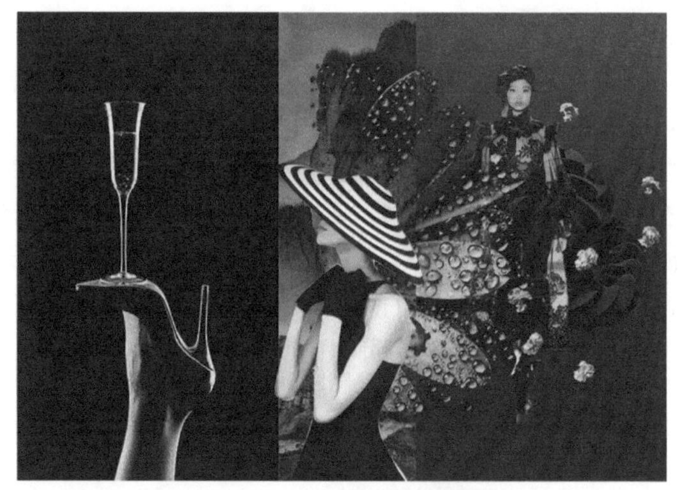

图 4-44　“曲水流觞”色彩版

图 4-45　“曲水流觞”面料选择

曲水流觞表达了两大特征：一是流动的曲线；二是浪漫主义情感。所以“曲水流觞”系列以抽褶、褶皱、花边等形态表现曲线线形。薄纱提花镂空蕾丝和黑色皮革面料相互叠加，厚与薄、虚与实等相互碰撞，整体呈宽松流畅、轻薄、随意浪漫、略带神秘的风格特征。

“曲水流觞”系列的设计针对热爱旗袍文化、喜欢彰显个性、偏好街头服饰风格的女性消费者群体。根据本章第一节的调研结论，个性享受型或潮流社交型消费者的礼服设计应注重对领部、腰部、下摆等进行重点设计。设计注重视觉聚焦和冲击效果，以神秘高贵的黑为主色调，凸显不同质感，通过立体且具有动感的局部肌理、多变的廓型，满足消费者与众不同的定制心理需求。设计师基于这样的主题和思路设计出系列草图（图 4-46—图 4-48）。肌理感立体百褶荷叶边主要布局在人体的视觉中心部位，如胸部、下摆、腰部、领部；局部蕾丝与欧根纱叠加，增强层次感和朦胧感；局部设计较为修身，既凸显女性身材，又彰显女性含蓄。设计师将街头风格与传统服饰文化要素结合，仿皮革与蕾丝、立领、盘扣、开衩等结合，传统与现代、古与今等对比与结合；对百褶荷叶边进行线、面、体的多重排列组合和扭曲，在款式与廓型上形成动与静结合的廓型。

图 4-46　“曲水流觞”设计草图

图 4-47　“曲水流觞”效果图

图 4-48　“曲水流觞”款式图

肌理感主要通过立体波浪花边和镂空蕾丝呈现效果（图 4-49）。通过对花边进行规律性和随机性、对称性和非对称性相结合的堆叠、塑形，形成立体波浪，在空间上、体积上塑造出立体感和层次感。局部通过蕾丝与人造皮革的层叠、人造皮革规律的褶皱进一步塑造肌理感。在成衣制作过程中，根据面料特性不断调整局部形态、款式的长短、立体肌理的走势和密度，以达到最佳的视觉效果。“曲水流觞”系列的成衣见图 4-50。

“曲水流觞”第一套由假两件不对称套头衫、喇叭皮裤组成。套头衫由蕾丝上衣和抽褶欧根纱组合，不对称上衣下摆，蕾丝与欧根纱下摆凸显层次感，花边面料由腰部延伸至前胸、后背，细节设计如珍珠蕾丝花边加

图 4-49　“曲水流觞”肌理细节

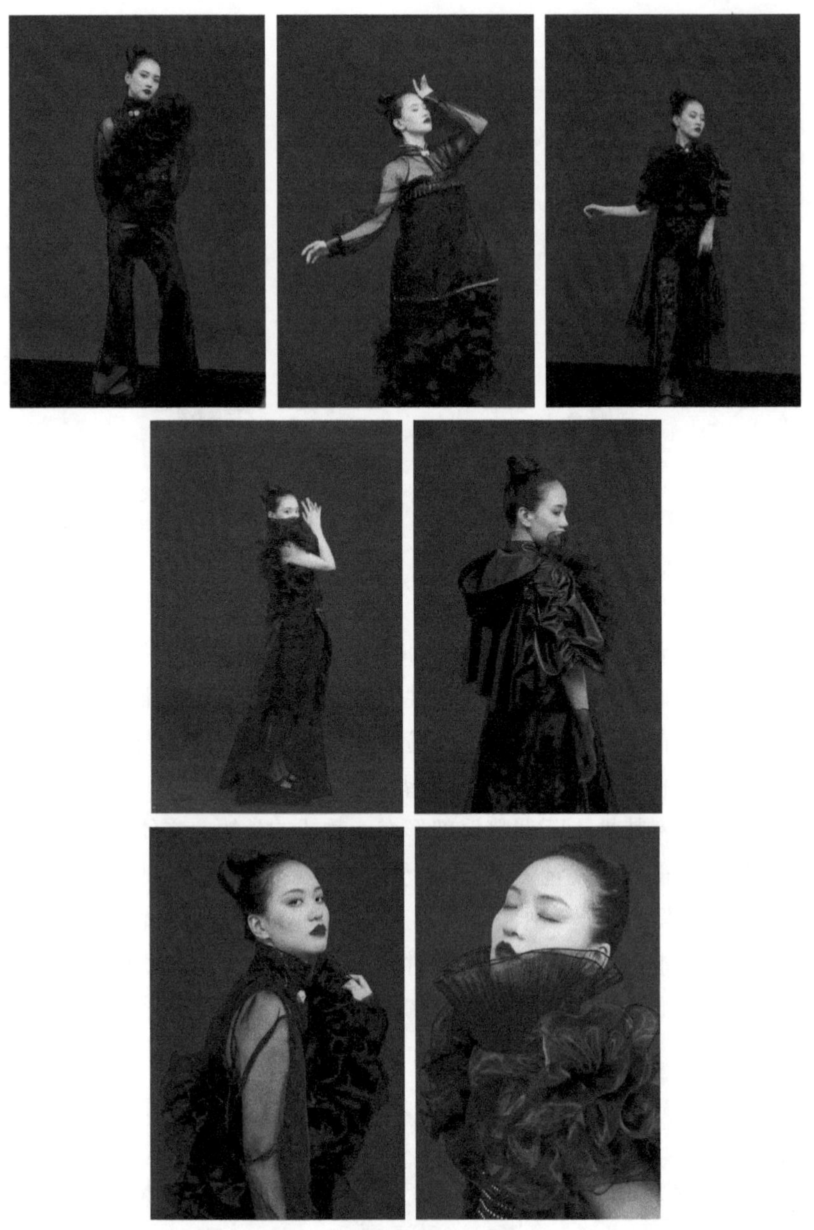

图 4-50 “曲水流觞”成衣展示
（模特：王莉莉）

以点缀，与喇叭皮裤的侧缝形成对比。第二套由立领对襟半开衫和抹胸式长裙组成，对襟半开衫的立领、门襟、袖克夫均是欧根纱拼接皮革，抹胸式长裙由皮革、欧根纱、蕾丝等面料叠加而成，下摆通过层次感花边体现廓型感。第三套由连帽斗篷、无袖修身旗袍和不规则半裙组成，上装斗篷的前胸及肩部有抽褶，胸前有立体花边，后片为披肩款式，半裙有以拼接黑色欧根纱、珍珠蕾丝花边装饰皮革腰头的细节设计。第四套由无袖高领连衣裙和 V 领偏襟长马甲组成，皮革长马甲侧开衩层搭蕾丝，胸前有不对称皮革褶裥，并以珍珠点缀，袖型为夸张的立体荷叶花边；黑色欧根纱拼接百褶花边形成高领连衣裙，在胯部设计斜线式抽褶拼接，凸显蓬松感和空间感。

二、旗袍“度情定制”的构成表征与设计

（一）构成表征

“度情定制”即场合化和情绪化设计，指为了婚礼、商务、演出、聚会等重要场合而专门定制着装。“度情定制”的代表性服饰品类为正装类和礼服类，定制服饰的款式风格讲究严谨、合礼、大气、正统，强调个性需求服从于场合要求。

在满足生理层面的基础上，“度情定制”以满足消费者心理层面和社会层面的需求为主导。根据人的教育背景、文化程度、审美取向等心理层面的需求，穿着定制服饰出席重要场合，能展现个体或团体的高端格调、独特韵味及精气神，是精神上的自我满足感和归属感的体现。

“度情定制”中对传统（经典）与改良（创新）的权衡整体上较为平衡（图 4-51）。变量指标具有相对稳定的特征，色彩、款式、面料、工艺、图案都是小幅度波动。

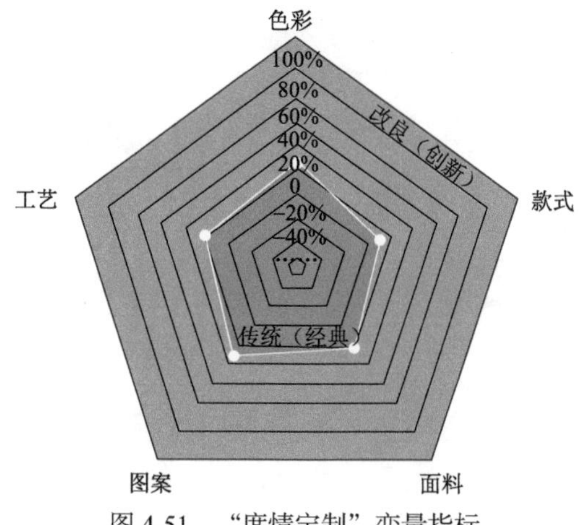

图 4-51　“度情定制”变量指标

（二）时尚设计

“度情定制”消费者的生活方式主要为潮流社交型或轻奢质感型，平时喜欢逛街、聚会、阅读时尚流行杂志、爱好旅游，且有专车接送。他们秉持着时尚、精致、格调、轻奢的生活理念，一举一动都能传达出令人折服的文化素养与品质内涵。

1. “别有洞天”旗袍定制设计

“度情定制”设计实践中，着重强调生理层面基础上的心理层面的情感表达，主要针对热衷于中式旗袍形制的、经常出席上流名媛聚会或者宴会场合的、25—35 岁的追求高品质生活的女性。

月洞门（月华门），是中国传统园林建筑中门的建筑形式，通过构建各式各样的门楣和变化多端的花窗、漏窗，让游人徜徉其间能体会到一步一景、移步换景、妙趣天成的意境。月洞门具有“框景”的审美艺术，所以通过借助水光纱的朦胧轻薄，同时采用印花、刺绣、镂空层叠、拼接等手法，来塑造含蓄美和意境美。“别有洞天”是传统服饰文化元素应用下的成衣系列设计。其提取、分解典型的园林月洞门主题素材，将关键要素简化、抽象为圆形、回纹、半瓦当等，变形应用于廓型、局部细节等（图 4-52）。该系列整体较为简约，风格上继续延伸旗袍优雅、古典的气质特征，其中“情”主要通过旗袍创新款式、面料的质感和装饰工艺来塑造。

图 4-52 “别有洞天”主题灵感版（设计：许雅雅[①]）

① 许雅雅为笔者指导的硕士研究生。本案例中所有服装的设计图与实物图均由许雅雅完成。

“度情定制”主要定位于两大风格之间，主要通过工艺、款式来实现在古典、优雅的经典风格中吸纳当代时尚、清新的要素。系列设计中的刺绣竹纹，象征着精神的高度、生命的维度，与“度情定制”消费者追求“高品质”生活的需求相契合。款式上融合了现代连体裤的设计，凸显干练、高端气质。在设计过程中对领部、胸部、后背等部位进行强调，整体呈现出古典简约而不失时尚特色的风格。

“别有洞天”系列的色彩主要由深紫色与粉紫色组成（图 4-53），凸显女性的优雅与气质、柔美与浪漫。面料选择重磅桑蚕丝、光泽廓型感欧根纱、重工钉珠网纱、水光纱等进行搭配，辅料选择装饰性的珠片类。

根据主题和灵感来源，将月洞门及其相关元素应用于草图构思当中，整体以合体 A 字廓型裙装和阔腿裤装为主（图 4-54）。将月洞门及主要相关元素进行局部设计，如肩部的花边、后背、腰部的镂空和拼接等。

图 4-53 “别有洞天”色彩版

图 4-54 “别有洞天”草稿图

在设计草图中筛选出两个系列并进行细化加工、渲染。两个系列的主要面料均为紫色桑蚕丝。系列一风格稍偏传统、古典类，辅料选择真丝欧根纱和重工钉珠网纱面料（图 4-55、图 4-56）；系列二风格偏时尚、年轻现代类，辅料选择流行的水光纱（图 4-57、图 4-58）。两个系列在搭配、层次等方面进行区别。

图 4-55 “别有洞天”系列一效果图

图 4-56 “别有洞天”系列一款式图

图 4-57　“别有洞天”系列二效果图

图 4-58　“别有洞天”系列二款式图

紫色和粉色面料前期要进行不同的工艺加工。紫色面料印花，进行色彩调整；粉色面料需要定位刺绣（图 4-59）。由于主要绸缎面料由 80%的桑蚕丝和 20%的棉混纺，这增加了印染的难度。淡紫色面料已经是软化后成品，若再进行二次上色或印花，达不到理想中的效果。通过不断的尝试，最终选择尚未进行软化的绸缎面料的生丝坯样，流程大致为上浆—

印色—印花—蒸化—水洗—定型，然后通过对比多个潘通（PANTONE）色号进行最终选择（图 4-60）。在完成印染后的面料上进行竹纹刺绣，经过试验后最终选择了打籽绣和长针绣结合的技法（图 4-61），由淡粉色向深紫色渐变，形成肌理感，加上提花面料本身的花纹，整体凸显层次感。

图 4-59　图案设计配色及定位

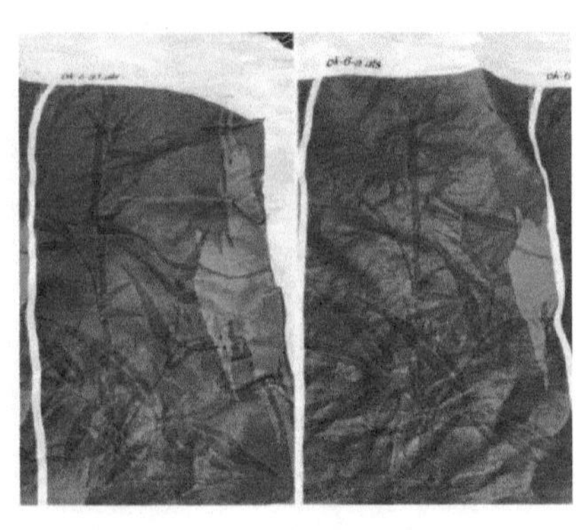

图 4-60　桑蚕丝面料印花色号对比

（a）打籽绣+长针绣

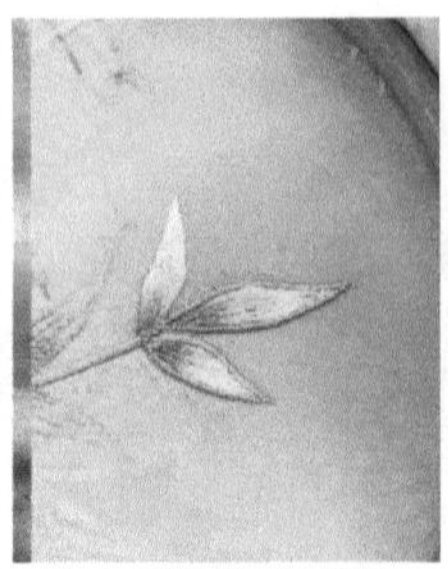

（b）平针绣+长针绣

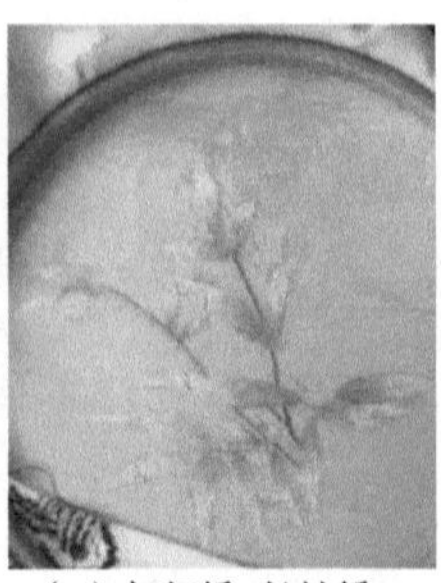

（c）打籽绣+长针绣

（d）长针绣

图 4-61　“别有洞天”刺绣技法

成衣制作过程中发现，桑蚕丝与重工网纱、欧根纱的组合搭配不够协调，单一且缺乏层次感。进而尝试将“别有洞天”系列二的重工网纱面料换成水光纱面料，将现代流行面料与传统刺绣桑蚕丝面料结合。薄雾般的水光纱随光线流动，奢华透视，优雅大气，竹纹若隐若现，极具唯美浪漫风采。“别有洞天”系列的成衣见图 4-62。

图 4-62　“别有洞天”成衣展示
（模特：王莉莉）

第一套由无袖立领长款旗袍和立领倒大袖短上衣组成。无袖立领旗袍打破了常规旗袍的开衩方向和数量，将其转移至前侧并成为设计亮点。短上衣由无袖小马甲和水光纱外罩假两件构成，胸前至两袖采用瓦当形飞边设计，腰部通过镂空、包边模仿月洞门造型，与旗袍下身的包边开衩相呼应，竹纹刺绣和平面竹纹提花绸缎层叠，富有层次和肌理感。第二套由无袖立领修身短款旗袍与立领水光纱长裙组成。竹纹提花绸缎经二次竹纹印花形成深紫色调，外搭及地水光纱外罩裙，与深紫色短旗袍进行色彩上的调和。短旗袍与长款外裙在下摆处形成对比并拉开层次，肩部为层叠飞袖设计，强调女性的朦胧美、雅致美，同时展现女性独立庄重的气质。第三套由无袖立领连身裤与立领长袖外套组成。内搭提花竹纹刺绣的连体裤，袖窿、领部用深紫色包边，干净利落；立领罩衫在距离喇叭袖袖口15 厘米左右处用松紧收口，腰部中部进行分割拼接，下身水光纱面料斜裁并抽褶形成波浪花边。整体浪漫，塑造出旗袍独特、优雅、庄重又不失女性力量感的气质。第四套为立领短上衣和抹胸式连体裤组合。小上衣前片为粉色绸缎提花面料，后背镂空、侧缝未缝合，肩部拼接水光纱，凸显女性身材的朦胧美感。短上衣背部包边，抹胸式连体裤延伸月洞门曲线，保留旗袍侧缝开衩工艺，改良中保留特色。

2. “牡丹亭”旗袍定制设计

牡丹之美，高贵而华丽，常被誉为花中之王，其魅力妙不可言。牡丹之影，浸润在绘画、刺绣、陶瓷乃至府邸园林的装饰之中，为华夏文化的瑰宝增添了一抹绚烂的色彩。“牡丹亭”系列旗袍的设计灵感汲取自牡丹，以其绽放的形象和传统的黑红色色彩为设计的源泉，聚焦于将牡丹的经典文化情感完美地融入旗袍的创新设计之中，即将自然之美与繁荣华贵相融合。这种融合体现在旗袍的设计理念、剪裁和造型、面料和颜色上。整个系列汇聚了中国元素与西方裁剪，以简约、中式和混搭为主题，将传统与现代相结合，呈现两种文化的融合性。

“度情定制”在“牡丹亭”系列设计中主要通过廓型、裁剪和工艺来实现。牡丹图案传递了中华文化的华贵，与“度情定制”中消费群体追求的文化精神和审美取向相契合。而“情”则主要通过牡丹图案的运用、旗袍的创新款式、拼布工艺和珠绣工艺等细节来传达。这些设计元素不仅赋予了旗袍美感，还将对牡丹的深沉情感通过时尚的方式传递给现代人。

“牡丹亭”系列的色彩主要由经典的红色与黑色组成。红色象征着繁荣和富贵，与牡丹的寓意相得益彰，而黑色的深沉则与红色形成了鲜明的对比，增强服装的视觉冲击力。色彩搭配既保留牡丹的传统元素，又让设计呈现一种现代时尚感。在面料的选择上注重舒适性和质感，涤纶蕾丝赋予了旗袍优雅的质感，微弹挺括的缎面赋予了结构和廓型，印花薄纱则增加了轻盈感和层次感。辅料中的传统盘扣主要营造旗袍的古典氛围，而小流苏则增加了一些现代华丽感。

根据主题和灵感来源，将牡丹的元素应用于款式廓型构思中，将裙装和裤装的下摆分割处理，呈现类似花瓣的形状，增加层次感和流动感。整体以西方裁剪为主，同时加入如立领、斜襟等传统服饰元素，满足中华“情”上的文化体现（图4-63）。

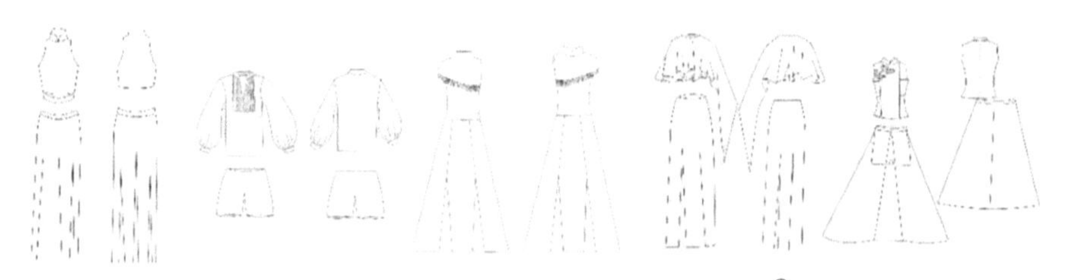

图4-63　“牡丹亭”草稿图（设计：金晨怡[①]）

在效果图的绘制过程中，采用水彩画展现设计的各个关键要素，包括面料的质感、牡丹图案的细节、拼布工艺的复杂性及珠绣的绚丽效果。水彩技巧使得面料的质感在效果图中得以精心表现，如光滑的挺括面料和轻盈的薄纱，从而呈现出旗袍在不同角度下的质感和光泽度。同时，水彩的色彩和笔触被用来准确地再现牡丹的特征，如花瓣的细节和颜色的层次感（图4-64、图4-65）。

图4-64　“牡丹亭”系列效果图

① 金晨怡为笔者指导的硕士研究生。本案例中所有服装的设计图与实物图均由金晨怡设计完成。

图 4-65 “牡丹亭”系列款式图

“牡丹亭”系列的成衣见图 4-66。第一套由无袖旗袍和分割拼布长裙组成。无袖立领旗袍融合了传统与现代，腰间横条、蕾丝透明面料与旗袍缎面拼接，为传统旗袍注入性感元素，打破常规。下身裙装由蕾丝、薄纱拼接，与上衣和谐过渡，带来现代风格的舒适与自由。第二套包括 V 领衬衫和常规短裤。衬衫印有牡丹花图案，褶皱整齐，长款灯笼袖展现西方裁剪特色。搭配修身平角短裤，展现女性干练、雅致气质。第三套为修身拼布整身旗袍。主体采用黑色提花透明蕾丝，保留常规旗袍立领。胸前接长方形活动缎面，正前由四块不同牡丹图案拼接，下接金边酒红色短流苏，增添灵动与空间感。裙长及膝，下身正前左右对称分割，行动自由，两边拼以六块不同牡丹图案。第四套由不对称缎面斗篷上衣和蕾丝半身长裙组成。斗篷上衣采用缎面材质与整片牡丹花纹，左右不对称裁剪，增添飘逸感。黑色蕾丝长裙搭配缎面内衬，形成呼应，对称口袋凸显层次感，整体展现女性复古风味。第五套由斜襟旗袍上衣和假两件裙裤组成。上衣采用缎面与薄纱材质，复古中凸显飘逸，斜襟样式，轮廓流畅，版型修身。假两件裙裤由薄纱半身长裙和超短裤组成，前面开合，巧妙设计凸显人体比例，薄纱增添神秘感。

图 4-66　“牡丹亭”成衣展示
（模特：李琦琦）

三、旗袍“度艺定制”的构成表征与设计

（一）构成表征

“度艺定制”即艺化或意化的设计，指通过旗袍定制达到设计、情感、场合氛围的共鸣。在满足生理层面的基础上，“度艺定制”也是以满足消费者心理层面和社会层面的需求为主导。与“度情定制”的不同在于，“度艺定制”在场合和层次上更高，具体表现为塑造国家或民族形象、承载和传递中国文化符号。

承载和传递中国文化符号的功能具体表现为两点：一是对旗袍文化要素的承扬，如刺绣织补的匠艺匠心、传统工艺、形制的复原等。选择色彩、款式、面料、工艺变量作为设计要点即可达到这一目标，复原性与传统性较强，各项指标都在绿色范围内［图 4-67（a）］。二是在当代“度身定制”服饰中渗透旗袍文化思想，其中蕴含着故事与文化，或者对理想与现实、传统与现代的反思等。定制变量更偏向改良（创新）后的定制服饰，以旗袍文化中的代表性要素作为表征，在当代定制服饰中对其进行融合与创新，各项指标都在红色范围内波动［图 4-67（b）］。因此，“艺”的关键词主要可以概括为共鸣、氛围、反思、工匠、复原等。

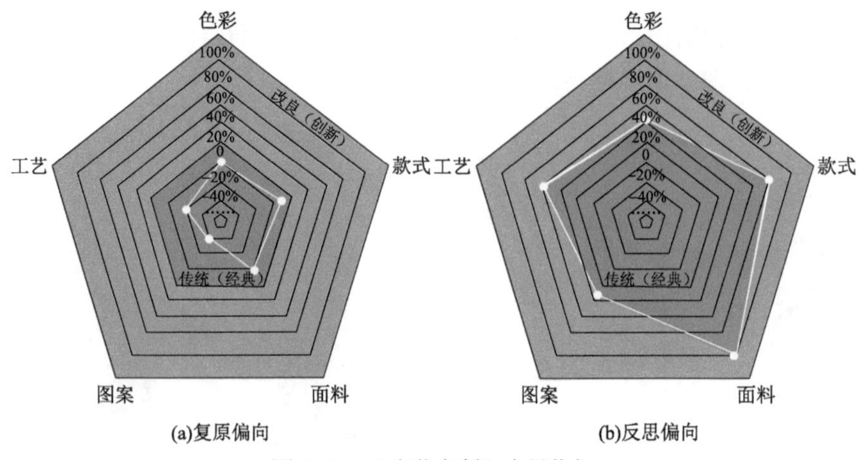

图 4-67 “度艺定制”变量指标

（二）时尚设计

1. “中国红”旗袍定制设计

谈及中国传统服装，许多人脑海里最先想到的还是旗袍，穿旗袍的大多是妩媚性感、风情万种的成熟女性，使旗袍这种中式礼服随之被设定了年龄标签。目前来看，如今许多年轻人对中国传统服饰也十分感兴趣。但在如今讲求效率的年代，服装穿着是越方便越好，服装上的装饰也只讲求美观性和实用性，因此，现代人在日常生活中穿着传统服饰较难以实行。所以，如何给现代礼服加一些传统元素，让旗袍能与世界潮流相结合，是新一代设计师所应努力的方向。“中国红”系列旗袍礼服设计的核心也正在于时尚品牌文化的精髓与现代礼服时尚的融合。

“一袭红衣，染就一树芳华；两袖月光，诉说绝世风雅”，说的大概就是设计“中国红”系列旗袍礼服的心境。旗袍之于国粹就像红色之于旗袍一样经典。“中国红”系列的主色是具有国际范的玛萨拉酒红。酒红不像正红那么鲜艳，也不像深红那么传统，它具有高级、浪漫、吉祥、尊贵、权威的文化寓意，象征着至高无上的权威，被视为高贵的色彩。这恰与“中国红”系列打造的现代旗袍与礼服的主题相符合。

面料是呈现服装效果的重要因素之一。“中国红”系列运用了国内外秀场上都可以看到的丝绒面料，裙摆摇曳之间的光泽感让人赞叹；还用到了轻薄、柔软的雪纺面料，这种面料的经纬密度较小，伸展性和略微粗糙的手感与丝绒面料的光泽感相配合，营造出别样的高级感。

下面具体对“中国红”系列中的 Rote Sonne 系列进行分析。在款式上，图 4-68 左起第一件旗袍截取了现代旗袍设计中常用的流线感，将女性完美的身材展现得一览无余，配合现代珠饰的点缀，以及手套拼接、大深 V 等现代礼服惯用的设计手法；第二件旗袍首先采用了旗袍的经典元素水滴领，鱼尾下摆的设计气场十足，拼接手套，收腰设计，腰间配以珠宝点缀，呈现高级感；第三件旗袍的裁剪是核心，流线型的设计简洁流畅，两种不同面料的碰撞使服装多了层次感，而贴布绣的运用使服装的工艺与质感提高了一个阶层；第四件旗袍是现代旗袍的改良设计，偏领口，水滴领，横向分割。在该系列效果图（图 4-69）中可以看到旗袍特有的一些立领、水滴领、盘扣等元素的运用。

图 4-68　Rote Sonne 款式图（设计：王蔚桦[①]）

图 4-69　Rote Sonne 效果图

① 王蔚桦为笔者指导的硕士研究生。本案例中所有服装的设计图与实物图均由王蔚桦设计完成。

如今旗袍已经在全世界享有了一定的知名度，且经过时代的磨炼及历史的积淀后形成了独特的旗袍文化。不仅在国内，国外也有许多旗袍爱好者，这是特别好的机遇。旗袍是一个载体，现代设计师应该思考怎样才能把旗袍做得更具有现代感，怎样让其在不丢失传统的同时有很现代的视觉呈现。

Rote Sonne 系列旗袍对传统旗袍的外部轮廓和内部结构都进行了改变，大胆突破了传统旗袍的剪裁手法，融入了很多西方礼服元素（图 4-70）；还在很多细节上做了现代化装饰，如珠饰的点缀增加了服饰的华丽感，贴布绣的运用展现了服饰的工艺感，因此带给人年轻、时尚的感觉（图 4-71）。

图 4-70 Rote Sonne 系列成衣展示

图 4-71 Rote Sonne 系列成衣细节展示

2. “素锦”旗袍定制设计

旗袍素雅身段娇，古人对其赞美有加。历经变革与设计，融合时代元素，旗袍之美必将得到更好的展现，华丽转身，成为高贵脱俗的典范。经典往往依赖于传承，服装亦不例外。旗袍的经典不仅在于其展现的女性着装体态，更在于它所承载的中华文化传承。

“素锦”系列旗袍的设计灵感来源于中式庭院“院墙内外若隔世，遥想墨色此画眉”的意境。古色古香的中式庭院中，身着旗袍的东方女子婉约动人，徜徉于园林美景之中，一颦一笑婉约清扬，这个场景一直是设计师脑海中旗袍的经典剪影。试想，若能将西式时装的诸多元素融入旗袍设计中，创造出具有庭院特色的时尚倩影，将旗袍之美推向极致，使其成为中国风情的经典缩影，那该是多么美妙的尝试。因此，“素锦”系列是对经典旗袍的一种致敬与传承，其保留了经典旗袍的形制和元素，同时融入了现代旗袍的工艺与裁剪技术。作为人们日常穿着旗袍的不二之选，其是对传统文化深刻理解后的本质流露。

传统旗袍常用的真丝面料价格昂贵且不易清洗保养，因此“素锦”系列在面料选择上趋于多元化，采用了聚酯纤维、织锦提花、麻纱及少量羊绒等材质。这些现代面料不仅时尚美观，更贴合现代服装穿着的需求，而且价格便宜，方便清洗和打理。

“素锦”系列摒弃了华丽浓重的五彩色调，选择青金石蓝作为主色调，辅以黑色、白色、红色。蓝色给人以宁静优雅、浪漫恬静、清闲赏心的视觉感受，素雅的蓝色在现代服装设计中备受喜爱。这种旗袍注重线条的流畅，样式简约，主要以色彩来彰显其魅力。将传统花纹绣制到旗袍上，令人眼前一亮。蓝色一贯象征着高贵与内涵，蓝色的旗袍也被赋予了这样的含义，更能展现出中国女性温文尔雅的气质。

“素锦”系列旗袍在设计中加入了许多现代时装的设计风格，对领型、下摆的造型改变，以及对旗袍开衩的创新设计（图 4-72、图 4-73）。

图 4-72 “素锦”款式图（设计：王蔚桦[①]）

图 4-73 “素锦”效果图

① 王蔚桦为笔者指导的硕士研究生。本案例中所有服装的设计图与实物图均由王蔚桦设计完成。

“素锦”系列的成衣见图 4-74。第一套是上下呼应的设计，小立领的领型搭配领下 V 字开口，下摆的偏门襟开衩设计打破了服装的平面感，展示旗袍的平直线条，传统的收腰设计突出腰间精致的大盘扣，这件旗袍既有传统旗袍的元素又有制服严谨工艺的体现；第二套采用了上下分割式设计，上部是典型的传统旗袍形制，下身则是现代前开衩设计，穿着者走动时可不经意地露出修长的腿部，腰间的拉线搭配高收腰的设计，拉伸了

图 4-74　“素锦”成衣展示

着装者的身材比例，小立领下有水滴状的镂空，两侧袖口的圆形与东方圆拱门相互呼应；第三套是典型的立领收腰旗袍，前襟流线型切割线勾勒出女性胸部的完美线条，两侧开衩的设计为穿着者活动提供了便利，袖筒贴合人体，设计中还用到了拉线、撞色、点缀、斜襟等元素；第四套是传统工艺与现代廓型的完美结合，内搭的裙子是伞状大裙摆裙收腰设计，衣身前片是左斜襟设计，可拆卸立领，小外套是根据古代披肩改良设计的，精致的可拆卸领和披肩外套的组合是这套服装的最大亮点。第四套是“素锦”系列的主秀，设计师对其进行了视觉跳跃改变，面料也选择了与其他三件不同的织锦提花面料，日常穿着可以搭配手包、帽子等配饰，更具休闲感。

“素锦”系列旗袍既保留了旗袍本身的特点，又将曲线造型、平面结构融入设计中，极力强调其动感和朝气。蓝色作为该系列的主色调，用黑色和彩花与旗袍主题色产生强烈反差，突出系列基调单纯、装饰配色丰富跳跃的特点。“素锦”系列作为制服旗袍，出于对旗袍穿着者实际诉求的考虑，款式上没有那么贴身合体，给穿着者留一定的活动空间；也没有大量使用刺绣装饰，而是从面料、裁剪、包边工艺等方面对服装进行视觉效果设计（图 4-75）。

图 4-75 “素锦”成衣细节展示

旗袍是一种独特的、优雅而知性的民族符号，我们不能满足于只在记忆中追寻那份繁华。随着社会的变迁，复古风潮悄然回归，时尚界被新中式风格所点燃，中式传统与现代潮流的碰撞势不可挡。虽然如今的旗袍很少作为生活常服被人们穿着，但相信在新一代本土设计师的努力下，旗袍终会以全新的姿态回到人们的日常生活中。

第三节　现代旗袍品牌发展与塑造传播

旗袍是中国传统的女装之一，具有独特的文化内涵。作为中国传统文化的重要组成部分，旗袍的发展历程也见证了中国社会的变迁和文化的转型。如今，在社会经济的快速发展和文化多元化的时代背景下，现代旗袍品牌的发展和塑造传播已经引起了广泛的关注和研究。现代旗袍品牌的发展离不开市场需求的驱动和时尚潮流的影响。在当前经济全球化的背景下，国际化的设计理念和品牌营销策略也影响着现代旗袍的品牌形象和传播效果。现代旗袍品牌需要在保持传统文化内涵的基础上进行创新和改革，注重时尚性、个性化和多样性，以更好地适应当代时尚消费市场的需求。因此，现代旗袍品牌的发展与塑造传播已经成为一个复杂而具有挑战性的问题。本节从现代旗袍品牌的发展现状、品牌塑造的策略和传播机制等方面进行探讨，以期为现代旗袍品牌的发展提供一定的借鉴和启示。

随着当今消费群体的年轻化和宣传媒介渠道的多元化，现代旗袍品牌在未来发展过程和品牌形象塑造过程中面临着多重挑战，尤其是在媒介宣传推广中，极其缺乏品牌力和宣传力。为此，要改变传统的传播方式，构建矩阵宣传渠道，并通过新网络媒介技术和以计算网络为底层逻辑的新媒介，进行跨媒介宣传。笔者对旗袍品牌发展现状进行梳理、总结、归纳，并以数据模型图对现代旗袍品牌的宣传方式和手段进行可视化展现。基于多元化宣传渠道和多样化宣传手段，为现代旗袍品牌发展和传播过程中所遇到的难题提供更加具有可行性的解决方案。通过提出利用数智技术手段结合新时代消费特征，使现代旗袍品牌实现用户年轻化、产品差异化、营销数字化、视觉可视化和内容智能化的升级发展，为现代旗袍品牌发展提供借鉴和参考。

一、旗袍品牌发展的现状及案例分析

服装品牌文化是服装品牌在品质、个性、品位、价值取向等方面同时形成的文化特质，是企业在长期市场经营运作中逐渐积淀形成的文化现

象及其所代表的利益认知、情感属性、文化传统、个性形象等价值观念的总和。同时，服装品牌文化也是品牌服装以产品的形式传递给消费者的一种服饰语言，品牌将自己的设计风格和文化理念折射在服装上，这是服装品牌文化得以保持和延续的一种有效手段。

本节主要讲述的是旗袍品牌。旗袍品牌和旗袍本身是两个不同的概念。旗袍品牌是统一的、鲜明的、抽象的，是通过旗袍作为品牌符号的载体，将其外在表征能指（形色质）、所指（内涵与语义）与文化资源融合而成，是对中国优秀传统文化的凝练与发扬，是通过旗袍这种有形资产整合而成的一种中国形象和时尚潮流，是一种无形资产。

构建旗袍品牌文化，对旗袍产业长远发展有至关重要的作用。以旗袍历史为依托，描述旗袍品牌的发展历程，塑造旗袍品牌文化形象，丰富旗袍品牌的文化内涵，是时代赋予旗袍品牌的使命。旗袍品牌文化的传播是保护民族服饰文化遗产的重要组成部分，这既是提升企业品牌形象的策略，又是企业经营活动的一部分。实际上消费者在购买旗袍时，其一定不只是获取物质上的满足，更多是得到精神上的共鸣和文化认同。

如今，现代旗袍品牌应在保留传统旗袍文化内涵的基础上，不断创新与拓展，注重多样性、国际化，以适应当代消费者的需求和时尚潮流。随着中国经济的快速发展和文化自信的增强，现代旗袍品牌有望迎来更加广阔的发展空间。

（一）从发展区域上看，旗袍品牌多聚集于经济较发达地区

对现有旗袍品牌进行统计分析，会发现其分布有以下特征：经济发展较快，丝织业、纺织业、服装业发达地区的旗袍品牌数量较多；沿海城市的旗袍品牌数量较多；具有一定社会背景和文化底蕴的城市旗袍品牌数量较多。

旗袍品牌的创立地区大多数为上海、北京和深圳，其次为江苏和浙江。上海是亚洲的时尚中心，中高端的旗袍定制品牌占据了绝大多数市场，可以看出上海的消费群体对旗袍品质的需求较高。苏杭地区旗袍制作工坊比比皆是，但以杂牌或无牌旗袍加工为主，制约了当地旗袍行业的良性发展。苏州在古代便是丝绸的盛产地，朝廷将苏州设为宫廷丝绸、织料的生产基地，所以在全国旗袍品牌数量上占有很大的比重。

旗袍这种服装形式，在幅员辽阔的中华大地上，在各不相同的地域文化熏染下，形成了各个地域特有的样子。按地域来划分最具代表性的三种风格为京派旗袍、海派旗袍和国际化时尚类旗袍，其分别代表着不同种

类的文化。一般认为京派代表着沿袭传统的文化思想，海派代表着矜奇立异的文化思想，国际化时尚类代表着与时尚潮流接轨。

1. 京派旗袍

京派旗袍得以享誉世界，与其深厚的历史文化有着密不可分的关系。作为全国的政治中心，北京经典的文化氛围影响着旗袍的设计风格，形成了独特的京派旗袍。为了区别于清代旗袍，京派旗袍改紧了腰身、收小了袖口、缩短了衣长，以求穿着舒适和美观。在造型上几乎看不到曲线的应用，连肩袖保证肩袖处的圆润宽松，款式相对来说较为传统，但整体端庄气派，工艺细致，需要包边、镶边，布料用料较多，对制衣者的手艺要求也更高。

京派旗袍的代表北京格格旗袍有限公司建立于 20 世纪 90 年代，是现代中式服装的发起者与创新发展的开拓者，中式服装行业知名品牌，十大旗袍品牌。公司拥有 4 个注册商标，“格格”以中高档中式生活装、旗袍及婚庆装为主要产品；“金乔”为纯高端中式服装；“GE”提供中式服装高级定制服务；“金裳霓纱”为网购中式服装品牌。

2. 海派旗袍

如果说旗袍是中国传统女性服饰文化的象征符号，那海派旗袍就汇聚了中西方女性服装特色的精华。诞生于上海的旗袍作为近代中国服装史上“西风东渐”的见证，成就了海派旗袍最精彩的绝代风华。海派旗袍的产生与发展是具有地域性的服饰文化现象，上海是一个集现代与传统文化特色于一体的海派文化城市，民国时期的上海名伶素来都走在流行时尚的前沿，由此看来当时上海地区的旗袍象征着海派旗袍极高的造诣，同时造就了最会穿旗袍的上海女性。

海派旗袍的代表是“蔓楼兰”，是裘黎明于 1997 年在上海市成立的旗袍服装品牌。该品牌名字寓意着华夏艺术文明的延续，“楼兰”取义于汉唐时期经济交流与中西方艺术文化融合的交流之路，丝绸之路承载着中国深厚的文化，以及人类文明走向世界，该时期是中国汉文化的巅峰时期。“蔓”，既有延续又有缠绵不绝之意，品牌注重发扬中西方服装文化交融的新风尚。2016 年，海派旗袍文化促进会携“蔓楼兰”品牌在巴黎第 16 区区府呈现了一场美轮美奂的旗袍秀，惊艳巴黎。2017 年，金泰钧正式收裘黎明为徒，还赠送了跟随自己多年的金剪刀和卷尺。作为非遗海派旗袍制作技艺的传承人，金泰钧希望“蔓楼兰”能够传承与发扬海派旗袍，为打造轻奢海派旗袍品牌而努力，希望品牌成为代表上海走出国门的一张名片。

“蔓楼兰”品牌主要受到两个方面地域文化的影响：其一，上海曾有过租界，是中国最早接受西方外来文化的城市，至今仍保留着许多西式建筑，品牌在受到城市历史文化的渲染下形成了一种独具民族特色的品牌形象。其二，普罗大众对其认可度高，产品设计以苏绣旗袍为基础，加之精湛的制衣工艺，廓型也更贴合现代女性推崇的复古浪漫审美诉求，适宜现代都市女性日常生活穿着。

海派旗袍吸取外来文化，在面料、工艺、造型等方面呈现多元化的选择，受到西方裁法的影响，胸腰收省紧身合体，造就了各式各样风情万种的旗袍。

3. 国际化时尚类旗袍

国际化时尚类旗袍，顾名思义是追随时尚潮流，结合最新的时尚色彩、时尚款式、时尚面料等设计出的符合国际视野的时尚类创新旗袍。其代表性品牌有“上海滩”，其为 1994 年成立于香港的中式服装品牌，因希望重现 20 世纪 30 年代老上海旗袍的魅力而得名。1997 年“上海滩”在美国纽约麦迪逊大街开设第一家国外专卖店，从而开启了其国际化道路。2000 年“上海滩”被世界第二大奢侈品集团历峰收购，走上了世界顶级品牌之路，成为中国第一个奢侈类时尚品牌。“上海滩”会在春夏和秋冬分别发布成衣，一个月后推出高级定制系列。

“上海滩”的成功得益于其坚持中国特色与时尚潮流相结合，“上海滩”强调中国特色的方式并不是简单地选用中国元素附着于服饰之上，而是领会中国之精神，化中国特色于无形，从而为世界各地喜爱中国服饰的消费者提供了最佳选择。例如，2007 年春夏，“上海滩”推出的“上海 1930”系列设计，在总体上强调了现代时装的廓型，同时在细节上融合了中式领口和袖口，以几何化和现代化的方式表达了中国特色。为了确保每季推出的主题都符合中国与世界相融合的品牌定位，“上海滩”的创意总监每年都会前往中国的各个城市收集设计灵感。例如，2007 年秋冬推出的“和田”系列设计以作为丝绸之路“咽喉”的敦煌为灵感地，在材质上使用奢华的山羊皮表现游牧民族的生活方式，在图案上将中亚地区钟爱的依卡花布和传统的牡丹花、寿字纹等元素相结合，从而构建了兼具民族与时尚的图案体系。正是由于“上海滩”对国际化的“中国风”数十年如一日的坚持，中国地区的消费者已成为其最大的消费群体，排在第二位的是美国顾客，总体来看“上海滩”在亚洲与西方的客户量已经各占一半。

2023年10月14日，“上海滩”与上海时装周携手举办了“旗袍之夜”派对，展示了品牌历届经典旗袍款式，其国际化的“中国风”特点被表现得淋漓尽致。

从这三种旗袍品牌分析中得出以下结论：地域文化是影响品牌文化的直接要素，旗袍会受到地域文化耳濡目染的影响，旗袍品牌的设计风格与地域文化相结合是现代旗袍品牌发展的常态。京派文化泛指具有北京历史和地域特色的文化，以北京四合院为代表的建筑影响了该区域旗袍品牌的设计风格。受此影响，京派旗袍的设计风格普遍偏向传统、端庄的风格。海派文化既有江南文化（吴越文化）的古典雅致，又有国际大都市的现代与时尚。海派旗袍品牌受海派文化开放而又自成一体的独特风格影响，该地区旗袍品牌的设计偏向新颖、性感的风格。国际化时尚类旗袍是借助香港、深圳等经济发达地带，通过将国际潮流趋势与国家文化元素相结合，设计师巧妙地将其融入旗袍的细节之中，如在衣摆、袖口、领口、腰间等位置进行点缀或刺绣，形成独特而富有创意的效果，表达对国家的热爱和自豪感，展现出国际化的时尚风格。

（二）从品牌档次上看，旗袍品牌以中高端为主

品牌档次是指根据品牌目标定位的不同而划分出的品牌等级。高端品牌销售的是一种超出人们生存与发展需要范围的，具有独特、稀缺、珍奇等特点的消费品，又称为非生活必需品。低端品牌销售的是以物美价廉为特征的商品，将目标市场定位于低消费水平人群。中端品牌介于高端品牌与低端品牌之间。

高端定制品牌一般有着长时间的历史沉淀，是被消费者长期青睐的品牌，此类品牌更多以服务、品质为核心，设计品类较固定且更加正式。“蔓楼兰”以高档丝绸面料为主材，与现代流行面料相结合，并融入海派文化，实现了对现代与传统的有机糅合，并在款式上积极创新，目的是传扬华夏艺术。国外高端品牌主要是在作品的设计中融入青花瓷、旗袍等元素，运用设计手法在西方人的视界中体现中国的旗袍风韵。

高端及中高端定制品牌，以婚嫁礼服、明星礼服、正装华服等为主打，国家政要、商界名流、演艺明星等是其主要的受众群体，故而更多以时尚改良为核心。在服饰的使用元素上，有着更加自由、多样的选择，对制造技法也有着更多的应用。在创作上，追寻传统和现代元素的有机结合，最终实现品牌独特风格的塑造。

其他定制品牌，具体构成有中端定制品牌、中低端定制品牌。例如，花木深“苗绣”系列设计、“乐园”系列设计，都是依靠小众定制品牌来实现消费者的定制需求。

（三）从生产类型上看，旗袍品牌以批量生产为主

服饰的生产方式分为批量生产和高级定制两种类型。由于旗袍品牌的目标市场不同，消费者对产品的要求不尽相同，旗袍品牌的生产方式自然不同。从生产类型上看，旗袍品牌以批量生产为主。其中，高端品牌大部分采用高级定制的方式，中端品牌则多采用高级定制与批量生产相结合的方式，低端品牌多采用批量生产的方式。

二、现代旗袍品牌塑造策略及传播机制

前些年，针对当时最具购买力的人群的消费心理的调研发现，花费同样多的钱，人们更愿意去购买奢侈品牌而非国产品牌，即使购买了国产品牌也对其价值不认可。随着消费心理的日渐成熟，那些带着明显 logo 的大牌已经不能满足人们个性化的消费心理，人们开始寻找适合自己的低调、个性化的品牌，独具特色的设计品牌逐渐被消费者所认可。一些著名的旗袍店积极开展连锁经营，把大规模生产和高级定制结合起来，积极开发自己的文化资源，把自己的企业和文化紧密结合起来。在此过程中，可以采用的方法、策略如下。

（一）媒介融合传播

为了在原有宣传渠道基础上与其他新宣传媒体进行联合，实现跨媒介的传播宣传，现代旗袍品牌开始利用网络媒介中的网红效应，在多渠道多平台进行网络宣传。它们在搜索引擎、视频宣传和社交媒体等平台对品牌的文化内涵和品牌故事进行宣传及传播。在明确品牌人群定位的基础上，它们利用不同的垂直媒介进行大范围的传播。特别是通过开设品牌官方媒体号在小红书、微信公众号和抖音等进行用户的定向推广，实现品牌与用户“面对面”的传播，再通过与达人的合作，提升品牌的曝光度，提高品牌的影响力和提纯品牌的消费者（图 4-76）。

1. 注重体验的品牌网站

互联网本身具备即时性、互动性、共享性和开放性，使消费者对各类资讯网站的认知度和使用度已经非常成熟，也就导致品牌对消费者的竞

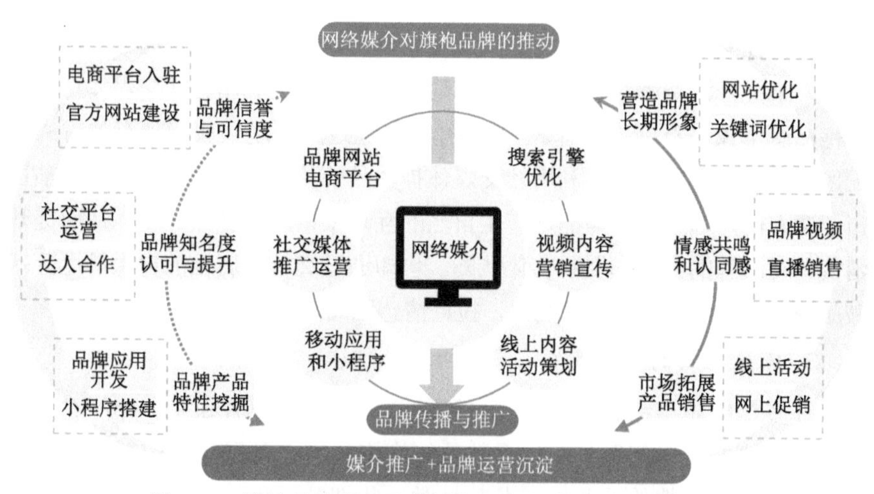

图 4-76　旗袍品牌形象及传播中的网络媒介推动框架设计

争愈发激烈。[①]良好的品牌形象会让消费者在接收该品牌相关讯息时产生一系列正向的联想与想象。在数智时代，网站品牌形象在品牌形象中占极为重要的一环，良好的网站品牌形象可对用户的体验价值和行为意向起到极其正向的引导。虽然传统旗袍品牌大部分也会建立品牌网站和电商平台，但大多数只是停留在“存在”阶段，缺乏内容运营和账号管理。在现阶段还在营运的品牌网站偏重符号植入，缺乏用户体验投入，尤其轻视品牌与消费者的互动沟通和关系构建。在当下，现代旗袍品牌能否为消费者提供良好的网络体验价值，也成为衡量该品牌是否具有核心竞争力的标准之一。有研究认为，体验价值主要来自消费者与产品或服务在直接或远距离状态下的互动，而这些互动提供了消费者偏好的基础。[②]由此可见，网站品牌形象决定着用户体验价值的高低。因此，建立具有强体验感的品牌网站是现代旗袍品牌在传播过程中必须做的。

2. 重视社交媒体的运营

伴随社交媒体信息的不断解码，其背后展现出更多的超越原有符号的表征，如社交平台组织的结构性变化所体现出的社会内涵及文化意蕴。品牌在传播过程中，其推广渠道正在慢慢经历着从官方组织到领袖个体、从专业解读到个性体验、从线性传播到点面破圈的变化。而对现代旗袍品牌来说，

① 潘广锋，王兴元. 互联网品牌网站特征要素分析及优化策略[J]. 山东社会科学，2013（5）：140-144.

② Jacoby J, Olson J C. Perceived Quality: How Consumers View Stores and Merchandise[M]. Lexington: Lexington Books, 1985: 31-57.

在现有的社交媒体中树立自己的关键意见领袖，其背后不只是通过“影响者营销”来提升消费者对品牌的认知和购买意愿，也是利用新社交媒体对现代旗袍品牌形象进行新的演绎。[①]其路径就是通过结合现代旗袍独有的时尚搭配风格和品牌文化内涵，利用社交媒体扩大品牌传播，通过关键意见领袖直击消费人群，通过个体与品牌产生自然的互动来增加品牌曝光度，从而提升消费者对品牌的身份归属和文化认同。也即通过高社交属性的自媒体运营打破品牌与消费者之间的视角间隔，拉近情感距离，实现文化共鸣。[②]

3. 深度互动的应用开发

许多传统旗袍品牌积极开发自己的微信小程序或者独立 App，除了一些无法解决的技术问题外，大多数传统旗袍品牌在开发过程中并没有意识到移动应用对品牌的重要性，尤其是对一些细节不重视，如信息内容的滞后、网站链接的失效和发出内容的错误，都在降低消费者的使用体验和对品牌的形象认同，也使品牌自身忽视了对其的管理和使用，降低了用户黏性。现代旗袍品牌对移动应用的开发和维护，可以将公域下的群体转变为垂域下的个体。[③]例如，日常可以不断为消费提供旗袍品牌最新的设计款式及时尚资讯等，为消费者提供新鲜感，提升用户感知度；还可以为用户提供高互动和强实用的在线试穿、预约修改、洗护注意和用户评价等；也可以在小程序上建立以消费者为中心的旗袍品牌社交生态圈[④]，鼓励用户自发分享与品牌互动，提供互动属性，增加文化归属。

4. 全触点的媒体矩阵

当旗袍品牌拥有完善的品牌网站、完备的媒体运营和独立的移动应用，即可着手建立自己的全矩阵宣传。虽然短期内投放渠道的差异会使消费者在接收品牌信息的时候受到一定的影响，但从全局眼光来看，伴随时间的推移，渠道对用户的影响会逐渐淡化[⑤]，在消费者的长期记忆当中更深刻的则是品牌信息本身，尤其是宣传矩阵形成后，进入矩阵的端口选择

---

① 鲁佑文，聂明辉. 时尚领域关键意见领袖流量变现路径及其风险分析[J]. 新闻爱好者，2018（2）：38-41.

② 李哲，张田田. 关键意见领袖对 Z 世代冲动性购买行为的影响[J]. 商业经济研究，2022（4）：89-92.

③ 薛可，余明阳. 私域流量的生成、价值及运营[J]. 人民论坛，2022（Z1）：114-116.

④ Blackston M. Observations: Building brand equity by managing the brand’s relationships[J]. Journal of Advertising Research, 2000, 40(6): 101-105.

⑤ 喻国明，张佰明，胥琳佳，等. 试论品牌形象管理“点—线—面”传播模式[J]. 国际新闻界，2010（3）：30-40.

就成为流量引入的重要一步。对现代旗袍品牌需要在碎片化的媒体中注重媒体间的互通性，可以通过优化渠道内容、提高网站的加载速度等手段来提升其在公域流量池中的露出排名。[①]增加有关旗袍品牌的搜索关键词，优化消费者在选择过程中对旗袍及其相关热门话题的搜索流量。唐·舒尔茨一再强调接触点的重要性，一切可以将企业的相关信息传递给消费者的“点”，都可以称为“品牌接触点”，而任何品牌接触点都可能影响消费者对品牌的认知。[②]所以通过合理优化配置，全面布局媒体平台实现品牌曝光提升。

5. 高质量的内容推广

媒介技术的不断发展，众多媒介传达出来的信息也呈现激增的状态。米歇尔·高德哈伯认为，“现在已经进入注意力经济时代，注意力经济是网络经济的本质”[③]。消费者开始根据自己的需要、喜好和价值观，更加主动地去选择内容，所以对现代旗袍品牌来说，最重要的就是吸引消费者的注意力。尽管借助各类媒体渠道已经为旗袍品牌传播开辟了航道，但是能否启航还是要看品牌对自身的推广是否有效。高质量的内容是品牌启航的燃油，是吸引消费者注意力最重要的手段。传统旗袍品牌通过“自说自画”的品牌宣传来留存顾客的方式，已经收效甚微。因为解决消费者注意力不足这个问题的办法并不取决于更好的技术或更多的信息，而在于找到管理注意力的更好办法[④]，所以现代旗袍品牌可以通过制作具有现代审美的宣传短片，对品牌价值、品牌文化和品牌故事等进行宣传，对旗袍的历史和文化内涵进行传递，从而使更多潜在的消费者在高质量内容的推动下转化为未来真实的品牌消费者和拥护者。

6. 强关联的借势营销

新兴媒体的出现不仅成为人们生活中不可或缺的一部分，也使网络热点事件会迅速引来巨大的流量关注，借势营销遂逐渐成为性价比较高的营销方式。其将宣传目的隐藏于营销活动之中，借助不同事件的影响效应，使消费者能够潜移默化地了解品牌形象，接受品牌的营销手段，最终达到宣传、销售产品及提升品牌形象的目的。许多传统旗袍品牌往往缺乏对品牌价值的正确认识，缺少对品牌长远发展推广的意识，除了借用付费传统媒体、社会化

---

① 黄升民，杨雪睿. 碎片化背景下消费行为的新变化与发展趋势[J]. 广告研究（理论版），2006（2）：4-9.

② 唐·舒尔茨，海蒂·舒尔茨. 唐·舒尔茨论品牌[M]. 高增安，赵红，译. 北京：人民邮电出版社，2005.

③ 张雷. 媒介革命：西方注意力经济学派研究[M]. 北京：中国社会科学出版社，2009.

④ 托马斯·达文波特，约翰·贝克. 注意力经济[M]. 2 版. 谢波峰，等译. 北京：中信出版社，2003.

网络媒体和少数自媒体免费推广外，其他的推广方式较为缺乏。在借势营销上只会追逐热点，盲目跟风，忽略了品牌形象与该事件之间是否存在强关联性，也就导致品牌形象的混乱。为此，现代旗袍品牌可以在社交媒体上举办国风活动或者设计赛事，并且与官方平台或者服装院校合作进行整合营销，让用户通过深度互动参与其中，并且与全矩阵媒体进行协调配合，建立宣传的强关联，融合企业品牌定位，实现用户纳新与裂变。①

（二）名人效应连锁

在旗袍行业市场竞争白热化的今天，一些旗袍品牌企业想用自身品牌的影响力取得优势，纷纷开始塑造独一无二的品牌形象，与其他旗袍品牌产生区别。塑造品牌文化是最长久、有效的传播方法，尤其是数智技术高速发展，将品牌、平台及消费者间的权益做了重新分配，使品牌可以更好、更快和更深地向消费者传播和植入自己的品牌文化。同时，随着网民数量的逐年递增和名人经济形态的完善，用户对浏览内容的需求和心理预期都有所提升。不同宣传平台和多种营销工具都很好地为旗袍品牌推广提供了内容创作与展示的机会，大数据技术可为现代旗袍品牌提供营销数据检测的保障。在互联网情境下，名人效应下网红成为当下的关键领袖之一，他们可以为他们的粉丝推荐更加精准的商品信息，也使其粉丝群体具有更高的购买意愿。②名人效应为现代旗袍品牌带来了高流量低成本且具有高转化率的优质顾客，为品牌价值与推广提供了肥沃土壤（图 4-77）。

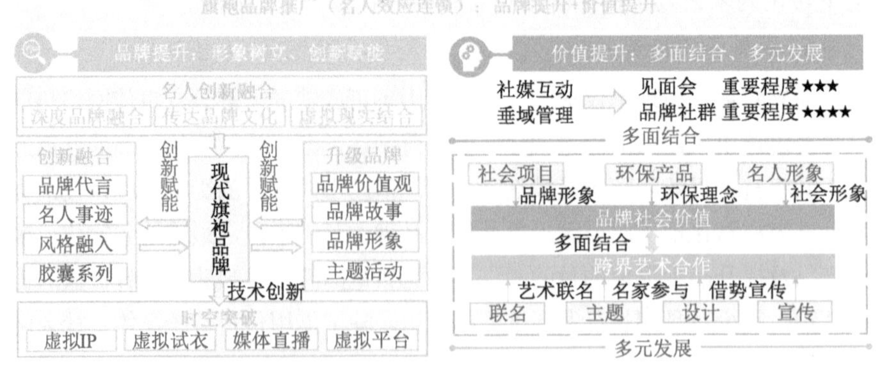

图 4-77　旗袍品牌形象及传播中的名人效应连锁框架设计

① 刘国强，张朋辉. 危机情境下的品牌借势营销策略与陷阱规避[J]. 四川文理学院学报，2016，26（4）：76-80.

② 杨学成，兰冰，孙飞. 品牌微博如何吸引粉丝互动——基于 CMC 理论的实证研究[J]. 管理评论，2015，27（1）：158-168.

1. 深度赋能品牌融合

随着新经济模式与生态的不断发展壮大，品牌的传播方式也逐渐从官方、单一和生硬的插入模式逐渐转向了全面、多元和专业的推广方式，并且通过创新且有趣的内容来展现品牌价值观、品牌故事和品牌形象。现阶段，营销路径不再是传统的中心化模式，而是通过全渠道的自媒体实现去中心化，精准覆盖品牌用户。在增强消费者信任感的同时，也提升了消费者对品牌的忠诚度。依靠名人效应，现代旗袍品牌通过选择符合品牌形象的关键意见领袖，结合其本身具有的风格属性、专业技能和个人形象，推出主题活动或者胶囊系列，使其价值最大程度地赋能于品牌，从而实现品牌提升。①

2. 虚拟现实创新结合

数智技术的发展，使去中心化的沉浸体验式虚拟社交在人们生活中的占比越来越高，关键意见领袖也逐渐向专业化和职业化转型。随着 5G、AI、3D 建模等前沿技术赋予互联网产业新的活力，直播生态也逐渐完善。伴随虚拟技术的突破，“虚拟人+虚拟场景”“虚拟场景+真人”“虚拟人+真人”②等的创新结合方式让虚拟现实技术打破了原有真人直播的同质化问题，也在一定程度上降低了现代旗袍品牌运营的成本。虚拟 IP 和品牌独有的虚拟平台为消费者提供更强的交互空间，将原本公共流量池内的企业顾客，精准导向企业私域，从而实现流量的高转化率和营销投放的高精准度。③

3. 多面提升品牌价值

随着短视频平台不断发展，并横向发展出的兴趣电商，现代旗袍品牌在宣传过程中需要不断深耕细分垂直领域，形成差异化竞争优势，从而满足用户的情感需要。“艺术+专业”的名人代言为品牌带来大量流量的同时，还可以为品牌提供内容价值和经济价值，尤其是由名人效应④所引发的“种草”⑤的消费行为可以为品牌提供高性价比和高成交率的流量转化。此外，名人本身所具备的社交属性为消费者提供了互动话题，为旗袍品牌提供了流量入口。而名人自身通过参加社会公益项目和本身正面的社会形象也为旗袍品牌

---

① 凌敬淇. 文化耦合，品牌共筑——2023“新春胶囊系列”特征探议[J]. 服装设计师，2023（Z1）：10-17.

② 李阳. 网络视频直播虚拟化场景构建和审美文化研究[J]. 中国广播电视学刊，2020（12）：77-79.

③ 胡籍尹. 私域流量视域下社交电商模式创新路径[J]. 商业经济研究，2022（9）：87-90.

④ 刘忠宇，赵向豪，龙蔚. 网红直播带货下消费者购买意愿的形成机制：基于扎根理论的分析[J]. 中国流通经济，2020，34（8）：48-57.

⑤ 沈杰欣. 新媒体环境下消费品品牌“种草”营销之道[J]. 新媒体研究，2019，5（6）：68-69.

在宣传中起到正面的引导作用，甚至于其本身具有的独特属性或者艺术风格可以创新融入品牌设计和产品开发中，从多面出发为品牌提供多元价值。[①]

运用名人效应时，旗袍品牌应该根据品牌定位、目标受众和名人形象选择合适的代言人，并将名人效应与品牌的核心价值相结合，形成有深度、有内涵、有文化的宣传内容，从而实现品牌宣传推广和传播的最佳效果。

（三）品牌情感叙事

在当今媒介与信息大爆炸的时代，一方面人们的信息收集渠道拓宽、收集速度加快，另一方面人们想要快速获取有效且精准的信息情报却变得越发困难，尤其是 Web 3.0 的发展下，信息量呈指数级的爆炸增长，重复且冗杂的信息内容充斥在人们日常生活中。[②]对现代旗袍品牌而言，空洞、重复的宣传内容已经无法获得用户的关注，旗袍品牌在与消费者的互动中需要唤起消费者对品牌文化所衍生的意象产生正向的联想与想象，从而提升消费者对旗袍品牌的价值与文化认可。品牌故事在传播品牌文化与价值，并与旗袍品牌用户建立强情感联系上具有明显优势。品牌故事不只是一种宣传品牌的手段，更是品牌价值的核心。品牌故事通过对品牌自身所具备的独有优势进行总结归纳，可形成一种清晰、容易记忆而又令人浮想联翩的传导思想，从而向消费者传达现代旗袍品牌的内核和价值（图 4-78）。[③]

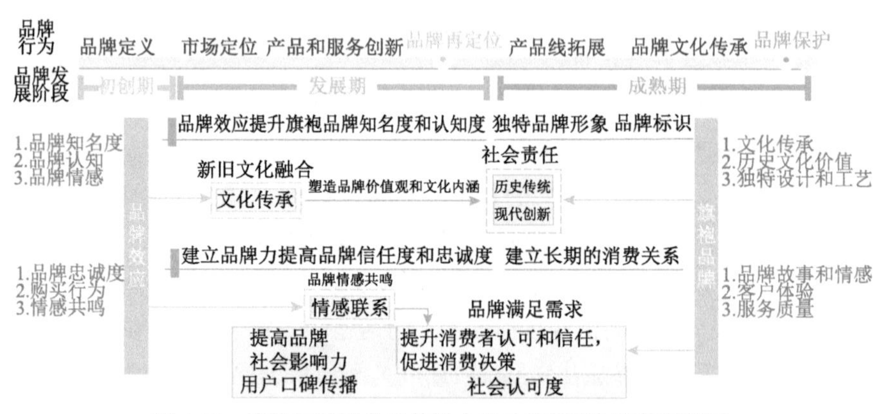

图 4-78 旗袍品牌形象及传播中的品牌情感叙事框架设计

① 刘康. “去中心化—再中心化”传播环境下主流意识形态话语权面临的双重困境及建构路径[J]. 中国青年研究，2019（5）：102-109.

② 黄升民，刘珊. “大数据”背景下营销体系的解构与重构[J]. 现代传播（中国传媒大学学报），2012，34（11）：13-20.

③ 汪涛，周玲，彭传新，等. 讲故事 塑品牌：建构和传播故事的品牌叙事理论——基于达芙妮品牌的案例研究[J]. 管理世界，2011（3）：112-123.

1. 以品牌讲故事

“你想把品牌做得更好吗？讲一个故事吧。”纽约某广告研究机构和美国广告代理协会通过三年的实地调查，对讲故事与塑品牌之间的关系作出了以上回答。他们研究了消费者对电视广告的情感反应，发现讲述品牌故事的广告比强调产品定位的广告效果要好。[①]好的故事对品牌宣传来说可以打破传播限制，实现破圈式传播，并且利用用户本质以类似故事方式进行思考的特点。因此，用户接收品牌信息的过程，也是将他们对一个品牌的认知与感受通过叙事的方式进行记忆的过程。对现代旗袍品牌来说，进行情感化叙事传播可以让消费者产生更多的共鸣和情感联系。

2. 用故事树形象

好的品牌故事，尤其是形象生动、娓娓道来的叙说方式，可以在消费者的记忆中留下对品牌正向的深刻印象。好的叙事方式可以帮助品牌对产品进行再定义或者拟人化，赋予其独有的属性与人格，消解其本身的物质属性，实现与消费者的情感沟通互联，消除品牌用户在初接触品牌时的抵触与陌生感，达到增进、密切用户与产品或品牌之间的互动交流和情感共鸣的目的。品牌专家杜纳·科耐曾讲述道：“品牌故事赋予品牌以生机，增加了人性化的感觉，也融入了顾客的生活。”好的故事可以让消费者打开心扉，而好的叙事方式能拉近品牌与用户的距离，从而更好地在消费者心目中树立正面的形象。[②]

3. 正形象立价值

品牌在传播故事的过程中，用户作为传播的一端，从一个信息的节点变为另外一段传播的开始，从而使现代旗袍品牌在传播的过程中其内容会呈现不同的版本。正是在传播的过程中具有以上特征，想要获得持续的发展，品牌内在的价值核心就需要符合消费者的真实需求，让消费者能够准确地获取品牌形象，并且在再次传播中也能产生正向信念，从而成为品牌的忠诚追随者。[③]所以品牌在宣传品牌故事时应该让内容的接纳者也参与其中，通过切身感受来感知品牌价值，用强互动和深体验的方式传播品牌价值核心。当品牌价值得到用户认可后，消费者通过内化核心价值观，就会主动创造品牌故事的新内容，这样不仅可以加深用户对品牌的记忆，

---

① Facenda V L. Stories not facts engage consumers[J]. 成功营销，2007（12）：68.

② 转引自温韬. 品牌竞争时代的营销策略研究——对故事营销的应用与思考[J]. 价格理论与实践，2009（8）：69-70.

③ 李光斗. 品牌竞争力与企业核心竞争力[J]. 中国质量与品牌，2005（3）：58-61.

还使品牌传播达到裂变转化的效果。

4. 高价值传文化

在品牌情感化叙事过程中，消费者通过不断接收品牌信息、感知品牌故事，以及通过自己的再构解读，对品牌输出的核心价值有更完整的理解，结合自己的情感记忆，就会对品牌有更深度的价值认同。实现价值认同后，品牌为引发更广、更深和更强的情感共鸣，需要更加注重文化、产品意义及用户的满足感。所以，利用文化对品牌故事进行结合与传播，可唤醒消费者对旗袍品牌独有的文化记忆和民族认同。以这种品牌叙事方式，在不同时期演绎不同的故事内容，以不变的价值核心来让消费者一点一滴地感受、了解并认同品牌的独特文化。[①]层层递进的旗袍品牌情感化叙事方式，使消费者从认识品牌、了解品牌到支持品牌，最后建构起对品牌的高度认同。

（四）数智传播介入

数智视域下旗袍品牌的传播与推广呈现颠覆性的变化。现代旗袍品牌推广采用的传播方式和工具与传统媒体完全不同。数智技术的出现改变了我们的日常生活方式，同时也给旗袍品牌的推广和传播带来了新的活力与机遇。数智技术的崛起使品牌新的传播模式、形态在不断的探索中重新构建，从根本上改变了品牌宣传的渠道与内容。在渠道上，这些技术拓宽了传播路径；在用户上，这些新兴技术改变了消费群体的行为和心理特征，尤其是在数智媒体的加成下，以互动沟通感知品牌价值、以动态形象传播品牌文化、以情感体验提升品牌附加值。[②]数智技术不仅给旗袍品牌带来可个性化的传播方式，而且可为品牌培育人格化的品牌形象，实现了品牌与用户零距离的沟通交互。用更具温度的品牌人格、更加亲切的品牌魅力，实现顾客忠诚最高化、企业利益最大化（图 4-79）。

1. 数字结合促推广

随着大数据时代的到来，无论是消费者消费习惯的改变，还是大量信息平台的出现，都将导致时间的碎片化被进一步凸显。而通信、大数据，云计算和富互联网应用的出现和发展，让数字传播与营销的方式越来越丰富。[③]尤其是随着虚拟增强现实、3D 打印、云视频、移动应用、生成式人

① 嵇万青. 中国品牌进入故事时代[J]. 市场观察，2010（12）：131.

② 尹晖，靳海涛. 品牌在数媒背景下的传播研究[J]. 新闻爱好者，2022（8）：104-106.

③ 何大安. 互联网应用扩张与微观经济学基础——基于未来“数据与数据对话”的理论解说[J]. 经济研究，2018，53（8）：177-192.

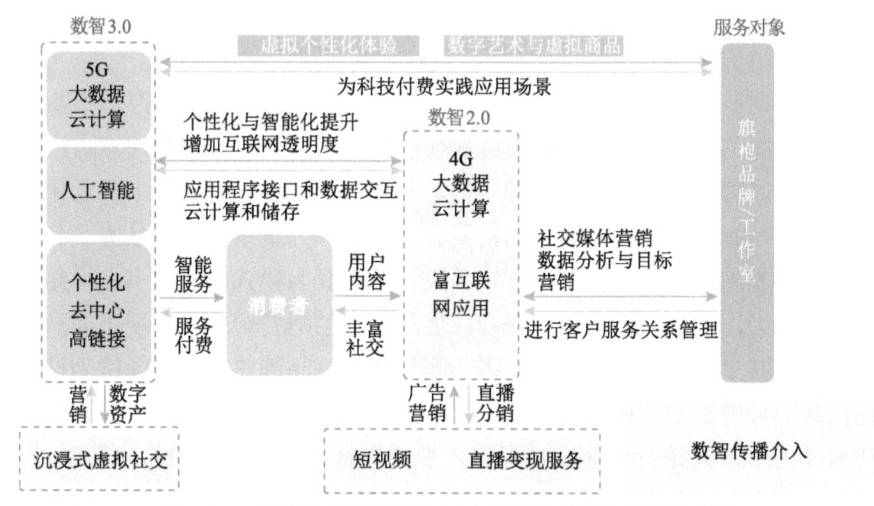

图 4-79　旗袍品牌形象及传播中的数智传播介入框架设计

工智能等的不断发展，它们对消费者的感官进行沉浸式的体验刺激，使消费者可获得真实甚至超越真实的虚拟感受。这种虚拟感受不是通过文字、图片或视频这种告知式的营销方式来实现，而是通过数字手段下的虚拟场景模拟消费者实际的消费体验，让消费者能随时随地沉浸入品牌所建立的空间中。[①]更加真实的消费体验和更加精准的消费引导，可以提高消费者对自身需求判断的精准度，实现宣传的精准推荐，也可提升消费者对品牌的满意度。

2. 智能发展新阶段

现阶段，数智技术已经为智能发展进行了基础设施生态布局，信息基础设施也为品牌数智发展提供了传播实践的基石。物联网、5G、固定宽带、空间信息、数据中心是技术基座，集成式的媒体平台及附在其上的旗袍品牌是其行动主体，针对不同基础设施所制定的技术标准、政策规划是其机制保障，确保智能发展的未来前景。区块链、生成式人工智能的不断发展，尤其是与数智 2.0 相比，数智 3.0 随着数智建模技术的不断更新和人工智能的不断进步，不仅可为消费者提供去中心化的网络平台，也可为数字经济发展带来天翻地覆的变化。[②]利用数智技术，可以实现互动式、沉浸式、智能式的传播模式，打造沉浸式虚拟社交平台，实现数智传播。

---

① 姚曦，秦雪冰. 技术与生存：数字营销的本质[J]. 新闻大学，2013（6）：33，58-63.

② 王博，曹漪那，蒋晓丽. 数智时代新型主流媒体的国际传播融合实践进路[J]. 新闻界，2023（7）：55-63.

（五）跨界联动整合

数智时代下，消费者的关注度已经被精准化的大数据广告和不断推出的新品牌信息所填满，旗袍品牌如何引起和瓜分年轻群体的注意力已经逐渐成为品牌宣传与传播的关键一步。对那些已经被消费者打上“老化”标签的传统旗袍品牌，如何重回消费者视线也成为重中之重。品牌联名则是一种摆脱困境、创新赋能的营销手段。品牌联名模式能够提高品牌知名度与影响力，实现品牌价值的提升，促进用户的消费转化，实现不同品牌间的资源共享与优劣互补，扩大影响圈级并提高品牌热度，还能够为设计提供新的参考主题，精准捕获品牌用户。许多学者都指出，在跨界联名的营销模式中，无论对企业还是国家，都应当打造属于自己的品牌形象。[①]尤其是在现下，一个好的品牌形象不仅可以帮助品牌提升产品在市场中的销售表现，更可决定未来消费者对品牌的认可度和满意度。因此，如何打造联名形象，也是现代旗袍品牌在宣传过程中应当注意的（图 4-80）。

1. 中心化维系品牌价值

技术革新为营销传播模式的改变带来了新的变化。传播形式在变、消费观念在变，对品牌来说重心已经从产品转变为用户。把握品牌核心用户的需求，是品牌开展营销方案的第一步。尤其是伴随经济发展，消费者有了更加多样的消费需求和更加复杂的消费动机，品牌应该利用好大数据和生成式人工智能等工具，锁定品牌核心顾客。[②]核心顾客及忠诚顾客在消费品牌时，其更多的是在消费品牌背后所具有的附加属性，所以顾客忠诚度也就是品牌价值的核心。通过品牌联名的方式可以扩大品牌传播宣传的群体受众，挖掘更多的潜在消费用户，提升消费转化。因此，品牌在进行联名营销时，应该对品牌核心消费者进行画像描绘和营销策略制定，从而保障品牌在进行联名营销时实现扩大宣传、维系品牌价值。

2. 差异化打破同质竞争

多元化的宣传平台、年轻化的消费群体使以传统媒介为主要营销渠道和媒介的传统旗袍品牌在宣传过程中面临前所未有的挑战，尤其是容易陷入老用户、老产品和老思维的固化形象当中。[③]作为现代旗袍品牌，为

---

① 杜沁盈，陈舒，陈李红. 微信平台上服装品牌形象对消费者购买与传播意愿的影响[J]. 纺织学报，2020，41（4）：149-154.

② 王诺，毕学成，许鑫. 先利其器：元宇宙场景下的 AIGC 及其 GLAM 应用机遇[J]. 图书馆论坛，2023，43（2）：117-124.

③ 潘美秀，杨敏. 老字号品牌如何借 IP 化营销赋能[J]. 全国流通经济，2022（1）：29-33.

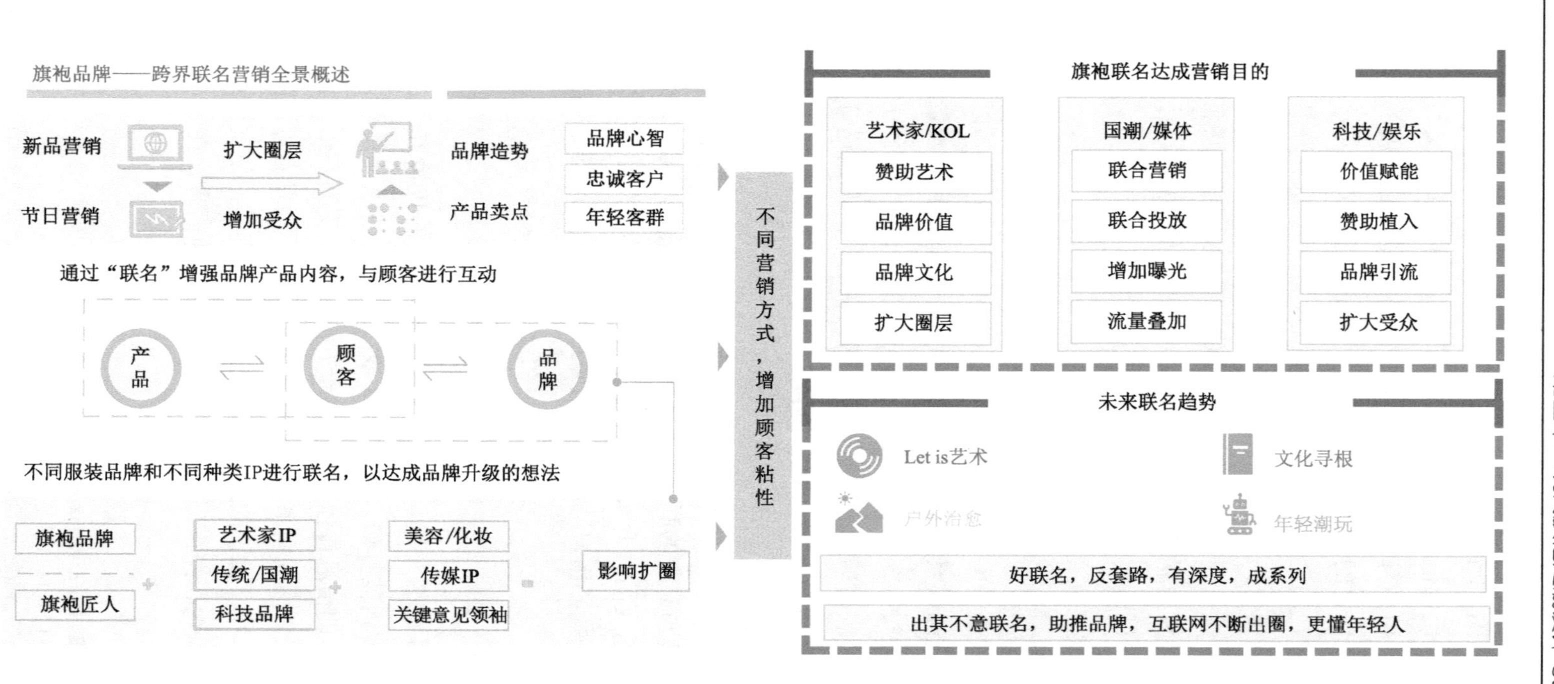

图4-80 旗袍品牌形象及传播中的跨界联动整合框架设计

注：KOL为“关键意见领袖”的简称

了避免品牌产品陷入同质化竞争中，应减少只是对联名品牌进行符号上的设计联合，而缺乏价值和文化层面的碰撞与共鸣的形式主义，以及联名品牌本身的文化价值和符号属性不强、即插即用、缺乏创新度的搬来主义。尤其是在信息爆炸化的时代，品牌联名营销呈现井喷式爆发，产品和设计同质化日渐明显，加之简单快速的传播渠道，品牌在选择联名对象和产品设计上开始相互模仿，易缺乏辨识度、透支品牌信用与品牌价值，从而引发信任危机。所以，要打破原有固定的联名品牌及固定的联名范式，优质的产品设计和适宜的联名品牌会为联名营销提供优质燃料，让品牌能够在传播品牌文化的同时实现口碑逆袭。

3. 社群化实现裂变效应

虽然旗袍品牌在联名活动中通常都是短时间的合作，但仍然可以借助多种营销方式去吸引自己的目标用户。而联名活动可以短时间在消费者和品牌之间建立高联系、密相关的用户关系。但培育用户数量和提升品牌忠诚度还需要通过大量的、不同的品牌社群来实现。[①]每个社群中的用户特性不同，通过联名活动的提前预告、活动福利、产品赠送等方式，可以实现社群内消费者自发为品牌宣传转发，建立高互动、强体验的社群氛围，发展社群成员成为品牌关键意见领袖，实现用户裂变，从而将用户从被宣传的对象转变为宣传的发起者，用较低的成本实现联名利益的最大化。无论是品牌与品牌的联名还是品牌与 IP 的联名，现代旗袍品牌为实现宣传目的、达成品牌升级，都应抓住被联名吸引的用户注意力的关键点，将品牌潜在核心用户从联名流量池引入私域，以达到品牌联名的最终目的。

（六）女性力量讲述

随着数智经济的发展，内容平台借助爆炸式的传播方式，使原有的市场经济运行规则被打破、解构，并最终重构，彻底暴露在大众视野之下。原本点到点的信息传播方式，由于媒介的不断更新，信息传播的方式变为直接由线或者面式向消费者进行传导。另外，消费者意识的觉醒、高等教育的普及、社会意识的进步及思想观念的包容等，使女性经济成为一种特有的消费模式和经济现象。[②]对现代旗袍品牌而言，在竞争日益激烈

---

① 王战，冯帆. 社群经济背景下的品牌传播与营销策略研究[J]. 湖南师范大学社会科学学报，2017，46（1）：141-148.

② 金祖旭. 电子商务市场中“她经济”模式精准营销策略[J]. 商业经济研究，2017（23）：59-61.

的旗袍市场中，女性是主要消费群体，因此在女性消费群体上进行成本投入是大部分旗袍品牌的主要选择。想要完全通过吸引女性消费者的注意力来提高品牌的市场认可度，只凭借传统的宣传渠道和传播方式无法与品牌女性用户进行近距离的沟通。只有通过深度挖掘女性消费者需求，精准把握女性用户消费痛点，并结合旗袍品牌的女性文化，利用多种营销方式及先进数智技术，才能最大限度地引发消费者共鸣，从而更好地为品牌女性用户提供服务（图4-81）。

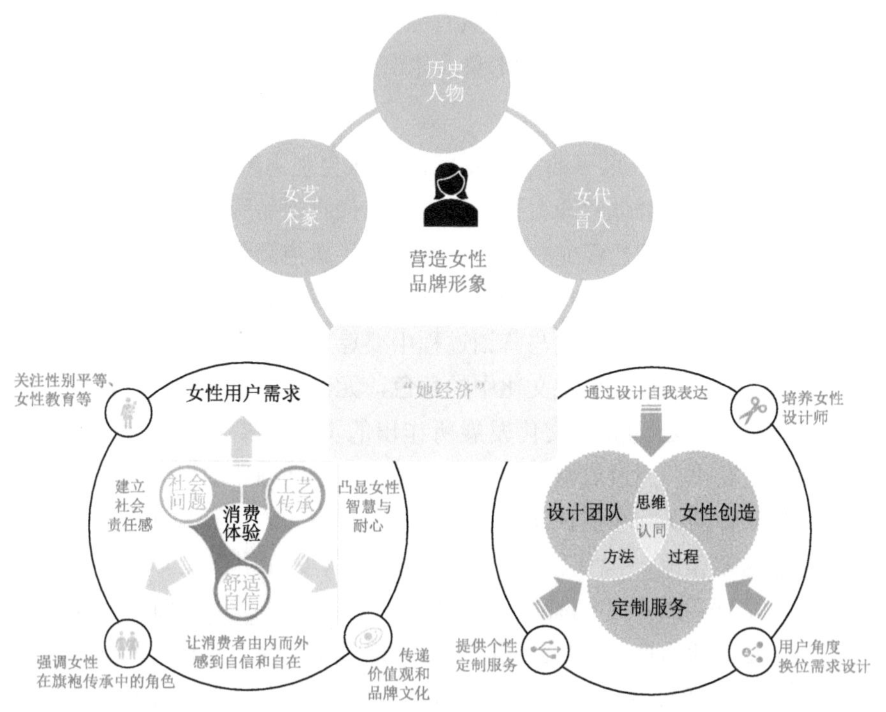

图4-81　旗袍品牌形象及传播中的女性力量讲述框架设计

1. 完善消费体验

新时代消费者在不断追求产品品质的同时，其消费目的已从满足向提升，甚至向体验的方向发展，变成以提升生活品质为核心，追求消费过程中的高服务和高体验所带来的情感附加。所以对现代旗袍品牌而言，快速抓取女性消费者的关键在于满足其消费诉求。在产品开发过程中融入品牌对女性的理解和关怀。在营销过程中可以尝试从女性视角出发，将情感化从品牌价值一直贯穿到品牌形象，满足女性消费者的需求。提供个性化服务，实现品牌与用户点对点的沟通，让顾客通过旗袍表达自我，迎合女性用户的消费心理，使女性消费者对品牌产生正向而又积极的情感认同。

2. 深挖品牌形象

“她经济”消费市场十分庞大，尤其是数智经济时代背景下，“她消费”呈现新的生态现象和行业动向。现代旗袍品牌为应对市场变化新趋势应该对品牌形象和品牌文化进行更加深层次的挖掘与探索，为品牌在新趋势变化下的大潮中建立稳固地位，实现成功破局。所以品牌可以在品牌文化中强调旗袍在历史中所代表的女性自信、独立和优雅的形象，以女性为现代和传统对话的桥梁，实现品牌价值与文化价值的完美融合。①甚至在代言人的选择上，可以选择在“她经济”市场中具有独特影响力，能够展现旗袍文化多面性，同时体现女性力量多元化的形象，体现品牌形象的人格魅力。

3. 注重文化认同

生产水平和经济水平的不断发展，使社会观念产生巨大转变，在消费市场上年轻消费群体逐渐占据话语权。现代旗袍品牌所针对的目标消费群体与传统旗袍品牌已经完全不同，所以现代旗袍品牌更应该在企业营销策略和传统推广方式上进行转变。要摒弃传统营销观念中将女性作为营销附属品的做法，尤其在开发与营销过程中要尊重女性所获得的个人成果及文化认同，强调女性在旗袍文化中的角色，尤其是在旗袍制作过程中女性独有的智慧与耐心为旗袍文化发展所作出的贡献；要多关注女性社会问题，为女性发声，通过旗袍宣传来传递品牌对这些问题的思考与关注，建立用户与品牌的认同与信任，引发情感共鸣。

通过这些策略，现代旗袍品牌可以和品牌女性用户建立强社交及互动关系，实现现实中的消费联系和情感上的共鸣关系，从而实现品牌宣传、推广及传播的目的。与此同时，品牌应该更加注重对自身品牌文化与形象的建设，通过真实的对话和真诚的互动获得消费者对品牌正向的认可，确保品牌与女性力量的自然结合，赢得消费者长久的支持与认可。

综上所述，现代旗袍品牌将数智营销融入品牌发展和传播塑造的路径与方法当中，通过多元的传播媒介和多样的营销模式为品牌赋能创新。在品牌塑造和传播过程中，现代旗袍品牌将数智技术进行创新融合，使品牌形象在塑造中实现创新性突破。本节对传统旗袍品牌在传统数媒语境下的困境和数智时代的挑战进行拆解归纳，从品牌传播理论出发进行问题重构再解答，定性分析旗袍品牌的品牌营销传播逻辑与品牌用户群，进而为旗袍品牌在 Web 3.0 时代下的营销传播路径提供指导；并通过对用户心理

---

① 宋英华，裴蓉. “她经济”消费趋势下的营销思考[J]. 商业时代，2006（16）：29.

分析和品牌核心内容的拆解得出，旗袍品牌在构建品牌形象时应该把握以用户为核心、以价值为导向、以文化为目的、以技术为工具的原则。用联名做手段、用设计做创意、用故事做形象，实现品牌与用户的互动，建立品牌与用户的共同心智。由此，以旗袍品牌用户、品牌形象和品牌文化作为品牌塑造的核心诉求，实现品牌价值和品牌传播同频共振，旗袍品牌才能实现长远发展、长效传播。